KB179091

영원한 현재 HM

영원한 현재
HM

**Permanent
Present
Tense**

수잰 코킨 지음   이민아 옮김

헨리 구스타브 몰레이슨을 기리며

(1926. 2. 26. ~ 2008. 12. 2.)

차례

프롤로그

머리글자 H. M.의 주인공

헨리 몰레이슨과 나는 좁은 탁자에 마이크를 올려두고 마주 앉았다. 헨리 옆에는 보행보조기가 놓여 있었고, 그 앞에 매단 하얀 바구니에는 십자말풀이 책이 한 권 들어 있었다. 헨리는 어디를 가든지 십자말풀이 책을 꼭 챙겨 다녔다. 평상시 즐겨 입는 고무줄 바지와 스포츠 셔츠 차림에 흰 양말과 실용적인 검은 구두를 신었다. 큰 얼굴에 두툼한 안경을 쓴 헨리의 표정은 정중하면서도 유쾌했다.

"오늘 기분이 어떠세요?" 내가 물었다.

"기분 괜찮아요." 헨리가 답했다.

"좋습니다. 오늘 좋아 보이세요."

"아, 고맙습니다."

"기억에 조금 문제가 있다고 들었습니다."

"네, 그래요. 문제가 있어요. 뭐… 실은 문제가 아주 크지요. 생각해보니 내가 십자말풀이를 많이 합니다. 그런데, 뭐랄까, 이게 어느 정도는 도움이 되는 것 같습니다."

헨리와 평소에도 자주 다루던 주제인 십자말풀이에 관해 조금 이야기하다가 질문했다. "기억에 문제가 생긴 지 얼마나 되셨습니까?"

"그거야 알 수가 없지요. 기억을 못 하는데 알 수가 있겠습니까."

"그러면 기억 문제가 시작된 게 며칠 전이나 몇 주 전이라고 보면 될까요? 아니면 몇 달 전이나 몇 년 전인가요?"

"아, 그건, 나로서는 그게 며칠이나 몇 주인지, 몇 달인지, 몇 년인지, 정확한 기간을 알 수가 없어요."

"이 문제가 생긴 지 1년 이상은 되었다고 생각하십니까?"

"그 정도인 것 같습니다. 1년은 넘어요. 왜냐면 내가 그, 이건 그냥 내가 생각하는 건데, 그 수술인가 그런 걸 받은 것 같거든요."

헨리가 위험한 외과 수술을 받은 결과로 장기기억 형성 능력을 상실한 지 40년 가까이 지난 1992년 5월에 나와 헨리가 나눈 대화 내용이다. 헨리는 어린 시절부터 자신을 괴롭혀온 간질발작을 완화하기 위해 1953년에 실험적인 뇌 수술인 양측 측두엽절제술을 받았다. 1936년 처음 발작이 나타난 뒤로 갈수록 더 악화되어 일상적인 활동조차 어려워졌기 때문이었다. 수술로 발작은 제어되었으나 예상하지 못한 파괴적인 결과가 기다리고 있었다. 새로운 기억을 형성하지 못하는 극심한 기억상실증이 나타나 헨리의 인생이 송두리째 바뀐 것이다.[1]

기억상실증은 나중에 필요할 때 의식적으로 꺼내 쓸 수 있도록 장기적으로 지속되는 기억을 형성하는 능력을 상실하는 장애다. 그리스어가 어원인 'amnesia'는 망각 또는 기억의 상실을 의미하지만 기억상실증은 단순한 망각에 그치지 않는다. 헨리 같은 기억상실증 환자에게는 지금 막 경험한 것을 지속적인 기억으로 전환하는 능력이 없다. 이 장애는 영구적일 수도 있고 일시적으로 나타났다가 회복될 수도 있지만 보통 뇌염이나 뇌졸중 혹은 머리 부상 같은 뇌 외상이 원인이 된다. 개중에는 희귀하게 심리적 외상으로 인해 기억을 상실하는 심인성 기억상실증도 있다. 헨리의 경우는 뇌 부위를 외과 수술로 제거한 결과 일어난 기억상실증이었으며 영구적이었다.

수술 당시 스물일곱 살 청년이었던 헨리는 이제 넘어지지 않기 위해 보행보조기에 의존해야 하는 예순여섯 살 노인이 되었다. 그러나 이 긴 세월도 헨리에게는 잠깐의 시간이다. 수술 후 수십 년 동안 그는 만났던 사람의 얼굴도, 갔던 장소도, 살아온 나날도 기억하지 못하는 채로 영원한 현재 시제로 살아왔다. 어떤 일을 겪어도 몇 초 뒤면 의식에서 빠져나간다. 나와 나눈 대화 내용도 헨리의 의식 속에서 그 순간 바로 증발했을 것이다.

"보통 하루를 어떻게 보내시는지요?"

"그게, 그건 어려운 질문입니다. 내가… 아무것도 기억을 못 하거든요."

"어제 뭘 했는지 아십니까?"

"아니요."

"오늘 오전에는요?"

"그것도 기억 못 합니다."

"오늘 점심때 뭘 드셨는지 말씀해주시겠어요?"

"솔직히 말해서, 모릅니다. 나는…."

"내일 뭐 하실 생각이세요?"

"뭐든 유익한 걸 해야겠죠." 헨리다운 반듯하고 솔직한 대답이었다.

"멋진 대답입니다." 내가 말했다. "우리가 만난 적이 있습니까? 당신과 내가요."

"네, 그런 것 같아요."

"어디서였을까요?"

"그러니까… 고등학교에서요."

"고등학교요."

"네."

"무슨 고등학교입니까?"

"이스트하트퍼드입니다."

"우리가 다른 곳에서도 만난 적 있나요?"

헨리는 잠시 머뭇거렸다. "솔직히 말해서, 모르겠어요. 아마 아닐 겁니다."

이 인터뷰를 했을 때는 내가 헨리와 함께 작업해온 지 30년째 되는 시점이었다. 헨리를 처음 만난 것은 1962년, 내가 대학원에 재학 중일 때였다. 헨리의 굳은 믿음과는 달리 우리는 고등학교 때 만난 적이 없지만, 순전히 우연의 일치로 우리 두 사람 인생에 교집합은 있다. 내가 어린 시절을 보낸 곳은 코네티컷주 하트퍼드에서 멀지 않은 동네였는데, 헨리가 살았던 동네에서 불과 몇 킬로미터 떨어진 곳이었다. 일곱 살 때 나는 건너편 집에 살던 여자아이하고 친하게 지냈다. 그 아이의 아버지가 주말이면 새빨간 재규어를 타고 동네에 나타나던 장면이나 기술자들이 입는 멜빵바지 차림으로 차 밑에 들어가 이것저것 땜질하던 모습이 기억에 남아 있다.

그 아이의 아버지는 신경외과의였다. 그땐 어려서 신경의가 뭔지 몰랐지만, 커서 맥길 대학교 심리학과 대학원에 진학했을 때 이 아버지가 내 인생에 다시 등장했다. 의학 학술지에서 기억에 관한 논문을 읽다가 난치성 간질을 앓는 젊은 남자를 치료하기 위해 시술한 뇌 수술에 대한 보고를 보았는데, 수술받은 환자가 새로운 기억을 형성하는 능력을 상실했다는 내용이었다. 이 논문의 공동 저자가 바로 내 친구의 아버지 윌리엄 비처 스코빌이었고, 그 환자가 헨리였다.

헨리를 담당한 신경의가 어린 시절 친구의 아버지라는 인연 덕에 그 '기억상실증 환자 H. M.'이 한층 더 궁금해졌던 것 같다. 그러고는 1962년 몬트리올 신경학연구소Montreal Neurological Institute 브렌다 밀너의 실험실에 들어갔을 때 또 헨리 사례를 만났다. 박사 학위 논문을 위해 밀너 실험실 연구에 참여해서 헨리에게 테스트를 실시할 기회를 얻은 것이다. 헨리가 수술받은 후 처음으로 그를 검사한 심리학자가 밀너였는데, 그 검사가 기억 연구에 일대 혁명을 가져왔다.[2]

나는 헨리의 기억상실증을 과학적으로 더 분석하기 위해 촉각, 즉 체감각계를 통한 기억 테스트를 실시했다. 첫 조사 작업은 짧고 집중적인 항목들로 구성되었고 일주일 내내 이루어졌다. 하지만 나는 메사추세츠 공과대학교MIT로 옮긴 뒤 헨리가 연구 참여자로서 아주 특별한 가치를 지닌 존재라는 사실을 더욱 확신하게 됐고, 이후 46년에 걸쳐 계속해서 그를 연구했다. 그리고 헨리가 세상을 떠난 뒤로는 55년 동안 축적된 방대한 행동 연구 데이터와 그의 뇌 부검을 통해 밝혀낸 것을 연결하는 작업에 전념해왔다.[3]

우리가 처음 만났을 때 헨리는 자신의 유년기에 대해 이야기했다. 나는 헨리가 자기 삶에 대한 느낌이나 자신과 관련 있는 장소에 대해 말할 때 바로 공감할 수 있었다. 우리 가족도 하트퍼드에서 수세대에 걸쳐 살아왔다. 어머니는 헨리가 다닌 고등학교를 다녔고, 아버지는 헨리가 수술 전후에 살았던 동네에서 자랐다. 또 내가 태어난 하트퍼드 병원은 바로 헨리가 뇌 수술을 받은 병원이었다. 살아온 배경과 경험에 공통점이 있다 보니 헨리에게 우리가 전에 만난 적이 있느냐고 물으면 "네, 고등학교에서요" 하고 대답하는 것이 재미있었다. 헨리가 자신의 고등학교 경험과 나를 어떻게 결부시켰는지 혼자 추측해볼 뿐 달리 알아낼 방법은 없었지만 말이다. 헨리가 고교 시절에 알고 지낸 누군가와 내가 닮았을 가능성이 하나 있고, 아니면 검사받느라 오랜 기간 MIT를 방문하면서 내 존재가 서서히 친숙해져서 고등학교 기억 속에 표상화되었을 가능성도 있다.

헨리는 자신이 유명 인사라는 사실을 알지 못했다. 헨리의 특이한 상태에 대해 과학계와 대중이 큰 관심을 보였고 수십 년 동안 인터뷰와 촬영 요청이 이어졌다. 그가 얼마나 특별한 사람인지 말해줄 때마다 헨리는 내 말을 그 순간에는 이해했지만 기억하지는 못했다.

1992년 캐나다 공영방송BCB이 우리가 나눈 대화를 녹음해서 '기억' 편과 '간질' 편으로 나누어 두 차례 라디오 프로그램으로 방송했다. 그 한 해 전에는 필립 힐츠가 〈뉴욕 타임스〉에 헨리에 대한 기사를 실었고, 나중에는 헨리를 주인공으로 삼은 책 《기억의 영혼Memory's Ghost: The Strange Tale of Mr. M. and the Nature of Memory》을 발표했다.[4]

헨리의 사례는 많은 과학 논문과 책에서 다루었을 뿐 아니라 신경 과학계에서 인용 빈도가 가장 높다. 심리학 개론서라면 'H. M.'이라는 환자를 기술하며 해마 해부도와 자기공명영상MRI 흑백 이미지를 삽화로 싣지 않은 교재가 없을 정도다. 장애는 헨리와 그 가족에게 크나큰 고통을 안겼지만 과학계에는 소중한 자산이 되었다.

헨리가 살아 있는 동안에는 그에 대해 언급하는 경우 신원이 노출되지 않도록 모두가 반드시 머리글자만 사용했다. 헨리가 과학에 기여한 바에 관해 강연할 때도 내게 H. M.이 누구인지 묻는 사람이 많았지만 이름을 세상에 공개한 것은 2008년 그가 세상을 떠난 뒤였다.

헨리와 수십 년에 걸쳐 함께 작업해온 나에게는 한 가지 사명이 있었다. 헨리를 그저 교과서에 간략하게 기술되고 마는 익명의 존재로 머물게 해서는 안 된다는 것이었다. 헨리 몰레이슨은 결코 테스트 수행점수나 뇌 이미지로 전부 설명되는 사람이 아니었다. 그는 온화하고 유쾌하며 유머 감각이 살아 있는 사람이었다. 자신의 기억력이 형편없음을 인지하고 자신의 운명을 받아들였으면서도 연구 과제에 늘 적극적으로 참여했다. 그 유명한 머리글자 뒤에는 사람이, 데이터 뒤에는 한 사람의 인생이 있었다. 헨리는 자신의 상태에 대해 연구하는 것이 다른 사람들이 더 나은 삶을 사는 데 도움이 되기를 바란다는 말을 자주 했다. 자신이 겪은 비극이 과학과 의학에 얼마나 크게 기여했는지 알았다면 헨리는 분명 긍지를 느꼈을 것이다.

이 책은 헨리와 그의 일생을 기리는 헌사인 동시에 기억이라는 과학을 탐구하는 자리다. 기억은 우리가 하는 모든 것을 구성하는 필수 요소지만, 평소 우리는 기억의 범위나 중요성을 의식하지 못한다. 너무나 당연해서 새삼스러울 일이 없는 것이다. 먹고 걷고 이야기를 나눌 때 우리는 그 행동이 기존에 학습하고 기억한 정보와 기술에서 나오는 것이라는 사실을 인지하지 못한다. 하지만 일상은 매 순간 끊임 없이 기억에 의존한다. 기억이 없다면 옷 입는 법이며 동네 찾아가는 법, 사람들과 소통하고 교류하는 방법도 알 수 없다. 기억이 있기에 지난 경험을 되돌아보고 과거를 통해 배우며 나아가 미래에 할 일을 계획할 수 있다. 순간과 순간을 이어주며 아침부터 저녁까지, 하루와 다음 하루, 한 해와 다음 해를 이어주어 연속성을 부여하는 것이 기억 이다.

헨리의 사례에서 우리는, 기억은 많은 개별 처리 과정으로 분할된 다는 통찰을 얻었고 그 각각의 처리 과정에서 기반이 되어주는 대뇌 회로에 대해 이해할 수 있게 되었다. 이제 우리는 어제저녁에 먹은 음 식에 관해 이야기할 때와 유럽 역사에 관한 어떤 사실을 인용할 때 그 리고 자판을 보지 않은 채 문장을 타이핑할 때 각기 다른 유형의 기억 을 이용한다는 것을 안다.

헨리 사례는 정보 저장 능력을 상실했을 때 어떤 일이 일어나는지 를 이해하는 데 큰 도움을 주었다. 헨리의 경우 수술 전에 획득한 지식 은 상당 부분 기억에 남아 있었지만, 수술 후에는 일상적인 활동조차 주위 사람들의 손길에 의존해야 했다. 매 끼니와 복용해야 할 약, 샤워 할 시간 따위를 처음에는 가족이, 나중에는 요양병원 직원들이 기억 하고 챙겨줘야 했다. 각종 테스트 결과와 진료 기록, 인터뷰 기록이 헨 리 스스로 기억하지 못하는 자신의 정보를 보존하는 데 도움이 되었 다. 물론 그 어떤 자료라도 헨리가 상실한 능력을 대신할 수는 없었다. 기억은 그저 하나의 생존 수단이 아니라 삶의 질을 결정하며 우리의 정체성을 만들어나가는 능력이다.

우리의 정체성은 자신의 개인사를 토대로 구성하는 이야기를 통해 만들어진다. 자기가 직접 경험한 일들을 한데 엮어 이야기로 구성할 수 있을 만큼 머릿속에 오래 남겨둘 능력이 없어진다면 어떨까? 기억력과 정체성의 밀접한 관계는 노화와 인지능력 쇠퇴에 대한 우리 불안감의 핵심에 자리 잡고 있다. 치매로 기억을 잃는다는 것은 상상도 하기 싫은 불행이지만, 헨리에게는 성인이 된 이후 모든 삶의 단계가 이 불행으로 이어졌다. 헨리의 현재는 앞으로 나아갔지만 그 뒤에는 기억과 관련한 어떤 흔적도 남지 않았다. 마치 발자취를 남기지 않는 여행자처럼. 그런 사람이 어떻게 자신의 정체성을 명확하게 인식할 수 있었겠는가?

헨리를 알고 지낸 우리는 헨리가 어떤 사람인지를 분명하게 인식했다. 그는 상냥하고 정 많고 이타적인 사람이었다. 헨리는 기억상실증을 앓았어도 자신이 어떤 사람인지에 대한 인식을 갖고 있었다. 하지만 외부 세계에 대한 상식이나 1953년 이전의 가족과 자신에 대한 인식과 비교하자면 크게 기우는 것이 사실이다. 수술을 받은 뒤로 헨리가 자신에 대해 알게 된 것은 정말 일부에 불과했다.

우리가 말하는 기억은 살아가면서 맞닥뜨리는 상황마다 새로운 방식으로 재구성된다. 하지만 우리가 경험한 것이 어떻게 뇌의 메커니즘으로 번역되는 걸까? 기억은 셔터를 누르면 필름에 포착되는 스냅사진 같은 하나의 사건이 아니다. 우리는 (헨리의 사례를 통해 처음으로) 기억이 뇌 안의 어느 한 장소에 들어 있는 것이 아니라는 사실을 알아냈다. 오히려 기억은 뇌의 많은 부분이 함께 관여하는 기능이다.

예컨대 스튜를 요리하는 데 필요한 재료를 사러 슈퍼마켓에 가는 것에 비유할 수 있다. 슈퍼마켓에 있는 여러 코너에서 고기와 채소 등 육수에 필요한 재료와 각종 양념을 구입한 뒤, 집으로 돌아와 커다란 솥에 모두 집어넣는 것이다. 가령 지난 생일 파티를 기억할 때면 뇌에서 시각, 청각, 후각, 미각을 담당하는 여러 영역에 저장된 정보들을 끌어와 그 경험을 재생하는 상황에 적합하게 재구성한다.

뇌에 저장된 기억이라는 개념을 대중이 알기 쉽게 설명하려면 컴퓨터 과학에 비유하는 것이 좋을 것 같다. 즉 기억[메모리]이란 뇌가 처리하고 저장하는 정보라고 이해하면 될 것이다. 이 사명을 완수하기 위해 뇌는 세 단계를 수행해야 한다. 1단계는 정보의 부호화로, 가공되지 않은 상태의 새로운 경험 데이터를 뇌와 호환되는 포맷으로 변환한다. 2단계는 나중에 사용하기 위해 정보를 저장하는 처리 과정이다. 3단계는 저장소에서 필요한 정보를 인출하는 처리 과정이다.

헨리가 수술을 받던 시기에는 뇌가 기억을 처리하는 메커니즘에 대해 밝혀진 바가 거의 없었다. 1960년대에는 지금 우리가 신경과학이라고 부르는 과학 분야가 거의 존재하지 않았다. 그때부터 헨리의 사례는 기억의 본질과 기억을 획득하는 구체적인 처리 과정에 대한 심오한 발견이 이어지는 데 없어서는 안 될 요소였다. 헨리가 우리에게 가르쳐준 기본적이지만 중요한 한 가지는, 기억하는 능력을 상실하고서도 지능과 언어능력과 지각능력을 유지하는 것이 가능하다는 사실이었다. 예를 들면 헨리는 바로 몇 분 전에 나눈 대화 내용은 잊어버려도 난도 높은 십자말풀이 퍼즐은 척척 풀 수 있었다.

헨리가 상실한 유형의 장기기억을 지금은 **서술기억**이라고 부르는

데, 사람들이 자신이 학습한 것이 무엇인지를 말로 서술할 수 있는 기억이라는 의미다. 이와 대조적으로 헨리는 보행보조기 사용법 같은 운동기술에 대한 장기기억은 유지했다. 이 유형의 기억을 비서술기억이라고 부르는데, 이는 학습한 것을 구두로 서술하지 못하고 수행을 통해 보여줘야 하는 기억이라는 뜻이다.[5]

20세기 후반에 신경과학이 특히 기억 분야에서 크게 발전하는 동안, 헨리의 사례는 기억 연구와 깊이 연관되어 있었다. 새로운 기억처리이론과 뇌 영상 분야의 신기술이 등장함에 따라 우리는 이러한 발전을 헨리의 사례에 적용했다. 헨리는 2008년 사망할 때까지 뇌가 어떻게 기억하는지 혹은 어떻게 기억에 실패하는지 밝히기 위해 나를 포함한 과학자 1백여 명이 연구하고 실험하는 과정에서 자신을 아낌없이 내주었다.

헨리는 1992년에 매사추세츠 종합병원과 MIT에 뇌를 기증했기에 사후에도 계속해서 과학의 새 전선을 지킬 수 있었다. 헨리가 사망한 날 밤, 우리는 아홉 시간에 걸쳐 뇌를 스캔했다. 최종적으로 헨리의 뇌를 방부 처리한 뒤 젤라틴을 입혀 냉동했고, 이마에서 뒤통수 방향으로 2,401개의 초박 절편을 만들었다. 절편들을 조합해 입체 디지털 이미지로 제작하여 과학자들과 대중이 볼 수 있도록 인터넷에 공개했는데(http://thebrainobservatory.org의 'project HM' 항목에서 볼 수 있다—옮긴이), 이 상세한 해부도는 사람의 뇌를 360도로 들여다보고 탐구할 수 있는 새로운 접근법이었다.

환자 한 사람이 어떤 과학 분야의 판도를 완전히 바꾸어놓은 사례는 아주 드물다. 헨리 이야기는 의학계의 관심이 집중되었던 흥미로운 사례였을 뿐 아니라, 단 한 사람의 참여가 연구에 얼마나 큰 영향을 미칠 수 있는지를 보여주는 강력한 증거였다. 헨리는 기억에 관한 숱한 물음에 이전 세기의 연구자들이 찾아낸 답을 다 합친 것보다도 많은 답을 얻을 수 있게 해주었다. 헨리는 일생을 현재 시제로만 살아갔으나 기억 연구에 그리고 그의 헌신으로 도움받은 수많은 환자에게 영원히 지속될 자취를 남겼다.

1

비극의 서곡

1939년 6월, 몰레이슨 가족은 코네티컷주 하트퍼드에 살고 있었다. 버클리 다리를 건너면 세계적인 항공기 엔진 제조사 프랫앤휘트니 본사가 있는 스릴 넘치는 비행의 도시, 이스트하트퍼드다. 그곳에는 항공 조종사들이 일반인들에게 소형 비행기로 '창공 여행'을 시켜주는 프로그램이 있는데, 열세 살 헨리는 지상에서 설레는 마음으로 이 비행을 구경하곤 했다. 그러다 드디어 초등학교 졸업 선물로 직접 이 비행기에 오르게 되었다.

헨리는 부모님과 차를 타고 하트퍼드 시내에서 동남쪽으로 5킬로미터 떨어진 코네티컷강 자락에 자리한 브레이너드필드로 갔다. 아버지 거스 몰레이슨은 아들에게 짧은 여행을 시켜주려고 라이언 항공의 단발기를 타는 비용으로 2.5달러를 지불했다. 12년 전 찰스 린드버그가 대서양을 횡단할 때 탔던 '스피릿오브세인트루이스'와 비슷한 항공기였다. 버들가지로 짠 1인용 좌석에 비상시 목숨을 지탱해줄 것은 샌드위치와 마실 물뿐이고, 기체가 망망대해로 곤두박질치지 않도록 막아줄 것이라곤 223마력짜리 엔진 하나뿐인 비행기였다. 기체 표면은 유광 알루미늄이었고, 실내에는 초록색 무광 가죽을 덧댔다. 헨리가 오른쪽 부조종석에 앉자 조종사가 비행기 방향과 위도를 조종하는 핸들과 방향타를 유도하는 페달 같은 제어장치에 대해 설명해주었다.

시동이 걸리고 프로펠러가 돌기 시작하더니 이내 보이지 않을 만큼 회전이 빨라졌다. 조종사가 스로틀throttle(출력 조절 장치)을 앞으로 당기자 곧이어 비행기가 활주로에서 떠올라 공항 상공으로 솟아올랐다. 그 봄날, 지상의 모든 것이 푸르고 모든 것이 진동했다. 조종사는 비행기를 하트퍼드 도심으로 몰았고, 헨리는 하트퍼드에서 가장 높은 트래블러스 타워와 황금색으로 빛나는 의사당 건물의 돔 지붕을 내려다보았다.

조종사는 헨리에게 조종을 맡기면서 핸들을 단단히 잡고 절대로 앞으로 갑자기 밀어서는 안 된다고 주의를 주었다. 그랬다가는 비행기 코가 아래로 쏠려 기체가 곤두박질할 수 있기 때문이다. 비행기는 그의 손안에서 완만하게 상승했고, 헨리는 자신의 솜씨에 스스로도 놀랐다.

착륙 때는 조종사가 핸들을 이어받았지만 거기에 연결된 보조핸들은 그대로 잡고 있게 해주었다. 조종사는 헨리에게 착륙하는 동안 바닥에 발을 어떻게 고정해야 방향키 페달을 잘못 건드려 기체의 방향이 바뀌는 사고를 막을 수 있는지 알려주었다. 비행기는 공항이 있는 강 쪽으로 약간 방향을 틀면서 하강했다. 착륙하기 시작할 때 조종사는 헨리에게 보조핸들을 바짝 당기고 있으라고, 그래야 기체가 곤두박질하는 사태를 막을 수 있다고 했다. 그들은 우아하게 착륙한 뒤 서서히 활주로를 달려 출발점에서 멈추었다.

어린 헨리에게 이 짧은 비행은 찰스 린드버그가 대서양을 횡단했다는 그 있을 법하지 않은 소식을 들었을 때와 같은 모험심과 가능성을 심어주었을 것이다. 이 비행은 헨리의 인생에서 가장 흥분되는 순간 중 하나였다. 비행 내내 헨리는 비행기가 주는 감각, 상공에서 내려다보이는 세상의 모습, 조종간을 손에 쥐었다는 전율감에 완전히 매혹되었다. 이 비행의 모든 순간이 사소한 것에 이르기까지 그의 기억 속에 선명하게 기록되었다.

세월이 흘러 새로운 것을 기억하는 능력을 잃은 뒤 헨리에게 남은 것은 과거, 즉 수술받던 시점까지 얻었던 지식뿐이었다. 그는 어머니와 아버지, 동창생들, 살았던 집과 가족이 함께 갔던 휴가를 기억했다. 그러나 이 기억들에 대해 이야기해달라고 하면 어떤 특별한 사건, 하나의 순간에 딸려 있는 모든 장면과 소리, 냄새 같은 것은 묘사하지 못했다. 경험한 일에 대한 전체적인 그림이 남아 있을 뿐, 구체적인 세부 요소는 기억하지 못했다.

헨리의 처음이자 유일한 이 비행은 두 가지 예외적 사건 가운데 하나였다. 그는 노인이 되어서도 비행기의 초록색 실내와 보조핸들의 움직임, 트래블러스 타워의 전경, 비행기를 조종하는 동안 들었던 지시사항을 전부 완벽하고 또렷하게 기억했다. 수술 후 상담과 질의응답을 진행해온 수십 년 동안, 이것이 그가 상세하고 명확하게 장기적으로 기억하는 유일한 경험이었다. 다른 예외는 열 살 때 처음 담배를 피운 기억이었다.

헨리는 1926년 2월 26일, 코네티컷주 하트퍼드에서 동쪽으로 약 16킬로미터 떨어진 도시 맨체스터에 있는 맨체스터 메모리얼 병원에서 태어났다. 체중 3.6킬로그램의 건강한 만삭둥이였다. 부모는 병원에서 1.6킬로미터 채 못 가 있는 홀리스터 스트리트에 있는 집으로 헨리를 데려왔다.

'거스'라고 불린 아버지 구스타브 헨리 몰레이슨은 루이지애나주 티보도 출신이었다. 헨리는 수술 뒤 아버지의 집안을 기억하면서 농담을 하곤 했다. "아버지는 남부 태생인데 북부로 옮겼고, 어머니 집안은 북부인데 남부로 옮겼어요." 한 친척이 몰레이슨 집안의 뿌리가 프랑스 리모주로 거슬러 올라간다고 밝혔다. 프랑스계 케이준 사람들은 1600년대에 캐나다 노바스코샤로 이주했지만 1700년대 중반에 프랑스로 다시 추방되었다. 1700년대 후반 루이지애나로 또다시 이주했고 몰레이슨가는 티보도에 정착했는데, 이곳은 뉴올리언스 서남부 약 1백 킬로미터 지점에 위치한 작은 마을 공동체였다. 헨리의 어머니 엘리자베스 매커빗 몰레이슨은 '리지'로 불렸다. 코네티컷주 맨체스터에서 태어났지만 부모는 북아일랜드 태생이며, 그곳에 남은 가족들과 긴밀한 유대를 이어왔다.

거스는 키 크고 늘씬한 체구에 짙은 갈색 머리였고, 귀가 툭 튀어나오긴 했어도 매력적인 남성이었다. 리지는 거스보다 머리 하나는 작았고, 갈색 곱슬머리에 안경을 썼다. 먼 친척은 리지가 "온화한 성격에 얼굴에서 미소가 떠나지 않았다"라고 기억한다. 거스는 성격이 활달해서 친구들과 어울려 왁자하게 웃고 떠드는 일이 많았다. 거스와 리지는 1917년 하트퍼드에 있는 세인트피터 성당에서 결혼식을 올렸다. 거스가 스물네 살, 리지가 스물여덟 살이었다. 그해 미국이 독일과 전쟁을 선포했지만 거스는 참전하지 않았다. 대신 하트퍼드 중심가의 명소인 G.폭스앤컴퍼니 백화점 같은 건물에 전선을 설비하는 전기

그림1 다섯 살 때 부모님과 함께

공으로 일했다. 리지는 당시 기혼 여성이 대부분 그랬던 것처럼 전업
주부로 살면서 거스 집안 전통으로 내려오는 남부 요리를 배웠다. 하
지만 두 사람이 완전히 판에 박힌 일상을 보낸 것은 아니었다. 거스와
리지는 모험을 좋아해서 차를 몰고 군용 텐트에서 야영하면서 플로리
다, 미시시피, 루이지애나 등지의 친척을 찾아다니곤 했다. 리지는 이
렇게 여행할 때 찍은 사진이며 기념품을 잘 모아놓았다.

　리지는 서른일곱 살 때 외아들 헨리를 낳았다. 그들은 헨리를 가
톨릭 신자로 키웠다. 헨리는 이스트하트퍼드 인근에 있는 사립 유치
원에 다닌 뒤 맨체스터에 있는 링컨 초등학교를 2학년까지 다녔다.
1931년 몰레이슨 가족은 이스트하트퍼드 그린론 스트리트에 있는 마

당 딸린 단독주택으로 이사한 뒤로 헨리의 유년기 동안 하트퍼드 지역에서 예닐곱 차례 집을 옮겼다. 그해 6월 헨리는 어머니와 뉴욕주 버팔로로 짧은 휴가 여행을 다녀왔다. 리지는 거스에게 보내는 엽서에 이렇게 썼다. "만사가 순조롭고 우리 모두 즐겁게 지내고 있어요. …로부터." 당시 다섯 살이던 헨리가 엽서 아래쪽에 연필로 이름을 휘갈겨 썼다.

1930년대에 몰레이슨 가족은 하트퍼드 시내와 인접한 주택가에서 살았다. 헨리는 세인트피터 초등학교를 다녔고, 그 옆에는 헨리의 부모가 결혼식을 올린 성당이 있었다. 그는 친구를 사귀고 롤러스케이트를 배우고 중심가에 있는 드라고 뮤직하우스에서 밴조를 배웠다. 1939년 열세 살 헨리는 세인트피터 초등학교를 졸업하고 웨더스필드 애비뉴에 있는 버 중학교에 진학했다. 이 무렵 그의 인생이 바뀌기 시작했다.

헨리의 유년기는 1930년대 여느 중산층 가정 어린이와 다르지 않았다. 헨리는 당시 또래 남자아이들처럼 크고 작은 사고를 겪었고, 한 번은 자전거 사고로 머리에 작은 부상을 당했다. 이 일에 관해서는 병원 기록과 가족의 기억이 어긋난다. 그 사고가 정확히 몇 살 때 있었는지, 자기 자전거에서 떨어졌는지 아니면 걷다가 다른 자전거와 부딪혔는지, 그 결과 의식을 잃었는지가 확실하지 않다. 중요한 것은 이 사고가 뇌에 어떤 손상을 입혔다는 근거는 없으며 수술 전 1946년과 1953년에 촬영한 공기뇌조영상pneumoence phalogram(뇌 엑스레이) 결과는 정상이었다는 사실이다.

하지만 헨리가 간질발작을 시작한 열 살 때 헨리 어머니는 그 자전거 사고가 눈으로는 보이지 않는 어떤 손상을 뇌에 입힌 것이 아닌가 생각하곤 했다. 어쩌면 그랬을 수도 있다. 하지만 거스 쪽으로 간질 가족력이 있었다. 두 사촌과 조카 한 명이 간질 환자였고, 리지는 그 가운데 여섯 살 여자아이가 가족 모임 때 뻣뻣하게 굳어 풀밭에 누워 있었던 일을 기억한다. 훗날 리지는 이 사건에 '저주'라는 꼬리표를 붙였다. 그녀는 늘 헨리의 병이 남편 집안 탓이라고 원망했다. 연구자가 볼 때 헨리의 간질은 작은 머리 부상 탓이었을 수도 있고, 유전 탓이었을 수도 있고, 둘 다일 수도 있다.

초기 증상은 소발작이었는데, 이는 실신발작이라고도 부른다. 이 발작이 시작되면 헨리는 몇 초 동안 잠시 멍해졌다. 간질 하면 사람들이 흔히 연상하는 격렬한 경련과는 거리가 멀다. 몸을 떨거나 넘어지거나 의식을 잃는 일은 없었으며, 그저 잠깐 주의가 흐려진 것으로 보였다. 누군가와 대화를 하고 있었다면 말을 멈추고 몽상에 젖는 모습이었다. 그를 관찰하면 몸이 앞뒤 혹은 양옆으로 흔들리고 머리가 갸우뚱해지고 숨소리가 거칠어지는 것을 볼 수 있었다. 손가락으로 팔이나 옷을 반복적으로 살짝 긁적이는 동작도 자주 보였다. 발작에서 깨어날 때면 머리를 흔들면서 중얼거리곤 했다. "이번에도 빠져나왔나 봐." 때로는 약간 망연한 모습을 보이기도 했지만, 속으로는 발작이 있었다는 것을 알면서도 아무 일도 없었던 것처럼 하던 행동을 이어가는 경우가 대부분이었다. 이런 발작은 매일 있는 일이라서 헨리는 그 광경을 지켜본 사람에게 방금 발작이 있었다고 설명해주곤 했다.

소발작은 끈덕지게 되풀이되었지만 90초를 넘기는 일이 없어 일상생활에는 지장이 없었다. 부모님과 휴가 여행을 다녔고 테니스장과 야구장, 스케이트장이 딸린 동네 운동장인 콜트 공원에서 친구들과 놀기도 했다. 초등학교 때든 중학교 때든 소발작은 학업에도 지장을 주지 않았다. 일요일 미사에 꾸준히 참석했고, 가톨릭 견진성사를 위해 교리문답을 공부했다. 특히나 열세 살 때 비행기를 조종했을 때도 소발작은 아무런 영향을 미치지 않았다.

그러나 열다섯 살 생일에 급격한 변화가 일어났다. 그날 아버지는 차를 몰았고, 어머니는 뒷좌석에 앉아 있었다. 20킬로미터 정도 떨어진 유서 깊은 마을 사우스코벤트리에 사는 친척을 방문하고 맨체스터로 돌아오는 길이었다. 집에 도착하기 전 헨리는 이전과는 다른 발작을 겪었다. 근육이 수축되고 의식을 완전히 잃었으며 전신 경련이 일어났다. 부모님은 곧장 헨리를 맨체스터 메모리얼 병원, 헨리가 태어났던 그곳으로 데려갔다. 헨리는 이 일을 전혀 회고하지 못했다.

이것이 헨리의 첫 대발작이었다. 연속으로 두 종류의 신체 현상, 즉 사지가 굳어지는 강직 현상에 이어서 몸이 규칙적으로 떨리는 간대성 경련을 겪는 탓에 이 발작은 강직간대발작으로도 부른다. 대발작은 그 이전에 경험해온 짧은 실신발작과 달리, 보는 이에게는 무섭고 겪는 이는 탈진하는 심각한 상황이 될 수 있다. 헨리는 의식을 잃고 혀를 깨물었고, 때로는 소변을 지리거나 머리를 부딪히고 입에 거품을 물곤 했다. 이 격렬한 발작이 자주 일어나는 소발작과 동시에 나타날 수도 있어서 헨리와 가족들은 걱정이 이만저만이 아니었다.

간질의 영어 낱말 'epilepsy'의 어원은 '사로잡다' '공격하다' 등의 뜻을 지닌 그리스어 동사 'epilambánein'이다. 간질은 선사시대부터 존재했을, 역사가 유구한 병이다. 최초 기록은 중동 메소포타미아 문명으로 거슬러 올라간다. 아카드 제국(기원전 2334년~기원전 2154년)의 문헌에 간질발작을 묘사한 그림이 남아 있는데, 환자가 손발이 강직되고 입에 거품을 물고 의식을 잃은 채 고개를 왼쪽으로 돌리고 누워 있는 모습이다. 무당이며 주술사, 돌팔이 의사 들은 이 병이 초자연적인 힘에 의한 것이니 노한 절대자를 달랠 주문과 정화 의식으로 치료해야 한다고 주장했다. 병인은 물리적이며 따라서 식이요법과 약물 같은 합리적 처방으로 치료해야 한다고 믿었던 의사들은 그들과 맞서 수백 년 동안 싸웠다.[1]

간질에 대한 의학적 이해는 16세기와 17세기에 학자들이 공포와 흥분, 스트레스, 머리 부상 등 간질발작 이전에 일어나는 다양한 요소에 초점을 맞추면서 크게 진전했다. 간질에 대한 과학적 접근은 계몽주의 시대에도 계속되어 학자들은 간질 환자를 지속적으로 관찰하는 것이 중요하다고 강조했으며, 간질발작이 일어나는 생물학적 원인을 밝히기 위해 동물과 사람을 대상으로 실험을 했다.[2]

19세기에 간질 연구가 크게 발전하는데, 의사들이 간질 환자와 정신이상으로 간주되는 사람을 구분하기 시작한 것이다. 프랑스 의학계는 대발작, 소발작, 실신발작 등의 용어를 도입하고 각각의 발작에 상세한 의료적 설명을 덧붙였다. 정신과 의사들은 환자들의 행동이상에 관심을 기울이게 되었는데, 거기에는 기억 관련 장애도 포함되었다.

19세기 말, 영국 신경학의 아버지 존 헐링스 잭슨이 발표한 책이 간질 연구에 지각변동을 가져왔다. 잭슨은 자신이 직접 돌보았거나 동료가 돌본 많은 환자의 병례와 의학 문헌에 수록된 보고서를 수집했다. 그는 이들 의료 기록에서 세부 사항을 뽑아 풍부한 정보를 토대로 발작이 뇌의 한 영역에서 시작하여 규칙에 따라 다른 영역으로 발전한다는 새로운 주장을 내놓았다. 발작 패턴에 대한 이 놀라운 주장은 훗날 '잭슨 간질'이라는 명칭을 얻었다. 초창기에는 외과적 처치를 하더라도 이상 증세가 하나의 독립된 뇌 영역에 국한된 환자 위주로 시술했다.[3]

이러한 주장이 나오자 런던의 선구적인 신경외과의 빅터 호슬리가 최초로 간질 환자 세 명을 수술하고 1884년에 두 가지 사례를, 1909년에 셋째 사례를 발표했다. 세 환자 모두 한쪽 팔에 갑작스러운 발작적 경련이 일어나는 것을 경험했다. 호슬리는 경련이 일어난 팔에 해당하는 뇌 부위를 알아내기 위해 수술 중 노출된 뇌를 자극했다. 그러고는 경련을 막기 위해 그 부위를 제거했다. 1909년 독일의 신경외과의 페도어 크라우제가 간질 수술에 관해 더 상세한 연구 내용을 발표했다. 크라우제는 수술 시에 피질에 전기자극을 가하여 그에 따른 반응에 기초해 뇌 운동, 감각, 언어와 관련된 부위의 지도를 확실하게 그리는 것을 목표로 삼았다. 이 선구적 작업이 성공함으로 피질 자극 부위가 초점간질을 야기한다는 잭슨의 통찰이 처음으로 확증되었다. 이러한 결과는 수술이 안전하고 효과적인 치료법이라는 사실을 시사했다.[4]

1908년 미국 존스홉킨스 병원의 하비 쿠싱은 50여 건의 간질발작 수술을 하는 동안 피질기능 위치화(사람의 대뇌피질에서 해부학적·기능적으로 영역을 구분하여 치료나 수술 시 손상 부위를 최소화하는 기술 — 옮긴이)

연구를 진행하여 뇌에서 다양한 기능이 수행되는 위치와 관련해 많은 지식을 얻게 되었다. 이러한 자극 연구로 외과의들은 환자의 특정 행동 이상을 피질의 특정 영역과 연결지을 수 있게 되었다. 특정 운동기능, 감각기능, 인지기능을 뇌회로의 특정 지점에서 찾으려는 노력은 오늘날 수많은 연구소와 실험실에서도 계속 이어지고 있다.

1920년대에 독일 브레슬라우의 오트프리트 푀르스터는 제1차 세계대전 때 입은 뇌 부상으로 인해 뇌종양이나 간질을 앓는 환자를 수술했다. 이 수술에는 국소마취를 적용했고, 전기자극으로 환자에게 발작을 재현한 뒤 문제가 되는 뇌 부위를 제거하여 발작 억제에 성공했다.

푀르스터는 몬트리올 신경학연구소의 창설자이자 소장인 와일더 펜필드의 스승이다. 1928년에 푀르스터가 있는 병원을 6개월간 방문한 펜필드는 몬트리올로 돌아가 피질 자극과 위치화 연구의 범위를 넓혀 환자들의 간질 위치를 찾아 제거할 수 있었다. 1939년을 기점으로 펜필더는 '측두엽절제술'(왼쪽이나 오른쪽의 측두엽 일부를 잘라내는 수술)이라는 수술법을 개발했고, 이는 측두엽 부위가 원인이 되는 발작을 억제하는 요법으로 널리 사용되었다.[5]

1950년대 몬트리올 신경학연구소가 찾아낸 중대한 돌파구 하나가 헨리 몰레이슨에게도 크나큰 영향을 주었다. 펜필드와 그의 동료 신경생리학자 허버트 재스퍼는 펜필드의 자극연구수술 환자 사례와 동물을 대상으로 한 자극실험연구에서 나온 근거들을 평가했다. 그들은 측두엽 관련 발작이 측두엽 조직의 심부에 있는 편도체와 해마에서 일어나는 것이라고 결론 내렸다. 이후로 펜필드의 연구소에서 행해지

그림2 윌리엄 비처 스코빌

는 표준적인 좌측두엽절제술이나 우측두엽절제술에 편도체와 해마 부위도 포함되었다. 헨리의 수술을 맡은 윌리엄 비처 스코빌은 편도체와 해마를 절제한 펜필드 환자들의 예후가 좋았다는 것을 알고서 이를 헨리의 수술에 적용하게 된다.

지금은 모든 간질발작이 뇌의 과도한 전기 활동이 야기하는 행동현상으로 통한다. 이 간질의 특징이 처음 알려진 것은 1920년대 말 한스 베르거가 기념비적인 발견을 한 덕분이다. 독일의 정신과 의사 베르거는 의사로서의 삶을 뇌 기능 모형, 정신과 뇌의 상호관계 모형을 구축하는 데 바쳤다. 혈류와 체온을 행동과 연계하는 데 이렇다 할 결과를 얻지 못하자 실망한 베르거는 뇌의 전기파 활동으로 주의를 돌렸다. 그는 환자의 두개골 밑에 선을 삽입하여 최초로 사람의 뇌파 활동을 기록했다. 베르거는 이 방법을 뇌전도electroencephalogram, EEG라 명명했으며, 이 방법으로 길고 짧은 여러 유형의 뇌파를 밝혀냈다. 비침습형 non-invasive(외과적 시술을 하지 않는 방식 — 옮긴이) 두피전극을 비롯하여 일련의 신기술을 선보인 베르거는 간질, 치매, 뇌종양 등 여러 뇌질환의 비정상적인 뇌 전기신호를 성공적으로 기록했다. 사람의 뇌를 들여다볼 수 있는 이 새로운 창은 뇌의 메커니즘을 밝혀내려 하는 신경학자들에게 새 지평을 열어주었다.[6]

베르거가 주목할 만한 발견을 했다는 소식을 들은 하버드 의과대학은 1934년부터 간질 환자들의 뇌파를 연구하는 프로젝트를 준비하기 시작했다. 1935년에는 MIT를 졸업한 기술자 앨버트 그래스가 뇌전도 기계 세 대를 제작했고, 이로써 그래스인스트루먼트Grass Instrument 사가 설립되었다. 그래스는 신경학자 윌리엄 고든 레녹스, 프레드릭 깁스와 공동으로 간질 소발작 환자들의 뇌전도를 종이에 기록했다. 이 기록들은 소발작 환자들의 뇌파에 어떤 특징이 있음을 보여주었고, 이후 대발작 환자들의 뇌전도 기록은 확연히 다른 패턴을 보여주었다.

의사들은 뇌전도라는 이 놀라운 신기술를 이용해 발작의 특성과 발작과 관련된 뇌 부위를 찾아냈고, 이로써 진단과 치료에 중대한 전진을 이루어냈다. 초기에는 간질 수술 시에 환자의 발작 유형에 따라 발작이 발생한 뇌 부위를 찾아낸 후 문제가 되는 조직을 제거했다. 하지만 수술실에서 뇌를 열었더니 문제 부위가 정상으로 밝혀져서 아무 조직도 제거하지 못하는 경우도 있었다. 뇌전도 덕분에 간질 환자에 대한 수술 전 평가가 매우 정확해졌을 뿐 아니라 수술 중에 뇌파 활동을 확인할 수 있게 되었다. 1930년대 말에서 1940년대에 허버트 재스퍼는 수술받는 환자의 피질과 그 아래 조직에 자신이 고안한 장치를 연결해 수술 중 뇌전도 패턴을 기록했다. 스코빌의 연구진은 헨리를 수술할 때 이와 유사한 생리학적 기록법을 사용해서 발작의 발원지를 찾으려 했지만 소득이 없었다. 발작 활동을 기록하는 뇌전도 기술은 뇌전도에 포착된 뇌장애를 치료하는 한편, 발작을 예방하는 항간질약 치료법의 토대가 되었다. 간질 치료약 처방의 역사는 최소한 기원전 4세기로 거슬러 올라간다. 의사들이 터무니없는 처방을 남발하던 시절이다. 이들은 주술이나 경험적 지식을 토대로 낙타 털, 물개 담즙과 위벽, 악어 배설물, 산토끼 심장과 생식기, 바다거북 피, 작약 뿌리 따위로 만든 부적 등을 처방했다. 지금은 미신이라고들 하지만 효험이 있었다고 전해지는 경우도 많다. 실험적인 단계에서 항간질약물요법으로 처음 선보인 것은 1912년에 나온 루미날(페노바르비탈 제제, 진정·최면제)과 1938년에 나온 다일란틴(페니토인 제제, 항경련제)이었다. 이 약물들은 대다수 환자의 발작을 효과적으로 제어하면서 간질 치료의 중추가 되었다. 헨리가 치료받던 시대에는 조제 시설에 항경련제가 여러 종 추가되었다. 이런 약제는 발작의 강도나 빈도를 약화할 수는 있지만 졸음, 구토, 식욕부진, 두통, 짜증, 피로, 변비 같은 부작용을 낳는 경우도 적지 않았다.[7]

1950년대 초에 이르러 간질 치료는 발작 국소화, 약물요법, 수술이라는 세 방면에서 진보했다. 대부분의 환자는 환자 개인에게 맞는 투약 관리로 발작을 제어할 수 있게 되었다. 외과적 처치를 받아야 했던 환자들은 피질에서 발작을 일으키는 원인 부위를 제거하여 만족할 만한 결과를 얻었다. 절제 범위는 경우에 따라 넓기도 하고 좁기도 했는데, 전두엽, 측두엽 혹은 뇌 한쪽 편 두정엽에 한정되는 경우가 대부분이었지만 좌뇌 혹은 우뇌피질 전체를 절제해야 하는 경우도 있었다. 전 세계 신경외과 연구자들은 수술 전후 뇌전도 기록과 인지 실험 연구 네트워크를 구축해 치료 효과 자료를 수집하고 새로운 접근법을 관리했다.[8]

헨리는 간질 때문에 학교생활에 적응하기가 어려웠다. 윌리만틱 고등학교에 입학했지만 다른 학생들이 놀리는 것을 견디기 힘들어해서 몇 해 만에 자퇴했다. 그러다가 열일곱 살이 된 1943년에 이스트하트퍼드 고등학교에 다시 신입생으로 들어갔다. 키가 크고 두꺼운 안경을 쓴 헨리는 남과 어울리지 않는 조용한 학생으로, 정규 과학클럽 활동 시간 말고는 학과 외 활동에 전혀 참여하지 않았다. 헨리를 기억하는 고교 동창은 몇 명 되지 않았는데, 그들은 헨리가 아주 예의 바른 사람이었다고 기억했다.

간질장애 때문에 학교생활에 적극적이지 못했을지도 모른다. 참여 빈도가 높을수록 학생들 앞에서 발작을 일으킬 확률도 높아졌을 테니 말이다. 헨리에게 간질이 없었다면 얼마나 어떻게 달랐을지, 그의 은둔적인 태도가 병에 대한 두려움보다 선천적인 수줍음에서 온 것인지 어떤지는 알 수 없는 일이다. 당시에는 간질에 대한 잘못된 정보가 난무했고 사회적 공포심이 컸기 때문에 헨리는 부당한 대접을 받을 수밖에 없었다. 어떤 교사는 헨리와 같은 반인 남학생 한 명을 불러내 이렇게 말했다. "너는 체격이 크고 힘이 세구나. 우리 학교에 문제가 좀 있다. 너희 반에 있는 헨리가 간질을 앓아. 걔가 발작을 일으키면 내가 양호교사를 불러올 때까지 네가 잡고 있어주면 좋겠다." 다행히도 그 학생은 한 번도 호출되지 않았다.

이스트하트퍼드 고등학교 동창 루실 테일러 블라스코는 헨리를 처음 봤을 때 헨리가 학교 복도에서 전신을 떨면서 고통스러워하고 있었다고 기억한다. 멀리서 보기에는 웃음을 참느라 배를 움켜쥔 것 같았다. 다음 날 교장이 강당에 전교생을 불러놓고 헨리의 상황을 설명했다. 교장은 학생들을 교육하려고 한 것이었지만, 결과적으로 헨리는 더욱 고립되었고 그의 병에 대해 동네방네 소문만 퍼지고 말았다.

헨리의 이웃 친구 잭 퀸란과 던컨 존슨은 제2차 세계대전에 참전했는데, 그때 헨리는 아직 학교에 다니고 있었다. 두 친구와 주고받은 다채로운 편지글에서 헨리의 사회성을 엿볼 수 있다. 헨리는 확실히 여자에게 관심이 있었고 데이트도 했다. 1946년에는 퀸란에게 자신이 연상 여성에게 반했다고 털어놓은 것으로 보인다. 퀸란이 중국 옌타이에서 보낸 편지는 헨리가 고백한 내용에 대한 답신이었던 듯하다. "친구야! 네가 그렇다니 마음이 아파. 그건 의심의 여지없이 정신병이라고. 스물여덟 살의 부인이라면 너 같은 사내한테는 너무 똑똑해. 게다가 상냥한 유부녀라니."[9]

헨리는 다른 단순한 즐거움도 누릴 줄 알았던 것으로 보인다. 집에서는 라디오 듣기를 좋아했고, 로이 로저스, 데일 에반스, 개비 헤이스 그리고 가족 시트콤 〈오지와 해리엇의 모험The Adventures of Ozzie and Harriet〉의 팬이었다. 또 헨리는 축음기로 음반을 듣거나 친구들과 함께 대중음악을 듣곤 했다. 헨리는 감미로운 화음을 들려주는 맥과이어 시스터스를 좋아했고, 1930년대와 1940년대의 빅밴드 재즈와 〈테네

시 왈츠Tennessee Waltz〉〈마이 블루 헤븐My Blue Heaven〉〈더 프리즈너스 송
The Prisoner's Song〉〈온 탑 오브 올드 스모키On Top of Old Smoky〉〈영 엣 하트
Young at Heart〉같은 히트곡을 좋아했다.

헨리는 총도 좋아했다. 아버지에게 도움을 받아 사냥 소총과 권총
컬렉션을 갖추었는데, 거기에는 18세기와 19세기 초에 인기 있던 부
싯돌식 권총도 한 정 있었다. 헨리는 이 컬렉션을 침실에 간직했으며,
시골에서 표적 사격을 하는 것은 헨리가 좋아하는 여가 활동이었다.
전미 총기협회의 자랑스러운 회원인 헨리는 관심을 보이는 친지들에
게 이 컬렉션을 즐겨 자랑하곤 했다.

1947년 헨리는 스물한 살 나이로 이스트하트퍼드 고등학교를 졸
업했다. 몰레이슨 부인 말에 따르면 교장은 헨리에게 "좋지 못한 상태"
가 닥칠 우려가 있다며 졸업식 참석을 허락하지 않았다. 대신 부모님
과 함께 가족석에 앉은 헨리는 "몹시 상심해 있었다." 1968년 헨리는
이 일을 전혀 회고하지 못했다. 헨리의 졸업 앨범에 동급생 60여 명이
서명을 남겼는데, 교우들과 교류가 없었던 상황치고는 놀라운 수였
다. 앨범 서명 기간에 서로 돌아가면서 너나없이 모두가 서명했을 가
능성도 있다. 헨리의 친구 밥 머레이는 이렇게 썼다. "칙칙한 분위기를
환히 밝혀준 친구." 또 다른 동급생은 이렇게 썼다. "멋진 동기이자 완
벽한 친구에게, 사랑과 행운을 빌며, 로리스가." 헨리는 수려하게 나
온 자신의 졸업 사진 옆에 셰익스피어의《줄리어스 시저》가운데 한
문장을 인용했다. "가식이 없고 성실한 사람은 속임수가 없다."

고등학교에서 헨리는 상업 과정이나 대학 진학 과정이 아닌 실용

과정을 선택해야 했다. 순수 학문보다는 직업 기술에 중점을 둔 과목들이었다. 열여섯 살 여름방학 때는 극장에서 안내인 아르바이트를 했고, 고등학교를 졸업하고서 처음 일한 곳은 윌리맨틱 외곽의 폐품 처리장이었다. 여기서 전기모터 되감기 공정을 맡았던 그는 그다음에도 윌리맨틱에 있는 에이스일렉트릭모터사에서 두 사장을 도와 일했다. 일솜씨가 꼼꼼했던 헨리는 작은 검정 수첩에 전기회로의 전압과 전력을 계산하는 방정식, 두 저항기의 병렬연결도 등 자신이 하는 일의 내용을 글과 그림으로 상세하게 기록했다. 수첩에는 모형철도 설계도도 있었다. 전기모터 회사를 그만둔 뒤에는 하트퍼드에 있는 언더우드타이프라이터사의 조립 공정에서 일했다.

헨리는 날마다 한 이웃과 함께 버스로 출퇴근했다. 하루에도 수차례씩 소발작과 간헐적인 대발작이 일어나서 혼자 자가용을 운전해서 가기는 어려웠다. 발작 때문에 맡은 일을 하기 힘들었고, 결근하는 날도 잦았다. 항간질약을 다량 복용했지만 발작을 억제하지는 못했다.

이 무렵 헨리는 스물네 살이 되었고, 주치의는 윌리엄 비처 스코빌이었다. 탁월한 외과의인 스코빌은 1939년 하트퍼드 병원에 신경과를 설립했고 예일 의과대학에서 강의했다. 그는 예일 대학교에서 학부를 나오고 펜실베이니아 대학교에서 의학박사 학위를 받은 뒤 뉴욕코넬 병원, 뉴욕시 벨뷰 병원, 보스턴의 매사추세츠 종합병원과 레이히 클리닉Lahey Clinic 등 전국 유수의 병원에서 20세기 신경학계 최고 수준의 의사들에게 직접 지도 받는 수련의 생활을 거쳐 하트퍼드 병원에 들어왔다. 총명하고 정력적이고 야심 넘치는 스코빌은 유머 감각이 돋보이는 사람이었지만 동료들 사이에서는 과묵하게 지내는 편이었다. 격식에 매이지 않는 자유로운 사고의 소유자로서 오토바이를 타고 다녔고 옛날 자동차를 좋아했다. 1975년에는 이런 글을 썼다. "나는 생각보다 행동을 선호하는데, 이것이 내가 외과 의사가 된 이유다. 나는 결과를 직접 보는 것이 좋다. 기계의 완벽함을 사랑하는 나의 몸속에는 자동차 정비사의 피가 흐른다. 이것이 내가 신경외과를 선택한 이유다."[10]

주치의 하비 버튼 가더드는 자신이 쓸 수 있는 약물로는 헨리의 증세를 치료하기가 어렵다는 것이 분명해지자 헨리와 부모님에게 스코빌을 만나보라고 제안했다. 헨리가 스코빌을 처음 만난 것은 열일곱 살이던 1943년이었을 텐데, 당시에는 항경련제인 다일란틴을 복용하기 시작해서 대발작이 다소 완화된 상태였다.

1942년에서 1953년 사이에 부모님이 헨리를 보스턴에 있는 명성 높은 병원인 레이히 클리닉으로 데려갔는데, 헨리는 수술 후에 이 여행을 기억해냈다. 당시의 진찰 기록은 구할 수 없다. 헨리가 계속해서 스코빌에게 치료를 받았기 때문에, 레이히에 있던 의사들은 헨리의 부모에게 하트퍼드에서 받았던 것 이상의 치료는 할 수 없으며 거주지 의사에게 진료받는 것이 중요하다고 강조했을 것이다. 스코빌은 1946년 9월 전까지 헨리를 하트퍼드 병원에 세 차례 입원시켰지만, 이때의 입원진료 기록은 스코빌의 자료에 없었다.

1946년 9월 3일, 스무 살의 헨리는 네 번째로 입원해서 뇌종양 등의 이상을 제거하기 위한 공기뇌조영상PEG을 촬영했다. 이들 이상을 발작의 원인으로 본 것이다. 이 검사는 불쾌한 침습형 방법이었지만 당시로서는 두개골을 절개하여 내부를 들여다보지 않으면서 살아 있는 뇌 조직을 시각화하기 위한 최선의 방법이었다. 공기뇌조영상 촬영법은 이렇다. 먼저 척추에 바늘을 꽂아 뇌척수액을 뽑아낸 뒤 산소를 주입한다. 그럼 이 산소가 척추관을 따라 뇌로 올라간다. 그런 다음 엑스레이를 찍어 뇌에서 뇌척수액 정상 경로가 차지하는 공간의 위치와 크기를 알아낸다. 이 엑스레이 사진을 통해 헨리의 뇌가 병 때문에 위축된 것인지, 종양 등의 이상 성장 때문에 구조 변화가 일어난 것인지 알 수 있었다. 환자들은 끔찍한 두통과 구역질에 시달려야 하는 이 검사를 지독히도 싫어했다. 부작용은 겪었지만 헨리는 이틀 뒤 희소식과 함께 퇴원했다. 공기뇌조영상 검사 결과는 정상이었고 신체 및 신경 검사에서도 아무 문제가 나타나지 않았던 것이다. 비록 이 검사로 인해 뇌종양이나 뇌졸중 같은 몇몇 질환이 간질 원인에서 제외되었지만, 이 정밀한 검사도 발작이 일어나는 병소를 정확히 밝혀내기에는 역부족이었다. 1946년 9월 하트퍼드 병원 퇴원 요약 자료를 보면 "다일란틴을 무기한 투약할 것"이라고 적혀 있다. 헨리는 여전히 정상적인 삶을 가져다줄 의학적 돌파구를 기다려야 했다.

헨리가 스물여섯 살이던 1952년 12월 22일 자 스코빌의 기록에는, 지난 한 달간 헨리의 발작 횟수가 많아야 1회라고 적혀 있다. 헨리는 "다일란틴 하루 5회, 페노바르비탈 하루 2회, 트리메타디온 하루 3회, 메산토인 하루 3회의 강력한 투약 처방"을 받고 있었다. 스코빌은 투약이 독성 농도에 이르지 않게 하기 위한 예방 조치로 매달 혈액 검사를 실시했고, 하트퍼드 병원에 있는 동료 의사 하워드 버클리 헤일릿에게 헨리를 진찰해달라고 요청했다. 스코빌의 진료 기록에는 석달 뒤인 1953년 3월에 헨리를 다시 만난 것으로 나와 있다.

발작이 발생하는 위치를 찾기 위한 뇌전도 분석도 반복해서 받아야 했다. 의사들이 병소를 찾아냈다면, 발작을 없앨 수 있으리라는 희망을 품고 그 부위를 제거하는 수술을 제안했을지도 모른다. 하지만 1953년 8월, 수술받기 8일 전 뇌전도로 확인할 수 있었던 것은 뇌파가 더디고 분산적이라는 정도뿐이었다. 뇌전도를 기록하는 동안 실은 분석에 도움이 될 법한 발작이 한 차례 더 있었으나 여전히 구체적인 이상 부위를 찾아내지는 못했다. 이틀 뒤 공기뇌조영상을 다시 촬영했지만 이상은 나타나지 않았다. 시각과 청각도 정상이었다. 요약하면 1953년에 해볼 수 있었던 검사로는 뚜렷한 병소를 밝혀내지 못했다.

간질 병소를 밝혀내기 위한 시도 중 하나로, 투약량이 많지 않은 수술 하루 전날 또 한 차례 뇌전도를 분석했다. 이상 뇌파는 여전히 한 군데 특정 부위가 아닌 여러 곳에서 분산적으로 나타났다. 수술 전 2주 동안 헨리에게는 두 차례 대발작이 있었고, 소발작은 날마다 일어났다.

스코빌은 헨리의 발작이 10년 동안 진행되어왔다는 점을 염두에 두고, 발작을 제어해서 삶의 질을 향상시키기 위해 한 가지 실험적 수술을 제안했다. 그는 이 수술이 정신과 질환에 대한 이해를 높이고 난치병으로 알려진 일련의 뇌 질환에 대한 해법을 제시할 연구를 위한 수술 시리즈의 하나가 될 것으로 보았다. 헨리의 뇌 조직 심층부에서 양쪽 끝부분을 몇 인치씩 잘라내는 수술이었다. 스코빌은 전에도 비슷한 수술을 한 적이 있지만 심각한 정신질환을 앓는 사람들뿐이었고 주로 정신분열증이었다. 그 정신질환자들의 수술 결과는 엇갈렸다. 스코빌은 병원 의료진 및 가족들과 상담해서 각 환자의 수술 후 증상

그림3 수술 전 헨리

을 -1점(악화)에서 4점(현저하게 회복하여 퇴원)까지 점수를 매겼다. 한 환자가 -1점, 두 환자가 4점을 받았고 나머지는 그 사이에 분포했다. 인지검사는 실시하지 않았다. 헨리는 난치성 간질로 이 수술을 받은 최초의 환자였다. 뇌 조직을 제거해 간질발작을 멈춘다는 발상을 뒷받침해준 것은 몬트리올 신경학연구소의 와일더 펜필드가 약물저항성간질 환자를 수술하여 치료에 성공한 사례였다.

헨리가 예순한 살이던 1991년에 한 환자 돌봄이가 헨리가 말하는 것을 들었는데, 오래전에 수술동의서에 서명한 일은 기억하지만 그 시기나 동의서 조항에 대해서는 기억하지 못했다고 했다. "내 머리 수술에 관한 내용이었던 것 같아요." 스코빌과 부모님이 상담한 뒤 헨리와 나눈 대화가 기록으로 남아 있지는 않지만, 10년간의 치료가 실패로 끝난 터라 그 수술이 헨리에게 최선이라는 데 모두가 동의했다.[11]

1953년 8월 24일 월요일, 헨리는 부모님과 번사이드 애비뉴에 있는 집에서 나와 이스트하트퍼드 쪽 코네티컷강을 건너 8킬로미터를 운전해 하트퍼드 병원에 도착했다. 헨리는 입원해서 정신분석의 리슬롯 피셔에게 검사를 받았다. 리슬롯은 보고서에 이렇게 썼다. "그는 임박한 수술 때문에 다소 긴장된다고 말하지만, 그럼에도 그 수술을 받는 것이 자신에게 아니면 최소한 다른 사람들에게라도 도움이 되기를 바라고 있다. 그의 태도는 시종 협조적이고 호의적이었으며, 유쾌한 유머 감각을 보였다."[12]

헨리는 그날 밤 병원에서 지냈고, 다음 날 병원 직원들이 그의 머리를 민 뒤 수술 침대에 태워 수술실로 데려갔다. 스코빌의 수술 보고서를 보자. "최근 정신운동성 간질 치료를 위한 측두엽절제술이 행해진 뒤로 마침내 양쪽 내측두엽절제술 허가가 떨어졌다. 이 수술에서는 해마구, 편도체, 해마회도 절제될 것이다."

스코빌은 이날을 간절히 기다려왔고, 몰레이슨 가족도 조심스러우나마 희망을 품고 있었다. 스코빌은 다른 외과의들이 환자의 발작을 제어하기 위해 쓰는 방법에 대해 알고 있었기 때문에 자신이 개발한 방법이 수술 치료의 새 지평이 되기를 바랐다. 헨리의 사례가 그 첫 실험대였다. 헨리와 부모는 시도 때도 없이 일어나는 발작에 방해받는 일 없이 다시금 정상적인 삶을 누릴 그날을 손꼽아 기다렸다. 모든 사람의 마음속에는 이 생각 하나뿐이었다. '뇌 조직을 제거하면 헨리의 간질이 치료될까?' 헨리가 기억력을 잃을 수도 있다고 생각한 사람은 아무도 없었다. 하지만 그렇게 되었고, 그날 헨리의 인생은 송두리째 돌이킬 수 없는 길로 들어서고 말았다.

2

"솔직히 말해서 실험적인 수술"

1953년 8월 25일 화요일, 윌리엄 비처 스코빌은 수술대 앞에 서서 환자의 두피에 마취제를 주사했다. 헨리는 깨어 있는 상태로 의사와 간호사들과 이야기를 나누었다. 뇌에는 통각 수용체가 없어 수술받는 동안 어떠한 고통도 느끼지 못하므로 전신마취를 할 필요가 없다. 마취가 필요한 곳은 두피와, 뇌와 두개골 사이에 있는 섬유질 조직인 뇌경질막이다.

마취제가 효과를 보이자 스코빌은 주름선을 따라 이마를 한 줄로 절개하여 피부를 뒤집었고, 그 밑으로 붉은 속피부와 두개골이 드러났다. 헨리의 눈썹 바로 위쪽 두개골에다 5인치(약 13센티미터) 간격으로 지름이 1.5인치(약 4센티미터)인 구멍을 두 군데 뚫었다. 그리고 구멍 뚫은 곳에서 원형 뼈 두 조각을 빼내어 나란히 놓았다. 이 구멍 두 개는 수술의들이 수술 도구를 넣었다 뺐다 할 수 있는 일종의 현관문이 되었다.

스코빌이 수술을 시작하기 전에 그의 팀이 마지막으로 뇌전도를 분석했는데, 이번에는 전극을 헨리의 뇌 조직에 직접 연결했다. 스코빌은 혹시라도 이것으로 발작의 병소를 찾을 수 있을까 생각했다. 뇌파는 뇌전도에 삐뚤삐뚤한 줄로 기록되었다. 이 줄을 트레이스trace라고 부르는데, 각각의 트레이스는 뇌 각 부위에서 나타내는 반응을 가리킨다. 이 부위 중에서 간질이 발생하는 부위를 찾아낼 수 있었다면 스코빌이 제안한 수술은 불필요했을 것이다. 그 부위만 잘라내면 발작이 해결될 테니 말이다. 그러나 이번 뇌전도에서도 뇌파가 분산적으로 나타나 어느 한 부위를 분리할 수 없었다. 스코빌은 계획한 대로 수술을 시작했다.

스코빌은 정신외과에서 훈련받았을뿐더러 정신질환을 외과적으로 처치하는 것에 확신을 품고 있었다. 절망적인 질환에는 수술이 극단적이기는 하지만 상황을 바꿔줄 해법이 되리라 믿었다. 당시에는 뇌 조직 파괴가 실험적이기는 하나 정신분열증, 우울증, 불안신경증, 강박상태 등 다양한 정신질환에 유효한 요법으로 간주되었다.

스코빌은 외과적 방법으로 뇌를 면밀히 조사할 수 있으며 그렇게 해서 결정적인 부위를 찾아 제거하거나 그 부위에 전기자극을 가함으로써, 심리요법이나 약물 없이 직접 문제를 해결할 수 있을 것이라고 믿었다. 헨리의 경우는 정신질환이 아니라 간질이었지만, 스코빌은 이 방법론에 확신이 있었기에 이처럼 극단적인 수술을 감행할 수 있었다.

정신외과수술이라 하면 사람들은 대개 전두엽과 다른 뇌 부위 간의 연결을 끊는 전두엽절제술frontal lobotomy을 떠올린다. 1975년 아카데미상 수상작 〈뻐꾸기 둥지 위로 날아간 새One flew over the cuckoo's nest〉가 이 수술의 실태를 생생하게 보여주었다. 켄 키지의 소설을 토대로 한 이 영화는 미치광이 행세로 정신병원에 보내진 죄수 R. P. 맥머피의 이야기다. 맥머피는 동료 환자들을 모아 수간호사 래치드의 전횡에 맞선다. 자신의 계획이 역풍을 일으켜 한 환자가 자살하게 되자 맥머피는 래치드를 비난하며 목 졸라 죽이려고 하다가 그 벌로 전두엽절제술을 받는다. 수술로 뇌가 손상되어 비참한 존재가 된 맥머피를 가련히 여긴 다른 환자가 베개로 질식시켜 죽인다.

뇌엽절제술로 삶을 파괴당한 실존 인물로는 조지프 케네디(미국의 정치 명문가 케네디 가문의 기반을 다진 기업인 겸 정치인 — 옮긴이)의 딸이자 존 F. 케네디의 여동생이요 로버트, 에드워드 케네디의 누나, 유니스 케네디의 언니였던 로즈메리 케네디가 있다. 로즈메리는 다른 형제자매만큼 똑똑하지는 않았다고 하지만 젊고 아름다운 여성이었다. 1941년 로즈메리는 워싱턴 D. C.의 한 수녀원 학교에서 생활했는데, 생활기록부에는 감정 기복이 심하고 밤이면 학교에서 빠져나가곤 했다고 적혀 있다. 조지프 케네디는 로즈메리가 남자들을 만나고 다니다가 문제를 일으킬지도 모른다는 생각에 해결책으로 절제술을 받게 하기로 결정했다. 그는 로즈메리를 저명한 정신외과술 옹호자 월터 프리먼에게 데려갔다. 프리먼의 동료 제임스 W. 와츠의 진단은 절제술 후보로 손색없는 초조우울증이었다. 결과는 충격적이고 끔찍했다. 로즈메리는 정신과 신체가 모두 망가진 폐인이 되어 남은 인생 63년을 가족들에게서 소외된 채 살아야 했다.[1]

몇몇 국가에서 금지되었던 전두엽절제술은 현재 사실상 폐기되었다. 이렇게 파괴적인 결과를 낳았다는 사실이 알려진 지금은 애초에 그런 수술이 가능했다는 것 자체를 이해하기 힘들다. 하지만 1938년에서 1954년 사이에 뇌엽절제술 옹호자들은 이 수술에 위험이 따르기는 하나 시설에 갇혀 비참하게 살아가는 많은 절망적인 환자들에게는 구원이 될 수 있다는 사실도 감안해야 한다고 주장했다. 이 수술을 받은 뒤 가족에게 돌아가 예전처럼 활기찬 삶을 되찾은 환자들이 있기는 했다.

분명 스코빌이 헨리에게 수술을 받도록 권유한 데도 이 논리가 작용했을 것이다. 헨리는 갈수록 발작이 잦아져 생활이 위험에 처할 지경이었고, 투약량을 크게 늘려봐도 효과는 더 이상 만족스럽지 못한 상태였다. 스코빌에게는 두 번 생각할 여지 없이 이 수술이 최후이자 최선의 선택이었다.

수술의가 찾아내서 제거할 수 있는 뇌의 종양이나 반흔조직과 달리 정신질환은 뇌 조직에 가시적인 변화나 명백한 이상이 드러나는 질병이 아니다. 그렇다면 정신질환을 외과수술로 치료하는 논리적 근거는 뇌의 특정 회로가 제 기능을 하지 못한다는 점이 될 것이다. 비록 그 기능장애가 눈으로 식별되는 것은 아니지만 말이다.

정신외과는 동물과 사람의 뇌 기능 매핑brain-mapping(어떤 생각을 하거나 어떤 반응을 할 때 활성화되는 뇌 부위를 찾아내어 지도로 만드는 기술―옮긴이) 기술이 발전하면서 대중적으로 인기를 얻었다. 뇌 기능 매핑 실험은 19세기 말에 시작되어 정신의 기능과 뇌 부위의 위치를 연관지어 이해하면서 과학자들 사이에서 갈수록 인기를 누렸다. 이 연구를 뒷받침한 것은 뇌 안에 감각기능과 운동기능을 각각 전담하는 별개의 영역이 있으며 나아가서는 언어 같은 인지기능도 전담하는 영역이 있다는 발상이었다. 뇌와 행동이 연결되어 있다는 생각이 19세기 말과 20세기 초에 증명되면서 정신병의 진원지를 뇌 안에서 찾아 수술하면 치료할 수 있으리라는 희망이 자리 잡은 것이다.

최초의 정신외과수술 기록은 1891년 스위스의 정신과 의사 고트리프 부르크하르트의 보고서인데, 환각을 겪는 환자 여섯 명의 대뇌피질(두개골 바로 아래 뇌의 표면을 덮고 있는 얇은 층) 일부를 절제한 수술이었다. 장문의 수술 보고서를 접한 동료 의사들은 무모하고 무책임한 수술이었다는 평가와 함께 부르크하르트를 의학계에서 배척했다.[2]

1900년대 초 에스토니아의 신경외과 의사 루드비히 푸세프는 다른 방식으로 접근했다. 푸세프에게는 조울증과 발작 증세를 앓는 세 환자가 있었는데, 그는 심리장애가 병인이라고 판단했다. 푸세프는 부르크하르트처럼 뇌 조직 한 덩어리를 제거하지 않고 전두엽과 두정엽을 연결하는 신경섬유(전화선)를 끊었다. 하지만 이 수술로는 환자들의 증세가 완화되지 않았고, 푸세프는 자신의 실험이 실패했다고 생각했다.

1930년대에는 정신외과술의 규모가 방대해졌다. 포르투갈의 신경과 의사 안토니우 에가스 모니스는 정신장애에 대한 생물학적 요법을 개발하고자 한 노력으로 노벨상을 받았다. 그가 이 분야에 관심을 갖게 된 계기는 우연한 발견 때문이었다. 예일 의과대학 비교심리학 실험실 연구자들이 이마 바로 안쪽 대뇌피질 부분인 전두엽의 기능을 알아내기 위해 침팬지 실험을 하고 있었다.

그 실험의 일환으로 연구자들은 전두엽에 아무 이상 없는 정상 침팬지 베키와 루시를 훈련시키면서 기억 테스트 검사자가 두 컵 중에서 한 컵 밑에 먹을 것을 숨기는 것을 침팬지들이 지켜보게끔 했다. 침팬지와 컵 사이에 막을 쳐서 몇 초에서 몇 분까지 가려두었다가 막을 치우고 침팬지가 두 컵 중에서 맞는 컵을 고르면 상을 주었다. 맞는 컵을 골랐다는 것은 먹을 것을 숨긴 곳을 기억했다는 뜻이다. 침팬지도 사람처럼 저마다 성격과 기질이 다르다. 베키는 루시와 달리 이 훈련 자체를 극도로 싫어해 협조하지 않으려 들었다. 걸핏하면 역정을 내면서 바닥을 뒹굴고 소변과 대변을 갈겼고, 기억 테스트에서 오류를 범했을 때는 길길이 날뛰었다. 연구자들은 베키에게 실험실 동물이 난도 높은 인지 과제를 받았을 때 행동장애를 보이는 증상인 **실험신경증**이 있다고 결론 내렸다. 베키의 반응은 본질적으로 신경쇠약이었다. 반면에 루시는 어떤 극단적 반응도 보이지 않았다.[4]

연구자들은 복합적인 행동을 할 때 전두엽이 하는 역할을 조사하는 실험을 하면서 베키와 루시의 전두엽 조직을 제거했다. 수술 뒤 기억 테스트를 해보니 시간 간격이 몇 초 이상 넘어가면 두 침팬지 모두 실패했다. 이는 곧 전두엽이 음식 장소에 대한 기억을 유지하는 데 절대적인 역할을 한다는 뜻이었다. 지능과 관련된 다른 행동은 그대로 유지되었으므로 연구자들은 베키와 루시가 과제 수행에 실패한 원인이 전반적인 인지능력의 쇠퇴가 아니라고 보았다. 루시는 수술 이후에도 변함없이 협조적이었지만 베키의 행동은 완전히 달라졌다. 태도가 180도 바뀌어 과제를 열정적이고 신속하게 해냈고, 걸핏하면 흥분하고 폭발하던 성미도 사라졌다. 연구자들은 전두엽 수술이 베키의 신경증을 '치료'했다고 결론 내렸다.

이 우연한 발견이 모니스의 관심을 끌었다. 그는 베키의 사례와 다른 동물 연구 및 예닐곱 병례 보고서를 근거로, 사람 뇌에서 전두엽 조직을 파괴하면 감정장애와 행동장애를 치료할 수 있다고 믿게 되었다. 모니스는 정신병 환자들이 비정상적인 사고와 행동을 보이는 것은 전두엽과 나머지 뇌 부위가 잘못 연결되었기 때문이라고 추측했다. 그는 이 잘못된 연결을 끊으면 신경 전달 과정이 건강한 회로로 재조정될 것이며, 그렇게 해서 환자들에게 정상 상태를 되찾아줄 수 있다고 주장했다.

모니스는 이 수술에 반드시 필요한 도구라는 판단 아래 뇌엽절제용 메스leucotome라는 새로운 기구를 만들었다. 이 기구는 길이는 10센티미터가 조금 넘고 너비는 2센티미터가 조금 안 되는 금속관으로, 환자의 두개골에 낸 두 개의 작은 원형 구멍을 통해 뇌에 삽입할 수 있도록 설계되었다. 초기에 집도한 인물은 모니스의 신경외과 동료 알메이다 리마였다. 리마는 먼저 두개골에 구멍을 뚫어 뇌엽절제용 메스를 그 구멍을 통해 뇌의 목표 지점까지 내린 뒤 메스의 뒤쪽을 눌러 가느다란 철사를 느슨하게 풀었다. 이 철사는 금속관을 중심으로 약 5센티미터 반지름의 원을 그리며 회전한다. 그는 전두엽 밑에 있는 신경섬유인 백질을 끊기 위해 뇌엽절제용 메스를 천천히 한 바퀴 돌렸다. 두 번째 절단을 위해 철사를 살짝 오므려 메스를 다시 한 바퀴 돌린다. 그런 다음 철사를 완전히 당겨 뇌에서 빼내고 두개골의 구멍을 막은 뒤 다른 쪽 구멍으로 같은 과정을 되풀이한다. 이 과정은 사과의 속을 빼내는 과정과 흡사하며, 결과는 되돌릴 수 없다. 모니스는 이 수술을 전전두엽절제술Prefrontal leucotomy이라고 불렀다.[5]

모니스와 리마가 사람에게 전두엽절제술을 시술하기 시작한 것은 1935년이었다. 모니스는 처음 발표한 수술 보고서에 27세에서 62세에 이르는 환자 스무 명에 대해 기술했다. 이 가운데 열여덟 명은 비합리적인 사고와 망상 혹은 환각을 경험한 정신질환자였고, 두 명은 불안장애가 있는 신경증 환자였다. 모니스는 이 1차 수술 결과를 1936년 논문에 기술했는데, 정신질환 종류에 따른 치료 효과를 평가했다. 수술 결과는 질환군에 따라 달라서 불안, 건강염려증, 우울증은 개선되었지만 정신분열증과 조증은 그대로였다. 모니스는 논문에 수술 후에 정신이 더 온전해 보이도록 연출한 수술 전후 사진을 게재했다. 환자 한 사람 한 사람에 대한 기술을 유심히 살펴보면 실제로 사람에 따라 수술 결과에 편차가 있음을 알 수 있다. 치료된 것으로 보이는 사람이 일곱 명, 다소 호전되어 보이는 사람이 여섯 명, 전혀 도움이 되지 않은 것으로 보이는 사람이 일곱 명이었다.[6]

그럼에도 이 예비 실험에 고무된 모니스와 리마는 2차 실험으로 열여덟 명을 더 수술했다. 1차 수술 환자 스무 명의 뇌에 어떤 손상이 어떤 규모로 발생했는지 평가할 수단이 전혀 없는데도, 이들은 병소를 많이 제거할수록 좋으리라는 판단에 2차 수술 때는 양쪽으로 여섯 군데씩 잘라냈다. 모니스는 수술에서 깨어난 환자들에게 나타난 발작과 여타 고통스러운 부작용을 심각하게 여기지 않았다. 그는 이 결과를 토대로 전두엽을 뇌에 있는 다른 부위로부터 끊어내는 것이 이들 환자의 지능과 기억력에 "심각한 영향"을 미치지 않았다고 결론 내렸다. 정신외과술의 창시자로 불리는 모니스는 다년간 약 1백 명의 환자에게 전두엽절제술을 시술한 뒤 다른 분야로 관심을 돌렸고 1944년에 은퇴했다.[7]

모니스의 영향으로 정신외과술은 큰 인기를 얻었다. 'lobotomy'

(leucotomy와 lobotomy는 기본적으로는 같은 뇌엽절제술이지만 전자가 전두엽 일부를 절제하는 수술법이라면 후자는 전두엽과 시상의 연결을 끊는 수술법이다 — 옮긴이)라는 새 이름을 얻은 이 수술법이 1930년대와 1940년대에 널리 행해진 데는 모니스 숭배자인 젊고 야심 찬 미국의 신경과 의사 월터 프리먼의 역할이 컸다. 프리먼은 노련한 신경외과 의사 제임스 W. 와츠와 팀을 이루어 1936년 9월에 미국 최초로 뇌엽절제술을 시술했다. 환자는 불안과 우울증을 앓던 중년 여성이었는데, 수술을 받은 후 증상이 완화되고 진료하기 수월한 상태가 되었다. 그 뒤로 3년 동안 프리먼과 와츠는 많은 수술 사례를 각종 과학학회에서 발표했고, 이 수술법이 점차 정착되면서 마요 클리닉Mayo Clinic이나 매사추세츠 종합병원, 레이히 클리닉 같은 주요 병원에서도 시술이 이루어졌다.

프리먼과 와츠는 기존 수술법을 가다듬으면서 모니스가 만든 뇌엽절제용 메스를 자신들이 고안한 새 모델로 대체하기도 했다. 새 모델은 뇌를 들어 올려 수술 지점에 접근하는 메스로, 손잡이에는 자신들의 이름을 새겨넣었다. 그들은 관자놀이를 통해 두개골에 접근하는 방법을 택했는데, 그렇게 해서 증상에 따라 전두엽의 다른 부위를 수술하는 것이다. 경우에 따라서는 더 극단적인 수술법도 썼다. 그 가운데 경안와뇌엽절제술transorbital lobotomy이 있는데, 전두엽 손상은 최소화하는 대신에 정보를 뇌로 전달하는 주요 중계 거점인 시상을 절단하는 방법이었다. 이 수술에서 프리먼은 양쪽 눈구멍[안와] 뼈를 통해 뇌에 접근했는데, 이때 사용한 기구는 자기 집 부엌에서 가져온 얼음 송곳이었다. 이 수술은 10분이면 끝났고 수술대가 아닌 치과용 의자에서 진행했다. 수술받은 환자는 눈 둘레가 검게 멍들고 두통을 비롯하여 간질, 출혈이 나타나거나 심지어는 사망하는 경우도 있었다. 와츠가 얼음 송곳 수술을 정규 수술 절차로 동의하지 않자 장기간에 걸친 두 사람의 협력 관계는 끝나고 프리먼 홀로 자기 방식을 밀고 나갔다.[8]

프리먼이 현직으로 시술한 이 경안와뇌엽절제술의 횟수는 어마어마했다. 이 수술을 받은 23개 주 3천여 명의 환자 가운데는 성인 정신질환자만이 아니라 폭력범과 정신분열증 아동도 있었고, 심지어 4세 유아도 있었다. 프리먼의 환자는 태반이 여성이었는데, 로즈메리 케네디가 가장 유명할 것이다. 웨스트버지니아주 스펜서에서는 하루에 스물다섯 명의 여성을 수술한 믿기 힘든 기록을 세웠다. 프리먼은 히포크라테스 선서를 거스르며 환자가 아니라 수술 자체에 중점을 두었다.[9]

프리먼은 엄청나게 많은 환자를 치료했고 수술 후에도 그들과 관계를 유지했다. 1967년에는 클라크코르테스(클라크포크리프트사의 고급 캠핑카 모델 — 옮긴이) 캠핑트레일러 버스를 구입하고 '로보토모빌 lobotomobile (뇌엽절제술 버스)'이라는 애칭을 붙여주었다. 그는 이 버스를 수술실처럼 꾸며 미국 전역을 여행하면서 얼음 송곳 수술 시범을 보이고 6백여 환자를 방문하여 예후를 확인했다. 1967년 프리먼에게 뇌엽절제술을 받은 한 환자가 뇌출혈로 사망하자 캘리포니아 버클리에 있는 헤릭메모리얼 병원은 프리먼에게서 수술실 사용 권한(미국 병원들은 능력이 검증된 프리랜서 외과의에게 수술 및 수술 관련 의료행위를 할 수 있는 권한을 부여한다. 의사가 아닌 의료인들도 의사의 지시·감독 아래 수술실 사용이 허락된다 — 옮긴이)을 박탈했다. 다른 정신외과의 H. 토머스 밸런타인은 프리먼이 조지타운과 조지워싱턴 병원에서도 이 권한을 잃었다고 전했는데, 프리먼이 더 이상 이들 병원에 환자를 입원시키거나 그곳에서 치료할 수 없을 뿐 아니라 병원 직원이나 병원 시설을 이용할 수 없게 되었다는 뜻이다. 하지만 의료계가 이 위험한 수술을 막기 위해 한 조치는 고작 이 정도였다. 더 충격적인 것은 프리먼 말년에 펜실베이니아 대학교가 그에게 '우수 동문상'을 수여했다는 사실이다. 프리먼은 76세 되던 1972년 대장암으로 사망했다.[10]

뇌엽절제술에 열광한 사람은 분명 프리먼 한 사람만은 아니었다. 프리먼이 어느 정도 성공을 거두자 외과의 수백 명이 정신외과술 분야에 뛰어들었다. 모니스가 처음 발표한 시기를 기점으로 40년 동안 이 수술을 받은 환자가 4만에서 5만 명에 이르는데, 대다수는 환자 자신이 원해서 받은 경우가 아니었다. 그런데 프리먼의 뇌엽수술법이 널리 퍼진 것은 외과의들이 전두엽과 다른 뇌 부위 간의 꼬인 회로 교란에 관한 모니스의 이론을 신봉했기 때문이 아니다. 그 동기는 오히려 아주 현실적인데, 외과의들에게 다른 대안이 없었기 때문이다. 뇌엽절제술의 역사를 살펴보면 외과의 쪽이나 수술 환자 가족들 쪽이나 이 수술에 대해 의심 없이 낙관해왔음을 알 수 있다. 각계각층에 속한 수천 명의 환자가 명분도 빈약하고 치료 효과와 부작용에 대한 평가나 자료도 거의 없는 수술을 받은 것이다. 뇌엽절제술을 받은 환자는 여성이 남성의 두 배에 이르렀다.[11]

정신외과술 운동의 문제는 모니스와 프리먼을 비롯하여 이 수술을 시술한 외과의들이 발표한 보고서가 외부의 검증을 거의 혹은 전혀 받지 않았다는 점이다. 그들은 물론 자신들의 수술이 성공적이었다고 보며 부정적인 결과는 경시하는 경향이 있었다. 어떤 방법이 되었든

지 뇌 수술 결과를 제대로 평가하려면 최소한 수술 전과 수술 후에 뇌에 생긴 외상이 환자의 인지능력에 영향을 미쳤는지 여부를 테스트해야 한다. 가장 좋은 방법은 환자의 수술 결과로 인해 어떠한 이익도 보지 않을 독립적인 정신과 의사가 표준검사를 실시해 환자의 정신기능과 인지기능을 수치화하는 것이다.

정신외과술 전성기에는 이런 과학적 검증을 받는 환자가 드물어 외과의가 환자 가족에게 약간의 정보를 주고 수술의 성패 여부는 주관적인 의견을 토대로 판정하는 경우가 다반사였다. 많은 가족이 환자의 행동이 개선되었다는 작은 징조만으로도 너무나 기뻐해서 기억력이나 인지기능 상실 같은 다른 부작용은 좌시하거나 개선에 따른 대가로 받아들이는 형편이었다. 성패 판단이 결코 엄격했다 할 수 없는데도 의학계에서는 수술 성공 사례를 (때로는 칭송과 함께) 인정해 학술지에 게재했고, 언론에서도 대서특필하곤 했다.

그럼에도 1950년대 말에 이르면 뇌엽절제술이 위험천만한 방법임이 명백해졌다. 그중에서도 가장 비참한 결과는 사망, 자살, 발작, 치매였다. 프리먼 본인도 이 수술이 야기할 수 있는 **뇌엽절제술증후군**을 인정했는데, 그 증상으로는 창조성 상실, 주변 상황에 대응하는 능력 상실, 야뇨, 나태, 수술 뒤 뇌에 생긴 반흔조직으로 인한 간질 경련 등이 있다. 의학계와 과학계에서 우려의 목소리가 높아지면서 뇌엽절제술 시술은 서서히 감소했다.[12]

20세기 말에 이르면서 클로르프로마진 같은 향정신성 약물과 임프라민 같은 항우울제 등 새로운 합성 약물이 개발되었고, 정신요법이 정신외과술을 대체하기 시작했다. 1970년대에 생명의학 및 행동연구 피실험자 보호를 위한 국가위원회가 정신외과수술의 효과에 관한 자료를 수집하여 조사한 끝에 정신외과수술을 전면 금지하지는 않는 대신 환자의 권리와 안전이 보호되는 일련의 상황에서만 시술할 수 있도록 해야 한다고 결론지었다. 한때 정신의학계의 으뜸 분과였던 정신외과가 결국에는 이단으로 전락한 것이다.[13]

헨리가 수술받을 무렵에는 정신외과가 여전히 인기를 누리는 상황이었다. 하지만 전두엽절제술 이후에도 증상이 계속된다는 것을 인지한 많은 신경외과의가 변형된 수술법을 고안하기 위해 전두엽 이외 부위에서 신경쇠약과 회복이 일어나는 메커니즘을 뒷받침하는 부위를 찾고자 했다. 많은 연구자가 전두엽보다 낮고 깊은 곳을 찾아 들어갔다. 전두엽절제술은 싫든 좋든 전두엽과 다른 구조를 연결하는 신경을 절단하는데, 새 수술법은 더 작은 부위에 국한된다.

스코빌도 이 대안적 수술법 개발에 함께한 신경외과의였다. 그는 1940년대에 정신질환자 마흔세 명에게 전두엽절제술을 시술했지만 전두엽이 정신병의 병소라거나 정신병 치료의 최적소라고 생각하지는 않았다. 그는 전두엽절제술을 받은 정신질환자가 긍정적인 결과를 얻은 것은 정신병에 실제로 어떤 변화가 생겼다기보다는 불안이 완화되었기 때문이라고 보았다. 따라서 스코빌은 양쪽 대뇌피질 아래, 감정을 담당하는 것으로 알려진 구조물인 변연계로 주의를 돌렸다. 무엇보다도 그는 측두엽 안쪽을 제거하는 것이 정신병 환자 치료에 큰 희망을 주리라고 보았다(그림4).

스코빌은 그의 표현을 따르면, "직접 공격하는 수술 프로젝트"에 착수하여 새로운 술법을 고안하고는 측두엽절제술이라고 이름 붙였다. 그는 1949년에 변연계를 중심으로 하는 엽절제 수술을 시작했다. 그가 시술한 여러 사례 가운데 가장 대표적인 것이 코네티컷 주립병원에 수용된 여성 환자들에 관한 것이다. 그들 다수는 중증 정신분열증을 앓았지만 두 사람의 경우는 정신병과 간질로 인해 지능에 문제가 있다고 기술되어 있다. 스코빌이 수술을 통해 다루는 것은 정신병뿐이었다. 정신병과 간질은 각기 다른 뇌 부위에 이상이 생겨 일어나는 별개의 질병으로, 이 두 환자가 두 병을 모두 앓은 것은 순전히 우연이었다. 수술을 받은 두 여성은 간질발작 빈도와 강도가 모두 감소했다. 정신병 증상은 한 여성은 약간, 다른 여성은 두드러지게 호전되었다. 간질발작이 완화된 것은 우연한 발견이었지만, 스코빌은 즉각 측두엽 수술이 간질 치료법이 될 수 있는지를 알아내기 위해 연구를 시작했다. 1953년 그는 두 여성(과 다른 환자 열일곱 명)의 수술 결과를 발표하고, 같은 해에 헨리를 수술했다.[14]

측두엽과 간질이 관련 있음을 알아본 것은 스코빌 한 사람만이 아니었다. 앞선 연구들에서도 동물의 측두엽 조직에 전기자극을 가했을 때 간질과 흡사한 증상이 일어난다는 것과 뇌 수술을 받는 간질환자에게 이 부위에 전기자극을 가했을 때도 같은 반응이 나타난다는 사실을 발견한 바 있었다. 몬트리올 신경학연구소의 와일더 펜필드는 1950년대 초에 간질발작을 겪는 환자의 좌측두엽 혹은 우측두엽의 조직을 절제하는 수술을 시작했다.[15]

스코빌은 이러한 분위기 속에서 헨리에게 측두엽절제술을 권했다. 헨리의 간질이 강도 높은 약물로도 제어되지 않는 심각한 상태였

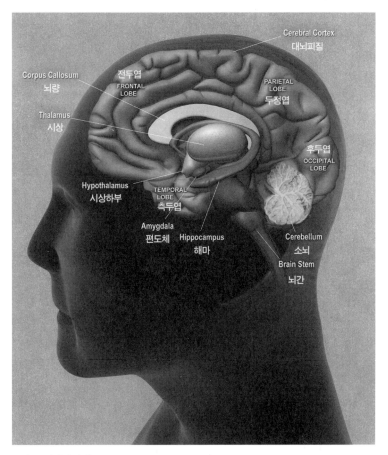

그림4 대뇌변연계

뇌에서 어느 하나의 계system가 감정기능을 모두 담당한다는 생각은 더 이상 통하지 않지만, 감정을 느끼고 표현하는 역할을 수행하는 한 무리의 서로 연결된 구조물(시상하부, 시상, 편도체, 대상피질, 안와전두피질)을 가리킬 때는 여전히 변연계라는 용어를 사용한다. 안와전두피질은 눈 바로 위에 있는 부위이며, 대상피질은 뇌량 바로 위에 자리 잡은 뇌회(홈으로 둘러싸인 대뇌피질의 주름)이다. 편도체와 해마가 밀접하게 상호 연결되어 있기 때문에 감정이 기억 형성에 영향을 미칠 수 있지만, 해마 단독으로는 감정제어기능을 수행하지 않는다.

던 까닭에 스코빌은 헨리야말로 이 수술에 적합한 후보라고 판단했다. 나중에 가서는 "솔직히 말해서 실험적인 수술이었다"라고 말했지만. 스코빌은 헨리의 뇌에서 내측두엽의 상당 부분을 제거함으로써 간질발작을 저지할 수 있기를 기대했던 것이다.[16]

뇌를 측면에서 바라보면 이마 뒤쪽 공간을 채운 볼록한 전두엽이 아래쪽에 있는 작은 돌출 부위와 만나는 것이 보인다. 스코빌이 겨냥한 것이 바로 이 아래쪽 돌출부, 즉 측두엽의 안쪽이었다. 스코빌은 헨리의 두개골에 구멍을 여러 개 뚫고, 그중 한 구멍에 메스를 넣어 뇌경질막을 갈랐다. 그러자 선홍색 혈관이 얽힌 반질반질한 뇌 표면이 드러났다. 헨리의 호흡과 심장박동에 따라 뇌가 경쾌하게 고동쳤다. 스코빌이 진입한 곳은 양쪽 눈과 연결된 신경다발이 반대쪽 뇌로 교차하는 부위인 시신경교차 부근이었다. 스코빌은 그 지점에 뇌압자brain spatula라고 하는 길고 가느다란 주걱을 한쪽 전두엽 밑으로 삽입해 들어 올린 뒤 뇌의 표면을 감싸고 있는 큰 혈관을 옆으로 밀었다. 흘러넘치는 혈액이나 뇌척수액을 제거하기 위한 석션suction 기구와 새는 혈관을 지지기 위한 전기소작기를 보조의가 건넸다. 뇌 아래쪽에서부터 전두엽을 들어 올리자 척수액이 흘러나왔고, 뇌가 두개골 속으로 가라앉자 공간이 생겨 해마 앞부분인 해마구가 보였다. 해마구의 라틴어 'uncus'는 갈고리를 뜻하는데, 생김새가 주먹을 쥐고 팔목을 구부리고 있는 모습처럼 보인다. 스코빌은 의식 있는 환자의 이 부위에 전기자극을 아주 약하게만 가해도 발작을 일으킨다는 것을 발견한 바 있어, 이 부위를 제거하면 간질이 치료된다고 여겼다(그림5, 그림6a, 그림

6b를 보라).[17]

절제술을 실행할 때 스코빌은 흡인술aspiration이라는 방법을 썼는데, 뼈에 구멍을 뚫은 뒤 그 구멍에 가느다란 기구를 집어넣어 내측두엽 부위로 흘러들어가도록 유도한다. 그런 다음 섬세한 석션을 하는데 이 단순한 절차로 헨리의 뇌를 아주 작은 조각으로 한 점 한 점 떼어냈다. 스코빌은 해마의 전면 절반인 해마구와 이에 인접한 내후뇌피질을 제거했다. 또한 해마를 감싼 구조물로 감정을 느끼고 표현하는 기능을 담당하는 편도체도 제거했다. 스코빌은 이 절차를 순서대로 한쪽씩 진행하여 양쪽 뇌 모두 완료했다.[18]

두개골에 낸 구멍으로 시술 과정을 지켜볼 수는 있었지만, 조직을 정확히 얼마나 들어냈는지 판단하는 것은 여전히 불가능했다. 나중에 MRI 분석을 통해 스코빌이 자신이 제거한 양을 과대평가했음이 밝혀졌다. 그는 좌우를 8센티미터씩 절제했다고 판단했지만, 헨리의 뇌에서 실제로 사라진 부위는 그 절반을 약간 넘긴 정도였다.[19]

스코빌은 측두엽극 안쪽 부위와 편도복합체 거의 대부분을 제거했고, 해마복합체와 부해마회(내후뇌피질, 후각주위피질, 부해마피질)도 뒤쪽 2센티미터가량을 제외하고 전부 잘라냈다. 뇌에는 좌우 귀에서 약간 위 안쪽에 각각 자리 잡은 측두엽 좌측 해마와 우측 해마가 있다. 뇌에서 오른쪽과 왼쪽을 교차하는 경로를 연결하는 것이 두 해마다. 헨리의 사례로 뇌 양쪽 해마가 손상되면 기억상실증이 생긴다는 것이 밝혀졌지만 1953년의 학자들은 이 부위가 기억 형성 능력을 관장한다는 사실을 알지 못했다. 이러한 근거 부족이 헨리에게 비극을 가져다준 것이며, 결국 헨리의 사례에 대한 연구가 비로소 이 빈틈을 메우게

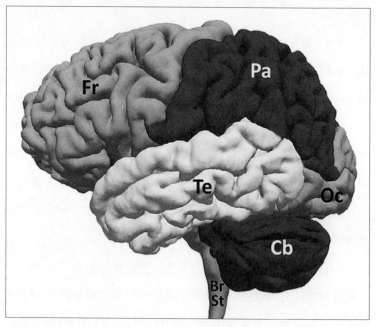

그림5 대뇌피질 4엽

건강한 41세 남성의 MRI 스캔으로, 뇌 전체를 왼쪽에서 바라본 이미지. 대뇌피질 4엽의 윤곽이 선명하다. 전두엽Fr은 운동기능과 인지통제처리(목표 설정, 결정, 문제해결)를 제어한다. 측두엽Te은 복합적인 시각 및 청각 처리, 기억, 언어, 감정을 제어한다. 두정엽Pa은 촉각과 통각을 비롯한 신체의 감각과 공간능력과 언어를 제어한다. 후두엽Oc은 기본적 시각 처리를 제어한다. 피질의 꼭대기가 뇌회이며, 뇌회 사이의 골짜기는 뇌구다. 소뇌Cb는 균형과 운동협응을 전담하는데, 헨리의 뇌에서는 다일란틴 부작용으로 이 구조물이 심하게 쪼그라들었다. 뇌간BrSt은 척수를 뇌의 나머지 부위와 연결한다. 감각기관에 접수된 정보가 들어오는 통로이기도 하다. 이 뇌간 회로들이 심장 박동, 혈압, 호흡, 의식 수준(명료-기면-혼미-반혼수-혼수의 다섯 단계로 구분한다 — 옮긴이) 등 생명 활동에 절대적인 기능을 제어한다.

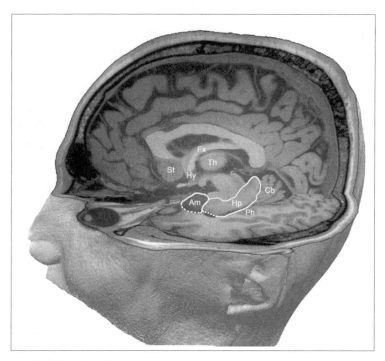

그림6a 내측두엽 구조물

건강한 뇌의 내측두엽 구조물. 헨리의 뇌에서는 제거되고 없는 부분을 보여준다. 편도체 Am와 해마Hp의 머리와 몸 부분이 보인다. 간결한 이미지를 위해 해마의 꼬리는 표시하지 않았지만 대개는 위로 올라가 뇌활Fx, 유두체, 시상하부Hy 방향으로 활처럼 휘어진다. 헨리의 경우 부해마피질Ph 뒷부분은 보존되었지만, 앞부분은 제거되었다. 이미지에 보이는 다른 구조물로는 운동 조절 및 학습을 관장하는 소뇌Cb와 선조체St, 눈과 귀와 피부로 입력된 정보를 피질로 전달하는 구조물인 시상Th이 있다.

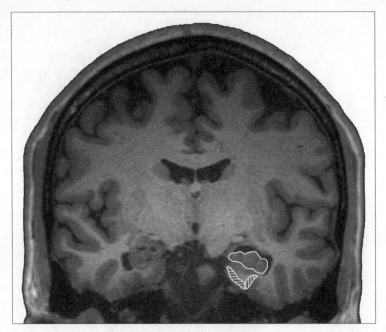

그림6b 해마와 내후뇌피질과 후각주위피질

그림6a와 동일한 뇌를 정면에서 바라본 이미지. 회백질이 대뇌피질 전체를 피질 띠처럼
죽 에워싸고 있으며, 그 안쪽에 백질이 있다. 내측두엽 안에 있는 해마와 내후뇌피질과 후
각주위피질이 이미지 오른쪽 아랫부분에 보인다. 해마는 하얀 실선으로 둘러싼 부분이고,
내후뇌피질은 가로줄 부분, 후각주위피질은 세로줄 부분이다. 헨리는 뇌 양쪽에서 이 세
구조물을 모두 제거하는 수술을 받았다.

된다.

1930년대 전에 해부학자들은 해마가 후각을 지원할 것이라고 믿었을 뿐, 기억 회로가 이 조직 안에 자리 잡고 있다는 사실은 알지 못했다. 하지만 감정과 관련해서 내측두엽이 하는 역할에 대해 쓴 과학자는 있었다. 제임스 파페츠가 1937년 논문 〈감정 메커니즘에 대한 제언A Proposed Mechanism of Emotion〉에서 하나의 회로형 구조물에 대해 기술하는데, 해마가 들어 있는 이 구조물이 감정과 감정 표현을 자동으로 연결해주는 메커니즘이라고 주장했다. 이 구조는 훗날 '파페츠 회로Papez circuit'라고 불린다. 1952년에는 폴 매클리언이 변연계 개념을 발표했는데, 여기에 정서적 뇌라고 불리는 편도체가 존재한다. 스코빌과 동료들이 내측두엽절제술을 시술할 때는 내측두엽이 감정기능에서 중추적인 역할을 맡는다는 것을 이미 알고 있었을 것이다.[20]

헨리의 경우 해마 앞쪽 절반을 잘라내든 전체를 다 잘라내든 결과는 마찬가지였을 것이다. 남은 2센티미터는 외부 세계에서 들어오는 정보가 입력되지 않아 기능이 없는 상태였다. 정보가 해마에 전달되는 주경로는 내후뇌피질을 통하는 것인데, 스코빌은 이것도 제거했다. 이렇듯 헨리에게 남은 해마는 시각, 청각, 감각, 후각의 새로운 정보가 도달할 수 없는 상태였다.

마취의 한 사람이 수술 시작부터 끝까지 헨리의 상태를 면밀히 지켜보았다. 뇌를 수술하는 의사들은 운동과 언어 같은 중요한 기능이 훼손되는 것을 우려한다. 마취의는 헨리에게 자기 손을 꽉 쥐어보라고 주문해서 언어 이해와 운동능력을 동시에 테스트했다. 헨리는 수술이 진행되는 동안 의식을 유지했는데, 그런 까닭에 안절부절못하는 상태가 되지 않도록 진정제를 주사했을 것으로 보인다.

절제 과정이 끝난 뒤에서는 나머지 시술이 진행되는 동안 헨리가 아무것도 느끼지 못하도록 마취의가 전신마취제를 투약했다. 스코빌은 절개한 뇌 외막을 봉합하고 두개골의 원반 모양 뼈를 제자리로 돌려놓고서 머리 가죽을 봉합했다.

헨리는 수술이 끝나자 회복실로 옮겨졌다. 의사와 간호사들이 출혈처럼 생명에 위협이 되는 문제가 발생하지 않는지 빈틈없이 관찰했다. 간호사들은 헨리가 깨어나 위험 상황에서 확실하게 벗어날 때까지 15분 간격으로 활력징후(체온·맥박·호흡·혈압)를 확인했다. 그런 다음 병실로 데려가 부모님을 만날 수 있게 해주었다.

수술 뒤 며칠 동안 헨리는 졸음이 심한 것을 제외하면 좋은 회복력을 보였다. 하지만 머지않아서 뭔가가 심각하게 잘못되었음이 분명해졌다. 뇌 수술을 받은 환자들이 회복 과정에서 얼마간 복합적인 상태를 겪는 것이 드문 일은 아니지만, 헨리는 그 정도가 아니었다. 헨리는 날마다 병실에 들어오는 돌봄이를 알아보지 못했고, 그들과 나눈 대화도 기억하지 못했으며, 병원 일과도 기억하지 못했다. 헨리가 수술 전에 여러 번 드나들었던 화장실을 찾지 못하고 헤매자 비로소 헨리 어머니는 무언가 비극적인 일이 일어났다는 것을 알아차렸다.

가족과 병원 직원들이 헨리에게 여러 가지 질문을 했는데 헨리는 수술 전에 있었던 몇 가지 소소한 일을 기억할 수 있었지만, 입원 이후 겪은 일은 전혀 기억하지 못하는 듯했다. 3년 전 삼촌이 돌아가신 일이나 살면서 겪은 다른 굵직굵직한 사건들도 기억하지 못했다. 수술

받은 지 2주 반 만에 퇴원할 무렵에는 헨리가 심각한 기억력 손상, 즉 기억상실증을 겪고 있다는 사실이 분명해졌다.[21]

이 수술로 스코빌이 목표를 이룬 것은 맞다. 헨리의 발작이 극적으로 감소했으니까. 그러나 그 성취에는 지독한 대가가 따랐다. 헨리의 부모인 엘리자베스와 거스는 간질발작 때문에 평생 헨리를 보살펴 왔는데, 그 아들이 이제는 오늘 날짜는커녕 아침은 먹었는지, 아니 바로 몇 분 전에 자기가 무슨 말을 했는지조차 기억하지 못하는 상태가 되었다. 여생을 영원한 현재 시제에 갇혀 살아가야 하는 처지가 된 것이다.

3

펜필드와 밀너

헨리는 수술 후 힘은 들지라도 부모의 헌신적인 보살핌 아래 사생활이 보호되는 삶을 유지할 수도 있었다. 하지만 그는 삽시간에 뇌에 관한 지식에 주린 과학계의 이목을 끌었다. 그에게 일어난 비극을 통해 우리 뇌가 다수의 특화된 회로를 통해 기억 형성과 응고화, 재생 등 기억과 관련된 많은 연산을 수행한다는 사실이 밝혀졌다.

헨리가 간질발작을 완화하기 위한 뇌 수술을 받은 뒤 심각한 장기기억장애를 겪은 첫 번째 환자는 아니었다. 거의 같은 시기에 다른 두 환자 F. C.와 P. B.도 비슷한 곤경을 겪었다. 두 사람 모두에게 수술 직후 기억상실증이 나타났는데, 맥길 대학교 몬트리올 신경학연구소의 창설자이자 소장인 와일더 펜필드가 집도한 수술이었다. 펜필드는 간질발작을 완화하기 위해 각 환자의 왼쪽 측두엽 일부를 잘라냈다.[1]

펜필드는 당시 맥길의 대학원생 브렌다 밀너와 함께 F. C.와 P. B. 사례를 광범위하게 연구했고, 밀너는 나중에 헨리도 연구했다. 이들의 연구는 기억과 인지 같은 복합적인 정신기능을 뇌에 있는 특정 부위와 연결 짓는 학계의 경향과 궤를 같이한다. F .C.와 P. B와 H. M.의 사례는 신경과학계에 대약진을 일으키면서 현대 기억 연구의 기초를 닦았다.

헨리 이야기는 펜필드의 특별한 인생 그리고 그의 연구소와 밀접하게 이어져 있다. 펜필드는 1891년 워싱턴주 스포캔에서 태어났다. 그는 할아버지와 아버지의 업을 이어받아 의사가 되기로 하고, 사립 남자 고등학교에 이어 프린스턴 대학교를 졸업한 뒤 뉴욕에 있는 컬럼비아 의과대학원에 진학했다. 하지만 그 계획은 6주 만에 바뀌었다. 그는 학업과 체육, 사회성에서 빼어난 능력을 인정받아 스물네 살 되던 1914년에 로즈Rhodes 장학생으로 선발되어 잉글랜드 옥스퍼드 대학교에 있는 머튼 칼리지에 입학했다.

주로 펜필드가 출간한 자서전에 의거해 그의 인생을 간략하게 소개할까 한다. 그는 과학과 의학을 전공했는데, 이것이 그가 평생에 걸쳐 두 학문 간에 다리를 놓는 작업에 매진하게 되는 계기가 되었다. 펜필드는 출발점부터 이 분야의 거장 밑에서 훈련받았다. 옥스퍼드에서 처음 두 해 동안 펜필드는 신경기능을 발견한 공로로 1932년에 노벨 생리학·의학상을 받은 찰스 스콧 셰링턴 그리고 임상교습법과 의학실습생 제도를 설계한 윌리엄 오슬러에게 배웠다.[2]

옥스퍼드 장학 프로그램을 마친 펜필드는 미국으로 돌아와 남은 의대 1년 과정을 존스홉킨스 대학교에서 마쳤다. 보스턴의 피터벤트 브라이엄 병원에서 저명한 신경외과의인 하비 윌리엄스 쿠싱의 지도 아래 외과의 인턴 과정을 마치고 잉글랜드로 돌아가 2년간 대학원 과정으로 옥스퍼드에서는 신경생리학, 런던 퀸스퀘어에 있는 저명한 국립병원에서는 신경학을 공부했다.

서른 살이 된 1921년, 누구와도 비견되지 않을 교육과 경험을 안고서 고향으로 돌아온 펜필드는 뉴욕 장로교병원 신경외과의 자리를 수락했다. 이곳에서 그는 신경외과 분야에 과감히 첫걸음을 내딛는다. 첫 환자는 뇌에 농양이 생긴 남성이었고, 두 번째는 뇌종양 여성이었다. 두 환자 모두 혼수 상태로 병원에 들어왔고, 수술실에서 보여준 펜필드의 용감무쌍한 시도에도 두 사람 다 사망했다. 펜필드는 의기소침했지만 자신의 생애 동안 뇌 수술 분야가 비약적으로 진보하리라는 믿음에는 변함이 없었다.

펜필드의 강의와 연구는 수술 중에 환자의 뇌에서 제거한 조직을 검사하는 방법에 집중되었다. 그는 현미경으로 간질의 병인이 될 만한 실마리를 찾아내고자 했다. 하지만 결과는 실망스러웠다. 그 방법으로는 세포 구조를 세밀하게 들여다볼 수가 없었기 때문이다. 이 무렵 그는 운 좋게도 에스파냐 학술지에 실린 논문을 한 편 읽었는데, 그 논문에는 세포 안에 있는 각 부분을 선명하게 보여주는 그림이 실려 있었다. 펜필드는 논문 저자 피오 델 리오오르테가가 있는 마드리드의 카할 연구소Cajal Institute를 방문하고 싶은 마음이 굴뚝같았다. 1924년에 펜필드가 소속된 부서에서 6개월간 리오오르테가의 연구실을 방문하도록 허가해주었다. 펜필드는 이 연구소에서 생물학자들이 풀어야 했던 근본적인 문제, 즉 세포의 다양한 유형을 찾아내는 작업에 매달렸다.

뇌 조직을 현미경으로 들여다보면 복잡하고 난해한 구조의 배열이 보인다. 뇌는 저마다 다른 기능을 관장하는 각기 다른 다양한 뉴런으로 이루어져 있다. 하지만 이 뉴런만큼이나 중요하면서 수적으로는 더 많은 **신경아교세포**Glia(그리스어로 아교, 접착제를 뜻한다)가 있는데, 신경세포 사이를 지탱해주는 그물 구조의 조직이다. 펜필드 시절에는 이 세포가 하는 역할이 별다른 관심을 받지 않았지만, 오늘날에는 뉴런이 제 기능을 수행하는 데 이들이 중요한 역할을 하며 시냅스가 기능하는 데 필수적인 역할을 하는 것으로 본다. 이 시냅스라는 공간을 통해 뉴런이 옆 뉴런으로 신호를 전달하는 것이다.

　뉴런과 신경아교세포를 연구할 때 특정 세포를 물들여 이웃 세포들 사이에서 눈에 띄게 만드는 염색법을 사용하는 경우가 있다. 마드리드에서 펜필드는 리오오르테가가 이 기술을 연구하는 것을 도왔는데, 리오오르테가의 뇌 조직 염색법은 신경세포의 구조와 이들 세포가 연결된 구조를 밝히는 도구로 활용되었다. 리오오르테가의 지도 아래 펜필드는 **희소돌기아교세포**oligodendroglia라 불리는 아교세포를 염색해 최초로 안정적인 결과를 얻어냈고, 그 결과를 1924년 논문에 발표했다. 이 방법으로 염색한 세포는 뇌 질환이나 부상에만 반응하기 때문에 신경병리학자들이 이상이 있는 뇌 조직을 찾을 때 이용할 수 있는 검사법이 되었다.[3]

　펜필드는 출생 시 뇌 손상이나 두부 외상이 어떤 환자에게 간질을 일으키는가 하는 문제가 특히 궁금했다. 그는 에스파냐 방문 연구를 마친 뒤 4년 동안 이 문제를 추적할 기회를 얻었다. 간질에 대한 흥미는 또 한 차례 유럽 여행으로 이어져서, 펜필드는 6개월간 객원 연구원 자격으로 독일 브레슬라우 대학교에 있는 오트프리트 푀르스터의 실험실도 방문했다. 푀르스터는 뇌의 반흔조직을 추출하는 수술을 시술해왔는데 이 부위가 간질발작을 일으킨다고 믿었다. 이 수술이야말로 펜필드 자신이 시술하고 싶었던 것으로, 그는 푀르스터의 수술실에서 벌어지는 모든 과정을 하나도 빼놓지 않고 보고 싶어 했다.

1928년 푀르스트는 펜필드를 초청해 16년 전 총상으로 인해 뇌에 흉터가 남은 환자의 반흔조직 제거술에 참관하도록 했다. 펜필드는 리오오르테가의 신기술을 사용할 장비가 갖춰진 작은 실험실로 그 반흔조직을 가져갈 수 있었다. 그곳에서 드디어 그동안 찾던 것, 즉 신경아교세포를 발견했다. 다른 뇌 손상을 입은 환자에게서도 이 세포를 보았지만, 이번에는 훨씬 섬세해서 복잡한 가지들을 명확하게 식별할 수 있었다. 이 흥미진진한 돌파구는 펜필드의 일생에서 가장 빛나는 순간 중 하나였다. 간질발작을 유발하는 세포의 이상을 직접 보게 된 것이다. 이는 뇌의 질병이나 부상이 치료되는 과정에서 형성된 반흔이 간질을 유발하는 기제를 이해하는 데 토대가 될 발견이었다. 병인의 이해가 치료법의 발견이라는 문을 열어젖힌 것이다.

펜필드의 연구 결과에 흥분한 푀르스터는 자신이 시술하여 상태가 호전된 열두 환자 사례에 대해 공동 논문을 쓰자고 제안했다. 푀르스터는 펜필드에게 이 성공적인 간질 환자들을 수술하는 도중에 추출한 뇌 조직 표본을 세밀하게 검사해달라고 요청했다. 이 조직에는 간질발작의 원인이 되는 근거가 담겨 있었다.[4]

펜필드는 브레슬라우에 머무는 나머지 기간에 수술 후 5년까지 간질발작이 탁월하게 제어된 환자 열두 명의 뇌 조직을 현미경으로 검사하여 그 조직에 이상이 있는지 여부를 기록했다. 이 공동 논문에서 펜필드와 푀르스터는 수술의 긍정적인 결과에 뇌 조직 이상을 결부함으로써 병의 원인과 치료법을 연결 지었다. 푀르스터의 수술은 절망에 빠진 환자들에게 발작을 제어할 수 있으리라는 희망을 안겨주었고, 펜필드 또한 이를 앞으로의 성공을 위해 없어서는 안 될 발판으로 여겼다. 이제 국소마취만으로 이상 조직을 제거하는 데(푀르스터의 수술도 이런 식이었다) 필요했던 과학적 정당성을 얻은 것이다. 수술받는 환자가 의식이 깨어 있어 수술 과정에 협조하는 것이 가능하다면 뇌를 자극해 운동영역과 언어영역을 찾아낼 수 있을 것이며, 이 영역은 온전히 놔두고 이상이 발생한 영역만 찾아 제거할 수 있다. 펜필드는 간질 치료가 가능하리라는 기대 속에서 이 방법을 다수의 환자군에 적용할 것이다. 이 직관이 의사로서 그의 행보를 결정하게 된다.

1928년 펜필드는 신경학연구소 설립이라는 오랜 꿈을 실현하기 위해 몬트리올로 거처를 옮겨 맥길 대학교에 들어갔다. 그의 계획(필생의 사명이 된)은 의과대학 부속 병원과 가까우면서도 독립된 연구소를 세우는 것이었다. 그는 환자 치료 시설과 연구 시설이 같은 건물에 있어 신경학 분야에 있어 연구와 발견이 함께 이루어지는 중심지가 될 연구소를 그렸다. 이 원대한 도전에서 가장 중요한 자산은 뉴욕 장로교병원 시절 펜필드의 첫 제자이자 긴밀한 협력자이며 그를 몬트리올로 끌어들인 장본인인 신경외과의 윌리엄 V. 콘이었다. 펜필드는 콘을 "눈부신 기술자이자 전문가", 환자를 치료하는 데 헌신하며 수술에 임하는 원칙을 완벽하게 준수하고 또한 병리학의 혁신을 위해 불철주야 노력하는 학구파라고 소개했다. 펜필드는 "동지 탐험가"인 콘과 함께할 때 "효과가 두 배"라고 여겼다.

펜필드는 협업에 능한 사람이었다. 초기에는 퀘벡에 있는 많은 병원의 신경의들을 일주일간 한자리에 모아 의아한 사례나 특이한 환자를 주제로 한 학회를 성공적으로 개최하기도 했다. 이 학회는 영국과 캐나다, 프랑스와 캐나다에 있는 신경학자들이 새로이 유대를 다지는 계기가 되었다. 펜필드는 신경학연구소 설립을 염두에 두었기에 이런 공동 작업의 규모를 크게 키우곤 했다. 이러한 계획을 실현하기 위해서는 대규모의 재정 지원이 필요한데, 록펠러 재단에서는 기금 출연을 거절당했지만 정작 생각지도 못한 두 곳에서 자금이 들어왔다.

첫 기부자는 출산 때 사용한 겸자 때문에 뇌 손상이 일어나 극심한 간질발작을 겪는 열여섯 살 소년의 어머니였다. 그녀는 펜필드가 아들의 치료를 맡아준 데 대한 감사의 뜻으로 간질 연구에 힘써달라며 부탁하지도 않은 1만 달러짜리 수표를 보내왔다. 이 돈은 소년을 수술하기에 앞서 여러 선배 의사들에게 수술 방법에 대한 조언을 구하는 비용으로 들어갔다. 펜필드는 "솔직히 말해서 실험적인 성격을 띠는 수술"이라고 말했는데, 소년의 왼쪽 뇌에서 발작의 원인이라고 판단한 동맥 하나를 제거했다. 수술은 성공적이었고 소년의 발작은 완화되었다. 그로부터 1년 반 뒤 소년의 어머니는 암으로 죽으면서 펜필드에게 사명을 이어가기를 바라는 마음을 전하며 5만 달러를 남겼다.

또 다른 뜻밖의 행운은 비국소성 간질발작을 앓는 10대 소년의 아버지를 통해 찾아왔다. 펜필드는 근치수술(질환의 완치를 기대하여 행하는 수술로, 가령 암의 근치수술은 전이가 예상되는 부위까지 포함해 가능한 한 철저하게 암 조직을 절제하려고 시도한다 — 옮긴이)로 두개골로 들어가는 동맥과 연결된 신경을 제거했다. 수술 전에 그는 소년의 부모에게, 같은 수술을 원숭이에게 시술했을 때 악영향은 나타나지 않았음을 알렸다. 훗날 펜필드는 수술로 소년이 완치되지는 못했지만 크게 호전되었다고 보고했다. 이 환자의 아버지가 록펠러 재단 이사회의 일원이었는데, 아들의 수술이 끝난 뒤에 록펠러 재단 의학교육분과의 신임 과장인 앨런 그렉과 함께 펜필드의 연구에 대해 논의했다.

1931년 3월, 펜필드는 맨해튼 중심가에 위치한 그렉의 사무실을 찾았다. 허드슨강, 이스트강, 롱아일랜드 하구의 전경이 파노라마처럼 펼쳐지는 27층에서 두 사람은 유럽의 신경학, 신경외과술, 연구 상황에 대해 장시간 허물없는 대화를 나누었다. 신중한 펜필드는 신경학연구소에 대한 자신의 바람을 말하지 않았고, 그렉도 록펠러의 기부 계획을 언급하지 않았다. 펜필드는 집으로 돌아와서 그렉에게 몬트리올에 방문해주십사 하는 초대장을 보냈다.

일곱 달 뒤, 그렉이 펜필드의 집을 찾아와 놀랍게도 서류 가방에서 정식 신청서를 꺼내 탁자 위에 놓고 말했다. "이것이야말로 우리 록펠러 재단이 찾던 일입니다.…무엇을 하고 싶은지는 스스로 알고 계신 듯하고요.…저희에게 고마워하실 것 없습니다. 저희가 고맙지요. 일을 제대로 하시는 것이 저희를 돕는 것입니다." 펜필드는 재단으로부터 123만 2천 달러를 지원받았다.

몬트리올 신경학연구소는 1934년에 문을 열었다. 줄여서 '뉴로The Neuro'라고 불리는 이 연구소는 연구와 교육, 환자 치료가 한지붕 아래 이루어지는 과학 진흥의 산실이 되었다. 연구소 일대에서 '소장님'으로 통한 펜필드는 노련하고 혁신적인 신경외과의인 동시에 유능한 지도자였다. 또한 그는 브레슬라우에서 참관했던 수술법을 한층 더 발전시켜 간질 환자가 의식이 있는 상태로 수술을 진행하면서 발작에 반응하는 이상 조직을 정확히 찾아내는 기법을 개발했다. 훗날 몬트리올 수술법으로 불린 이 수술법은 과학계가 사람 두뇌의 기능 분화를 발견하는 데 새로운 가능성을 열어주었다.[5]

기억 연구를 발전시키는 데 크게 이바지한 신경심리학자 브렌다 밀너는 맥길 대학교 심리학과 대학원생 시절에 펜필드와 공동 작업을 시작했다. 1918년 잉글랜드 맨체스터에서 태어난 밀너는 케임브리지 대학교에서 실험심리학을 전공했다. 걸출한 실험심리학자이자 기억 이론가인 프레드릭 바틀릿이 밀너의 학부 스승이었다. 연구 관리자였던 올리버 쟁월도 실험심리학자인데, 신경계 환자를 연구한 선구자로서 기억장애에 관심이 깊었다.[6]

밀너는 1944년에 몬트리올로 이주했고 그로부터 두 해 뒤에 학습과 기억 연구에 있어 가장 영향력 있는 생태심리학자인 도널드 O. 헵이 가르치는 맥길 대학교의 첫 세미나에 참석하는 특권을 얻었다. 3년이 지난 뒤 밀너는 헵에게 지도받는 대학원생이 되었다. 펜필드가 자신이 집도한 수술 사례를 연구하기 위해 헵에게 그의 실험실에 있는 사람을 보내달라고 청하자 밀너는 이 기회를 놓치지 않았다. 밀너가 수행 중이던 과제는 간질 환자의 인지기능 연구를 기획하고 지휘하는 것으로, 수술 전과 후의 인지능력을 평가할 검사지를 만들어 수술이 뇌에 미친 영향을 자료화해야 했다. 이것이 과학사에서 길이 빛나는 동반자 관계의 시작이었다.

1950년대 초 밀너와 펜필드는 병력이 대단히 이례적인 두 환자에 대한 심화 연구에 착수했다. 그들은 환자 F. C.와 P. B.에게서 좌우 측

그림7 브렌다 밀너, 1957년경

두엽 안쪽 구조(스코빌이 헨리의 뇌에서 절제한 바로 그 구조)의 중대한 기능과 관련해서 새로운 정보를 확보했다.[7]

펜필드가 수술한 많은 간질 환자의 발작이 줄어들었는데, F. C.와 P. B.도 그런 경우였다. 이 둘은 수술하기 전까지는 다른 환자들과 다른 점이 두드러지지 않았다. 하지만 수술 후 유독 두 사람에게서만 전혀 예상하지 못했던 합병증이 나타났다. 새로운 경험을 기억하지 못하는 상태가 지속된 것이다. 어째서 다른 환자들에게는 이런 결과가 나오지 않는가?

펜필드는 이 문제를 풀기 위해 두 환자가 입은 손상이 자신에게 수술받은 다른 환자들과 어떻게 다른지를 알아야 했다. 두 사람 다 왼쪽 측두엽을 부분 절제하는 표준 수술을 받았다. 펜필드는 외측 측두엽 피질을 제거했고, 편도체와 해마, 인접한 피질 등 측두엽 안쪽에 있는 크고 작은 조직을 잘라냈다. 이 수술에 여느 수술과 다른 예외적이거나 이례적인 점은 없었다.

F. C.는 수술을 받고 회복하자마자 새로운 기억을 형성하지 못한다는 것이 명확해졌다. P. B.의 경우는 약간 달랐다. 그는 5년 간격으로 두 차례에 걸쳐 수술을 받았는데, 기억상실증이 나타난 것은 2차 수술 뒤였다. 1차 수술은 F. C.가 받은 수술과 비슷했지만 제거한 조직의 양이 적었다. 이때 펜필드는 해마와 측두엽 안쪽에 있는 구조물을 남겨두었다. P. B.가 퇴원한 뒤에도 발작이 지속되자 5년 뒤에 2차 수술을 했는데, 이번에는 해마와 인접한 조직을 제거했다. 이 수술을 받고 나서 회복하자 기억상실증이 나타났다.

수술 후 발생한 심각한 기억상실증은 해마와 인접한 조직이 원인임을 가리켰지만, 펜필드는 두 환자에게 나타난 손상이 같은 왼쪽 측두엽절제술을 받은 여타 환자들과 어떻게 다른지 이해할 수 없었다. 대부분의 경우에도 F. C.와 P. B.가 받은 수술과 마찬가지로 절제 부위에 왼쪽 해마 일부가 포함되었다. 그렇다면 다른 열두어 환자와 달리 이 두 사람만 기억상실증을 앓는 이유는 무엇인가?

펜필드와 밀너는 F. C.와 P. B.에게 오른쪽 해마 부위에 있는 해당 영역에 발견되지 않은 이상이 있을지도 모른다고 추측했다. 그들은 수술 시 왼쪽 측두엽에서 발견된 이상이 출생 시 손상에서 발생했을 가능성이 있으며, 이것이 오른쪽 내측두엽에도 영향을 미쳤을 수 있다는 근거를 내세웠다. 뉴로 소속인 또 다른 저명한 신경생리학자 허버트 재스퍼가 F. C.와 P. B.의 뇌전도를 분석해 결국 이 가설이 옳음을 입증했다. 수술 후 뇌전도를 분석한 결과 두 환자 모두 수술하지 않은 쪽 해마 부위에 명백한 손상이 있음이 밝혀졌다. 이 이상은 간질

과 관련이 있는데, 이 점이 수술 전에는 확연하지 않았다.[8]

1964년에 P. B.의 사례는 더욱 명백하게 입증되었다. P. B.가 심장발작으로 사망하자 아내가 기억상실증의 원인을 밝혀달라면서 펜필드에게 남편의 뇌 사후 분석을 허락했다. 뉴로의 신경병리학자 고든 매티슨이 P. B.의 뇌를 검사해서 오른쪽 해마가 오그라들었고 소수의 뉴런만 살아남았음을 밝혀냈다. 이 광범위한 파괴는 P. B.가 출생 당시에 입었던 손상 때문인 것으로 보였다.[9]

펜필드가 집도한 환자들 가운데 한쪽 측두엽은 여전히 정상인 다른 환자들과는 달리 F. C.와 P. B.는 양쪽, 그러니까 수술 때 제거한 쪽과 남은 쪽 측두엽 모두에 이상이 있었다. 바로 이 이중 이상이 남다른 점이었다. 두 사례는 기억상실증이 생기는 해부학적 토대가 양쪽 해마의 기능 상실 때문임을 보여주었다. 하지만 왼쪽이든 오른쪽이든 한쪽 해마만 손상된 경우라면 최악은 아니다. 이어서 수백 명의 환자를 연구한 결과, 한쪽 해마를 제거한다고 해도 다른 쪽 해마를 다치지 않는다면 기억력 손실은 근소한 정도임이 밝혀졌다. 한쪽 해마가 사라진 반대편 해마의 기능을 충분히 보완한다는 것은 해마의 좌우 구조물이 함께 기억 형성 기능에 이바지한다는 점을 시사한다. 뇌 구조를 세부적으로 들여다보면 양쪽 해마가 어떻게 이 기능에 함께 기여하는지 설명이 될 것이다. 지금까지 알려진 바로는 왼쪽 측두엽은 시각 정보 처리를, 오른쪽 측두엽은 시공간 정보 처리를 전담한다. 뇌에는 좌뇌에서 우뇌로, 우뇌에서 좌뇌로 연결해주는 구조물이 있어서 좌우 측두엽이 서로 정보를 교환할 수 있다. 그런데 한쪽 해마가 없어질 경우, 남은 해마가 언어 정보든 비언어 정보든 상관없이 다양한 정보를 활발

하게 처리함으로써 학습 기능과 기억 기능을 수행할 수 있는 것이다.[10]

밀너는 F. C.와 P. B.의 인지능력을 수술 전과 수술 후로 나누어 평가했는데, 전체적인 지능과 기억력을 측정하는 방법이었다. 좌측두엽절제술을 기점으로 두 차례 검사 점수를 비교해서 인지기능이 변화하는지 여부를 확인했다. 그렇게 하면 떨어진 점수와 뇌 구조에서 손상된 부위를 연관시킬 수 있다. 두 환자에게서 발견된 더더욱 놀라운 점은 밀너가 꼼꼼하게 기록해온 바 일반지능은 정상적으로 기능하는데 기억상실증이 발생한 것이었다. 수술 전 F. C.의 지능은 평균이었고 P. B.는 평균 이상이었다. 두 사람 모두 수술 뒤에도 지능지수에는 전혀 변화가 없었다. 다시 말해 두 사람 모두 수술 뒤에도 지적 활동에 아무런 문제를 겪지 않았다. 일련의 숫자 배열을 순서대로 읽고 역순으로 읽는 것을 반복하는 데 아무 지장이 없었고 간단한 암산도 가능했다. 이는 두 사람이 검사자극에 주의를 집중해서 정확하게 인지하고 몇 초 동안 그것을 기억할 수 있음을 의미한다. 이처럼 그들은 인지능력은 손상되지 않았으나 새로운 정보를 기억하는 데는 실패했다. 오랜 시간 기억을 지속하는 능력이 타격을 입은 것이다. 그리고 두 사람 모두 끝내 회복하지 못했다.[11]

F. C.와 P. B.의 수술 결과는 기억상실이 특정 정보에만 국한된 것이 아니라 온갖 검사 내용, 즉 대중적으로 알려진 사건과 개인적 사건, 일반상식 같은 모든 범주를 아우른다는 점을 확실하게 보여주었다. F. C.와 P. B.는 **완전기억상실증**global amnesia이었다. 이 증상이 대개 그렇듯이, 검사자극과 일상적인 일을 그 자리에서 인식하거나 기억하는 것은 몇 분이나 몇 시간 뒤에 기억하는 것보다 수월했다. 시간이 경

과하는 만큼 기억에 손실이 생겼다. 그러나 F. C.와 P. B.는 헨리의 경우와 달리 장기기억력이 아주 조금은 유지되어 일상생활을 해나갈 수 있는 정도는 되었다. 따라서 F. C.는 원래 하던 장갑 재단공 일로, P. B.는 제도공 일로 돌아갈 수 있었다.

밀너는 1954년 시카고에서 열린 미국 신경학회 연례 회의 때 F. C.와 P. B.의 심리검사 결과를 발표했다. 스코빌이 회의에 앞서 밀너가 쓴 긴 강연 초록을 읽고서 펜필드에게 전화를 걸어 이들과 비슷한 기억상실증 환자 H. M.과 D. C.에 관해 이야기했다. 일찍이 기억의 작용기제에 흥미가 있던 펜필드가 스코빌의 연구에 주목한 것은 그 사례들이 신경에서 기억 기능을 관장하는 특정 위치를 찾을 수 있다는 자신의 가설을 뒷받침하기 때문이었다. 그래서 펜필드는 밀너에게 스코빌의 환자를 검사해볼 의향이 있는지 물었고, 밀너는 그 기회를 기꺼이 받아들였다. 회의가 열릴 무렵에는 이미 공동 작업이 어느 정도 진행된 상태였기에 밀너의 발표에 이어지는 본 토론을 스코빌이 주재하게 되었다. 스코빌은 자신의 환자 서른 명을 수술한 방법을 설명했는데, 스물아홉 명은 정신분열증 환자였고 한 명은 난치성 간질발작 환자였다. 서른 명 전원의 내측두엽을 절제했지만 그 가운데 두 환자는 절제 범위가 특히 더 넓었다. 간질 환자인 헨리가 그 둘 중 한 명이었다.[12]

다른 환자는 편집성 정신분열증을 앓는 마흔일곱 살 의사였다. 이름의 머리글자를 따서 D. C.로 불렸다. D. C.는 시간이 갈수록 폭력성과 호전성을 보였고, 심지어 아내를 살해하려고까지 했다. 입원한 뒤에 혼수상태를 유도하기 위해 인슐린 충격요법을, 발작을 유발하기 위해 전기충격요법을 시도했지만 상태는 개선되지 않았다. D. C.를 구하기 위한 마지막 시도로 스코빌이 1954년 일리노이주에 있는 만테노 주립병원으로 찾아가 버지니아주 리치몬드 출신 신경외과의 존 F. 켄드릭 2세의 보조로 양쪽 내측두엽절제술을 시술했다. D. C.의 뇌 양쪽에서 해마와 편도체를 제거한 이 수술은 헨리가 수술받은 지 약 아홉 달이 지난 후에 행해졌다. 수술 후에 D. C.의 호전적인 행동이 사라졌고, 편집증 기미는 여전히 남았지만 유순한 성격으로 바뀌어 대하기가 편해졌다. 그러나 그 또한 헨리와 마찬가지로 기억력이 심각하게 손상되어 병실에서 자기 침대를 찾지도, 병원 직원을 알아보지도 못했다.[13]

스코빌은 미국 신경학회 발표 때 한 가지 인상적인 결과를 강조했는데, 두 환자 모두 최근기억recent memory 능력은 거의 완전히 상실했으나 성격 변화나 지능 저하는 발생하지 않았다는 것이다. 헨리와 D. C.의 임상 기록이 대단히 흥미로운 것은 사실이지만 연구를 체계적이고 철저하게 해내려는 태도는 부족했다. 헨리와 D. C.의 인지능력을 검사하기 위해서는 정식 실험을 거치는 것이 중요했다. 인지기능에 결함이 생기는 것은 명확하게 판단하기 어려운 경우가 많아 환자와 건강한 사람을 대상으로 수치화할 수 있는 검사를 수행해 양쪽을 비교하는 작업이 반드시 필요하다. 펜필드는 밀너에게 스코빌의 집도로 양쪽 혹은 한쪽 내측두엽 수술을 받은 환자 서른 명 가운데 검사를 받을 만큼 안정적인 상태를 유지하는 아홉 명에 관한 리뷰를 진행하도록 했다. 헨리가 그중 한 명이었다.

스코빌에게 수술받은 환자를 대상으로 밀너가 실시한 심리평가는 스코빌과 밀너의 공동 논문 〈양측 해마 손상 이후 최근기억의 상실Loss of Recent Memory after Bilateral Hippocampal Lesions〉의 토대가 되었는데, 이 논문은 장차 신경학, 신경외과, 정신과 논문의 표준으로 자리 잡았다. 인용 빈도가 높은 이 논문은 스코빌이 헨리와 D. C.의 수술 후 초기 임상평가에서 보았던 기억상실증과 지능 유지 패턴을 과학적으로 입증하는 근거를 제시했다. 이 논문이 신경과학계 논문의 고전이 된 데는 몇 가지 이유가 있다. 가장 중요한 이유는 신경외과의들에게 양쪽 내측두엽 구조물을 파괴하면 기억상실증이 일어날 수 있으므로 피해야 한다는 사실을 알려준 점이다. 또한 이 논문은 뇌의 특정 부위, 즉 해마와 그 인접 부위가 장기기억 형성에 절대적으로 중요하다는 사실을 최초로 입증했다. 스코빌과 밀너가 쓴 이 논문을 시발점으로 이후 수십 년에 걸쳐 헨리를 비롯한 기억상실증 환자에 대한 실험적 연구가 행해졌으며, 이 논문에서 영감을 받은 연구자들이 동물 모델을 통한 기억상실증 실험 방법을 개발함으로 생물의 기억 처리 과정에 대한 방대한 정보를 밝혀내는 데 기여했다.[14]

밀너가 처음 헨리를 검사한 것은 수술한 지 20개월이 지난 뒤인 1955년 4월이었다. 밀너는 당시로서 할 수 있는 모든 인지검사를 실시했으며, 이로써 기억신경학의 새 시대가 시작되었다. 밀너가 실시한 표준검사는 헨리의 지능이 평균 이상이며, 지각능력과 추상적 사고능력, 추리력도 정상임을 보여주었다. 그러나 '바로 지금' 이후의 정보를 기억하는 능력인 장기기억은 헨리가 대단히 의욕적으로 문제를 풀려고 했음에도 현저히 떨어졌다. F. C.와 P. B.가 받은 것과 동일한 기억 테스트에서 헨리는 훨씬 더 낮은 점수를 받았다. 짧은 이야기와 도형 그림을 기억하는 문제에서는 점수가 평균보다 크게 낮았고 0점이 나온 경우도 있었다. 밀너는 검사 내내 헨리가 새 과제가 제시될 때마다 바로 전에 했거나 앞서 했던 과제를 기억하지 못하는 것에 놀랐다. 또한 헨리는 잠깐만 주의를 돌려도 방금 전 일을 까맣게 잊었다.[15]

헨리의 기억상실증은 F. C.와 P. B.의 경우보다 심각했는데, 내측 두엽 손상 부위가 더 컸던 것이 원인일 가능성이 높다. 헨리는 다른 기억상실 환자의 정도를 판단하는 척도가 되어 학술 논문들에서는 "H. M.만큼 나쁘다"라거나 "H. M.만큼 나쁘지는 않다"라는 식으로 기술되곤 했다. 헨리는 기억상실증만 나타냈고 다른 정신장애가 혼합되지 않았기에 D. C.보다 더 확실한 사례가 될 수 있었다. 수술이 기억상실증 이외의 인지능력에는 장애를 유발하지 않아서 이 검사가 순수하게 기억력만을 측정할 수 있었던 것이다. 이렇듯 헨리는 기억상실증 연구의 절대적 표준이 되었다.

스코빌과 밀너의 이 유명한 논문은 서로 인접한 해마와 해마회가 새로운 정보를 기억하는 회로임을 밝혔다. 환자 열 명 전원의 기억력 손실 정도가 제거한 해마의 크기와 관계가 있어서, 제거 부위가 클수록 기억력 손상이 심각했다. 헨리와 다른 환자들의 차이는 알츠하이머나 두부 손상 같은 원인 차이에 의한 것으로, 유독 기억력에만 명확하게 손상이 나타난 환자가 헨리였다. 다른 증상 없이 기억력장애만 나타난 덕분에 헨리는 사람 뇌의 기억 메커니즘을 연구하기 위한 완벽한 사례가 될 수 있었다.[16]

밀너가 기억상실 연구에 매진하면서 헨리의 사례에 집중하는 동안 스코빌은 활동을 더 넓혀갔다. 신경외과술 진료를 활발하게 이어가면서 의학 학회지에 50편이 넘는 논문을 발표했지만 헨리는 만나지 않았다. 하지만 나는 스코빌이 헨리의 사례에 여전히 흥미를 두고 있다는 것을 직접 들어서 알고 있었다. 1970년대 말에 내가 부모님 집을 찾았을 때 같은 동네에 살던 스코빌이 집으로 와서 헨리의 최근 상황과 우리의 연구 현황을 들려달라고 요청하기도 했으니까.

스코빌은 저술과 강의를 통해 헨리와 D. C.의 비극적인 사례가 지닌 과학적 가치를 의학계에 알려왔다. 그는 뇌의 좌우 해마를 모두 손상하는 신경외과술이 부정적인 결과를 낳을 수 있음을 경고했으며, 의학계는 그의 경고를 진지하게 받아들였다. 1974년 강연에서 그는 헨리에게 한 수술이 "비극적인 실수"였다고 고백했다. 스코빌의 아내는 남편이 헨리에게 한 일을 "깊이 후회하고 있다"라고 전했다. 2010년에 스코빌의 손자 루크 디트리히가 〈에스콰이어Esquire〉에 할아버지의 일생과 이력을 생생하게 소개하는 글을 실었다.[17]

1961년 나는 맥길 대학교 대학원생으로 뉴로의 밀너 실험실에 들어갔다. 이 연구소는 펜필드가 개발한 수술법을 이용해 간질 환자를 치료하는 것으로 유명했다. 밀너의 실험실은 이들 환자를 연구하는 작업에 집중했다. 밀너는 수술 전과 수술 후 환자의 여러 인지기능(감각인지, 추리력, 기억력, 문제해결 능력)을 검사하는 테스트 설계에 대단히 노련했다. 이 검사로 수술이 뇌 기능에 어떤 변화를 일으켰는지를 찾아내는 것이다. 우리는 수술의들과 긴밀하게 공조하면서 수술 단계별로 각각 뇌의 어느 부위를 얼마만큼씩 절제했는지 확인했다.[18]

나는 수술 전후 검사를 운영하는 것 외에도 환자들이 뇌 수술 받는 것을 지켜볼 기회를 얻었다. 중앙 원형 수술실의 투시창 바깥에서 수술의의 어깨 너머로 환자의 절개된 뇌를 볼 수 있었으며, 의사가 조직을 잘라내기 전 뇌에 전기자극을 가하여 표지점을 매핑하는 과정을 지켜볼 수도 있었다. 언어기능과 운동기능을 담당하는 부위를 손상하지 않기 위해 의사들은 환자가 의식이 있는 상태에서 뇌의 바깥층에 전기자극을 가해 이 영역을 찾아낸다. 전기자극으로 환자의 말이 중단되거나 불수의적 동작이 나오거나 혹은 특정한 물건이나 얼굴, 소리, 감각을 떠올리게 되면 그 자극받은 뇌 부위에 작은 글자를 하나 붙인다. 그러면 속기사가 수술대 옆에 앉아 각 글자와 연관된 행동을 기록한다. 이 글자가 표시된 뇌 사진은 나중에 피질에서 해당 기능과 연관된 부위가 어디인지를 찾아내는 단서가 된다. 전기자극은 간질발작의 병소를 찾아 잘라내는 데도 이용되었다. 절제 위치와 크기는 사진과 수술의가 직접 그린 그림을 첨부한 보고서를 통해 세밀하게 구체적으로 확인할 수 있었다.

이러한 자료는 실험실에서 수집한 행동검사 점수가 타당했는지를 검증하는 중요한 근거가 된다. 검사 결과와 수술의의 보고서를 종합하면 인지기능에 결함이 생긴 이유가 제거된 뇌 부위와 관련 있으며 본래대로 남아 있는 뇌 부위와 연관된 인지기능은 정상을 유지한다는 것을 알 수 있다. 밀너와 동료 연구자들은 이러한 협력 작업을 통해 뇌에 특정 인지기능을 전담하는 영역이 있다는 사실을 밝혀냄으로써 사람의 좌우 대뇌반구 구조에 관해 중요한 발견을 하게 되었다.[19]

나는 내 박사 논문에서 간질발작을 완화하기 위한 수술이 체감각계, 즉 촉각에 미치는 영향을 다루었다. 나는 논문을 위해 수검자가 시각이나 청각이 아닌 촉각에 의존해야 하는 기억 테스트를 고안했다. 그리고 왼쪽이나 오른쪽 전두엽, 측두엽, 후두엽의 뇌 조직을 제거한 많은 환자에게 이 검사를 실시했다. 나는 특히 양쪽 해마가 손상된 기억상실증 환자 세 명, 바로 밀너, 펜필드, 스코빌의 공동 논문에서 읽었던 F. C.와 P. B.와 헨리에게 검사를 실시하고 싶었다. 모든 간질 수술이 기억상실증을 유발하는 것은 아니었으며, 오히려 이들이 희귀 사례였다.[20]

나는 1962년에 헨리를 처음 만났다. 밀너는 각종 검사를 실시하기 위해 헨리가 뉴로에 방문하는 일정을 잡아놓았다. 이 만남은 헨리가 처음이자 마지막으로 몬트리올을 방문한 중대한 사건이 되었다. 헨리는 기차로 어머니와 함께 왔다. 헨리 모자의 장거리 여행법이었다. 몰레이슨 부인이 비행기 타는 것을 무서워하는 데다 열차가 비용도 저렴했기 때문이다. 그들은 뉴로 근처에 있는 한 하숙집에 묵으면서 일주일간 매일 아침 뉴로의 신경과 대기실로 찾아왔다.

그 일주일 동안 나와 동료들이 돌아가면서 헨리를 검사했다. 매번 내가 대기실에 가서 헨리를 검사실로 데려갔다가 검사가 끝나면 다시 대기실로 데려다주었다. 앞으로 계속될 삶의 형태가 되겠지만, 헨리가 검사에 협조적으로 참여해준 덕분에 나는 계획했던 모든 과제를 완수할 수 있었다. 기억상실증 트리오인 헨리와 F. C.와 P. B와 함께 작업하다니, 좀처럼 얻기 힘든 기회를 얻은 내가 특권층이 된 것 같았다. 하지만 1962년 당시에는 헨리가 얼마나 유명해질지 미처 알 수 없었다.

헨리가 몬트리올을 방문했을 때는 인생의 전성기라 할 30대임에도 일거수일투족을 어머니에게 의존해야 하는 처지였다. 전업주부로서 헨리를 돌보는 몰레이슨 부인은 유쾌하고 상냥한 여성이었다. 뉴로를 방문한 일주일 내내 헨리가 각종 검사실을 오가는 동안 몰레이슨 부인은 따분한 대기실에서 차분히 앉아 기다렸다. 프랑스어권이라 말도 통하지 않는 이 거대한 도시를 혼자 나돌아다니느니 뉴로의 안전한 담장 안에 머무는 것이 더 편하다고 했다.

뉴로의 일정은 일주일이 빠듯할 지경이었다. 헨리의 기억력과 여타 인지기능과 관련한 여러 측면을 측정하기 위해 우리가 준비한 검사가 워낙 광범위했다. 그때는 몰랐지만 우리의 연구 결과는 헨리가 겪은 기억상실증의 범위와 한계를 밝히게 되며, 이것이 사람의 뇌에서 기억이 형성되는 경로를 연구하는 데 새로운 이정표가 된다. 기억력 상실은 헨리 본인의 일상에는 끔찍한 결과를 초래했지만 학습과 기억 기능의 기반을 탐구하는 학자들에게는 크나큰 자산이 되었다.

4

30초

헨리에게 나타난 기억상실증에서 무엇보다 놀라웠던 점은 증상의 범위가 지극히 한정적이라는 사실이었다. 그는 1953년 수술 이후에 경험한 것은 완전하게 잊어버렸지만 수술 전에 겪거나 배운 것은 거의 그대로 기억했다. 부모와 친척을 기억했고, 학교에서 배운 역사 관련 사실도 기억했고, 어휘가 풍부했다. 양치질, 면도, 식사 같은 일상생활도 문제없이 해냈다. 헨리가 보유한 능력은 상실한 능력만큼이나 시사하는 바가 컸다. 헨리 같은 선택적 기억상실증 환자들을 연구하는 과학자들이 배운 한 가지 사실은, 기억이란 어떤 단독 기능이 아니라 여러 다른 기능이 조합된 것이라는 점이다. 우리 뇌는 다양한 투숙객이 모인 호텔과 같다. 각종 기억이 유형별로 각기 방을 하나씩 차지한 것이라고 보면 된다.

헨리의 사례는 단기기억의 작용기제가 장기기억의 작용기제와 다른가 여부를 놓고 벌어진 오랜 논쟁에 답을 찾아줄 실마리가 되었다. 이 논쟁은 기본적으로 단기기억, 즉 소량의 정보를 순간적으로 보유하는 과정이 방대한 정보를 몇 분에서 며칠, 몇 달, 나아가 몇 년 동안 유지할 때 일어나는 작용과 다르냐를 따지자는 것이다.

우리 대다수는 **단기기억**이라는 용어를 부정확하게 사용한다. 기억을 연구하는 과학자들이 정의하는 단기기억은 우리가 어제 혹은 오늘 아침에 한 일, 더 짧게는 20분 전에 한 행동을 기억하는 것이 아니다. 그런 종류의 회고는 최근기억이며 장기기억이다. 단기기억이란 눈앞의 현재와 관련한 것, 바로 이 순간 우리의 레이더 화면에 잡힌 정보를 기억하는 것을 일컫는다. 이 기억의 용량은 아주 한정되어 있으며, 특별히 암기해서 장기기억 속에 보유될 수 있는 형태로 전환하지 않는 한 바로 사라진다. 가령 누군가에게 내 전화번호를 말해주면 그 숫자가 그 사람의 단기 저장소 속에 잠깐은 남아 있지만 굳이 외우거나 적어두지 않는 한 금세 잊힐 것이다. 이 단기 저장소는 뇌 속에 있는 창고라기보다는 전화번호 같은 정보의 조각들을 보유하여 단기간 활성화하는 일련의 처리 과정이다. 몇 초가 지난 뒤에도 기억하고 있는 정보라면 어떤 것이든 장기기억이다.

단기기억과 장기기억은 하나의 과정을 거치며 형성되는가, 아니면 전적으로 제각기 서로 다른 과정으로 처리되는가? 이원처리 이론을 지지하는 사람들은 어떤 환자가 장기기억검사에서는 결함을 보이지만 단기기억은 그렇지 않으며 또 다른 환자는 단기기억검사에서는 결함을 보이지만 장기기억은 그렇지 않다는 것을 입증할 설득력 있는 근거를 구한다. 이 두 결과가 나온다면 두 종류의 기억이 각기 따로 처리된다는 것을 나타내는 셈이다. 뇌의 특정 범위만 손상된 환자들에 대한 연구로 단일처리와 이원처리 논쟁이 뜨겁게 달아올랐는데 그 주인공은 단연 헨리였다.

헨리가 연구 참여자로 활동하기 시작한 것은 수술을 받기 전인 1953년부터였다. 스코빌은 수술로 야기되는 일체의 변화를 측정할 기준을 확립하기 위해 수술 전에 헨리에게 종합심리검사를 받게 했다. 수술 전날 임상심리학자 리슬롯 K. 피셔가 하트퍼드 병원에서 헨리와 마주 앉아 지능지수 검사와 기억력 검사 그리고 헨리의 성격과 심리 상태를 알아내기 위해 고안된 검사 등 일련의 검사를 실시했다. 그중 단기기억을 평가하는 일반적인 검사법으로 숫자 외우기가 있었는데, 검사자가 짧은 연쇄 숫자를 제시하면 환자가 그 숫자들을 즉석에서 순서대로 반복하는 테스트다. 예를 들어 검사자가 "3, 6, 9, 8"이라고 말하면 수검자가 바로 "3, 6, 9, 8" 하고 반복하는 것이다. 이어서 다섯 자리, 다음은 여섯 자리, 다음은 일곱 자리, 이런 식으로 숫자를 늘려 간다. 수검자가 여덟 자리는 통과했지만 아홉 자리에서 실패하면 그의 숫자폭digit span은 8이다. 피셔는 헨리에게 이 검사를 실시한 뒤 나열된 숫자를 역순으로 반복하라고 주문했는데, 훨씬 어려운 과제다. 피셔가 "3, 6, 9"라고 하면 정답은 "9, 6, 3"이 될 것이다. 두 검사의 점수를 합산한 헨리의 점수는 (평균보다 한참 아래인) 6이었다.

수술을 하고 2년이 지난 뒤 밀너가 비슷한 검사를 실시했을 때는 헨리의 숫자폭이 평균 수준으로 향상되어 있었다. 하지만 수술 후에 더 많은 숫자를 기억할 수 있게 되었다고 해서 수술로 기억력이 향상되었다는 뜻은 아니다. 수술 전 과제 수행력이 낮았던 데는 여러 가지 요인이 작용했을 것이다. 피셔는 검사를 진행하는 동안 헨리가 수차례 소발작을 일으키는 것을 목격했는데, 수술 준비 단계로 투약을 중단한 터라 예상치 못한 상황은 아니었다. 다가오는 수술에 대한 불안으로 뇌에 형성된 스트레스 방어기제가 과제 수행을 방해하는 바람에 실제 능력이 가려졌을 수도 있다. 중대사를 앞둔 시점에서 낮은 점수가 나온 것은 소발작과 긴장감이 빚어낸 결과였을 것으로 보인다.

나의 연구팀이 헨리를 연구해온 몇십 년 동안 그의 숫자폭은 정상 수준을 유지했다. 이처럼 헨리에게는 분명하게 상반되는 현상이 나타나는데, 극심한 기억상실증을 겪으면서도 일련의 숫자를 순간적으로 기억하고 따라하는 능력은 살아 있는 것이다. 이는 단기기억력은 손상되지 않았지만, 단기기억을 장기기억으로 전환하는 기능이 손상되었음을 나타낸다. 예를 들어 15분간 대화를 나누는 동안 헨리는 몰레이슨 집안의 혈통에 관한 똑같은 이야기를 세 번이나 하면서도 자기가 같은 이야기를 반복한다는 사실을 인식하지 못했다. 정보가 헨리의 뇌라는 호텔 로비에 도착했지만 객실에 투숙하는 데는 실패한 것이다.

기억이 이렇게 두 종류로 나뉜다는 것을 처음 구분한 사람은 명석한 심리학자이자 철학자인 윌리엄 제임스였다. 1890년 그는 심리학의 기념비적 역작인 두 권짜리 저서 《심리학의 원리The Principles of Psychology》를 내놓았는데, 여기에 일차기억과 이차기억이라는 개념을 기술했다. 제임스는 **일차기억**은 우리에게 "방금 지난" 과거를 인지하게 해준다고 말한다. 일차기억의 내용은 아직 우리의 의식에서 벗어날 기회가 없었으며, "바로 지금"으로 간주될 만큼 짧은 기간만 지속된다. 이 단락의 문장들을 읽을 때 문장에 수록된 모든 어휘는 순간순간 바로 생각으로 떠오르는 것이지 과거의 지식에서 능동적으로 끌어올리는 것이 아니다.

이와 대조적으로 제임스가 말하는 **이차기억**은 "어떤 사건 혹은 사실에 관한 지식으로, 의식적으로 생각하지 않는 동안에도 그것을 생각하거나 혹은 경험했던 것이 의식에 남아 있는 것"이다. 이런 유형의 기억은 "말하자면 어떤 저수지 속에 무수한 다른 것들과 함께 가라앉아 시야에서 사라져 있던 것을 끄집어내고 되새기고 낚아올린 것"이다. 이차기억이 된 정보는 더이상 호텔 로비를 어슬렁거리지 않고 객실로 올라가 휴식을 취하다가 필요한 순간 검색되고 회상된다.

제임스는 놀랍게도 특별한 실험 없이 성찰만으로 이 기억의 범주를 고안했다. 그는 자신에게든 다른 사람에게든 기억에 관한 실험을 한 적이 없다. 실험을 실시한 동료들과 이야기를 나누기는 했겠지만. 제임스가 이 도식을 발표하자 과학자들은 자기 실험실로 돌아가 이 두 유형의 기억 과정을 분리하기 위한 행동실험을 고안했다. 이러한 작업을 통해 현재 단기기억(제임스의 일차기억)과 장기기억(제임스의 이차기억)이라 불리는 개념이 만들어졌다.

단기기억과 장기기억이 각기 다른 인지 과정으로 처리된다면, 두 기억의 생물학적 토대도 달라야 마땅하다. 이 문제를 풀기 위해 과학자들은 기본적인 두 가지 질문을 제기했다. 별개의 신경회로가 각각 단기기억과 장기기억을 따로 처리하는가? 그 각각의 두뇌회로에서 기억 저장에 기여하는 구조적 변화가 일어난다는 것을 증명할 수 있는가? 연구자들은 이 기본적인 질문에 답하기 위해 이론 증명에서 세포 구조와 분자 구조 분석까지 폭넓은 방법론을 동원해왔다.

기억의 이원처리 이론을 증명하기 위한 연구에서 먼저 진보를 이룬 연구자는 펜필드의 동료 심리학자 도널드 헵이었다. 과학자들은 뇌의 기능(기억, 사고, 신체 운동 제어 등)이 뇌세포에 있는 **뉴런들** 사이에서 이루어지는 작용에 달려 있다고 여겨왔다. 뉴런의 주요 기능 중 하나는 전기 및 화학 신호를 두 뉴런 사이에 있는 아주 작은 공간인 **시냅스**를 통해 그 신호를 기다리는 다른 뉴런으로 보내는 것이다. 기억 같은 복잡한 과정이 측정 가능한 뉴런의 활동과 어떻게 관련되는가 하는 메커니즘을 이해하는 것은 어려운 일이었다(지금도 매한가지다).

1949년 헵은 이 두 가지 기억의 핵심적인 차이로, 장기기억은 뉴런들이 연결되면서 물리적으로 변화하지만 단기기억은 그렇지 않을 것이라는 가설을 세웠다. 그는 단기기억은 어떤 특정 회로 안에 있는 뉴런들이 하나의 닫힌 고리 안에서 끊임없이 정보를 전달함으로써 형성된다고 보았다. 원을 그리고 서 있는 사람들 사이에서 활발한 대화가 이루어지는 모습을 상상하면 된다. 반면에 장기기억은 새로 형성된 시냅스가 영속적으로 존재할 때 가능한 것이라고 보았다. 단기기억이 구두 대화라면 장기기억은 지난 대화를 언제든 원할 때마다 꺼내서 다시 읽을 수 있게 문자로 남긴 기록인 셈이다.[1]

헵은 이 이론을 전개하면서 현미경으로 신경세포를 관찰하는 데 평생을 바친 에스파냐의 유명한 해부학자 산티아고 라몬 이 카할의 영향을 받은 것으로 보인다. 라몬 이 카할은 1800년대 말에 학습 능력이 시냅스에서 물리적으로 크게 자란 신경세포와 관련이 있다고 주장했다. 헵도 마찬가지로 학습이 이루어질 때 두 뉴런을 연결하는 시냅스가 물리적으로 변화하며 더 강하게 성숙한다고 믿었다. 이러한 시냅스 가소성이 정보를 나중에 이용할 수 있도록 영구 기록하는 기능을

가능하게 하는 것이다.[2]

헵이 제시한 신경망 모델은 여러 분야에 지대한 영향을 미쳤다. 손에 잡히지 않을 듯한 기억이라는 영역을 뇌 안에서 일어나는 물리적 변화와 연결함으로써 심리학과 생물학을 이어주었다. 많은 과학자가 이 모델을 토대로 더 많은 실험을 고안할 수 있었으며, 이로써 기억 연구 분야에 중대한 돌파구를 마련했다. 헵의 이론은 오늘날에도 학계에서 영향력을 발휘하고 있으며, 신경과학을 공부하는 모든 학생이 헵의 법칙을 인용한다. "동시에 활성화하는 신경세포는 한 다발로 묶인다."[3]

몇 년 뒤 신경생물학자 에릭 R. 캔들이 헨리 이야기에서 영감을 받아 단기기억과 장기기억의 세포신경생물학을 연구 주제로 정했다. 캔들은 1960년대 말 동료들과 함께 신경 구조가 단순한 무척추동물인 아플리시아aplysia(바다민달팽이) 연구를 시작했다. 아플리시아가 단기기억을 장기기억으로 전환하는 기제를 밝히기 위해서였다. 연구진은 두 가지 단순한 형태의 암묵적 학습에 집중했다. 하나는 **습관화**로, 생명체가 무해하고 약한 자극에 반복적으로 노출된 뒤 그 자극에 더 이상 반응하지 않게 되는 행동 양태다. 다른 하나는 **민감화**로, 어떤 강력한 자극에 노출된 뒤 자극에 대한 반응 강도가 증가하는 행동 양태다. 우리 일상에서는 무의식 중에 이러한 메커니즘이 작용하여 스스로를 보호하고 외부 환경에 대한 각성을 유지하게 된다. 습관화는 옆집에서 요란하게 울려퍼지는 음악 소리를 차단하는 법을 터득하는 것이며, 민감화는 이웃집 개에게 물린 뒤 다음번에 개 짓는 소리를 들으면 겁에 질리고 바짝 긴장하는 것이다.

이런 식의 단순한 학습 양태를 연구하기 위해 캔들과 연구진은 아플리시아의 아가미 수축반사에 초점을 맞추었다. 아가미 수축반사는 호흡관을 보호하는 행동이다. 아가미는 평상시에는 이완되어 바깥에 노출되어 있지만 무언가가 호흡관을 자극하면 호흡관과 아가미가 수축하면서 몸속으로 들어간다. 연구진은 이 단순한 반응을 훈련시켜서 습관화와 민감화 학습이 어떻게 이루어지는지 살펴보았다. 한 실험에서는 호흡관에 반복적으로 부드러운 자극을 가하자 아가미 수축반사 행동이 약해졌다. 다른 실험에서는 호흡관에 앞 실험과 동일하게 부드러운 자극을 가하면서 동시에 꼬리에 충격을 주었다. 그랬더니 민감화 학습이 일어나 강한 아가미 수축반사를 보였고, 꼬리 충격이 없는 부드러운 자극에도 강한 아가미 수축반사 행동이 나왔다. 습관화와 민감화는 훈련 환경에 따라 하루에서 몇 주까지 지속되었다.

아플리시아는 중추신경계가 단순하기 때문에 연구진은 아가미 수축반사가 이루어지는 신경회로의 조직 체계를 면밀히 분석하여 이 회로 내 세포들 사이에 있는 시냅스 연결 위치를 밝혀냈다. 그런 다음 전극을 꽂아 개별 감각 뉴런과 운동 뉴런의 활동을 기록했다. 이런 실험이 가능했던 것은 아플리시아의 세포가 상대적으로 크기 때문이다(아플리시아의 뉴런 가운데 큰 것은 세포체의 지름이 1밀리미터나 된다). 이 전기생리학 기록에 따라 호흡관을 자극하면 활성화되는 감각 뉴런과 수축반사를 일으키는 운동 뉴런을 특정할 수 있다. 캔들은 이런 방법으로 학습이 시냅스에 전달되는 전기 신호를 증강시켜 시냅스의 강도를 높이는 현상과 연관이 있음을 보여주었으며, 세포의 전달 활동은 전달 타깃으로 삼은 세포가 있을 때 더 효과적으로 일어난다는 결과를 도출했다. 이 중요한 연구는 과학계가 뉴런의 신호 전달 기능에 주목하고 학습이 뉴런 간의 연결에 어떤 영향을 미치는지를 밝히기 위해 세포와 분자 수준의 메커니즘에 주목하게 된 시발점이 되었다.[4]

캔들 연구진은 일련의 같은 실험을 통해 단기기억과 장기기억의 밑바탕이 되는 메커니즘이 서로 다르다는 중대한 사실을 입증했다. 이 실험은 단기기억이 시냅스의 기능 변화와는 연관이 있으나 구조 변화와는 연관이 없음을 보여주었다. 학습이 진행되는 동안 기존 시냅스가 강화되거나 약화될 수는 있지만 표면상으로는 구조에 변화가 일어나지 않는다. 반면에 장기기억은 시냅스에 물리적 변화를 일으킨다. 장기기억에는 단백질 합성이 필요하며, 단기기억은 그렇지 않다. 캔들의 실험은 기억이 서로 다른 두 유형으로 존재한다는 헵의 통찰을 뒷받침하고 부연했다.

헵은 **시냅스 가소성**이라는 개념을 제시하면서 학습 과정에서 일군의 뉴런에 반복적인 자극을 가하면 뉴런 사이에 있는 시냅스가 강화되며 그럼으로써 장기적으로 지속되는 기억이 형성된다고 주장했다. 20년 뒤, 한 묶음에 속하는 뉴런들의 반복적인 활동이 특정 형태의 학습과 연관된다는 것을 보여준 캔들의 아플리시아 실험은 헵의 이론이 옳았음을 증명하는 강력한 근거가 되었다. 단기기억과 장기기억에 각기 다른 단백질이 필요하다는 캔들의 발견은 기억의 분자생물학적 기반을 닦는 데 중요한 첫걸음이 되었다. 오늘날 신경과학자들은 헵과 캔들의 발자취를 따라 세포들이 어떻게 서로 대화하며 학습 활동을 지원하는지를 알려줄 단백질과 유전자를 밝혀내는 작업에 초점을 두고 있다.[5]

단기기억과 장기기억을 뒷받침하는 분자 구조를 발견한 연구 결과는 헨리가 겪는 기억상실증의 뿌리를 이해하는 데 중요한 기여를 했다. 행동연구 분야에서 행해진 헨리의 기억상실증 분석 역시 이 두 유형의 기억이 사람의 뇌에서 어떻게 형성되는지를 탐구하는 계기가 되었다. 단일처리 이론이 옳다면 헨리의 단기기억도 손상되었어야 마땅하다. 하지만 그의 경우 단기기억은 온전히 유지되고 장기기억만 사라졌다. 이 사실은 두 가지 기억이 별개의 과정으로 처리될 뿐 아니라 뇌에서도 두 유형의 기억을 관장하는 영역이 각기 다르다는 것을 시사한다.

밀너는 헵의 지도 아래 연구하면서 기억 이원처리 이론의 영향을 받았다. 그녀는 헨리가 단일처리 대 이원처리 논쟁에 답이 될 실험적 근거를 제공할 수 있으리라 보았다. 1962년 헨리가 밀너의 실험실을 방문했을 때 그녀의 대학원생 제자 릴리 프리스코가 헨리의 단기기억과 관련한 자료를 수집했다. 밀너는 헨리에게 두 가지 단순한 비언어 자극을 아주 짧은 간격으로 제시하여 두 자극에 따른 반응을 비교하게 했다. 헨리에게 주어진 과제는 첫 번째 자극을 기억하고 있다가 두 번째 자극이 주어졌을 때 앞의 자극과 뒤의 자극이 동일하면 '같다', 아니면 '다르다'고 답하는 것이었다. 프리스코는 여러 종류의 검사 항목을 선정하여 헨리에게서 충분한 데이터를 수집할 수 있었다. 경솔하게 한 가지 실험이나 과제만을 토대로 결론을 내려서는 안 되므로 프리스코는 이 단기기억 검사에 몇 가지 과제 수행 실험을 보충했다. 일부 실험에는 버튼 소리와 기계 신호음을 이용했고, 번쩍이는 불빛이나 색깔, 비기하학 형상을 쓰기도 했다. 또한 프리스코는 의도적으로 언어로 표현하기 어려운 검사자극을 택했다. 가령 색깔 기억 검사를 실시할 때는 빨강, 주황, 노랑, 초록, 파랑, 보라색 옷감 조각을 자극으로 이용할 수 없었는데, 왜냐하면 다음 색으로 넘어가는 짧은 틈에 헨리가 요령 좋게 속으로 색 이름을 암송하는 바람에 본래 실험 의도가 어긋나버렸기 때문이다. 대신 프리스코는 빨간색의 다섯 색조를 제시함으로써 언어적 암송을 시도할 가능성을 최소화하는 방법을 택했다.[6]

중앙 실험실에서 검사를 받은 헨리는 칸막이 뒤 조용하고 어두운 쪽에 놓인 간이침대에 누웠고, 프리스코는 칸막이 앞쪽에 앉았다. 실험실에는 두 사람뿐이었다. 프리스코가 "1번" 하고 외치면 검사가 시작되었다. 이번 실험의 자극은 섬광 전구 불빛을 초당 3회 속도로 연속해서 깜빡이는 것이었다. 잠깐 간격을 두고 다시 전구 불빛이 깜빡이는데, 이번에는 앞의 것보다 빨라서 초당 8회였다. 헨리가 '다르다'고 답해야 두 자극 사이에 변화가 있다는 의미가 된다. 깜빡임 속도에 변화를 주지 않았을 때는 '같다'라고 답하는 것이 정답이다.

헨리에게는 이 실험이 힘겨운 도전이었으며, 시작은 특히나 더 어려웠다. 빨리 답을 하고 싶은 마음에 가만히 있어야 할 때 말을 해버리는가 하면, 두 번째 자극을 기다려야 하는데 첫 번째 자극이 끝나는 즉시 답을 말해버리는 식이었다. 이 때문에 헨리가 검사 절차를 차근차근 밟아나가기 위해서는 프리스코가 몇 분에 한 번씩 지시사항을 되짚어줘야 했다. 그렇게 수차례 실패를 겪고 거듭 재시도한 끝에 겨우 실험을 완료할 수 있었다.

첫 번째 실험으로 헨리가 정보를 지각하고 파지把持(정보를 기억 속에 유지함)하는 능력을 이해하기 위한 기초가 마련되었다. 헨리는 두 자극 사이에 지체되는 시간이 없을 때는 과제를 쉽고 정확하게 수행할 수 있어 12회 시도에서 단 1회만 오답을 냈다. 지시 사항을 이해하거나 검사자극을 인지하는 데는 전혀 문제가 없었다. 즉 두 검사자극 사이에 시간이 벌어지지 않았을 때는 그 차이를 완벽하게 인지했다. 이 점을 간파한 프리스코는 헨리가 검사를 받을 때 시간 지체로 인해 생기는 모든 문제가 기억에 실패하는 결과로 나타난다고 가정했다.

다음으로 프리스코는 동일한 전구 섬광 검사를 실시했는데, 이번에는 시간 간격을 15초, 30초, 60초로 설정했다. 자극 사이의 시간 간격이 길어질수록 두 자극의 차이를 구분하기 어려워지고 단기기억력도 약해진다. 하지만 헨리의 경우에는 더 극단적인 격차를 보였다. 15초 간격일 때는 헨리의 점수도 무난해서 열두 개 항목에서 두 개만 오답을 냈다. 30초 간격에서는 열두 개 항목 중 여섯 개 항목에 오답이 나왔는데, 동전 던지기로 답을 찍는 것하고 다를 바 없는 확률이니 요행으로 나온 결과로 간주된다. 정상 상태인 수검자들은 프리스코가 주의를 딴 데로 흩어지게 했음에도 60초 간격 검사에서 열두 개 항목 중 평균 한 개의 오답만을 기록했다.

헨리의 점수가 급격히 무너진 것은 그의 단기기억 지속 시간이 60초 이하임을 의미했다. 보거나 들은 것에 대한 기억이 30초에서 60초 사이에 사라진다는 뜻이다. 시간 간격이 더 짧을 때는 반반 확률 이상의 점수를 받았다. 그 짧은 시간 동안에는 의식을 집중할 수 있었던 것이다. 프리스코는 헨리의 결과가 나온 뒤에 이어서 F. C.와 P. B.에게도 검사를 수행했는데 일관된 결과가 나왔다. 두 사람의 오답은 헨리보다 적었지만, 두 자극을 제시하는 시간 간격이 길어질수록 첫 번째 자극에 대한 기억이 흐려져 오답이 증가하는 동일한 패턴을 보였다.

프리스코는 헨리가 특정 정보에 대해서는 약간의 기억 보유 능력을 보인다는 점을 놀라워했다. 불빛 검사가 끝난 뒤 프리스코는 헨리에게 몇 분간 휴식을 취하게 하고서 다음 차례로 버튼의 딸깍이는 소리로 검사를 수행했다. 이때는 헨리의 수검 자세가 향상된 듯했다. 조용해야 할 시간에 말을 하기는 했지만, 첫 자극이 주어진 뒤에 소리를 질러 답하는 행동은 더 이상 나타나지 않았다. 다음으로는 한 시간 동안 휴식한 뒤에 색깔 검사를 수행했다. 휴식을 끝내고 돌아온 헨리는 프리스코가 누군지 전혀 기억하지 못했다. 하지만 지시사항을 설명하니 검사 방식을 이해한 듯 말수는 줄었고 지시사항도 정확히 이행했다. 다음 날 다시 검사가 시작되었는데, 이번에는 새 검사가 시작될 때만 지시사항을 한 번 설명하는 것으로 충분했다. 검사 점수는 여전히 낮았고 이미 받았던 검사라는 것을 전혀 기억하지 못했지만, 그럼에도 어쨌거나 헨리는 자신이 해야 할 일을 숙지했다.

헨리가 검사 방식은 학습했으면서도 몇 초 전 제시된 구체적인 검사자극이 무엇이었는지 기억하지 못하는 것은 무엇 때문일까? 1962년에는 이 기이한 현상을 설명할 수 있는 사람이 없었지만, 밀너 실험실 연구자들은 모두가 헨리를 통해 기억과 학습의 본질에 대해 많은 것을 배웠음을 알고 있었다.

프리스코의 검사 결과는 기억이 단일 과정으로 처리된다는 이론에 타격을 입혔다. 같은 시기에 단일처리 이론을 반박하는 또 하나의 사례가 나타났다. 머리글자 K. F.로 통하는 잉글랜드의 환자가 오토바이 사고로 왼쪽 머리와 뇌에 큰 손상을 입었다. 10주 동안 의식불명 상태로 있다가 몇 년에 걸쳐 차츰 호전되기는 했지만 이내 발작을 겪기 시작했다. K. F.는 헨리와 마찬가지로 중대 기억장애를 겪었지만 양상은 정반대였다. 희한하게도 K. F.는 단기파지가 가능하지 않음에도 새로운 정보에 대한 장기기억이 가능했다. 그가 암기할 수 있는 숫자폭은 2밖에 되지 않았고 숫자든 문자든 낱말이든 간에 단 한 개밖에 반복하지 못했다. 검사자가 초당 한 단어 속도로 두 단어를 말하면 두 단어를 정확히 따라 하는 확률이 2분의 1밖에 되지 않았다. 이렇듯 그의 단기기억력은 매우 제한적이었다. 그럼에도 네 종류의 장기기억 검사에서는 모두 정상 수준의 점수를 받았다. 이러한 사실은 이 정보를 위한 장기기억 저장소가 손상되지 않았음을 시사한다.[7]

헨리와 K. F.의 검사 결과는 별개의 두 회로가 단기기억과 장기기억을 각각 관장함을 의미했고, 이는 이원처리 이론을 뒷받침하는 강력한 증거가 되었다. 이 두 회로는 뇌 안에서 각기 다른 위치를 차지한다. 단기기억을 처리하는 것은 피질이며, 장기기억을 처리하는 것은 내측두엽이다.[8]

K. F.의 사례는 단기기억 처리 과정이 이루어지는 근거지가 대뇌반구의 표면을 덮고 있는 대뇌피질임을 시사한다. 스코빌이 수술할 때 헨리의 뇌에서 이 부분을 건드리지 않았기 때문에 피질의 기능이 온전하게 보존되어 단기기억능력을 지킬 수 있었던 것이다. 이후의 연구를 통해 같은 단기기억이라도 정보 유형에 따라 피질에서 관장하는 부위가 다르다는 사실이 밝혀진다. 얼굴과 신체, 장소, 어휘 등에 대한 기억의 임시 보관 장소가 각기 다르다는 증거가 점점 증가하

고 있다. 기억은 임의적으로 처리되는 것이 아니라 정보가 처음 지각되는 방식과 관련한 부위 근처에 모이는 경향을 보인다. 예를 들어 오른쪽 두정엽은 공간 기능을 관장하므로 공간 정보와 관련한 단기기억은 이 부위에 저장된다. 좌뇌는 언어를 제어하므로 단기적인 언어 기억은 피질의 왼쪽에 주로 뿌리내린다. 단기기억이 하나의 별개 과정으로 처리된다는 사실에 대한 이해가 깊어진다면 이 짧은 시간에 어떤 일이 일어나는지를 깊이 있게 탐구할 수 있을 것이다. 현재는 단기기억의 내용과 능력 그리고 한계에 대해 많은 것이 밝혀져 있다.[9]

정보가 단기 저장소에 머무는 시간은 1분이 채 되지 않지만 생각 속에서 암송함으로써 그 정보를 무한정 보유할 수 있다. 암송이 단기기억의 흔적을 효과적으로 재충전하여 다시 새로운 정보로 만들어주는 것이다. 이것이 우리가 지식 습득을 촉진할 때 이용하는 **인지제어처리**의 좋은 예다. 인지제어처리는 어떤 목표를 성취하기 위해 생각을 제어하는 능력의 토대가 되는 기능이다. 인지제어처리는 주변 환경 안에서 주의를 흐트러뜨리는 요소나 저장된 기억 가운데 현재는 필요치 않은 것을 무시하고 넘어가는 데 도움이 되는 기능이다. 우리는 눈앞에 있는 할 일에 집중할 때, 한 업무에서 다른 업무로 전환할 때, 원치 않는 방해요소를 차단할 때 등 일상에서 이 기능을 끊임없이 활용한다.[10]

한 사업가가 보스턴발 샌프란시스코 경유 호놀룰루행 연결 항공편으로 출장을 간다. 비행기가 샌프란시스코에 도착할 때 승무원이 방송으로 연결 항공편의 탑승 출구 번호를 안내한다. 이 사업가는 도시 이름이 불릴 때마다 주의를 기울이다가 '호놀룰루'와 탑승 출구 번호를 들으면 그 번호를 몇 번이고 되풀이해서 암송해야 비행기에서 함께 내린 승객들 속에 섞여서도 엉뚱한 데 이끌려 한눈팔지 않고서 꿋꿋이 목적지인 출구를 찾아갈 수 있다. 그러지 않았다가는 길을 잃어버릴 것이다. 하지만 그가 찾던 출구 번호는 비행기에 탑승하는 순간 바로 머릿속에서 사라질 것이다. 그 정보가 단기기억 속에 남아 있는 것은 그 목적을 이행할 때까지뿐이다. 우리 일상에는 이처럼 목표에 도달하는 데 도움이 되는 정보를 기억하여 자신의 행동을 이끄는 복잡한 과정을 교묘하게 처리하는 경우가 허다하다.

의지할 수 있는 것이 단기기억뿐이었던 헨리는 이 기억장애를 상쇄하기 위해 인지제어처리 기능을 연마했다. 헨리는 기억하라고 지시받은 정보를 의식적으로 암송함으로써 생각을 갱신하다가 질문이 나왔을 때 되살리는 것이 가능할 때가 있었다. 밀너는 1955년 스코빌 연구팀에서 헨리의 첫 검사를 시행하는 기간에 그에게 이 능력이 있음을 주목했다. 밀너는 헨리에게 지시사항을 설명했다. "숫자 5, 8, 4를 기억하시기 바랍니다." 그러고는 연구실을 떠나 스코빌의 비서와 커피를 한 잔 마시고서 20분 뒤 다시 연구실로 돌아와 헨리에게 물었다.

"그 숫자가 뭐였습니까?"

"5, 8, 4입니다." 헨리가 답했다. 밀너는 놀랐다. 헨리의 기억력은 자신이 생각했던 것보다 좋아 보였다.

"아주 잘하셨어요!" 밀너는 말했다. "어떻게 하신 건가요?"

"그러니까 5와 8과 4를 더하면 17이 되지요." 헨리가 답했다. "그걸 둘로 나누면 9와 8이 되죠. 그럼 8을 기억합니다. 그러면 5와 4가 남지요. 그래서 5, 8, 4가 됩니다. 간단하죠."

"그래요, 아주 좋습니다. 그럼 내 이름을 기억하시나요?"

"못 해요. 죄송합니다. 내가 기억에 문제가 있습니다."

"나는 밀너 박사입니다. 몬트리올 출신이고요."

"아, 캐나다 몬트리올이군요." 헨리가 말했다. "나는 캐나다에 한 번 가봤습니다. 내가 간 곳은 토론토였어요."

"그러시군요. 아까 숫자 지금도 기억하십니까?"

"숫자요? 무슨 숫자가 있었나요?"

헨리가 숫자를 기억하기 위해 고안했던 그 복잡한 셈법은 사라지고 없었다. 주의를 다른 주제로 전환하자마자 내용이 유실되었다. 자기가 어떤 숫자를 암송하고 있었다는 사실 자체를 잊는 것이 흔한 일은 아니지만, 뇌가 손상되지 않은 사람이라도 주의가 산만해질 때면 정보를 망각하곤 한다. 앞서 나왔던 공항 상황을 생각해보자. 그 사업가가 공항을 빠져나가는 동안 텔레비전 화면에 뜨는 어떤 속보에 신경이 쏠렸다면 내내 단기기억에 보유하기 위해 암송했던 출구 번호를 잊어버렸을 가능성이 크다. 그렇게 한눈판 뒤에도 그 출구 번호를 기억했다면 그것은 장기기억이 작동했기 때문이다. 헨리는 바로 그 능력이 훼손되었다.[11]

헨리는 단기기억에 의존하면서 인지제어처리 기능의 도움을 받았다. 대화를 나누는 동안 헨리가 정상으로 보인 것은 방금 받은 질문에는 쉽게 대답할 수 있기 때문이었다. 이런 식으로 그는 다른 것에 주의가 흐트러지지 않는 한 능숙하게 이 계산 저 계산 써가면서도 흔들림 없이 기억을 지킬 수 있었다. 그는 이름과 낱말, 숫자를 몇 초 동안 기억하고 반복할 수 있었지만, 그러기 위해서는 기억할 분량이 적고 방해요소가 끼어들어 머릿속이 하얗게 되는 일이 일절 없어야 한다. 나와 대화하는 중간에 다른 사람이 헨리에게 딴 이야기를 걸면 헨리는 내가 방금 말한 것을 잊어버릴 뿐 아니라 내가 그에게 무언가 이야기했다는 사실 자체까지 잊어버렸다.

나는 1977년 MIT에 직접 실험실을 연 뒤로 주의분산 효과를 테스트할 기회가 있었다. 검사 대상은 헨리와 다른 원인으로 기억상실증을 겪는 네 명의 환자였는데 모두 장기기억에 심각한 장애가 있어 단기기억에만 의존하는 상태였다. 우리는 영국의 심리학자 존 브라운이 1958년에 고안한 과제를 내주었다. 이 과제는 수검자가 방금 얻은 정보를 얼마나 빨리 잊어버리는가를 테스트하는 독창적인 측정법이었다. 수검자들은 투시창을 통해 제시되는 자음쌍에 이어 숫자쌍을 보는데, 항목마다 약 4분의 3초씩 보여준다. 예를 들면 VG 다음에 SZ를 보여주고, 이어서 83 다음으로 27을 보여주는 식이다. 수검자가 읽은 것은 자음과 숫자지만, 기억해보라고 주문받는 것은 자음뿐이다. 수검자들이 숫자를 읽느라 바쁘기 때문에 자음을 암송할 시간은 없다. 암송하는 것을 방지하면서 5초 후 그 자음이 뭐였는지를 물어서 얼마나 많은 정보를 얼마나 빨리 잊어버리는지를 검사한다. 이 주의분산 검사에서는 건강한 수검자들조차 정확하게 기억한 자음쌍이 하나밖에 되지 않았다. 수검자들은 암송을 할 수 없을 때면 두 번째 쌍을 5초 이내로 잊어버렸다.[12]

1959년 심리학자 마거릿 피터슨과 로이드 피터슨이 브라운의 실험을 발판 삼아 항목 간의 지체 시간을 조정했을 때 정확도가 어떻게 변화하는지를 연구했다. 이들이 실시한 브라운 검사에서는 검사자가 MXC처럼 세 자음을 말한 다음 973처럼 세 자리 숫자를 말했다. 수검자들은 그 숫자에 3씩 뺄셈을 하다가(973, 970, 967, 964…) 세 자음 (MXC)을 반복하라는 신호를 받는다. 수검자들은 각기 다른 시간 간격을 두고(3, 6, 9, 12, 15, 18초) 신호를 받았다. 마거릿과 로이드 피터슨은 수검자가 뺄셈에 주의를 빼앗기는 시간이 길어질수록 기억하는 자음 수가 적어진다는 결론을 얻었다. 그 지체 시간이 15초에서 18초에 이르자 수검자는 아무것도 기억하지 못했다. 이 연구는 주의를 분산시키는 요소가 있을 때 단기기억 지속 시간은 15초 미만임을 보여주었다.[13]

1980년대 초 내 실험실에서 브라운-피터슨 검사를 약간 변형해서 헨리의 단기기억이 지속되는 시간을 알아내는 검사를 시행했다. 이 실험은 서술기억을 구성하는 과정(사건과 사실에 관한 장기기억을 지속하게 해주는 과정)을 분석하기 위한 광범위한 연구의 일환이었다. 헨리와 다른 기억상실증 환자 네 명이 브라운-피터슨 검사를 받았다. 지체 시간을 3초, 6초, 9초로 설정했을 때는 결과가 기억장애를 겪지 않는 건강한 대조군 수검자와 어슷비슷하게 나왔다. 하지만 지체 시간이 15초와 30초일 때는 이들의 단기 저장소 용량을 초과했기에 비환자 수검자보다 수행점수가 크게 떨어졌다. 실험에서 정보를 15초 이상 보유해야 할 때 건강한 사람은 장기기억을 활용했지만 기억상실증 환자는 그러지 못했다.[14] 이 연구로 단기기억의 범위를 한정할 수 있었다.

일상에서 기억이 이용되는 방식을 연구하면서 단기기억에 대한 이해는 더욱 복잡해졌다. 외부 세계에서 정보를 받아들인 뇌는 복잡한 처리 과정을 거친다. 어떤 사람이 암산으로 68과 73을 곱한다면 그의 머릿속에서는 곱셈을 하고 그 결과를 저장하고 합계를 내고 그 수가 맞는지 점검하는 계산 과정이 진행된다. 이 과제는 정보를 단순히 암송해서 단기기억으로 보유하는 것보다 훨씬 큰 수고가 소요되는 정신노동이다. 그는 숫자와 곱셈이라는 추상적 지식을 이용해 그 지식을 당면 문제에 응용해서 답을 푼다. 이런 과정을 작업기억이라고 부르는데, 정보를 일시적으로 보유하고 각종 인지적 과정을 수행하는 일종의 정신적 작업장이다.

작업기억과 단기기억, 즉시기억의 차이는 무엇인가? 단기기억은 단순한 것, 작업기억은 복잡한 것이라고 생각하면 된다. 작업기억은 단기기억이 혹사당하는 상태다. 둘 다 일시적이지만 단기기억, 즉 즉시기억은 지체된 시간이 아주 짧거나 없을 때면 소량의 숫자 정보를 재생할 수 있다(3, 6, 9를 말로 반복하는 경우). 반면에 작업기억은 기억할 정보가 소량이어야 하며 동시에 그 정보를 이용해서 복잡한 과제를 수행한다(3×6×9를 암산하는 경우). 단기기억을 활용할 때 우리는 한정된 소량의 정보를 단순하게 반복하지만, 작업기억을 활용할 때는 필요한 어떤 정보라도 검토하고 조작할 수 있다. 작업기억은 장문 해독이나 문제 풀이, 영화 줄거리 이해하기, 대화 이어가기, 야구의 경기별 기록 기억하기 등 특정한 단기적인 목표를 성취하는 데 필요한 인지 및 신경 처리 과정을 조직한다.

작업기억 개념이 처음 나온 것은 1960년이지만 이에 관한 논문이 신경심리학 학술지에 실리기 시작한 것은 1980년대에 들어서였다. 하지만 밀너가 1962년에 헨리에게 실시한 문제해결능력 테스트가 헨리의 문제해결능력만이 아니라 그의 작업기억능력까지도 측정했다는 것을 나중에 발견했다. 밀너는 탁자 위에 카드 네 장을 나란히 놓은 뒤 헨리에게 말했다. "이것은 호텔 방의 카드키입니다." 첫째 카드키에는 빨간 삼각형 한 개, 둘째에는 초록색 별 두 개, 셋째에는 노란 십자가 세 개, 넷째에는 파란 원 네 개가 그려져 있었다. 밀너는 헨리에게 128장짜리 카드 한 벌을 주고 놓아야 할 곳이라고 생각하는 카드키 앞에 카드를 한 장씩 놓으라고 했다. 헨리가 카드를 놓을 때마다 밀너가 '정답' 또는 '오답'이라고 말하면, 이 정보를 토대로 될 수 있는 한 많은 정답을 맞히는 테스트다. 헨리가 카드를 분류하면서 색깔에 따라 카드를 놓으면 '정답'이고, 도형 모양이나 숫자에 따라 놓으면 '오답'이었다. 정답이 열 장 나오면 밀너가 헨리에게 말해주지 않고 분류 범주를 바꾸었다. 이제 헨리가 도형 모양대로 분류하면 '정답'이고, 다음으로는 숫자를 분류 원칙으로 변경하는 식이다. 헨리는 오답을 몇 개 내지 않고서 과제를 완수했다. 이때 헨리는 작업기억을 활용한 것이다. 그는 카드를 탁자에 내려놓는 한편 밀너의 답을 경청하면서 옳은 범주를 찾는 데 주의를 집중하여 다음 카드를 어디에 놓아야 할지를 결정했다. 수행 결과는 이렇게 탁월하게 나왔으나 검사가 끝났을 때 헨리는 자신이 밀너가 제시하는 단서에 맞춰(처음에는 색깔에 맞춰, 다음으로는 도형에 맞춰, 그다음으로는 숫자에 맞춰 카드를 놓는 등) 재빨리 전략을 바꿔왔다는 사실을 기억하지 못했다.[15]

이 카드 분류 과제는 헨리가 할 수 있는 것과 할 수 없는 것이 무엇인지도 알려주었다. 밀너가 '정답'이라고 말하는 한 그 범주에 집중했다가 '오답'이라고 말했을 때 다른 범주로 전환할 수 있었다는 사실은 헨리가 긴 검사 시간 내내 주의를 집중하여 모양과 색깔을 구분하고 판단해서 유연하게 대응할 능력이 있음을 입증한다. 이러한 연산 작업은 장기기억을 활용하지 않고서도 가능했다. 검사가 끝났을 때 헨리는 검사 전체 과정을 떠올려 방금 자신이 한 일을 기억하려다가 쩔쩔맸다. 이때 절대적으로 필요한 장기기억이 자취도 없이 사라지고 만 것이다.

비슷한 시기에 밀너는 펜필드가 간질발작을 완화하기 위해 좌우 전전두엽 3분의 1을 잘라낸 한 환자에게 카드 분류 테스트를 수행할 기회를 얻었다. 이 환자는 카드 128장 전체를 도형 범주로만 분류했는데, 밀너가 거듭 '오답'이라고 말했을 때도 범주를 전환하지 못했다. 이는 적절하지 않은 반응인 줄 알면서도 계속해서 동일한 반응을 보이는 보속perseveration 행동의 극단적 사례다. 이 환자만이 아니라 좌우 어느 한쪽 전두엽을 절제한 다른 많은 환자들 역시 분류 과제에 요구되는 계획과 사고의 유연성은 전두엽이 정상적으로 기능하는지 여부에 달려 있음을 상당히 설득력 있게 보여주었다. 이 실험 결과를 근거로 우리는 헨리의 전두엽 기능은 아주 훌륭한 상태였다고 자신 있게 말할 수 있다.[16]

1990년대에 우리 실험실은 헨리의 작업기억을 평가하는 연구에 상당한 노력을 기울였다. 우리는 헨리의 작업기억능력이 저하되지 않은 이유는 그가 온전한 단기 저장소 속 항목을 활용해서 테스트 항목을 검토하고 조작할 수 있었기 때문이라고 예상했다. 그러나 이 작업기억 테스트가 헨리에게 힘겨웠던 두 가지 이유가 있었는데, 하나는 테스트의 진행 속도에 신속하게 대응해야 한다는 점이었다. 그러다 보면 제시된 문제를 충분히 고려하여 정답을 찾아내기에는 시간이 부족한 경우도 있었다. 또한 검토하고 조작해야 하는 검사자극의 분량이 그의 단기기억 용량을 초과해서 서술적 장기기억이 요구되는 경우도 있었는데, 이는 그에게 없는 능력이었다.

시간 제약이 있는 검사를 위해 우리는 N-백N-back 테스트(학습기억 테스트)를 실시했다. 이 검사의 자극은 색깔(빨강, 초록, 파랑 따위)인데, 컴퓨터 화면에 2초 간격으로 한 색씩 띄운다. 우리는 헨리에게 모니터에 현재 나타난 색이 직전에 나타난 색과 일치하면 한쪽 단추를 누르고, 다른 색이 나타나면 다른 단추를 누르라고 지시했다. 한 단계가 끝나면 다음 단계는 더 어려워지는데, 이번에는 (간섭자극을 끼워넣어) 두 차례 전에 나타난 색과 일치할 때 단추를 누르고, 다를 때는 다른 단추를 누르도록 지시했다.

헨리는 색으로 하는 N-백 테스트에서는 탁월한 수행능력을 보여주었다. 이는 3대 핵심 인지기능인 **정보 보유**(화면에 나타난 색을 기억하고 있어야 함), **정보 갱신**(기억해야 하는 색깔이 화면상에서 계속 바뀜), **반응 억제**(일치하는 경우가 일치하지 않는 경우보다 덜 자주 나왔기 때문에 자꾸만 비일치 단추를 누르려는 성향을 억제해야 함)가 온전함을 입증한다. 검사자극이 색깔이었을 때는 2초라는 시간 제약이 불리하게 작용하지 않았다.

다음 N-백 테스트에는 여섯 개의 공간위치에 색깔 대신 의미 없는 형상 여섯 개가 나타나는 방식을 썼다. 검사자극이 바뀌자 마구잡이로 찍은 것이나 다름없는 점수가 나왔다. 헨리가 작업기억에 여섯 지점과 의미 없는 형상에 대한 기억을 보유하기 힘들어한 것은 2초 안에 그 복잡한 자극에 언어화된 이름을 붙일 수 없었기 때문일 것이다. 언어화하기 어려운 검사자극에다가 응답은 빨리 해야 하는 테스트는 헨리에게 힘겨운 과제였다.

또 우리는 헨리가 스스로 계획을 세우고 스스로 답해온 사항을 기억하는 능력을 측정하기 위해 자가선택 테스트를 실시했다. 컴퓨터 화면에 여섯 개 도안이 윗줄에 세 개, 아랫줄에 세 개 나뉘어 제시된다. 우리는 헨리에게 그중 한 도안을 선택하라고 했다. 하나를 선택하면 화면이 바뀌고 똑같은 도안 여섯 개가 서로 다른 위치에 제시된다. 이번에는 앞서 선택한 것과 다른 도안을 선택해야 한다. 이 단계는 4회로 구성되어, 여섯 개 도안이 매번 다른 위치에 제시되고 헨리는 앞서 선택하지 않았던 도안을 선택해야 한다. 헨리는 이 과정을 세 번 연속 수행했는데, 수행점수가 대조군 수검자의 수행점수에 필적했다. 하지만 다음 검사에서 도안의 개수를 여덟 개, 열두 개로 늘리자 헨리는 대조군 수검자보다 더 많은 오답을 냈다. 오답이 검사 후반부에 더 많이 나타나는 경향을 볼 때, 끊임없이 이전 검사 때의 경험을 반추하느라 집중도가 떨어졌을 수도 있다. 게다가 기억하고 추적해야 하는 항목이 여덟 개, 열두 개씩 되다 보니 단기기억이 고갈되었을 수 있으며, 이런 상황에서 의지할 서술적 장기기억도 없는 상태였다.

헨리가 새로운 정보에 대한 작업기억 검사에서 낮은 수행점수를 받았다고 해서 곧바로 작업기억 기능이 해마의 온전한 상태에 달려 있다고 결론 내릴 수 있는 것은 아니다. 빨리 답해야 하거나 장기기억을 동원해야 하는 검사에서는 헨리가 불리했다. 단기기억 용량이 컴퓨터에 제시된 검사자극 항목의 개수나 복잡성을 소화하기 힘든 경우에는 장기기억을 보조하는 서술기억과 내측두엽 회로의 개입으로 성공적으로 수행을 마칠 수 있다. 그런데 헨리나 다른 기억상실증 환자처럼 이 회로가 손상된 경우에는 난도 높은 작업기억 테스트를 통과하기 어렵다. 2012년 UC샌디에이고의 기억 연구자들이 이 주제를 다룬 신경학 학술지의 논문 90편을 분석하여 다음과 같은 결론을 내렸다. "과제에 요구되는 것을 작업기억으로 수용할 수 없을 때는 서술적 장기기억이 과제 수행을 지원한다."[17]

작업기억에 대한 연구가 방대한 분야에서 이루어지면서 이 주제로 발표된 논문만 해도 2만 7천 편이 넘는다. 작업기억이 이루어지는 기제와 회로를 분석해 동물 및 사람의 행동과 뇌의 상호관계를 밝히기 위한 연구를 진행하는 연구소도 수천 곳이 넘는다. 작업기억은 다양한 인지 과정(주의집중, 충동제어, 저장, 감시, 순서 잡기, 정보처리)에 의지하기 때문에 그만큼 다양한 뇌회로가 동시에 동원된다. 그래서 작업기억은 신경질환에 대단히 취약하다. 주의력결핍과다행동장애ADHD, 자폐증, 알츠하이머병, 파킨슨병, HIV, 뇌졸중 환자에게서 작업기억 장애가 나타나며 심지어 건강한 노인한테서도 나타난다. 이 그룹에 속하는 개인들이 목표를 성취하는 데 작업기억을 활용하기 어려운 것은 이런 난도 높은 정신노동을 수행하기 위해서는 뇌가 건강해야 하기 때문이다. 약간만 이상이 생겨도 수행에 지장을 겪을 수 있다.

작업기억 개념이 처음 나온 곳은 신경학이 아니라 응용수학 분야에서다. 미국에서 당대 최고의 천재로 불렸던 수학자 노버트 위너가

1948년에 "뇌는 일종의 계산기와 같다"라고 주장했다. 이 통찰을 토대로 그는 사람과 기계의 제어 과정을 연구하는 학문 분야인 **사이버네틱스**를 제창했다.[18]

사람의 뇌를 하나의 정보처리장치로 간주한 이 은유는 신경과학 분야에 심대하게 기여했다. 수학적 사고를 훈련받은 스탠퍼드 대학교 행동과학고등연구소의 세 학자 조지 A. 밀러, 유진 갈란터, 칼 H. 프리브람은 그 영향으로 1960년에 사이버네틱스와 심리학을 연계하여 《계획과 행동의 구조Plans and the Structure of Behavior》를 공동 저술했다. 이 선구적인 저서에서 그들은 우리의 행동은 모든 것에 앞선 어떤 '계획Plan'의 지시를 받아 이루어지는 것이라고 주장했다. 그들은 뇌는 컴퓨터에, 정신은 컴퓨터 프로그램, 그러니까 '계획'에 비유할 수 있다는 급진적인 주장을 펼쳤다.[19]

《계획과 행동의 구조》에서 소개한 '작업기억' 개념은 순식간에 인지과학과 인지신경과학에서 활발한 연구 분야로 자리 잡았다. 이 방대한 분야가 다루는 것은 복잡한 목표를 성취하기 위해 능력을 활용하는 기억 형성 과정만이 아니다. 컴퓨터 프로그램에 비유되는 특정 목표 지향 계획은 어딘가에 저장되어 있다가 그 계획을 실행하는 동안 재생된다. "이 특별한 장소는 종잇장 위가 될 수도 있다"라고 그들은 썼다. "아니면 (또 누가 알겠는가?) 뇌의 전두엽 어디쯤일지. 따라서 우리는 '계획'을 집행하는 데 사용하는 기억을 어떤 특정한 구조나 장치가 맡아서 하는 기능으로 보지 않고, 신속한 접근이 가능한 일종의 '작업기억'으로 보고 싶다." 밀너가 헨리에게 실시한 카드 분류 실험연구가 입증했듯이, 이 저자들은 작업기억의 개념을 아주 정확하게 파악했을 뿐 아니라 그 위치가 뇌의 전두엽 안에 있으리라는 추측까지 정확히 해냈다. 지금은 전전두엽피질이 다양한 생각을 보유하여 계획을 수립하고 집행하는 결정적 부위라는 사실이 밝혀져 있다. 이는 헨리가 수행한 카드 분류 과제에서도 잘 드러난다.

1960년대는 작업기억 연구가 가히 폭발적으로 쏟아져 나온 시기다. 이 시기 심리학과 신경과학 연구자들은 작업기억의 밑바탕이 되는 인지 및 신경 과정을 분석하고자 했다. 1968년 심리학자 리처드 앳킨슨과 리처드 시프린은 논문 〈사람의 기억: 그 구조와 인지제어처리에 대한 가설Human Memory: A Proposed System and Its Control Processes〉에서 기억의 구조와 과정을 세분화한 기억 모형을 제시했는데, 이 논문은 오늘날까지도 기억을 다루는 논문에서 가장 많이 인용된다. 앳킨슨과 시프린은 기억을 감각 등록, 단기 저장, 장기 저장이라는 세 단계로 나누었다. 감각 등록은 정보가 처음 감각기관을 통해 들어오는 단계다. 정보는 감각기관에서 1초 이하로 머물다가 소멸된다. 이들이 제시하는 단일처리 모형에서 단기 저장은 작업기억으로, 작업기억은 감각 등록을 통해 유입된 정보만이 아니라 장기 저장된 기억에서도 정보를 받아들인다. 단기 저장소에 있던 정보가 연속되는 흐름을 타고서 상대적으로 오래 지속되는 저장소인 장기 저장소로 들어간다.[20]

앳킨슨-시프린의 단일처리 모형이 중요한 역할을 한 것은 사실이지만 장기기억의 형성기제는 충분히 설명하지 못했다. 이 모형이 옳았다면 헨리에게 기억상실증이 나타나면 안 되었다. 그랬다면 단기기억 단계 동안 존재했던 정보가 시간이 흐르면 자동으로 장기기억 단계로 흘러들어가야 했다. 그러나 명백히 이런 일은 일어나지 않았다. 헨리의 뇌는 단기기억 처리기제를 장기기억 처리기제로 전환하지 못했다. 하지만 앳킨슨-시프린 모형에서 높이 평가할 점은 단기 저장소를 **인지제어처리** 기능이 작동하는 작업기억으로 규정한 것이다. 인지제어처리 기능에는 개인차가 있다. 우리는 기억해야 할 정보가 무엇인지 결정하고, 그 정보를 단기기억에 저장하기 위해 암송하고, 암기법을 고안하는데, 음악을 배우는 학생들이 악보의 다섯 줄에 각각 해당하는 음(EGBDF)을 쉽게 기억하기 위해 만들어낸 문장 'Every Good Boy Deserves Fudge'가 그 예다. 앳킨슨-시프린 모형은 작업기억에 보관된 정보를 처리하는 과정에 영향을 미치는 전략을 밝히기 위한 연구에 불을 지폈다.

1974년 심리학자 앨런 배들리와 그의 동료 그래엄 J. 히치는 작업기억이 단일체계가 아니라 세 하위체계로 구성된다고 주장했다. 즉 결정을 내리는 **중앙관리자**와 힘든 일을 도맡아 일하는 두 **종속체계**(하나는 시각 정보를 전담하고 다른 하나는 언어 정보를 전담한다)가 있다고 보았다. 이 모형이 제시되자 각 하위체계의 작용기제, 과도적 과정과 장기기억의 상호작용 방식, 작업기억이 과제를 수행하는 동안 이용되는 뇌 영역 따위를 밝히기 위한 실험연구가 왕성하게 수행되었다. 과학자들은 각 연령별로 건강한 사람들, 쌍둥이, 이중 언어 사용자, 폐경기 여성, 선천적 시각장애인, 흡연자, 불면증 환자, 스트레스를 받는 사람, 각종 신경 및 정신장애를 겪는 사람 등 다양한 범주를 대상으로 작업기억을 연구했다. 이 실험연구는 교육 분야는 물론 정신장애의 치료 효과 및 훈련 프로그램과 그 실효성 평가, 정신장애 진단 및 평가 등 광범위한 분야에 영향을 미쳤다.[21]

시각 정보, 청각 정보, 특이한 사건을 전담하는 영역이 하나씩 따로 있는 것으로 규정한 배들리 모형은 최근 들어 더 역동적인 모형으로 대체되었다. 현재 견해는 작업기억과 장기기억 저장소가 상호작용한다고 여긴다. 이 견해는 측두엽, 두정엽, 후두엽 내의 여러 영역에서 처리 과정이 진행될 때 정보가 작업기억 속에서 유지된다고 본다. 바로 그 뇌 영역들이 정보가 들어왔을 때 처음 인지하는 지점이다. 따라서 우리가 누군가의 이름이나 얼굴을 처음 접했을 때나 어떤 풍경을 보고 기뻐할 때 작동하는 회로와 나중에 그 이름이나 얼굴 혹은 풍경을 기억할 때 작동하는 회로가 동일하다는 이야기가 된다. 하지만 특정 시점의 작업기억 과정에 사용되는 회로망은 작업기억의 내용과 성취하고자 하는 목표가 무엇이냐에 따라 달라진다.

21세기의 작업기억 모형은 단기기억과 장기기억이 상호작용한다는 점을 강조한다. 인지신경과학자 브래들리 포슬, 마크 데스포지토, 존 조나이드스는 작업기억이 각기 다른 시간대에 입력된 구체적 정보를 통합한다는 견해를 지지한다. 방금 뇌에 들어온 시각, 후각, 미각 그리고 피부와 몸의 감각 정보가 이들 입력 정보와 관련 있는 장기기억 내용과 통합된다. 예컨대 머릿속으로 36 곱하기 36을 암산한다고 해보자. 이것은 작업기억이 이용되는 과제여서 저장되어 있는 수와 곱셈 지식을 끌어내서 계산을 수행하게 된다. 이 연구자들은 작업기억이란 많은 뇌 영역이 협조하는 과정에서 일어나는 현상이라고 본다. 그 결과 사람의 뇌가 여러 다른 정보를 동시에 처리하면서 한 과제에서 다른 과제로 유연하게 옮겨다니는 동시 작업이 가능한 것이다.[22]

식당에서 한 여성이 웨이터가 소개하는 오늘의 특선 요리 메뉴를 들고 있는 상황을 생각해보자. 그 여성은 음식 목록을 작업기억 속에서 돌리면서 동시에 장기기억 속에 저장된 지식을 토대로 각 음식을 평가한다. 그녀는 머릿속으로 몇 가지 선택지를 돌려본다. 황새치 요리는 수은 함량 때문에 안 되고 닭튀김은 지방이 너무 많아서 안 되겠지만 채소 파스타가 전에 맛있게 먹었던 음식과 비슷하다고 판단하고 파스타를 주문한다. 이 결정이 나오는 속도는 빨랐지만 그 짧은 시간 안에 여러 뇌 영역이 촘촘하게 협조함으로써 여러 종류의 정보를 살피고 조작할 수 있었다.

우리 뇌는 이 엄청나게 복잡한 과제를 어떻게 완수해내는가? 2001년 신경과학자 얼 K. 밀러와 조너선 코언은 전전두엽피질이 사고와 행동을 통제하여 저녁 메뉴를 결정하는 일 같은 내면의 목표를 성취한다는 가정을 내놓았다. 작업기억을 유지하는 곳인 전전두엽피질의 신경회로가, 앞서 예를 들었던 여성이 방금 들은 어휘를 생각 속에 유지하면서 그 음식에서 떠오르는 시각 이미지와 맛의 경험을 되살리고 최근 먹은 식사의 기억을 꺼내고 그 음식에 관련한 자신의 지식과 견해를 살필 수 있게 해준 것이다. 간단히 말해서 그녀의 선택은 **하향처리** 과정에 따른 것으로, 과거의 경험이 결정을 지시한 것이다.[23]

하향처리 방식은 다양한 감각 정보로 인한 충격을 적절히 조절할 수 있게 해준다. 이 처리 과정에는 일련의 연결 행동 계획, 목표 관리, 자동적 처리(예컨대 부엌에 생쥐가 나타났을 때의 반응) 검토, 강력한 습관적 반응 억제, 주의를 집중할 대상 선별, 내면에서 목표와 그것을 성취할 방법을 찾아내기 위한 쓸데없는 감각 정보의 차단 등이 포함된다. 우리 뇌에서 앞쪽에 자리 잡은 전전두엽피질은 뇌 뒤쪽과 대뇌피질 아래 뇌 영역에 있는 경로를 따라 유입되는 정보를 감독하는데, 문제해결과 결정 기능에 절대적으로 중요한 영역이다. 전전두엽피질에는 한 가지 필요한 조건이 있는데, 유연해야 한다는 것이다. 신체 안과 밖에서 일어나는 변화에 적응하며 새 목표와 절차를 받아들이고 고려하는데 필요한 조건이다.[24]

헨리의 작업기억은 빙고 게임을 하고 문장을 말하고 간단한 암산을 수행할 수 있을 정도로 강건했다. 하지만 현재 진행되는 생각을 가까운 과거의 기억과 통합하는 능력까지는 없었다. 헨리가 식당에서 음식을 주문한다면, 선택의 기준은 수술 전에 좋아했던 것과 싫어했던 것이지 그 전날 먹었던 음식이 아니며, 체중 조절을 위해 열량 낮은 음식을 선택하거나 소금 섭취량을 줄여야 하는 상태 같은 것도 고려할 수 있는 처지가 아니다. 헨리가 그런 정보를 활용할 수 있으려면 돌봐주는 사람이 개입해야 한다. 이처럼 필수적인 장기기억능력이 없는 헨리는 일상생활에 크나큰 지장을 받았다.

단기기억에만 의존해 살아간다는 것은 어떤 기분일까? 헨리가 겪은 일은 틀림없는 비극이지만, 정작 헨리 자신은 좀처럼 고통스러워 보이는 일이 없었으며 항상 헤매고 두려워하는 것도 아니었다. 오히려 그 반대였다. 헨리는 일상에서 일어나는 일들을 있는 그대로 받아들이며 그 순간을 살았다. 수술을 받은 그날부터 처음 만나는 모든 이가 그에게는 낯선 사람이었지만, 그 누구라도 열린 마음과 신뢰로 대했다. 그는 고교 동창생들이 기억하는 조용하고 예의 바른 헨리의 온화하고 상냥한 성품을 잃지 않았다. 우리의 질문에 침착하게 대답했고, 왜 그런 질문을 하는지 묻거나 화를 내는 일은 거의 없었다. 다른 사람에게 의지해 살아야 하며 남의 도움을 기꺼이 받아야 하는 자신의 상황도 충분히 인식했다. 헨리는 1966년 마흔 살에 MIT 임상연구센터를 처음 방문했다. 여행 가방을 누가 챙겨주었느냐는 질문에 그는 간단히 답했다. "어머니였을 겁니다. 그런 일은 항상 어머니가 하시니까요."

헨리에게는 보통 사람들이 살면서 붙들게 되는 정신적인 닻, 그러니까 때로는 부담이 될 수 있는 애착이나 집착 같은 것이 없었다. 장기기억은 우리가 살아가는 데 절대적으로 중요한 요소인 것은 맞지만 때로는 방해요소가 되기도 한다. 살면서 겪었던 낯부끄러운 순간이며 사랑하는 사람을 잃었을 때 느꼈던 고통, 처참했던 실패와 정신적 충격이나 골치 아픈 문제에서 헤어나기가 쉽지 않은 것이다. 자꾸만 떠오르는 기억이 무거운 쇠사슬이 되어 우리를 스스로 만들어낸 정체성 속에 칭칭 동여맨 것처럼 느껴질 때도 있지 않은가?

옛 기억에 꽁꽁 싸여 '지금 여기'에 살지 못하는 사람도 있다. 불교를 비롯하여 많은 철학이 우리가 겪는 고통 대부분이 특히나 현재가 아닌 과거나 미래 속에 살면서 자기 안에서 생각을 만들어내는 데서 오는 것이라고 가르친다. 우리는 지난 순간과 사건을 재생하고 앞으로는 어떻게 될까를 되뇌면서 불안감의 수렁에 빠져든다. 우리가 품고 있는 생각과 감정이 우리가 살고 있는 구체적 현실과는 아무런 상관 없는 경우도 적지 않다. 명상하는 사람들은 자신의 들숨과 날숨 혹은 특정한 신체 부위에 의식을 집중하거나 하나의 주문(주의를 흐트러뜨리는 생각이나 이야기에 휘말리지 않고 현재의 이 순간에 집중하게 해줄 수 있는 것이면 어떤 것이든 상관없다)을 반복해서 외운다. 명상은 우리의 의식이 시간과 새로운 관계를 맺도록 훈련하는 방법이다. 막강한 기억의 영향력에서 해방되어 오직 현재 시제만이 존재하는 시간에 거하기 위해서다. 현재에 집중하는 수련에 오랜 시간을 바치는 명상자들도 있다. 헨리로서는 원치 않아도 그럴 수밖에 없는 것을 말이다.

우리가 일상에서 느끼는 불안과 고통이 많은 부분 장기기억과 미래에 대한 걱정과 계획에서 온다는 것을 안다면, 헨리가 어떻게 상대적으로 스트레스 없는 삶을 누리는지 이해할 수 있을 것이다. 그는 과거에 대한 회고나 미래에 대한 추측에 얽매이지 않는다. 장기기억 없이 산다는 것은 생각만으로 두렵지만, 그럼에도 인생을 항상 지금 이 순간으로, 30초의 경계선에서 완성되는 단순한 세계를 살아간다면 얼마나 자유로울까 하는 생각을 떨치기 어려운 것 또한 사실이다.

5

기억은 이것으로 만들어진다

우리는 헨리 사례를 연구하면서 두 가지 조사에 초점을 두었다. 하나는 뇌 기능 영상화 장치를 이용해서 수술로 절제된 부위가 정확히 어디이며 무엇이 남았는지를 밝히는 것이다. 이 뇌 영상 분석은 신경과학자들이 개별 뇌 영역의 기능과 특정 행동 간의 관계를 밝히는 데 중요하게 쓰인다. 또 하나는 인지검사를 통해 헨리의 기억 기능 그리고 다른 지적 기능을 평가하는 조사였다. 우리는 밀너가 1955년에 실행한 검사 결과로 인해 헨리의 지능지수가 평균 이상임을 이미 알고 있었다. 하지만 복잡한 사고과정과 관련한 다른 측면들도 궁금했다. 게다가 헨리가 외부 세계에서 들어오는 정보를 정확하게 받아들이는지 확인하기 위해 지각능력을 평가하는 것도 중요한 작업이었다.

기억이 형성되는 데 근원이 되는 요소들은 개별 감각기관에서 각각 수집된 감각 정보들이다. 지금 이 순간 주변 환경에 주의를 기울여 보면 우리가 눈, 귀, 코, 입, 피부를 통해 각종 정보를 동시에 받아들이고 있음을 알 수 있다. 시각 정보, 청각 정보, 후각 정보, 미각 정보, 촉각 정보를 한꺼번에 인지하는 것이다. 다양한 정보가 자동적으로 각각의 경로를 따라 피질로 들어오면 해당 감각 양식을 전담하는 뇌 영역에서 그 정보를 처리한다. 또한 정보는 다양한 감각 정보가 모이는 해마로 들어와 기억으로 형성되기 시작한다. 기억을 저장하는 처리 과정 중에 우리가 처음 감각 정보를 지각하는 지점이 분포한 영역과 해마 간에 신호를 주고받는 작용이 피질에서 일어난다. 이 상호작용 이 이루어지는 동안 해마가 단기간 저장하고 있던 기억을 대뇌피질로 보낸다. 이 과정을 거쳐 정보가 하나하나 분리된 단편들 뭉치가 아닌 하나의 완전한 기억으로 인출될 준비를 마친다. 이러한 기록들이 합 쳐져서 우리가 경험한 것들은 하나의 풍부한 표상이 된다.

기억이 형성되는 것은 무엇보다도 감각기관이 유효한 정보를 받 아들일 수 있느냐에 달려 있기 때문에 먼저 헨리의 감각기능이 온전한 지를 파악해야 했다. 얼굴 사진을 정상적으로 인지하지 못한다면 그 것을 기억하는 것이 가능하겠는가? 다른 감각기관도 마찬가지다. 이 렇듯 우리는 헨리의 감각능력을 확실하게 평가하는 것이 중요하다고 판단해 1960년대에서 1980년대에 이르기까지 틈틈이 검사를 실시했 다. 장기간의 검사 실험을 통해 우리는 헨리의 기억력 손상이 시각, 청 각, 촉각 기능 손상의 부작용으로 볼 수 없음을 확신할 수 있었다.

기억이 정지해도 지능은 온전히 유지될 수 있다는 것은 새로운 기 억형성능력이 전체 지능과는 별개의 능력이라는 의미다. 헨리의 총명 함이 그대로 유지된다는 것을 증명하기 위해 우리는 문제해결능력이 나 지남력指南力(시간, 공간, 사람을 인지하여 현재 자신이 놓인 상황을 빠르게 인식하는 능력 — 옮긴이), 추리력 같은 고차원적 지적 기능을 검사하는 다양한 실험을 수행했다. 이 과정에서 무엇보다 감사한 일은 헨리가 실험에 주의를 집중하고 기꺼이 응하는 수검자였다는 점이다. 다년간의 실험이 보여준 그의 인지기능의 강점과 약점 패턴은 기억장애증후군의 범위를 규정하는 데 도움이 되었으며, 그에게 남아 있는 인지능력이 어느 정도인지를 파악하는 데도 도움이 되었다. 헨리는 다양한 능력을 최대한 살려 자신에게 닥친 비극적인 기억 손상을 보완하고 있었다.

나와 동료들이 헨리 사례를 처음 연구하기 시작했을 때는 스코빌의 수술이 야기한 뇌 손상 범위가 어느 정도인지 알지 못했다. 스코빌의 수술 보고서에서 얻은 유일한 정보 또한 담당 의사로서 이론상으로 짐작한 것에 지나지 않았다. 그런 이유로 약 50년에 걸쳐 새로운 기술이 하나하나 등장하면서 헨리의 뇌 병소를 거듭 세부적으로 검사하고 분석해야 했다.[1]

우리는 헨리의 1946년 공기뇌조영상을 보고 수술 전 그의 뇌가 정상이었다는 것을 알았다. 하지만 헨리가 수술받은 이후의 뇌를 보여주는 정밀한 영상을 얻기까지는 근 반세기가 걸렸다. 뇌 영상술은 1970년대에 엑스레이와 고성능 컴퓨터로 뇌의 횡단면 영상을 만들어내는 컴퓨터단층촬영술CT의 발명과 더불어 비약적으로 발전했다. CT 덕분에 의사와 연구자 들은 여타 주변 구조는 배제하고 뇌의 구조를 한 번에 한 단면씩 층층이 집중적으로 들여다볼 수 있게 되었다.

1977년 8월 나는 매사추세츠 종합병원 신경외과에 있는 한 동료에게 헨리의 뇌 CT 영상을 요청했다. 그 방사선 전문의는 헨리의 좌우 측두엽에서 지혈을 위해 의도적으로 남겨둔 수술용 클립을 발견했다. 양쪽 측두엽 모두 약간 위축되었고, 양쪽 실비우스 수조Sylvian cistern(뇌척수액으로 채워지는 전두엽과 측두엽 사이 공간)가 약간 팽창했는데 이 또한 측두엽이 위축되었음을 시사하는 증후다. 소뇌에서도 유사하게 위축된 증후가 나타났다. CT로는 뇌종양이나 여타 이상 징후가 드러나지 않았고, 다만 양쪽 측두엽 안쪽에 사라진 조직이 있다는 것을 확증했을 뿐이다. 하지만 정확히 어느 구조를 얼마만큼 제거했는지는 알아낼 수 없었다.

1970년대 중반에 이르면 동물과 사람을 대상으로 한 검사가 활발해지면서 단기기억을 장기기억으로 전환하는 데 해마가 절대적인 역할을 한다는 증거가 쌓이고 있었지만, 해마가 헨리가 겪는 기억상실증의 원인이라는 직접적인 증거는 아직 찾지 못한 상태였다. 1984년에 다시 CT 스캔을 시행했는데 1977년 연구 결과를 재확인했을 뿐이다. 이들 CT 영상은 헨리의 뇌에 공백이 있다는 것을 보여줄 뿐이었고, 우리는 어떤 부위가 어떻게 남아 있는지는 확인할 수 없었다. 다른 방법이 절실하게 필요했다.

1970년에 발명된 MRI 기술이 1990년대 초에 이르러 눈에 띄게 발전한 덕분에 그제야 헨리의 뇌에 어떤 손상이 발생했는지를 정밀하게 평가할 수 있게 되었다. 1980년대 초에 상업적 스캐너가 등장했고, 1980년대 말경에는 MRI가 대세 장비로 부상했다. MRI가 CT보다 나은 점은 뇌의 한 영역을 인근 영역과 구분해서 보여준다는 점이다. MRI는 CT와 마찬가지로 뇌의 횡단면 영상이지만, 방사선 대신 전자파와 강력한 자기장을 이용해서 조직을 정밀한 이미지로 구성할 수 있다. 강력한 자기장이 수소원자핵의 스핀 방향을 강제하면 이 전자파를 받아들인 수소의 원자핵이 곧바로 자기가 흡수한 전자파와 같은 주파수의 전자파를 방출하면서 인체에서 신호를 만들어낸다. 조직의 유

형이 다르면 신호도 다르게 발생하는데, 이를 컴퓨터가 흑백 영상으로 재구성한다.[2]

우리는 MRI 스캔으로 헨리와 두피와 두개골을 투과해서 뇌 이미지를 살펴볼 수 있었다. 이 신기술에 힘입어 우리는 작아진 뇌 구조를 확인할 수 있었고, CT 스캔보다 손상 부위를 세밀하게 볼 수 있었다. MRI가 나오기 전까지는 뇌 구조를 세밀하게 보려면 수술이나 해부를 통해 직접 들여다볼 수밖에 없었다. 수십 년에 걸쳐 헨리의 사례를 연구해온 우리 연구자들이 첫 MRI 촬영을 앞두고서 1992년 보스턴의 브리검 여성병원에 모였을 때는 그야말로 흥분의 도가니였다. 세계에서 가장 많이 연구되었을 뇌 속을 수십 년 만에 처음으로 명징하게 보게 되었으니 말이다.[3]

헨리의 뇌는 예순여섯 살 노인치고는 소뇌(대뇌 아래, 뇌간 뒤에 있으며 운동제어에 중추적 역할을 하는 공 모양의 주름진 뇌 부위)를 제외하면 전반적으로 정상으로 보였다. 1960년대에는 신경학적 검사를 통해서 어떤 이상으로 인해 손상이 발생했을 것이라고 추측할 수밖에 없었지만, MRI는 위축된 소뇌와 이 소뇌를 뇌척수액이 들어 있는 뇌실이 감싸고 있는 모습까지 보여주었다. 우리는 헨리의 소뇌에 이상이 있다는 것은 알았지만, 그 위축의 정도는 놀라웠다. 약물로 인해 신경이 손상된 것이었다. 헨리는 간질발작을 억제하기 위해 오랫동안 다일란틴을 복용해오다가 이 약물이 이명 현상을 일으키자 중단했다. 1984년에 의료진이 다일란틴 대신 다른 항경련제를 처방했지만 이명은 가라앉지 않았다. 다일란틴은 다른 영구장애도 남겼다. 손발의 감각을 상실했고, 균형과 운동기능에도 장애가 생겼다. 발에 안정감이 떨어져

걸음이 느려지고 불규칙해졌다. 이 모든 것이 소뇌 위축에 따른 증상이다.

MRI 스캔 장비가 측두엽 안쪽으로 움직이자 40년 전에 받은 수술이 남긴 돌이킬 수 없는 공백(헨리의 뇌 가운데 대칭에 가깝게 잘려나간 두 곳)이 보였다. 사라진 곳은 양쪽 해마 전면 그리고 해마와 연결된 부위(내후뇌피질, 후각주위피질, 부해마피질)였다. 감정을 관장하는 아몬드 꼴 구조인 편도체도 대부분 제거되고 없었다. 손상된 전체 크기는 5센티미터가 조금 넘어 스코빌이 추산한 8센티미터보다는 훨씬 작았다. 뇌 양쪽 해마가 여전히 2센티미터가량 남아 있었지만, 이 남은 조직은 쓸모가 없었다. 그곳으로 정보를 전달하는 경로가 파괴되었으니 말이다(그림8).

MRI 촬영 기간 내내 헨리는 평소처럼 상냥하고 호의적으로 응했다. 스캔 장비 안에서도 폐소공포를 느끼지 않았다. 검사가 끝난 뒤에는 점심으로 샌드위치와 홍차를 그리고 후식으로는 헨리가 좋아하는 푸딩이나 파이를 대접했다. 헨리는 대식가였고 나이가 들면서 배가 많이 나와 우리는 관처럼 생긴 저 MRI 스캔 장비 안에 과연 들어갈 수 있을지 걱정하기도 했다. 헨리가 스캔실에서 나오면 그와 이야기를 나누고 싶어 하는 영상센터 동료들로 인해 소규모 팬클럽이 형성되곤 했다. 헨리는 자기한테 웬 관심들인지 묻는 일 한번 없이 그 상황에 척척 대처했다.

우리는 1993년과 2002~2004년에 MRI를 수차례 촬영했다. 그 무렵 MRI 분석 기술이 향상되어 제거되거나 남은 뇌 조직의 크기를 정확하게 측정할 수 있었다. 헨리의 뇌 병변에 대한 정밀한 분석이 가능

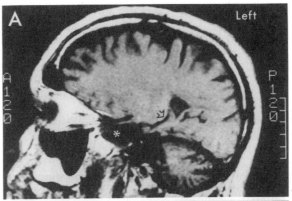
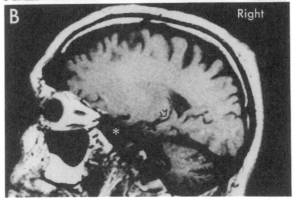

그림8 헨리의 MRI

1992년 MRI 이미지. 헨리의 뇌 오른쪽과 왼쪽의 병변을 보여준다. 이
미지에 표시된 별표(*)는 내측두엽 구조물에서 절제된 부분을 가리킨
다. 화살표는 헨리의 해마형성체에서 남아 있는 부분을 가리킨다. 뇌
오른쪽과 왼쪽에 각각 2센티미터가량의 해마형성체 부위가 남아 있는
것이 보인다. 소뇌 이랑 사이의 공간이 큰 것은 소뇌 변성이 상당히 진
행된 상태임을 보여준다.

해지자 손상된 부위와 장애의 연관성을 밝혀낼 기회가 생겼고, 여전히 높은 수행능력을 보이는 영역에 대한 해석도 가능해졌다. MRI 분석 결과는 헨리의 뇌에서 제거한 내측두엽 구조가 장기적인 서술기억, 즉 사실과 사건을 의식적으로 인출하는 기능에 절대적인 역할을 한다는 결론을 강력하게 뒷받침했다. 헨리의 기억력은 검사의 종류[자유회상, 단서회상, 예/아니요 형 재인recognition(개인이 현재 보는 인물, 사물, 현상, 정보 등을 과거에 보았거나 접촉한 경험이 있음을 기억해내는 인지 활동—옮긴이) 검사, 사지선다형 재인 검사, 제시 항목에 의거한 학습 능력 검사], 검사자극의 소재(단어, 숫자, 문단, 유사 단어, 얼굴, 도형, 찰칵 소리, 삐 소리, 각종 사물 소리, 미로 찾기, 공적 사건, 사적 사건), 정보가 전달되는 감각 양태(시각, 청각, 체감각계, 후각) 같은 그 어떤 범주를 보아도 손상 정도가 심각했을 뿐 아니라 이 손상이 삶 전체를 지배한다고 해도 과언이 아니었다. 그에게 나타난 순행성 기억상실증이 일화지식(특정 시간과 장소에서 발생한 일에 대한 기억)이든 의미지식(새 어휘의 의미를 포함하는, 세계에 대한 일반적인 지식)이든, 수술 후에 접한 것이면 어떤 것도 새로 기억하지 못하는 상태였기 때문이다.

이 MRI 스캔으로 중요한 것이 발견되었는데, 양쪽 해마 위로 내측두엽 조직인 부해마회 뒷부분(부해마피질과 후각주위피질)이 약간 남아 있었다. 헨리가 가끔씩 자신과 아무 상관도 없는 무언가를 의식적으로 기억해서 우리를 놀라게 하곤 했는데, 우리는 이 남은 피질(원숭이 연구에서 기억과 관련한 중요 부위로 밝혀진 바 있다)이 헨리의 그 행동과 관련 있을지 모른다고 가정해보았다. 헨리는 수술 뒤 이사한 집의 평면도를 그릴 줄 알았고, 많은 색이 섞인 그림을 들여다보면 여섯 달까지 그 색들을 기억〔재인〕할 수 있었고, 수술 뒤에 유명해진 연예인에 관한 사소한 정보를 몇 가지씩 설명해주곤 했다. 후각주위피질과 부해마피질은 다른 피질 영역에서 정보를 받아들이며, 여기에 저장된 정보가 그와 관련한 기억으로 만들어지는 것으로 알려져 있다. 동물과 사람을 대상으로 한 실험은 내측두엽에 있는 여러 구조들이 정보를 처리하는 흐름 속에서 각각 해당 피질과 독자적으로 신호를 주고받으며 유연하게 행동을 중재한다는 근거를 보여주었다. 헨리가 일상에서 외부 세계에 대한 단편적인 정보들을 이따금씩 인출해 사용할 수 있었던 것은 바로 이러한 피질의 작용기제 덕분이었다.

MRI 이미지들은 헨리의 양쪽 대뇌피질에서 많은 부분이 정상임을 보여주었다. 그래서 그의 피질기능, 즉 단기기억, 언어능력, 지각능력, 추리력이 그대로 유지될 수 있었던 것이다. 그뿐 아니라 건강한 상태의 피질과 그 아래쪽 영역 안의 회로들이 의식하지 못하는 상태에서 학습하는, 기술과 습관 같은 비서술기억을 뒷받침해주었다. 헨리의 사례는 이들 기능이 해마와 별개로 작용한다는 것을 보여주었다.

나는 맥길 대학교에서 박사 과정을 마친 뒤 1964년 심리학과 선임 연구원으로 MIT에 들어왔다. 심리학과는 신경해부학에서 언어심리학까지 다양한 전공을 아우르는 과학자들이 모여든, 연구자들의 관계가 평등하고 의욕 넘치는 신흥 학과였다. 학과장 한스루카스 토이버는 독일 출신 이민자로 뇌 연구 분야의 권위자였다. 내가 MIT에서 맡은 과제는 신경계 장애에 초점을 둔 연구실을 설립하는 것이었다. 몇 년에 걸쳐 모은 환자군에는 제2차 세계대전과 한국전쟁에서 머리에 부상을 입은 퇴역 군인들, 매사추세츠 종합병원에서 정신외과수술을 받은 환자들 등이 포함되었다. 나는 이들 환자군의 인지기능과 운동기능을 평가하는 광범위한 검사를 수행하면서 박사 과정에서 연구했던 수준을 넘어서는 전문성을 쌓을 수 있었다. 박사 과정의 실험연구는 촉각 위주로 국한되었기 때문이다. 처음부터 내 주된 관심 영역은 기억이었고, 1970년대에 알츠하이머병과 여타 퇴행성 신경장애 환자 연구를 시작했다. 1980년대에 우리 연구진은 노화 연구 범위를 넓히면서 노화로 인한 뇌 변화와 건강한 남녀의 관련 행동연구를 포함시켰다. 우리 연구실은 줄곧 헨리 사례를 중점적으로 연구하면서 틈틈이 다른 유형의 환자들을 다루었다.

1964년 이 모든 실험과 검사의 본부가 된 MIT 임상연구센터가 설립되었는데, 인간의 주요 질병에 관한 학술연구를 지원하는 연방기금 사업의 일환이었다. 존 F. 케네디와 린든 존슨 대통령의 임기 동안 건강보험에서 연방정부의 역할이 커졌는데, 생명의학 연구도 그 수혜 대상의 하나였다. 미국 국립보건원 기금으로 설립된 임상연구소들은 임상 현장에서 과학기술을 신경계 장애 연구에 응용하는 역할을 맡았다. 우리 임상연구센터는 MIT 캠퍼스 안에 있는 소박한 단층짜리 벽돌 콘크리트 건물에 자리 잡은 작은 10인실 하나였다. 이 병동에 입원 시설을 갖춤으로 같은 층에 있는 검사실과의 접근성을 높였다.

임상연구센터는 헨리에게 집 같은 곳이 되었고, 센터 직원들과 우리 연구실을 거쳐간 많은 연구자들은 헨리의 또 다른 가족이 되었다. 헨리는 1966년부터 2000년 사이에 검사를 위해 센터에 50회 입원했다. 여러 날 연속으로 훈련이 필요한 학습 과제를 수행할 때는 3주에서 한 달까지 입원하는 경우도 있었다.

헨리가 임상연구센터에 올 때면 나 아니면 MIT 연구원 한 사람이 차로 태워 오고 태워다 주곤 했다. 헨리가 발작을 일으키거나 어떤 예기치 못한 상황이 발생할 경우를 대비해 항상 예비 인력이 운전자와 함께 다녔다. 자동차로 두 시간 거리의 여행이었는데, 헨리는 그 시간 내내 차창 밖을 내다보다가 이따금 광고판 그림이 나오면 혼잣말을 읊조리는 버릇을 늘 되풀이했다.

웰슬리 칼리지 출신 동료 하워드 아이컨봄은 1980년 빅포드의 요양병원으로 찾아가 MIT 임상연구센터로 헨리를 데려오던 때를 기억한다. 아이컨봄은 가는 도중에 맥도널드에 들러 점심을 먹고 커피를 한 잔 사 들고 다시 운전을 시작했다. 빅포드에 도착해 직원과 간단한 대화를 나누고 헨리를 차로 데려갔다. 헨리가 뒷좌석에 편안하게 자리를 잡자 보스턴을 향해 출발했다. 몇 분 뒤 헨리가 계기판 앞에 놓인 커피를 발견하고는 말했다. "있잖아요, 내가 어렸을 때 존 맥도널드라는 친구가 있었어요!" 헨리는 그 친구와 함께 했던 몇 가지 모험을 이야기했다. 아이컨봄은 질문을 몇 가지 하면서 헨리가 어린 시절 일을 참 상세하게 기억하는구나 생각했다. 이야기가 끝나자 헨리는 다시 고개를 돌려 차창 밖 풍경을 응시했다. 몇 분 뒤 헨리는 계기판을 보고 말했다. "있잖아요, 내가 어렸을 때 존 맥도널드라는 친구가 있었어요!" 그러고는 몇 분 전에 했던 이야기를 거의 똑같이 반복했다. 아이컨봄은 세부 내용이 동일한지 확인하기 위해 대화를 이어가면서 다시 몇 가지 질문을 했다. 헨리는 자신이 그 이야기를 문구까지 거의 똑같이 반복하고 있다는 사실을 깨닫지 못했다. 몇 분 뒤 대화가 끝나자 헨리는 다시 차창 밖 풍경을 응시했다. 바로 몇 분이 지나 헨리는 다시 계기판을 보고 외쳤다. "있잖아요, 내가 어렸을 때 존 맥도널드라는 친구가 있었어요!" 아이컨봄은 헨리가 똑같은 이야기를 다시 한 번 반복하도록 대화를 거들다가 계기판 앞의 컵을 재빨리 좌석 밑으로 치웠다.[4]

임상연구센터의 간호사와 주방 직원 모두가 헨리를 좋아했다. 헨리는 화장실이 딸린 개인 병실에서 생활했고 아침마다 간호사들이 그를 깨워 식사 준비를 거들었다. 9시 무렵 최신 장비를 갖춘 중앙검사실에서 검사를 시작했다. 우리는 대개 여러 연구를 동시 진행했는데, 연구팀들이 돌아가면서 각기 다른 검사를 실시했다. 우리는 헨리가 녹초가 되지 않도록 휴식 시간을 자주 두었고 오후에는 종종 검사를 멈추고 다과 시간을 가졌다. 임상연구센터 영양사팀은 가정식 식사를 마련하고 헨리가 좋아하는 프렌치토스트와 케이크 따위를 준비했다. 헨리가 싫어하는 음식은 간 요리 하나뿐이었다. 헨리는 (원래부터 체격이 큰 편이었는데) 갈수록 배가 나왔지만, 영양사는 식단의 열량을 조절하면서도 후식은 항상 허용했다. 점심과 저녁 식사를 마치면 휴게실로 건너가 다른 연구 참여자들과 어울려 퍼즐을 맞추거나 영화를 감상하곤 했다.

우리 연구진은 이처럼 이상적인 연구 환경에서 헨리의 지적 강점과 결함을 조사할 수 있었다. 우리는 초기에 지각능력에 초점을 맞추었다. 시각, 청각, 촉각, 후각, 미각을 통해 받아들이는 외부 세계의 정보가 기억의 원재료가 된다는 점에서 인지기능과 기억은 연결되어 있다고 볼 수 있다. 기억 형성에는 모든 감각 양식이 기여하므로 우리는 지각기능의 어떤 기본 문제라도 헨리가 겪는 기억장애의 원인으로 보지 않았다. 1966년 헨리가 MIT 임상연구센터에 처음 입원했을 때의 계획은 시각과 청각 검사를 이전에 받았던 임상 신경학적 검사보다 훨씬 더 정확한 수준으로 확대하자는 것이었다. 브렌다 밀너가 몬트리올에서 MIT로 내려왔고, 나의 동료 피터 실러의 도움으로 우리는 헨리가 입원해 있는 17일 동안에 광범위한 범주의 검사를 실시했다.

우선 헨리의 시지각 영역 전체(시야 상단과 하단 그리고 좌우 극단까지)에 아무 이상이 없는지 확인하는 검사를 하기 위해 턱받침대에 턱을 올리고 대접 모양으로 된 장치 안쪽의 상단 지점을 응시하게 했다. 이 대접 모양 장치 안에서 작은 불빛이 깜박일 때마다 시선은 한 점에 고정한 채로 단추를 누르는 것이 헨리에게 주어진 과제였다. 이 검사로 우리는 헨리의 좌우상하 시야 전체가 모두 정상임을 확인했다.

시지각 검사의 **시차폐**(시각 자극이 사라진 후에도 망막에 잔상이 남아 그 자극이 계속 처리되는 것을 막기 위해 앞선 자극과 같은 위치에 무의미한 기호 등을 제시하는 것 — 옮긴이)는 모니터에 큰 글자를 제시한 뒤 바로 그 글자를 덮어 헨리의 시각 회로에서 그 글자 정보가 처리되는 것을 막는 방법이다. 이 검사의 핵심은 헨리가 해당 글자의 이름을 말하는 데 필요한 자극 노출 시간을 측정하는 것이다. 두 번째 과제인 메타대비(서로 가까이 있는 비슷한 형태의 자극들이 서로 차폐 효과를 내는 현상 — 옮긴이)는 선이 굵은 검정색 원을 10밀리세컨드(1백분의 1초) 동안 제시한 뒤 다시 10밀리세컨드 동안 원보다 큰 도넛(도넛의 안지름이 원의 바깥지름과 닿는다)을 제시한다. 원과 도넛이 동시에 반짝이면 헨리의 눈에는 이 두 자극이 합쳐져 하나의 큰 검정색 원으로 보였다. 그러나 원과 도넛이 10밀리세컨드 간격으로 반짝였을 때는 원은 사라지고 도넛만 보였다. 원과 도넛이 반짝이는 시간 간격이 1초로 길어지면 헨리는 원과 도넛을 별개의 대상으로 지각했다. 이 검사의 핵심은 헨리가 원과 도넛을 별개의 지각체로 보기 위해 필요한 시간 간격을 측정하는 것이다. 시지각을 측정하기 위한 시차폐와 메타대비 실험에서 헨리의 수행점수는 대조군 수검자들의 점수와 비슷하게 나왔다.[5]

다음으로는 얼굴이나 물건 같은 좀 더 복잡한 자극을 지각하는 능력을 검사했다. 우리는 얼굴을 연상시키는 흑백 패턴 마흔네 개를 제시했다. 헨리는 각 패턴의 성별과 연령을 빠르고 정확히 맞혔다. 다른 과제에서도 스무 개 물건을 스케치 한 그림을 어려움 없이 알아맞혔다(그림9).[6]

청각기능 검사로는 작은 소리가 나오는 칸막이 공간 안에 헤드폰을 착용하고 편안히 앉아 단추 장치를 양손에 들고 삐 소리를 한쪽씩만 내보내면서 소리가 나온 쪽 단추를 누르게 했다. 헨리가 검사 방법을 잊지 않도록 정면에 검사 지침을 적어놓았다. 삐 소리는 들릴락 말락 희미하게 시작해서 점점 커졌다. 그러다가 서서히 소리가 작아지면 헨리는 더 이상 들리지 않는 쪽 단추를 눌렀다. 가청주파수에 여러 번 변화를 주면서 이 과정을 반복함으로써 우리는 헨리의 청각이 낮은 청역대에서 높은 청역대까지 모두 정상임을 확인했다.

헨리의 촉각이 온전한지 확증하기 위한 검사는 좀 힘들었는데, 다일란틴 장기 복용이 말초신경병증(손과 발의 감각기능이 손상되는 증상)을 야기했기 때문이다. 표준검사에서는 이 신체 부위의 감각이 떨어

그림9 무니 얼굴지각 테스트

무니 얼굴지각 테스트Mooney Face-perception Test의 한 항목. 헨리가 40세가 되었을 때 검사자극에 제시된 각 인물의 성별과 연령을 맞히는 테스트를 실시했다. 헨리의 점수는 대조군 수검자들의 점수보다 높았다. 이는 시지각기능이 손상되지 않았음을 나타낸다.

진 것으로 나타났지만, 그럼에도 일반적인 사물은 촉감으로 알아맞힐 수 있었고 패턴의 형태를 모사하는 항목이 나왔을 때는 손으로 만져서 그대로 구성할 수 있었다.

다른 지각 양식들과 달리 후각은 본래 기능을 유지하지 못했다. 갓 구운 빵의 냄새를 좋아하지 않는 사람은 찾기 힘들지만, 헨리는 수술 뒤 이 천상의 즐거움을 누릴 수 없었고 기록도 그렇게 나타났다. 해마는 후각을 지원하지 않지만 해마와 인접한 여러 구조가 이 역할을 수행한다. 오븐에서 갓 꺼낸 빵 냄새를 들이마실 때면 코로 들어온 후각 정보를 뇌에서 수용 영역으로 전달하는 뉴런이 활성화된다. 이 영역에는 부해마회의 앞부분, 편도체의 일부, 편도체 주위의 피질이 들어간다. 스코빌의 수술 보고서는 헨리의 뇌에서 후각기능에 핵심이 되는 이 영역을 제거했음을 시사한다. 이 수술에서는 전두엽에 있는 다른 일차적 후각 영역을 남겨두었다. 그래서 1983년 우리는 헨리의 뇌에서 제거되지 않고 남아 있는 이 부분이 후각지각기능을 지원하는지 확인하기 위해 여러 가지 검사를 실시했다.[7]

후각 테스트로는 코코넛, 민트, 아몬드 같은 일반적인 향이 담긴 병에서 나는 냄새를 맡게 한 뒤 다섯 가지 냄새가 적힌 카드를 한 장씩 제시하여 선택하게 했다. 이것은 기억 테스트는 아니었지만 헨리가 정답을 맞힌 것은 정제수 하나뿐이었다. 헨리는 그 병의 냄새를 맡은 뒤 "아무 냄새도 없다"라고 답했다. 헨리의 후각 테스트 수행점수로 보면, 냄새가 있을 때 그 냄새를 정상적으로 맡을 수는 있지만 뇌가 그 냄새의 특성에 대한 어떠한 정보도 주지 않는다는 것을 보여준다. 헨리는 냄새들의 이름을 정확히 맞힐 수 없었고 냄새들을 분간하지도 못했다. 연달아 나온 두 냄새가 같은지 다른지 구분하지 못했고, 샘플 냄새를 맡고 두 냄새 중에서 샘플과 같은 것을 고르는 것도 맞히지 못했다. 흥미로운 점은, 냄새에 이름을 붙여주는 것은 할 수 있었지만 헨리가 고른 이름이 그 냄새의 실제 이름과 정확히 일치하지는 않았으며 매번 일관된 이름을 고르는 것도 아니었다는 것이다. 정향 향료가 담긴 병의 냄새를 맡고는 한번은 '싱그러운 목공품'이라고 답했고 다음번에는 '죽은 물고기가 해변에 휩쓸려 온 것'이라고 답했다. 어디에서 온 답인지는 전혀 알 수 없었다.[8]

이러한 후각 결함이 일반적인 명명naming장애로 환원될 가능성을 배제하기 위해 우리는 헨리가 가방에 담긴 음식은 촉각이나 시각을 활용하여 얼마든지 이름을 댈 수 있다는 것을 증명했다. 한번은 헨리 스스로 자신이 겪는 후각장애의 정곡을 짚었는데, 레몬을 눈으로 보고 정확히 맞힌 다음 냄새를 맡아보더니 이렇게 말했다. "재밌군요. 냄새는 레몬 같지 않거든요."[9]

하지만 스코빌에게 받은 수술로 인해 헨리가 후각을 완전히 잃은 것은 아니었다. 정제수에 아무 냄새도 없다는 것을 맞힐 수 있었던 것 말고도 정도 판별 과제 또한 정상적으로 수행해냈다. 이 과제는 특정 냄새의 강하고 약한 정도를 지각하는 능력을 평가하기 위한 것이다. 검사자가 헨리에게 한 표본의 냄새를 맡게 하고 이어서 또 다른 표본의 냄새를 맡게 한 뒤 어느 쪽 냄새가 더 강한지 고르게 했다. 헨리는 냄새의 농도가 높은 표본을 정확히 골랐다. 다만 그게 무슨 냄새인지 몰랐을 뿐이다.[10]

헨리의 후각에 관한 이 공동 연구 결과가 과학계를 일보 전진시켰다. 신경과학자들은 이 결과로 인해 후각 추적(이 병에 냄새가 들어 있는가)과 냄새의 강도 판별(이 냄새가 더 강하다)을 책임지는 뇌회로가 냄새 구분('이 냄새는 정향 같다')을 책임지는 뇌회로와 다르다는 발견을 할 수 있었다. 헨리가 아주 희미한 냄새까지 맡아내고 냄새 표본들의 냄새 강도를 판별하고 강한 냄새에 적응할 수 있다는 사실은 후각 정보를 코에서 피질로 전달하는 기제가 적어도 부분적으로는 살아 있다는 뜻이었다. 그뿐 아니라 눈 위쪽 전두엽에 존재하는 후각피질로 전달되는 경로가 남아 있어서 손상되지 않은 후각기능을 지원할 가능성도 있다. 그렇지만 이 정도 남은 것으로는 냄새 식별 기능을 충분히 수행할 수 없었던 것을 보면, 내측두엽 구조가 같은 냄새를 찾아내고 그것이 무슨 냄새인지 알아맞히는 데 중대한 역할을 한다는 사실을 알 수 있다. 헨리 덕분에 우리는 냄새 식별 기능이 부해마회의 앞부분과 편도체, 편도체 주위의 피질에서 일어난다는 것을 알아냈다. 냄새를 식별하고 구체적인 냄새를 알아맞히는 능력은 헨리의 뇌에서 제거된 영역들이 담당하는 기능이었지만, 냄새를 탐지하고 냄새에 적응하고 냄새의 강도를 판별하는 좀 더 기본적인 기능은 손상되지 않은 별도의 회로에서 담당했다.[11]

기억상실증 환자들이 전부 후각을 상실하는 것은 아닐뿐더러 헨리에게 나타난 후각 관련 장애는 기억상실증의 일부가 아니었다. 헨리가 겪는 장애의 원인은 수술 때 제거된 뇌 조직이었다. 남아 있는 후각 회로가 온전하게 기능하는지를 알기 위해서는 막연한 추측이 아니라 지속적인 사후 검사를 통해 확증해야 한다. 특히나 사후 검사는 코에서 전두엽과 측두엽의 후각피질 영역으로 나아가는 경로의 구조와 조직을 이해하는 데 도움이 될 것이다.

우리는 헨리의 미각은 검사하지 않았지만, 후각을 제외한 다른 모든 지각능력이 정상임을 알고 있어서 헨리가 시각, 청각, 촉각을 통해서 받아들인 정보를 기억하지 못하는 것은 기억장애로 인한 것이지 검사 방식을 건강한 수검자들과 다르게 지각했기 때문이 아니라는 것을 확신할 수 있었다.

헨리가 시각, 청각, 촉각을 통해 받아들인 정보를 기억하지 못하는 원인이 감각기능이 상실되었기 때문이 아니라는 것을 확증한 우리는 기억장애와 뇌 수술에 연관성이 있다는 근거를 찾는 작업을 시작했다. 처음 착수한 작업은 기억이 (헨리에게 없는) 그 몇 센티미터 크기의 내측두엽 조직에 어느 정도로 지배되는가를 알아내는 것이었다. 해마가 기억과 관련해 어떤 역할을 하는지 밝혀내기까지 헨리는 이 분야의 연구에 몇십 년에 걸쳐 인내심 있게 참여해줌으로써 큰 기여를 했다. 당시 그는 기억과 해마의 관계라는 미지의 영역을 인도하는 길잡이였다.

수술이 헨리에게 비극적인 결말을 가져오자 신경과학자들은 기억상실증에 관한 동물실험 모형을 고안했다. 1960년대와 1970년대 초에 원숭이와 쥐에게 헨리의 기억장애를 실험한 모형은 실패로 돌아갔다. 양쪽 해마에 병변이 있는 동물들은 표준 기억 테스트에서 거의 아무런 어려움 없이 과제를 수행했다. 1970년대 말에 동물에게 복잡한 시각 자극을 인지하는 과제나 미로 학습 과제를 부여하는 난이도 높은 기억 테스트를 고안하면서 동물실험 모형에 전기가 마련되었다. 해마 내 신경세포 한 개의 활동을 기록하는 기술이 개발되면서 1978년에 하나의 가설이 발표되어 대중적으로 널리 알려졌다. 해마가 공간기억에 중요한 역할을 하며 이 신경 활동으로 인해 사람이나 동물이 주변환경에 관한 인지지도cognitive map 혹은 심상지도mental map를 만들어낸다는 주장이었다.[12]

이런 식의 새로운 가설을 세울 만한 근거가 있을 것이라 직감하면서 1962년 나는 대학원생으로서 밀너의 연구팀에서 밀너와 함께 헨리의 미로 학습 능력을 검사하기로 했다. 우리는 이 검사를 낱말이나 이야기 같은 언어 자극에 크게 의존하지 않는 과제로 구성하고 싶었다. 이전 연구에서 헨리가 언어자극 과제는 이미 해봤기 때문이다. 밀너와 나는 새 방침에 맞춰 두 종류의 미로학습 과제를 이용해 헨리의 공간학습능력을 테스트했는데, 하나는 시각을 이용한 테스트, 또 하나는 촉각을 이용한 테스트였다. 먼저 밀너가 사흘 동안 헨리에게 시각미로로 길 찾기 연습을 시키고 다음으로 내가 나흘 동안 촉각 미로로 연습시켰다(그림10a).

시각 미로는 13인치(약 33센티미터) 정사각형 나무판에 나사못을 가로세로 10열씩 1인치(약 2.5센티미터) 간격으로 박아 만들었다. 밀너는 왼쪽 하단 구석에서 출발해 오른쪽 상단 구석에서 끝나는 경로를 설계했다. 헨리는 시행착오를 통해 이 경로를 발견해야 했다. 오른손에 철필을 들고 이 나사못에서 다음 나사못으로 한 번에 한 칸씩 전진했다. 경로에서 어긋나면 오류계수기에서 크게 딸깍 하는 소리가 났고, 그러면 다시 앞 나사못으로 돌아가야 했다. 도착점에 이르면 1차연습 완료다. 연습 첫날 헨리는 75회를 완료했고, 다음 이틀 동안에도 같은 과정으로 총 225회를 완료했다. 한 회가 끝날 때마다 밀너가 오

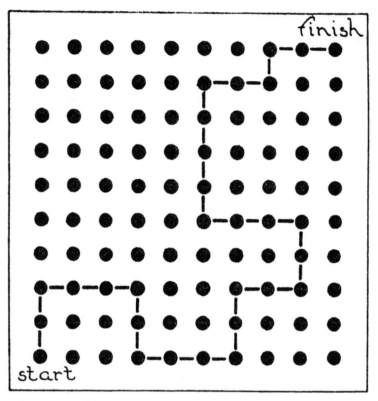

그림10a 징검돌 시각 미로

징검돌 시각 미로visual stepping-stone maze는 검은 점으로 이루어져 있는데, 나무판에 금속 나사못을 박아 제작했다. 헨리의 과제는 검은 선으로 표시된 경로를 기억하고 찾아내는 것이다. 헨리가 나사못 머리를 하나하나 이동해가는 동안 경로를 이탈할 때마다 '딸깍' 소리가 오류계수기에서 나온다. 사흘 연속 과제를 수행하여 총 215회를 완료하는 동안 헨리는 오류 횟수를 줄이지 못했다. 헨리의 서술기억에 결함이 있다는 의미다.

류 횟수와 완료 시각을 기록했다.[13]

촉각 미로는 가로세로 12.75×10인치(약 32×25.5센티미터)로 알루미늄 판에 미로를 새겨 나무틀 안에 얹은 것이다. 헨리 앞에는 미리 보지 못하도록 검은 커튼으로 덮은 미로가 놓여 있다. 나는 맞은편에 앉았는데, 이 자리에서 헨리의 손과 철필 그리고 미로를 따라 전진하는 상황이 보이도록 앞이 트여 있다. 나는 헨리에게 양손을 커튼 밑으로 넣어 미로의 표면을 만지라고 주문한 뒤, 오른손으로 철필을 잡고 출발점에서 도착점까지 안내한 다음 다시 출발점으로 돌아왔다. 다음으로 헨리에게 그 철필로 출발점에서 도착점까지 맞는 길을 찾으라고 지시했다. 헨리가 막다른 골목으로 들어갈 때마다 거기서 돌아나와 다른 길을 찾으라는 신호로 내가 벨을 울렸다. 이 미로 찾기 과제는 열 번씩 하루 2회로 나누어 4일 연속 수행했는데, 매회 오류 횟수와 완수 시간을 기록했다(그림10b).[14]

헨리가 1962년 뉴로에서 받았던 검사에서는 시각 미로와 촉각 미로 둘 다 학습능력 기준점(오류 없이 3회 연속 완수)을 넘지 못했다. 대조군 수검자들이 정답 경로를 학습하기까지 필요한 횟수보다 훨씬 많은 횟수를 반복하고 나서도 점수는 향상되지 않았다. 종합해보면, 이 실험은 미로 학습에서 나타나는 장애가 한 가지 감각 양식에 국한되지 않음을 보여주었다. 시각적 가이드를 받으면서 미로 찾기를 할 때도 이를 증명했으며, 시각적 가이드가 없을 때도 그 점은 명백했다.

1953년 헨리가 병원에서 근치수술을 받은 뒤 퇴원했을 때, 헨리의 부모는 그가 평범한 일상 활동조차 하기 힘든 상태라는 것을 알았

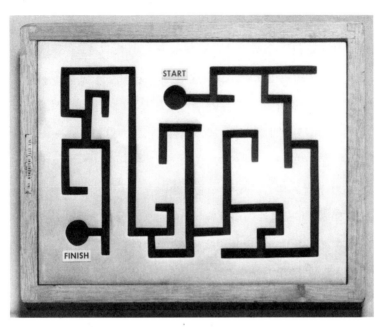

그림10b 철필 촉각 미로

철필을 이용하는 촉각 미로는 나무틀 안에 미로를 놓아 제작했다. 헨리가 앉은 쪽에는 검은 커튼을 드리워 미로가 보이지 않도록 했고 나는 맞은편에 앉아 그의 손과 철필이 미로 위로 움직여 다니는 것을 관찰했다. 나는 헨리에게 철필을 움직여 출발점에서 도착점까지 정답 경로를 찾으라고 지시했다. 헨리가 막다른 길로 들어갈 때마다 그 길에서 돌아나와 다른 길을 찾으라는 신호로 벨을 울렸다. 세트당 10회씩 매일 2세트의 과제를 수행하는 나흘 동안 오류 횟수가 줄지 않았다. 이는 헨리의 서술기억에 장애가 있음을 나타낸다.

다. 하트퍼드에 있던 직장 로열타이프사의 상사는 수술 전 헨리를 아주 좋아하고 그의 일솜씨에도 만족했던 듯하다. 그랬으니 퇴원하면 수술 전에 일하던 조립라인으로 복귀해도 좋다고 했을 것이다. 그러나 그 상사는 얼마 지나지 않아 몰레이슨 부인에게 전화해서 헨리가 건망증이 너무 심해 계속 일하기 어렵겠다고 말했다. 헨리는 그 일에 어떤 작업이 필요한지는 알고 있었지만 (무수히 반복했던 작업이었음에도) 자기 공정을 맡아 수행할 구체적인 서술지식이 없었다. 실직한 헨리는 집에서 부모님과 지내면서 어머니에게 보살핌을 받았다. 어머니는 이후 30년이라는 세월을 아들을 돌보는 데 바친다. 헨리가 곧 그녀의 인생이 된 것이다.

헨리는 집안일을 거들기는 했지만 물건을 사용하고서 걸핏하면 어디에 두었는지 잊어버렸다. 전날 사용한 잔디깎기 기계조차 어디에 있는지 상기시켜줘야 했다. 집을 벗어나서는 혼자서 할 수 있는 일이 없어 동네 산책도 어려웠다. 똑같은 잡지를 거듭 다시 읽었고, 퍼즐 맞추기도 자기가 벌써 완성했던 것인 줄 까맣게 잊고서 새로 다시 맞추곤 했다.

수술받은 지 열 달이 지난 뒤 헨리 가족은 이스트하트퍼드에 있는 다른 집으로 이사했다. 살던 집에서 바로 몇 블록 거리였다. 그러나 헨리에게는 엄청난 변화였다. 새 주소를 외우지 못했고 집으로 가는 길을 찾을 수도 없었다. 공간위치에 대한 서술기억인 '공간기억'이 없었던 것이다.

4년 뒤인 1958년 헨리 가족은 이스트하트퍼드 크레센트 드라이브 63번지에 약 80제곱미터(약 24평) 크기의 단층짜리 목조주택을 구

그림11 1958년의 헨리

입했다. 당연히 모두들 헨리가 이 주소도 기억하지 못할 것이라 예상
했다. 그런데 놀라운 일이 일어났다. 1966년 MIT를 방문했을 때 헨리
는 주소를 알았을 뿐만 아니라 집의 평면도를 정확히 기억해서 그릴
수 있었다. 더 놀라운 일은 그 집에서 이사 나온 지 3년 뒤인 1977년에
내가 어디에서 사냐고 묻자 이번에도 "크레센트 드라이브 63번지"라
고 답하더니 평면도를 그렸는데, 선을 그을 때 다소 머뭇거렸지만 문
과 방의 배치와 각 방의 명칭을 정확히 그려냈다. 나는 그 시점에 크레
센트 드라이브 63번지에 사는 사람에게 연락해서 평면도를 입수했다.
도면이 헨리가 그린 그림과 일치했고, 헨리는 이 주소 하나는 평생 말
할 수 있었다.[15]

　헨리가 수술 전에 본 적 없는 집의 평면도를 기억할 수 있다는 사
실은 대단히 인상적이었다. 헨리는 날마다 이 방 저 방 돌아다니면서

a   1966년

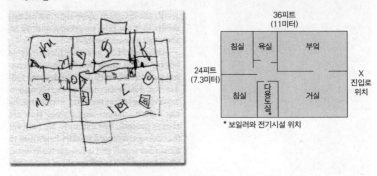

c

36피트
(11미터)

| 침실 | 욕실 | 부엌 |
| 침실 | 다용도실* | 거실 |

24피트
(7.3미터)

X
진입로
위치

* 보일러와 전기시설 위치

b   1977년

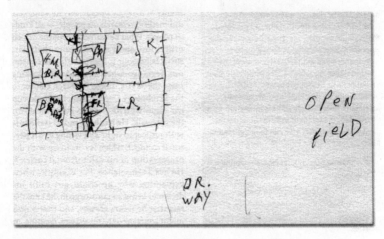

그림12 헨리가 그린 자신이 살았던 집의 평면도

16년에 걸쳐 하나의 심상지도를 구성했다. 하지만 이 지식은 무엇이 어디 있는지를 막연히 아는 것에 그치지 않는다. 예컨대 그는 마음의 눈으로 그 집을 떠올리면서 침실에서 어느 쪽으로 돌아 화장실로 가는지, 앞문과 뒷문은 어디 있는지 말해줄 수 있었다. 주소와 평면도를 함께 기억할 수 있었다는 것은 그 집이 그에게는 외부 세계의 지식이 되었다는 뜻이다. 그가 학습할 능력을 상실했던 정보 말이다.

크레센트 드라이브 63번지의 평면도를 습득한 것은 학습 과정을 의식적으로 인지하지 못한 채로 오히려 헨리가 다른 데 주의를 집중한 상태에서 이루어졌다. 습관 학습 역시 무의식적으로 이루어지지만 습관은 비인지적(변경되지 않는 자동적, 불수의적) 활동이다. 헨리가 습득한 집의 공간 정보는 인지활동의 결과다. 그는 이 공간 정보를 이용하여 여러 방의 구도며 형태를 자발적으로 상호 비교해가며 묘사할 수 있었고, A 지점에서 B 지점까지 가는 경로를 의식적으로 서술할 수 있었다. 내면의 공간 지도를 탐색하고 찾아가는 이 유연성이 습관학습과 구분되는 요소다.

헨리의 뇌 MRI를 보기 전까지 우리는 평면도를 그려낸 그의 놀라운 능력을 제대로 이해할 수 없었다. 1990년대까지는 대뇌 영역들의 연결망이 밝혀지지 않았으며, 공간지형 기억을 담당하는 해마와 피질 내 영역도 마찬가지였다. 헨리의 뇌에서 제거된 부분과 남은 부분의 구조를 정확하게 볼 수 있게 되면서 공간 관련 정보를 처리하는 이 뇌 연결망의 구성요소 일부가 아직까지 남아 있다는 것을 발견할 수 있었다. 여기에 포함되는 것은 두정엽, 측두엽, 후두엽의 세부 영역들인 체감각피질, 두정엽섬전정피질, 시각피질, 후두정피질 일부, 하측두피

질, 후대상피질, 후팽대부피질이다.[16]

수술 후 남은 조직은 헨리가 오랜 시간 살면서 무수히 돌아다닌 집에 대한 기억을 형성할 만큼 충분했던 것이 분명하다(기존에 실시했던 헨리의 학습능력 테스트는 학습 대상에 심도 있게 노출된 정도는 고려하지 못했다). 집에서 날마다 이 방 저 방 들락거리던 헨리에게 외국어를 배우는 사람에게 일어날 법한 몰입이 일어났고, 이를 통해 정보가 학습되었다. 그저 날마다 하는 일을 행하는 것이 하루하루 쌓이면서 심상지도가 조금씩 풍부해진 것이다.

시간이 쌓이면서 공간 지식이 서서히 습득된다는 것을 증명하는 깜짝 놀랄 근거를 발견한 우리 연구실은 이 능력이 공간정위 검사로 확장될 수 있을 것인가 하는 물음을 제기했다. 이 실험에서는 헨리의 기억상실증이 마이너스 요소로 작용하지 않았다. 이 공간 과제는 장기기억과는 관계가 없기 때문이다. 우리가 찾고자 한 것은 해마가 기능하지 않더라도 심상적 인지지도가 형성될 수 있느냐 하는 문제였다.

헨리는 1977년부터 1983년까지 우리 임상연구센터에 도합 4회 방문했는데, 우리는 그때마다 경로 찾기 과제를 통해 헨리의 공간지각 능력을 평가했다. 이 테스트의 목적은 헨리가 실내에 설치된 한 표지물에서 다른 표지물로 이동하면서 손에 든 지도에서 해당 경로를 찾을 수 있는지를 데이터화하는 것이었다. 테스트는 임상연구센터에 특별히 설치한 방 안에서 이루어졌다. 바닥 전체에 깔린 황갈색 카펫 위에 지름 6인치(약 15센티미터)의 빨간 동그라미가 가로세로 세 줄씩 아홉 개 그려져 있다. 헨리는 이 동그라미 아홉 개가 검은 점으로 표시되어 있고 화살표로 진행 방향이 표시된 대형 지도를 받는다. 그러고선 이 지도에서 굵은 밑줄이 표시된 점에서부터 출발해서 화살표 끝까지 따라간다. 헨리는 이 테스트에서 총 열다섯 장의 지도를 받아 과제를 수행했다. 지도마다 북쪽을 뜻하는 머리글자 N이 박혀 있고, 방의 벽 한 면에도 빨간색으로 N자가 크게 씌여 있다. 헨리의 과제는 지도의 화살표가 가리키는 대로 점을 따라 걷는 것이다. 걷는 동안 지도를 돌리면 안 된다. 지도는 방의 원래 배치와 항상 일치하지는 않는다. 지도 상단에는 북쪽 표시가 되어 있지만, 몸을 돌리면 벽에 표시된 N은 전후좌우 어느 쪽이든 될 수 있다. 따라서 헨리는 머릿속에서 지도의 좌표를 방 안의 동그라미 배열로 번역해야 한다. 헨리는 동그라미를 하나하나 밟아 움직이지만 보통은 지도가 가리키는 길을 따라가지 못했으며, 같은 지도로 반복해봐도 점수는 상승하지 않았다(그림13).

살던 집의 평면도를 그릴 수 있게 해주었던 그 대뇌회로의 연결망이 이 실험실 과제는 도와주지 못했다. 지도를 읽기 위해서는 확실히 해마가 필요했다. 해마가 제거된 헨리는 임상연구센터 평면도를 이해할 수 없었으며, 몸을 움직이면서 바뀌는 위치와 방의 좌표를 합치시킬 수 없었다.

살던 집의 인지지도 습득에는 성공했는데 지도 경로 찾기 과제는 실패했다는 것이 모순으로 느껴질 것이다. 그러나 이 두 과제 자체는 근본적으로 다르다. 집 안의 배치 형태는 무수한 시간에 걸쳐 서서히 습득된 것이다. 이 과정에서는 의식적으로 서술기억 저장소에서 필요한 정보를 훑고 꺼내는 일이 일어나지 않는다. 임상연구센터의 경로 찾기 과제는 기억 테스트는 아니었지만, 그럼에도 이 과제를 수행하

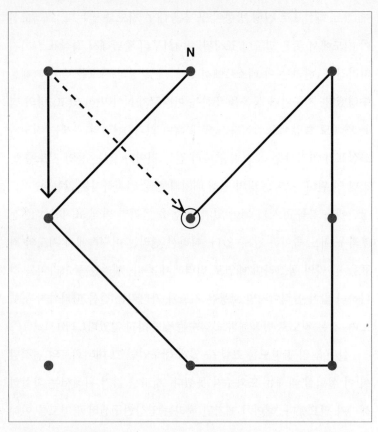

그림13　경로 찾기 과제

헨리의 공간지각 능력을 테스트하는 데 사용했던 15종의 대형 지도 가운데 하나다. 우리
는 검사실 바닥에 빨간색으로 아홉 개의 점을 칠한 뒤 그것을 이렇게 지도로 그렸다. 점과
점을 연결한 검은 실선이 헨리가 찾아야 하는 경로다. 점에 동그라미가 쳐진 곳이 출발점
이고 화살표가 가리키는 곳이 도착점이다. N은 북쪽을 가리키며, 검사실 벽에도 커다랗게
빨간색 N을 붙여놓았다(지도마다 이 N을 표기해뒀다). 헨리의 과제는 지도에 표시된 경로
대로 점에서 점으로 이동하는 것인데, 대부분은 제대로 찾지 못했고, 같은 지도로 반복해
도 점수는 향상되지 않았다. 점선은 헨리가 이탈했던 경로를 표시한 것이다.

기 위해서는 즉석에서 인지지도를 그릴 줄 아는 능력이 있어야 했다. 해마 없이는 수행할 수 없는 과제라는 의미다.

1990년대에 들어 뇌에서 복잡한 사고가 처리되는 방식과 과정이 과학적으로 규명되면서 우리 연구팀은 헨리의 뇌에서 보존된 영역이 헨리가 경험하는 물리적 세계에 대한 새로운 지식을 습득할 수 있게 해줄 것인가 하는 문제를 계속해서 파고들었다. 1998년 애리조나 대학교의 한 젊은 신경과학자가 간질 완화를 위해 우측 해마 또는 우측 부해마피질을 소규모로 손상시키는 수술을 받은 환자들을 연구했다. 우측 해마가 손상된 환자들은 공간기억 과제 수행에 장애를 겪지 않았지만, 우측 부해마피질이 손상된 환자들은 심각한 장애를 보였다. 이는 부해마피질이 공간기억에 절대적으로 중요하다는 것을 시사한다. 헨리의 경우 우측 부해마피질은 일부가 보존되었으므로, 우리는 이 부분이 새로운 장소 학습(숨은 목표물을 찾아가는 능력)을 지원하는지 궁금했다. 이 가설을 검증하기 위해 애리조나의 연구자가 보스턴으로 와서 헨리에게 간단한 공간기억 테스트를 실시했다. 이 테스트는 1998년에 2차 방문으로 나누어 총 9일에 걸쳐 이루어졌다.

첫 테스트 때 연구자가 헨리에게 작은 카펫 밑에 감지기가 있다고 말로만 알려주고 있는 자리는 보여주지 않았다. 실험실에는 방향을 찾을 때 지표로 삼을 책상, 의자, 선반, 문 따위의 사물을 잔뜩 배치해 두었다. 이 학습 능력 테스트에서 헨리는 그 보이지 않는 감지기를 우연히 찾아서 위치를 기억한 다음, 기억에 의지해서 감지기를 찾아내야 했다. 연구자는 매회 테스트가 시작될 때마다 헨리가 다른 곳을 보는 사이에 감지기를 밟아 소리를 냈다. 그러면서 카펫에서 발로 밟으면 소리가 날 만한 지점을 찾으라고 주문했다. 감지기 소리가 떨어져 있는 스피커에서 나왔기 때문에 헨리는 감지기 위치를 소리로 찾을 수 없었다. 헨리는 보행보조기를 붙들고 고생스럽게 계속 더듬거려야 했지만, 그렇게 해서라도 그 위치를 정말로 찾고 싶어 했다. 첫 테스트에서는 목표물을 찾았다. 헨리가 바로 카펫 한가운데 지점으로 간 것이 테스트 횟수의 54퍼센트, 거기서 숨어 있는 감지기를 곧바로 찾아낸 것이 그 가운데 80퍼센트였다.[17]

기억상실증의 중한 정도며 테스트 내용이나 소리를 들었던 사실에 대한 외현기억이 없는 상태를 감안할 때 감지기의 위치를 찾아낸 것은 놀라운 능력이다. 이 과제의 수행 결과는 헨리의 뇌에서 겨우 4분의 3인치(약 2센티미터) 남아 있는 부해마피질이 공간기억에 얼마나 중요한 역할을 하는지를 역설한다. 이 과제에서 헨리는 단기기억 혹은 작업기억에 의존하지 않았다. 왜냐면 감지기 찾기에 성공한 횟수의 60퍼센트가 첫 검사를 시작하고 하루가 지나서 나온 결과였기 때문이다. 헨리가 감지기를 찾아냈다는 것은 그에게 일정 정도의 장기기억 형성 능력이 있으며, 해마 주위에 있는 구조들이 위치 찾기를 지원한다는 것을 보여준다.[18]

그러나 테스트와 관련한 세부 내용을 의식적으로 기억하지 못한다는 점을 볼 때 우리는 감지기 위치 학습은 내측두엽과 별개로 이루어지는 비서술학습이라고 결론 내렸다. 헨리가 감지기를 거듭해서 찾을 수 있었던 것은 목표물의 위치를 비서술적 암묵기억으로 학습했기 때문이다. 공간학습을 지원하는 것이 손상되지 않고 남아 있는 부해마피질 하나만의 역할인지는 확실하지 않다. (전두엽 밑에 자리 잡은) 선조체 같은 여러 다른 구조도 이 학습 과정에 관여했을 수 있기 때문이다.

헨리가 절제받은 부위에 대한 상세한 분석이 이루어지기까지는 수십 년의 세월이 필요했지만, 우리는 헨리의 대뇌 양쪽 해마에서 큼직한 덩어리가 떨어져나가고 없다는 사실 하나는 처음부터 확실히 알고 있었다. 밀너와 내가 공동으로 수행한 미로 실험은 공간 학습에서 해마의 중요성을 입증하는 데 기여했다. 헨리가 기억력이 요구되지 않는 지도 읽기 과제에서 형편없는 수행점수를 받은 것은 공간기억장애가 학습능력 그 이상의 문제임을 시사한다. 해마 없이는 복잡한 공간 정보를 효율적으로 처리할 수 없다. 헨리는 일반적인 의미의 인지 지도를 작성할 능력이 없다. 하지만 다른 검사 결과는 이 인지지도에 예외가 하나 있음을, 즉 뇌 안에 공간기억을 담당하는 별도의 구역이 있음을 시사한다. 좌우 어느 쪽 해마도 기능하지 않는 헨리가 생각지도 못하게 자신이 살았던 집의 평면도를 그릴 수 있었다는 사실은 그 풍부한 공간 정보를 부호화하여 저장하는 기능을 다른 뇌 영역이 맡아서 수행했음을 의미한다. 헨리가 평면도를 그릴 때 관여했을 것이라 여겨지는 특정 대뇌 구조가 무엇인지는 카펫 밑에 숨긴 감지기를 찾았던 그 공간기억 과제에서 엿볼 수 있다. 이전 연구로 이 과제를 수행하는 것이 헨리의 뇌에서 양쪽 모두 남아 있는 구조인 부해마회임을 입증했다. 그렇기에 드문 경우이긴 해도, 헨리가 해마가 손상된 가혹한 결과를 남은 뇌 구조와 회로를 활성화시킴으로써 보완할 수 있었던 것이다.

기억 형성에 가장 기본이 되는 필요조건은 온전한 지각능력이다.

헨리는 시각, 청각, 촉각 부문에서 이 관문을 통과했고, 나와 동료들은 이 세 감각 양식을 통한 학습능력과 기억능력을 테스트할 수 있었다. 헨리의 기억상실증은 기억해야 할 정보를 안내하는 감각 양식과 무관하게 모든 종류의 서술기억에 해당했다. 우리는 헨리의 장애를 단어, 이야기, 얼굴, 그림, 풍경, 미로, 퍼즐 등 광범위한 검사자극을 이용하여 꾸준히 기록했다. 일상 행동을 관찰하고 기록한 자료들은 실험실에서 진행하는 수많은 표준검사를 통해 조금씩 수집해온 정보를 보완해주어 헨리의 수술 후 삶을 총체적으로 바라보는 데 기여했다.

6

"나하고 논쟁하고 있습니다"

헨리는 좀처럼 남한테 속마음을 털어놓는 사람이 아니었기에 그의 감정 상태에 대해서는 대부분 행동 관찰을 통해 추측하는 수밖에 없었다. 대화를 나눌 때 그는 부족함 없이 행복한 사람처럼 보였다. 자주 웃는 데다 웬만해서는 불평하는 일도 없었다. 내가 그의 처지였다면, 내가 잘못된 행동을 하면 어쩌나 하는 우려와 이러다 뭔가 잘못되면 어쩌나 하는 불안으로 습관적으로 근심 걱정에 시달렸을 것이다. 그러나 헨리를 보고 초조해 보인다거나 걱정이 많아 보인다고 하는 사람은 아무도 없었다. 뇌에서 감정 영역을 잘라내서 자신이 처한 현실에 대해 공포를 느끼지 않는 것일 수도 있다. 그럼에도 한번씩 어두운 시기가 찾아왔는데, 그럴 때면 슬퍼하거나 언짢아하고 아니면 호전적이 되거나 좌절감에 빠져들었다. 하지만 이렇게 부정적인 감정도 대개는 주의를 다른 곳으로 돌리는 순간 바로 흩어져버렸다.

1966년 헨리가 임상연구센터를 처음 방문했을 때 그의 어머니는 하트퍼드 병원에서 작은 수술을 받고 입원해 있었다. 그래서 아버지가 가방을 챙겨 하트퍼드에 있는 스코빌의 진료실로 헨리를 데리고 왔다. 토이버가 거기에서 헨리를 만나 케임브리지로 데려가기로 했다.

헨리 부자는 그날 아침 어머니 병실을 방문했는데, 토이버를 만났을 때 헨리는 어머니에게 무슨 문제가 있나 보다 하는 막연한 느낌만 있었다. 토이버가 가방을 누가 챙겨주었느냐고 묻자 헨리는 대답했다. "어머니 같은데요. 그런데 그게 좀 확실하지가 않아요. 어머니에게 무슨 문제가 있다면 아버지가 해주셨을 수도 있어요." 케임브리지로 가는 길에 토이버가 헨리에게 어머니가 계신 곳을 일러주며 이제는 괜찮으시다고 몇 차례 반복해서 설명해주었지만, 헨리는 부모님에 대한 뭔가 편치 않은 느낌이 뇌리에서 가시지 않는지 자꾸만 아무 일 없는 건지 모르겠다고 되뇌었다. 임상연구센터에 들어와 자기 방에 자리를 잡자 그 불안이 사라졌다. 우리가 집에 전화해도 된다고 했지만 헨리는 자기가 그러고 싶었던 이유를 더 이상 기억하지 못했다. 하지만 다음 날 오후에 간호사에게 어머니가 심장에 문제가 있어 입원하신 것 같다고 말했다. 어머니가 아프다는 어떤 막연한 느낌을 밤새 회복한 것이다.

당시에는 이 기억을 회복하는 과정이 어디에서 일어난 것인지 확실하지 않았고, 우리는 다만 헨리가 그 전날보다는 덜 피곤해서 그랬을 것이라고 추측했다. 하지만 이후 동물과 사람을 대상으로 한 수많은 실험을 통해 잠이 기억 응고화에 기여한다는 것이 증명되었다. 잠자는 동안 기억이 재활성화되어 재생되면서 점차 확고하게 형성됨으로써 여타의 방해에 흩어질 가능성이 적어지는 것일 수 있다. 기억의 종류에 따라 응고화되는 잠의 단계가 다른데, 종류마다 각기 다른 뇌 구조가 작용하기 때문이다. 예를 들어 의식 속에 저장된 서술기억은 깊이 잠든 서파slow wave수면기에 강화되는 반면에 무의식에 있는 비서술기억은 잠이 얕은 상태인 렘REM(빠른 안구운동)수면기에 향상된다. 또한 연구자들은 렘수면이 비감정 정보보다는 감정(특히 부정적인) 정보의 기억에 기여한다는 것도 밝혀냈다. 임상연구센터 간호사는 헨리가 첫날 밤에는 "상당히 잘 잤다"라고 보고했는데, 손상되지 않는 뇌영역이 감정 회로를 포함하여 활성화되면서 어머니의 병에 대한 단편적인 기억이 강화되어 다음 날 표면으로 올라온 것일 수 있다.[1]

어머니가 입원한 사실은 헨리의 뇌에서 사실 요소와 감정 요소가 결합한 이중표상을 일으켰다. 사실 요소(어머니가 간단한 수술을 받고 입원했다는 사실)는 금세 사라졌지만 막연한 감정 요소(뭔가 잘못되었다는 느낌)는 며칠간 맴돌았다. 헨리의 뇌에서는 해마 회로가 기능하지 못해 장기기억 속에 어머니가 입원한 사실이 저장되지 않았지만, **변연계**와 그와 연결된 더 큰 범주의 연결망이 작용하여 불안한 느낌이 지속되었다. 이 상황에 대한 감정 요소가 우선적으로 처리되어 감정에 관한 기억이 형성되는 데 유리했다. 변연邊緣, limbic이란 가장자리를 뜻하는 해부학 용어인데, 여기서는 피질과 피질을 에워싼 피복에 인접한 피질하 구조가 띠처럼 연결된 부분을 말한다. 1877년에는 피질에 있는 이 연결띠가 후각과 관계 있다고 믿었지만, 1937년에 발표된 새 논문은 이 부위가 감정 행동을 담당한다고 기술했다.[2]

1937년 논문은 정보가 뇌에 있는 한 영역에서부터(해마형성체에서 시상하부의 유두체로, 이어서 앞시상에서 대상피질과 부해마회로 그리고 다시 해마형성체로) 고리 모양을 그리며 다른 영역으로 이동하는 회로를 제시했다. 1952년에는 다른 연구자가 이 회로에 편도체를 포함시켰다. 이제 해마는 더 이상 감정을 담당하는 곳으로 여겨지지 않으며, 편도체가 감정 반응의 중심으로 여겨진다. 이 몹시 복잡한 구조는 여러 감각기관을 통해 그리고 안정감에서 불안감까지 각종 느낌을 처리하는 여러 대뇌 영역을 통해 정보를 받아들인다. 편도체도 같은 영역과 정보를 주고받으며 정서 지각, 감정 표현, 감정 관련 기억에 특화된 광범위한 연결망을 만들어낸다. 많은 연구가 감정의 종류에 따라 관장하는 뇌 영역이 다르다는 가설을 반박하며, 오히려 많은 뇌 영역 간의 협업을 통해 각각의 감정 반응이 발생한다는 것을 보여준다. 이 관점에 따르면 변연계와 이를 둘러싼 영역(감정과 비감정을 아우르는, 기본 인지기능을 지원하는 연결망)에서 다양한 뇌 구조가 동원되어 모든 종류의 감정 경험을 하나하나 뇌에 저장하는 것이다. 헨리의 뇌에서도 이따금씩 그러한 연결망이 형성될 수 있었다.[3]

헨리의 뇌에서는 편도체와 해마가 제거되어 이 기본 변연계 회로가 작동할 수 없었으니 우리가 그의 감정 처리 능력이 약해졌을 것이라 예상하는 것은 합리적인 판단이었다. 그러나 우리는 초기 연구를 통해 헨리가 다양한 감정을 경험할 수 있다는 것을 알았다. 1966년 헨리가 처음 임상연구센터를 방문했을 때 한 간호사가 매일 새벽 4시에 헨리를 깨워 활력징후를 검사했다. 검사 때 그 간호사는 헨리와 짧은 잡담을 나눈 뒤 차트를 꼼꼼하게 기록했다. 입원일은 총 16일이었는데 8일째에 헨리는 부모님이 어디 계신지, 잘 계시는지 물었다. 헨리가 부모님의 안부를 걱정할 수 있었던 것은 변연계 일부가 아직 기능하고 있다는 뜻이었다. 또한 그렇기에 그 염려스러운 감정은 언제든 다시 경험할 것이다.

기억은 살아가는 데 짐이 될 수도 있다. 과거의 불쾌했던 사건을

그림14 수술 후 부모님과 함께한 헨리

자꾸만 생각하게 만들 때 말이다. 그러나 헨리는 이 기억이 없기 때문에 살면서 겪는 피할 수 없는 상실에 제대로 대처할 수도 애도할 수도 없었다. 헨리는 그토록 좋아하던 삼촌이 1950년에 죽었다는 사실을 기억하지 못했다. 헨리의 어머니는 헨리가 그 이야기를 들을 때마다 비탄에 빠진다고 전했다. 시간이 지나면 이 감정은 서서히 지워졌고 그러면 다시 가끔씩 삼촌이 언제 오는지 되묻곤 했다.

헨리는 임상연구센터를 처음 방문했던 1966년에 엄청난 상실을 겪었다. 12월에 아버지가 하트퍼드의 세인트프랜시스 병원에서 폐기종으로 돌아가신 것이다. 헨리는 마흔 살이었다. 몰레이슨 부인은 헨리가 아버지가 죽은 뒤 상당히 우울해했지만 누군가 굳이 말해주지 않는 한 아버지가 돌아가셨다는 사실을 의식적으로 이해하지는 못했다고 전했다. 한번은 헨리가 자신이 아끼던 총 몇 자루가 사라진 것을 알고는 불같이 화를 내며 집을 뛰쳐나갔다. 한 삼촌이 가져간 것이었다. 헨리가 펄펄 뛰었다는 소식을 접한 그 삼촌이 총을 가져오자 헨리의 분노는 가라앉았다. 헨리가 사라진 총 때문에 동요한 것은 그것이 삶의 중심이었기 때문이다. 그 총들은 어린 시절부터 늘 한자리에 있었기 때문에 어느 하나라도 제자리에 없으면 바로 눈에 띄는 것이 당연한 노릇이었고, 그것이 헨리의 마음에 충격을 안겼던 것이다. 그 총들은 헨리와 아버지를 이어주던 정서적 끈이었으며, 그 자체로도 가치있는 소장품이었다.

헨리는 적어도 4년 동안 아버지가 죽었다는 사실을 명확하게 표현할 수 없었다. 남편이 죽은 지 일곱 달이 지난 뒤, 몰레이슨 부인은 우리에게 헨리가 슬픈 소식을 처음 들은 사람처럼 반응할 수도 있다면서 아버지가 죽었다는 이야기를 하지 말아달라고 부탁했다. 나도 말하지 않을 생각이었다. 헨리가 충격을 받을 수 있다는 것을 알았기 때문에 아버지 이야기를 명시적으로 묻지는 않았다. 그러나 1968년 8월에 검사받을 때 그는 아버지에 대해 여러 번 과거 시제로 이야기했다. 그의 뇌가 그 고통스러운 사실을 무의식적 기억의 흔적으로 흡수해 저장했을지 모른다. 헨리는 불확실하나마 어떤 순간들을 기억하고 있었을 것이다. 해마와 편도체의 기능을 잃은 헨리는 감정에 관한 장기기억을 형성하지 못했다. 대신 자신에게 있는 것(수술 전 아버지에 대한 기억과 유년 시절에 살던 집 그리고 죽음에 대한 생각 따위가 저장되어 있는 피질 영역들의 무수한 상호작용을 통해 형성된 것)을 활용했을 것이다. 점점이 흩어져 있던 것들이 시간이 흐르면서 서서히 한데 모이자 헨리는 아버지가 영원히 떠나셨음을 어느 정도 이해했다.

남편이 세상을 떠난 1966년부터는 몰레이슨 부인 혼자 헨리를 돌보았다. 일을 하면 기운도 날 것이라는 생각에 몰레이슨 부인은 하트퍼드 지역센터 정신장애인 일터에서 헨리를 위한 일자리를 찾았다. 색색의 고무풍선을 작은 봉투에 담는 포장 일이나 열쇠 꾸러미를 마분지 진열대에 끼우는 일 같은 단순 반복 작업이었다. 아침마다 이웃에 사는 아서 버클러가 헨리를 깨워 지역센터로 태우고 갔다. 헨리에게 상냥하고 다정했던 땅딸막한 60대 남자인 버클러는 이 센터에서 부지 관리 인력 관리인이자 직업 교사로 일했다. 그는 풍선 포장 같은 단순 공정을 맡은 헨리에게 풍선 개수를 세고 봉투에 일정 개수가 차면 스테이플러로 찍는 법을 가르쳤다. 헨리는 지능이 낮아 고생하는 사람이 아니었다. 오히려 그의 지능지수는 평균 이상(1962년에 120)이었다. 헨리의 지능은 이 단순한 작업을 처리하기에 넘칠 정도였으나 문제는 기억상실증이었다. 풍선 상태 검사에 열중하다가 적정 개수를 넘기기 일쑤였다. 그러던 어느 날 헨리가 공정 개선책을 내놓았다. 한 먼 친척은 헨리의 아이디어가 '몇 공정을 단축시킨 기술 혁신'이었다고 기억한다. 헨리가 그 아이디어를 직원에게 말하자 작업장에서 그 제안을 받아들였다. 헨리는 무척 뿌듯했을 것이다. 그 기분이 오래가지는 못했겠지만.

버클러는 나중에 헨리를 센터 수리공으로 고용하여 건물 페인트칠이나 작업장과 보일러실 정리, 부지 관리 보조일 따위를 맡겼다. 가끔은 망치나 렌치 사오는 일을 맡기기도 했는데, 그때마다 공구점에 도착한 헨리는 용무가 뭐였는지를 잊어버리곤 했다. 버클러는 필요한 공구를 종이에 그려 헨리 손에 쥐여 보내는 방법을 시도했는데, 아주 훌륭한 해결책이었다.

헨리는 지역센터에서 일하던 1970년에 신경쇠약을 겪었다. 몰레이슨 부인은 헨리가 훨씬 초조하고 과민한 상태라는 것을 알아보았다. 말을 걸면 온화하게 대답하던 평소 모습은 간데없고 버럭 되받아치곤 했다. 어느 일요일 오후에는 눈을 감은 채 빈둥거리며 자기를 혼자 내버려두라면서 유달리 이상하게 굴었다. 한번은 벌떡 일어나더니 문을 쾅쾅 두드렸다. 발작은 5시 무렵 일어났다. 전신이 뻣뻣하게 굳은 상태로 고개만 축 늘어뜨리고 좌우로 흔들어댔다. 10분쯤 지나 발작이 멈추었지만, 발작 후면 잠에 곯아떨어지던 평소와 달리 이번에는 연거푸 소발작이 일어났다. 매번 잠시 반응이 없다가 어머니가 말을 걸면 "얼쩡대지 말아요" 하고는 침실 문을 쾅 하고 닫았다. 한 시간 반이 걸려서야 잠자리에 눕힐 수 있었다.

다음 날 아침에는 헨리의 행동이 정상으로 돌아왔다. 아침에 눈을 뜨고는 평소대로 어머니에게 물었다. "오늘은 뭐하죠?" 하트퍼드 지역센터에 출근할 거라고 말해주니 옷을 갈아입었고, 버클러의 차에 올랐다. 헨리의 왼손이 멍들고 부어올라서 맨체스터 병원에 들러 엑스레이 촬영을 했다. 사진에 새끼손가락이 부러진 것으로 나와 깁스를 했다.

두 주 뒤 화요일 아침, 지역센터 작업장에서 풍선 포장을 하던 헨리가 느닷없이 노발대발 화를 냈는데, 한 번도 본 적 없는 풍경이었다. 그는 펄쩍펄쩍 뛰며 누가 자기 풍선을 가져갔다고 소리를 지르더니 자기는 기억을 못 하는 사람이다, 아무짝에도 쓸모없는 사람이다, 남한테 피해만 끼치는 사람이다 하며 고함을 질러댔다. 그러고는 자살하겠다고 협박하면서 자기는 지옥에 갈 것이고, 어머니도 데려갈 것이라고 말했다. 사람들이 접근하려 하자 발길질을 해댔고, 한 사람은 들어서 바닥에 패대기쳤다. 그러더니 벽에다 머리를 들이받았다. 의사가 도착해 진정제를 주사하고서야 잠잠해져 동료가 차로 집에 데려다주었다.

다음 날에는 아무 탈 없이 일을 시작했지만 초조한 기색이었다. 몰레이슨 부인이 토이버에게 전화해서 이 우려스러운 행동 변화에 대해 보고했다. 부인은 이 폭발을 발작의 일종으로 받아들였고, 자살 위협은 걱정하지 않았다. 또한 헨리가 그렇게 분노한 것이 혹시 기억력이 개선되었기 때문은 아닌가 싶었다. 헨리의 기억력이 전보다 좋아졌다고 느낀 일이 몇 번은 있었다고 부인은 생각했다. 부인의 생각이 맞을 수도 있다. 헨리가 자신의 상태를 의식하게 되면서 자기가 남들과 다르다고 느껴 의기소침해진 것일 수도 있다. 집과 지역센터에서 끊임없이 기억을 못 하는 것에 절망해 자신이 쓸모없는 존재라는 생각을 하게 되었을 수도 있다. 세월이 흐르면서 헨리는 자신의 기억력이 아주 나쁘다는 직관을 얻었고, 그것이 영구적이라는 사실을 받아들였다. 몰레이슨 부인은 공공장소에서 그렇게 분노를 폭발시키다가 정신병원에 보내지거나 지역센터에서 일하지 못하게 될까 봐 걱정했다. 그녀는 그 일자리가 헨리에게 삶의 이유 같은 것이라고 여겼다.

헨리는 이후로도 가끔씩 분노 폭발을 겪었는데, 때로는 그 분노의 대상이 자신의 기억력이었다. 그러더니 1970년 5월에 새로운 증상으로 격렬한 복통이 생겼다. 아침에 특히 심했고, 어느 날 밤에는 신음소리에 어머니가 잠에서 깰 정도였다. 몰레이슨 부인은 지역센터에 출근하는 주중에 통증이 더 심하다는 것을 느끼고 센터에서 함께 일하는 누군가 그를 놀리거나 화나게 하는 것이 아닌가 생각했다. 그 통증은 어머니가 헨리에게 출근할 거라고 말할 때 느끼는 어렴풋한 불안을 의미하는 것일 수도 있었다. 헨리는 아침 시간에 더 퉁명스러웠는데, 일을 쉬는 날에는 그렇지 않았다. 몰레이슨 부인은 이 문제 때문에 고민스러웠지만, 그것이 복통을 일으키는 진짜 원인인지 알 수 없었을 뿐 아니라 어떻게 대처해야 할지, 헨리를 어떻게 도와야 할지도 알 수 없었다.

같은 달 몰레이슨 부인이 토이버에게 전화해서 상황을 설명했다. 헨리가 그다음 주에도 격렬한 복통을 호소하자 토이버가 정밀검진을 예약해놓겠다고 안심시켜주었다. 몰레이슨 부인은 헨리의 체중이 줄고 있다고, 지역센터 직원들도 헨리의 건강이 나빠지는 것 같다고 한다고 걱정했다.

우리가 하는 일은 연구지 환자 보호는 아니었지만 그럼에도 나와 동료들은 헨리가 제대로 보살핌을 받게 해주어야 한다고 생각했다. 토이버는 밀너와 의논하고 스코빌과도 의논했다. 스코빌은 헨리의 어머니에게 하트퍼드에서 검진받을 경우 의료비 부담이 클 것 같다고 했다. 결국 MIT 임상연구센터에서 헨리의 방문 기간을 늘려 개인 부담 없이 그 기간 동안 의료검진을 하기로 했다. MIT는 몰레이슨 가족이 어떠한 경제적 부담도 지지 않도록 헨리의 제반 의료 처치를 무료로 해주었다.

토이버는 아들 크리스토퍼를 태우고 이스트하트퍼드로 가 크레센트 드라이브에 있는 단층 가옥 앞에 차를 세웠다. 크림색 바탕에 흰색 테가 둘러진 작은 목조 주택에 잔디밭과 나무 몇 그루가 딸린 소박한 집이었다. 헨리가 단정하게 차려입고서 3주로 예정된 세 번째 임상연구센터 방문을 위한 작은 여행가방을 챙겨놓고 기다리고 있었다. 몰레이슨 부인은 토이버에게 이렇게 도와줘서 고맙다고 인사하면서 이번이 헨리를 보살펴온 지 근 20년 만에 처음으로 혼자 보내는 휴가가 될 것이라고 했다. 헨리 없이 사람들을 만나고 외출을 즐길 날을 손꼽아 기다렸다고 말했다.

헨리는 임상연구센터에서 지내는 3주 동안 MIT 의사들에게 의료검진을 받았지만 복통은 가라앉은 듯했다. 내내 침착함을 유지했지만 어딘가 어리둥절한 모습이었다. 어느 날 저녁 토이버는 헨리가 캄캄한 방에 앉아 있는 모습을 보았다. 곁에는 십자말풀이가 놓여 있었다. 어디 몸이 불편하냐고 묻자 헨리가 답했다. "그… 정신적으로 불편해요. 사람들을 그렇게 고생시키고… 기억은 하지 못하니까요." 자기 마음을 마땅히 표현해줄 말을 떠올리려고 애쓰는 눈치였다. "지금 나하고 싸우고 있어요. 내가 하지 말았어야 할 말을 했는지, 하지 말았어야 할 행동을 했는지, 그런 거요." 헨리는 어떤 기억을 인출해내려고 안간힘을 쓸 때마다 이렇게 말하곤 했다. "지금 나하고 논쟁하고 있습니다." 끝나지 않을 후렴구였다. 토이버는 헨리를 안심시켜주려고 그 날 밤 어머니에게 전화해주겠다고 말했다. 특이하게도 헨리가 아버지 이야기를 꺼냈다. "저기, 지금 나하고 싸우고 있어요. 아버지에 대해서요." 헨리가 말했다. "그러니까, 내가 마음이 편하지 않아요. 한쪽에서는 아버지가 부름을 받으셨다고 생각해요. 돌아가셨다고요. 하지만 다른 쪽에서는 지금도 살아 계시다고 생각해요." 헨리는 몸을 떨기 시작했다. "도저히 모르겠어요."

헨리는 불안감이 많은 사람이 아니었지만, 토이버와 이야기를 하다가 아버지의 죽음이 사실인지 아닌지 알 수 없는 답답한 마음과 슬픔이 되살아난 듯했다. 그는 아버지가 오래전에 돌아가셨다는 사실을 기억하지 못하기 때문에 그것을 현실로 받아들일 수 없었다. 아버지에게 작별 인사를 한 일도, 장례식을 치른 일도, 아버지의 무덤을 찾은 일도, 친척과 친지에게서 애도와 사랑으로 위로받은 일도, 헨리는 아무것도 기억할 수 없었다. 토이버가 지켜본 그 떨림은 몸으로 표현된 헨리의 감정이었다.

3주가 지나고 집으로 돌아갈 시간이 되었다. 헨리는 그 기간 동안 단 한 번도 복통을 호소한 일이 없었는데, 이는 임상연구센터에 입원하게 만들었던 문제가 스트레스와 관련 있음을 시사했으며, 지역센터 작업장 상황 때문일 가능성이 높았다. 헨리는 하루에 담배 한 갑을 피웠는데, 1968년 엑스레이 사진에서는 보이지 않았던 폐 질환이 발견되었다. 토이버는 몰레이슨 부인에게 전화해서 헨리의 귀가 계획을 상의한 뒤 헨리에게 전화를 넘겼다. 헨리는 얼마나 감격했는지 목소리를 들어 반갑다는 말조차 목이 메어 제대로 하기 힘들 정도였다. 돌아가는 길에도 토이버가 차로 이스트하트퍼드 집까지 태워다주었다. 차가 진입로로 들어서자 몰레이슨 부인이 밖으로 나와 헨리에게 좋아 보인다고, 떠날 때보다 훨씬 좋아 보인다고 말했다. 헨리는 말없이 어머니를 꼭 껴안고서 뺨과 어깨를 하염없이 어루만졌다.

헨리는 감정을 조절하는 핵심 구조 가운데 하나인 편도체가 거의 없는데도 분명히 감정을 (긍정적인 것과 부정적인 것 모두) 느끼고 표현할 수 있었다. 가령 표준검사를 실시하면 사람 얼굴 그림을 보고 기쁜 표정인지 슬픈 표정인지 판단할 수 있었다. 그는 침착한 사람이지만 아주 드물게 심하게 화를 내는 경우가 있었다. 이러한 공격적인 상태는 짧게 끝났는데, 주로 중요한 정보가 기억나지 않을 때와 짜증나게 만드는 동료에 대해 반응할 때였다. 헨리는 폭력적인 사람이 아니었다. 그렇기는커녕 온화하고 상냥하고 참을성 있는 태도로 대인관계의 모범을 보여주는 사람이었다. 임상연구센터에서는 어떤 요구나 과제에도 유순하게 응했고, 모든 사람에게 친화적이었다.

감정의 과학은 헨리가 어떻게 긍정적·부정적 기분을 경험하고 표현할 수 있는지를 설명해준다. 감정은 다양한 경험을 다룬다. 1969년에 심리학자 폴 에크먼은 어느 문화권에 속하든지 사람이 겪는 기본 감정은 슬픔, 기쁨, 분노, 공포, 역겨움, 놀라움, 이 여섯 가지라고 주장했다. 이 핵심 감정들이 다양하게 결합해 애착, 희망, 공감, 애증과 희비 같은 양가감정, 격노, 부끄러움 등의 복합적인 감정이 만들어진다. 우리가 느끼는 감정은 두 가지 변수로 나눌 수 있는데, 유쾌한 정도와 불쾌한 정도, 흥분되는 정도와 차분해지는 정도다. 감정을 경험하는 의식의 기저에는 심박수, 혈압, 호흡, 혈당, 스트레스호르몬의 상승 현상이 있다. 체내에서 혈류가 급증하면 뇌가 현재의 감정 상태를 표현하게 해줄 행동을 준비한다. 상황에 따라서 우리는 달아날 수도 있고 싸움을 시작할 수도 있고 아니면 상대방을 껴안을 수도 있다. 뇌가 모든 생물학적 변수를 조절하며, 생성하는 감정의 종류에 따라 각기 다른 대뇌회로가 활성화된다.[4]

1970년 세 번째 임상연구센터 입원을 위해 차를 타고 가던 도중에 헨리가 사고를 목격한 적이 있다. 그의 감정기억이 어떤 것인지 한층 더 깊이 이해하는 데 도움을 준 사건이었다. 토이버가 하트퍼드에서 헨리를 태웠을 때 비가 억수같이 내리고 있었다. 토이버와 크리스토퍼, 헨리가 탄 차량이 보스턴 방향으로 올라가려는데 15번 도로가 진흙탕에 잠겨 있어 토이버는 1차선을 따라 운전했다. 그때 전방에서 연갈색 임팔라 한 대가 갑자기 균형을 잃고 빙글빙글 돌다가 도로 오른쪽에 있는 가파른 경사벽을 들이받고는 왼쪽으로 기울더니 겨우 네 바퀴로 착지했다. 전방 프레임이 휘어버린 임팔라 차량에서 빗소리를 압도하는 요란한 소리가 나더니 뒷바퀴가 내려앉았다.

차선을 차지한 사고 지점에서 약간 떨어져 차를 세운 토이버는 헨리에게 차 안에서 나오지 말라고 한 뒤 차에 탄 사람들을 살피러 갔다. 스무 살 여성과 그 어머니였는데, 다치지는 않았지만 몹시 놀란 상태였다. 몸집 큰 어머니가 흥분해서 울기 시작했고, 또 다른 차 한 대가 사고 지점 근처에 멈춰 섰다. 젊은 남자가 차에서 내렸고, 그 젊은이와 토이버가 두 여자를 사고 지점에서 데리고 나왔다. 토이버는 비옷을 가지러 차로 왔다가 어차피 다 젖어 필요없겠다고 판단했다. 사고 차량을 살펴보니 타이어 바람은 빠졌지만 운전이 가능할 듯싶었다. 토이버가 차량 흐름을 막았고, 젊은 남자가 망가진 차를 몰아 충돌 지점에서 빼낸 뒤 갓길에다 세웠다.

모두가 위험 상황에서 벗어나자 토이버도 다시 차로 돌아와 운전을 시작했다. 헨리는 몇 분 동안 크리스토퍼와 사고 원인을 추측하며 우려 섞인 대화를 나누었다. 그러다 대화 주제가 계속되는 폭우로 바뀌었다. 사고 현장을 떠난 지 약 15분이 지난 뒤 이들이 탄 차는 비상등을 깜박이는 경찰차를 지나쳤다. 경찰차는 도로변에 있는 갓길 휴식 공간에 정차해 있었는데, 그 앞에는 빨간 트레일러를 연결한 파란 스테이션왜건 한 대가 서 있었다. 헨리는 경찰차가 다른 차들이 저 트레일러 붙은 차 뒤에 서지 못하도록 보호하고 있는 게 분명하다고 말했다. 잠시 뒤 토이버가 헨리에게 물었다. "내가 왜 이렇게 다 젖었죠?"

"거야, 사고 난 차를 도와주러 나갔다가 그렇게 됐죠. 어떤 차가 도로에서 미끄러졌잖아요." 헨리가 대답했다.

"어떤 차였죠?"

"스테이션왜건… 아니, 스테이션왜건 한 대와 트럭 한 대였어요."

토이버는 헨리에게 망가진 차가 무슨 색이었는지 물었다.

"그건 지금 나하고 논쟁 중입니다." 헨리가 대답했다. "스테이션왜건은 도로에서 벗어나 옆으로 누웠고, 그건 파란색이었어요. 그런데 또 갈색이 떠오르네요." 몇 분 뒤 헨리는 경찰차 한 대가 사고 난 곳에서 교통 정리를 하고 있었다고 말했다. 20분 뒤 토이버가 헨리에게 왜 자기가 젖었는지 다시 물었다.

"차 밖으로 나갔으니까요. 길을 물으러 나갔었죠."

그 사고는 감정에 영향을 미치는 사건이어서 헨리에게 선명한 인상을 남겼는데 그것이 경찰차, 비상등, 갓길의 다른 자동차라는 새 정보와 뒤섞이면서 밀려났다. 그 기억은 금세 완전히 사라진 듯이 보였다. 그렇지만 사고 당시의 강렬했던 흥분이 헨리의 마음속에 여느 사건과 달리 선명한 인상을 남긴 것이다.

임상연구센터에 도착한 뒤에 오는 길이 어땠냐고 묻자 헨리는 차가 너무 많아서 우회 도로로 왔지만 길을 잘못 든 적은 없다고 대답했다. 그날 밤 토이버가 헨리에게 그날 여행 중에서 기억나는 일이 아무것도 없는지 다시 물었다. 헨리는 없다고 답했다.

"내 옷이 젖었나요?" 토이버가 물었다.

"네, 사고가 나서 차에서 내렸을 때 젖었죠."

"무슨 사고였어요?"

"차가 빙글빙글 돌다가 도로를 벗어나 경사벽을 받았죠. 아가씨가 타고 있었고요. 그때 빗속으로 나가 다친 사람이 없는지 보셨잖아요."

"그 차에는 한 사람만 있었나요?"

"아뇨, 한 사람 더 있었죠. 다른 여자요. 뚱뚱했어요."

이 이야기는 기억 작용에 핵심이 되는 몇 가지 요소에 대해 알려준다. 이 여행에서 헨리는 흥미로우며 흥분을 일으키는 두 사건을 경험했다. 우리가 어떤 사건에 주의를 집중하고 그 사건으로 인해 흥분하게 되면 그 경험에 대한 기억이 강화된다. 이 사건을 경험하는 동안 헨리의 뇌에서 집중력과 감정을 관장하는 회로가 활성화되어 관련 인물, 차량, 행동의 세부 내용을 부호화할 수 있었다. 헨리가 여전히 이 세부 내용을 상기하면서 속으로 되뇌고 있었을 바로 그 순간 헨리 일행 앞에 경찰차와 트레일러가 나타났고 이것이 헨리의 주의를 끌었다. 헨리의 주의는 이 둘째 사건으로 전환되어 거기서 일어나는 일에 온통 집중하게 된다. 그렇게 함으로써 첫째 사건을 처리하는 과정이 간섭을 받으면서 정보 중 일부가 날아갔다.

간섭interference이 망각의 주범으로 작용하는 것은 누구에게라도 마찬가지다. 이 경우에는 새로 등장한 경찰차, 스테이션왜건, 트레일러가 사고 관련 정보와 경쟁을 벌이면서 이 정보가 유지되는 것을 간섭했다. 얼마쯤 지나서 토이버는 헨리가 기억해낼 수 있도록 그 사고와 관련한 단서를 주기 위해 자신이 비에 흠씬 젖은 이유를 물었고, 헨리는 두 사건이 뒤섞인 내용으로 대답했다. 이는 두 사건의 기억흔적이 모두 깨지기 쉬운 불완전한 상태였음을 뜻한다.

건강한 뇌에서는 그처럼 미약한 기억흔적도 응고화라는 과정을 통해 시간이 갈수록 견고해진다. 헨리에게 응고화가 일어나지 않은 것은 이 활동을 위해서는 (헨리의 뇌에서는 불가능한) 해마와 피질이 상호작용해야 하기 때문이다. 응고화가 이루어지면 기억 회로에서 감정 관련 정보가 우선적으로 처리되기 때문에 이 기억은 다른 종류의 기억보다 지워지기 어려운 상태가 된다. 임상연구센터에 도착할 무렵 헨리에게는 흥미로웠던 여행 기억이 남아 있지 않았지만, 그날 밤에 토이버가 자신이 비에 젖었는지 다시 물음으로 단서를 주었다. 이번에도 이 단서로 인해 헨리는 여행에서 있었던 행동, 아가씨, 뚱뚱한 여성을 상기할 수 있었다. 이제 휴식 시간이 되어 헨리는 쉬면서 저녁을 먹고 다시 떠올릴 수 있는 경험의 단편들을 되는 대로 재경험할 것이다. 헨리의 뇌에서 이것이 행해지는 기제는 건강한 뇌와 같을 수 없는데도 다른 회로를 가동하여 임시 저장을 성공적으로 수행했다는 점은 대단히 인상적이다. 당시 우리는 해마 주위에 남아 있는 내측두엽 조직에 대해 알지 못했는데, 이것이 남아 있는 감정기억 영역과 함께 헨리에게 짧은 시간이나마 기억을 떠올려 회고할 수 있도록 도와주었을 것이다.[5]

1980년대 초까지 우리가 헨리의 감정 상태에 대해 파악한 정보는 헨리의 감정적 행동을 목격하고 자료를 수집해온 사람들에게서 전해들은 것뿐이었다. 우리 연구진은 1980년대 초에 헨리의 성격을 더 객관적이고 폭넓게 파악할 수 있는 방법을 찾아보기로 했다. 수술로 인해 편도체가 손상되었으므로 표준검사로 감정 상태를 검사하는 것이면 충분했다. 우리가 그때까지 이 검사를 하지 않은 것은 1960년대와 1970년대에는 우리 연구진을 포함하여 신경과학자들 사이에 임상심리학이나 정신과 영역에 속하는 주제를 기피하는 분위기가 있었기 때문이다.

표준성격검사 결과 헨리의 감정 상태가 다소 둔화된 것은 사실이지만 여전히 다양한 감정을 표현할 능력이 있는 것으로 드러났다. 자립성은 다소 떨어져 타인의 관리가 필요한 것으로 나타났다. 예를 들면 누군가 시켜야만 비로소 면도를 하고 몸을 씻는 상태다. 성격과 동기 항목 점수는 헨리가 대인관계에 참여하지만 주도적 능력은 없음을 말해준다. 중요한 것은 이 검사에서 불안이나 주요 우울증 같은 정신적 장애 징후는 보이지 않았다는 사실이다. 건강한 사람들이 경험하는 고뇌와 슬픔, 좌절감은 아버지가 돌아가셨을 때 그리고 아무것도 기억하지 못할 때 헨리가 느끼는 감정과 같다. 드물긴 하지만 헨리도 기억상실증이 야기한 한계 상황으로 인해 터질 듯이 답답함을 느낄 때면 극도의 분노를 표출하는 경우가 있었다.

1984년 나는 정신과 의사 조지 머레이에게 헨리를 평가해달라고 청했다. 조지는 헨리가 "늘 웃는 얼굴이며, 나에게 진심으로 대하는 편"이라고 평했다. 헨리는 자신의 입맛이 좋은 편인지 아닌지 몰랐지만, 웃으면서 자기는 간 요리를 좋아하지 않는다고 말했다. 머레이가 잠은 정상적으로 자냐고 묻자 헨리는 대답했다. "그런 것 같아요." 그는 죽음에 대해 생각하지 않으며, 자기가 알기로는 울지 않는다고 말했다. 무력감을 느끼냐고 묻자 "그럴 때도 있고 아닐 때도 있다"라고 답했고, 절망감을 느끼냐고 묻자 활짝 웃으면서 답했다. "네, 대부분은 아니고요." 자신이 쓸모없는 사람이라고 느껴지냐고 묻자 이번에도 웃으면서 말했다. "절망감 때하고 같아요." 앞에 했던 질문이 단기기억에 남아 있었다는 이야기다. 자기 자신을 좋아하냐고 묻자 다시 한 번 조심스럽게 웃으며 말했다. "그렇기도 하고 아니기도 해요. 나는 뇌외과 전문의가 될 수 없으니까요." (헨리는 뇌외과 전문의가 되고 싶다는 이야기를 자주 해왔다.) 헨리에게 "우울증은 전혀 없다. 그렇다고 이따금 슬픔을 느끼는 일까지 없다는 뜻은 아니다"라고 머레이는 결론 내렸다.

머레이는 헨리의 정서적 측면을 엄밀히 검사하기 위해 추가로 부모와 음악 취향에 관해 질문했다. 두 사람은 서로 '자이브'를 싫어한다는 것을 알고 웃음을 터뜨렸다. 이어서 머레이는 성 항목으로 전환했다. 머레이가 발기가 무엇인지 아냐고 물으니 헨리는 "뭔가 세우는 것"

이라고 답했다. 머레이가 "그렇다면, 다른 말로 해볼까요?" 하고는 '단단해졌다'는 게 무엇인지 물었다. 헨리는 웃음기 없이 찌푸린 얼굴로, 아니, 얼굴 근육에 미동도 없이 말했다. "남자한테 있는 일입니다. 벨트 아래요." 헨리는 남자에게는 음경이 있고 여자에게는 음순이 있다는 것을 알았고, 어떻게 임신이 되는지도 알았다. 헨리는 머레이의 질문에 표정 변화 없이 답했고, 자기는 성욕이 전혀 없다고 말했다. 머레이는 헨리가 무성애적, 즉 성욕이 없는 상태라고 기술했다. (헨리의 상사 버클러는 헨리에 대해 "센터 여자들에게 눈길 한번 주지 않은" 완벽한 신사라고 설명했다.)

헨리는 우리 연구팀 사람들하고 같이 있을 때면 늘 상냥했지만 수동적이었다. 그리고 일상적인 잡담을 나눌 때면 굉장한 유머 감각이 튀어나오곤 했다. 1984년 어느 날 우리 연구실의 신경학자가 헨리를 데리고 검사실을 나온 일이 있었다. 문이 뒤에서 닫히는 순간 신경학자가 검사실 안에다 열쇠를 두고 나온 것 같다고 했다. 그러자 헨리가 말했다. "그래도 어딨는지 아는 게 어딥니까!"

헨리의 태평하고 관대한 천성은 우리가 시도한 온갖 검사를 수행하면서 보여준 엄청난 인내심에서 그대로 드러난다. 물론 검사를 수행한 경험을 장기기억할 수 없으니 그에게는 매번의 검사가 따분할 리 없는 새로운 경험일 수도 있다. 한번은 우리 연구실 사람과 이야기하면서 검사받는 일을 이렇게 요약한 적 있다. "참 재밌죠. 사람은 살면서 배우거든요. 그런데 나는 살기만 하고, 배우는 건 선생 몫이죠."

7

부호화, 저장, 인출

1972년 내가 헨리의 집을 방문했을 때는 워터게이트 사건이 한창 뉴스를 도배하고 있었다. 헨리에게 워터게이트가 무엇을 의미하는지 아느냐고 물었다.

"그게, 딱 생각나는 건 감옥이에요. 워터게이트 감옥에서 일어난 폭동이 생각나요."

"최근 뉴스에서 폭동이나 워터게이트 이야기 들어봤어요?" 내가 물었다.

"아니요. 그러니까 워터게이트를 조사하는 일이 있군요."

"맞습니다." 내가 격려하는 마음으로 말했다.

"하지만 그건, 어, 가물거리기는 하는데 확실하지가 않아요."

"존 딘이라는 이름 들어봤습니까?"

"음, 암살이 떠오르지만, 내가 그 말을, 암살이라는 말을 하고 나니까, 생각나는 게, 어, 지도자, 그 있잖아요, 노동운동 지도자 아니면 노동자가 암살당했거나 부상당했거나, 그런 게 생각납니다."

"그런 건 신문이며 그런 데 다 나오는 이야기잖아요."

몰레이슨 부인이 불쑥 한마디했다.

존 딘은 닉슨의 백악관 법률고문이었다. 헨리는 워터게이트 침입 사건 기사를 넘치도록 봐왔지만, 그의 뇌는 하드드라이브가 잘못된 컴퓨터처럼 이 정보를 저장하고 인출할 수 없었다.

사람의 뇌에 관한 최근 연구는 컴퓨터과학에 힘입은 바가 크다. 우리가 찾고자 하는 장기기억의 기저를 이루는 인지 작용은 뉴저지 벨 전화연구소의 공학자 클로드 섀넌이 1948년에 제시한 정보이론에 기반을 두고 있다. 섀넌은 1948년에 발표한 논문 〈통신의 수학적 이론 A Mathmatical Theory of Communication〉에서 응용수학, 전기공학, 암호해독 등 여러 분야의 지식을 융합한 정보이론을 발표했다. 그는 정보 운반을 하나의 확률적 과정으로 기술했으며 정보의 기본 단위인 '비트bit'라는 용어를 만들었다. 1950년대 초에 인지심리학자 조지 A. 밀러가 정보 이론을 자연어 처리 연구에 응용하면서 섀넌의 이론이 심리학 분야에 융합되었다.[1]

학습과 기억을 정보처리라는 개념으로 접근한 것은 중대한 진보 였다. 이로써 연구자들은 기억을 세 단계로 분리할 수 있게 되었는데, 이 단계들은 컴퓨터의 정보처리 과정과 유사하다. 첫 단계에서는 외부 세계에서 감각기관으로 들어온 정보를 뇌에서 표상으로 부호화한다. 둘째 단계에서는 그 표상 부호들을 나중에 꺼내 쓸 수 있도록 저장한다. 셋째 단계에서는 필요할 때 저장된 기억을 인출한다. 연구자들은 현재 이 세 단계를 각각 시험하고 단계들 간에 어떤 상호작용이 일어나는지 볼 수 있는 기억 실험을 고안하고 있다.

과학자들은 이 정보처리 흐름을 개별 단계로 분할하여 기억 연구를 용이하게 만들었다. 이 인위적인 분할은 단순화 모형이긴 하나 매우 유용하다. 이것을 통해 각 단계에서 일어나는 수많은 과정을 상세히 기술할 수 있기 때문이다. 현실에서는 부호화와 저장, 인출이 즉각적·동시적으로 이루어진다. 기억이 형성되는 하나하나의 과정을 이해해야 그 과정의 요소들을 결합한 하나의 종합이론을 세울 수 있다.

헨리는 정보의 부호화 단계에서는 아무 문제도 없었다. 홍차에 우유를 타는 게 좋은지 물으면, 내 질문을 단기기억에 등록한 뒤 우유는 타 먹어본 적이 없지만 설탕은 넣겠다고 대답할 수 있었다. 헨리는 나머지 두 단계인 새 정보의 저장과 인출에 문제가 있었다. 이야기를 나누다가 대화 주제를 바꿔 주의를 분산시킨 뒤 우리가 방금 무슨 이야기를 했는지 물으면 모르는 것이다. 헨리의 뇌는 받아들인 자극을 아주 짧게는 보유할 수 있지만 저장해두었다가 나중에 되살리는 것은 하지 못한다.

헨리의 사례는 1957년 스코빌과 밀너가 발표한 논문을 시작으로 수십 년에 걸쳐 기억 형성의 세 단계에서 각각 일어나는 인지 및 신경처리 과정 분석연구에 크게 기여했다. 그뿐 아니라 헨리의 사례는 기억이 단기기억과 장기기억으로 분류된다는 사실을 밝히는 데도 기여했다. 즉 뇌에는 단기기억과 장기기억을 관장하는 기억회로가 따로 있어서 이 특화된 기억회로가 각 유형에 해당하는 기억을 끊임없이 조작하여 최대한 효율적으로 만드는 것이다. 밀너는 서술기억 또는 외현기억(헨리에게 심각하게 손상된 기억)과 비서술기억 또는 암묵기억(헨리에게 온전히 보존된 기억)을 이론적으로 구분하는 역사적 업적을 세웠다.[2]

서술기억은 내측두엽이 담당하며 우리가 일상적인 대화 속에서 '기억난다'거나 '잊어버렸다'고 할 때 상기하는 유형의 기억을 가리킨다. 이 유형의 기억에는 두 종류의 정보를 의식적으로 생각해내는 능력이 포함되는데, **일화지식**(과거에 직접 겪었던 구체적인 경험에 대한 회고)과 **의미지식**(특별한 습득 경험과는 무관하게 사람, 장소, 언어, 지도, 개념 따위의 일반지식의 형태로 저장된 기억)이다. 서술기억은 우리가 사는 일상의 뼈대 같은 것으로, 우리가 꿈과 목표를 이루고 사람답게 살기 위해 필요한 지식을 습득하게 해준다.

헨리는 55년 동안이나 새로운 서술기억을 습득하지 못하고 살았다. 따라서 아침에 무엇을 먹었는지, 전날 무슨 검사를 받았는지, 생일에는 무엇을 하면서 축하했는지 같은, 사건의 세부 내용을 알려줄 수 없었다. 또한 새로운 어휘, 현직 대통령 이름, 임상연구센터에서 만난 사람의 얼굴도 기억할 수 없었다. 그의 기억 테스트 점수는 아무렇게나 찍은 것만 못 했다. 헨리의 뇌에서 서술기억을 담당하는 부위가 제거되었기 때문이다. 하지만 수술 후에도 비서술기억을 지원하는 다른 회로들은 무사히 보존되었으며, 헨리는 특정 과제 수행을 통해 새로운 운동기술을 비롯해서 의식적인 자각 없이 획득 가능한 여러 행동을 학습할 수 있다는 것을 증명했다.

헨리의 사례로 인해 이 일화적 정보가 부호화되고 저장되고 인출되는 과정에 내재한 기본적인 처리 과정을 밝히고자 하는 연구가 이루어지게 되었다. 기억 처리 과정의 이 세 단계를 규명하는 연구는 지난 55년 동안 크게 발전했다. 1990년대에 들어 양전자방출단층촬영PET과 기능적 자기공명영상fMRI 같은 뇌 영상술이 이 분야를 연구하는 데 불을 지폈다. 연구자들은 이들 기술을 이용하여 비로소 기억 처리 과정에서 각 단계마다 일어나는 뇌 활동을 개별적으로 살펴볼 수 있었다.

의식적인 기억이 해마 그리고 인접 부위 부해마회가 작용하는 것에 달려 있다는 사실이 밝혀지자 과학자들은 일화기억과 관련한 심리학과 생물학에 대해 기본적인 물음을 던지기 시작했다. 하나의 사건을 장기기억하게 해주는 특정 인지 작용은 무엇인가? 해마와 부해마회 안에서 일어나는 복잡한 작용은 어떤 것인가? 장기기억에서 대뇌피질은 어떤 역할을 하는가? 일화기억에서 부호화, 저장, 인출 작용을 더욱 활성화하도록 중재하는 것은 어떤 인지 과정이며 그것을 담당하는 뇌회로는 어디인가? 또 어떤 인지 과정과 뇌회로가 얼마만큼의 망각을 중재하는가?

감각기관을 통해 어떤 사건(본 것, 들은 것, 냄새 맡은 것, 만진 것, 맛본 것)이 등록된다고 해서 반드시 습득이 이루어진다는 보장은 없다. 우리가 사건이나 사실을 얼마나 기억하느냐는 우선 그 정보가 얼마나 효과적으로 부호화되느냐에 크게 좌우된다. 누군가의 이름이나 얼굴, 날짜, 주소 또는 찾아가는 길 등 그 어떤 것이 되었든지 특정 정보의 표상이 풍부할수록 기억할 가능성이 높아진다. 심리학에서는 이를 **처리깊이효과**depth of processing effect라고 부른다.

심리학자 퍼거스 크레이크와 로버트 로카트가 1970년대 초에 수검자들의 정보처리깊이를 조사하는 일련의 실험을 수행한 뒤 처음으로 이 효과에 대해 기술했다. 두 연구자는 뇌가 정보를 얻으면 그 정보를 다른 깊이로 처리할 수 있음을 설득력 있게 주장했다. 크레이크와 로카트는 수검자들에게 '말speech' '데이지daisy' 같은 짧은 단어를 검사자극으로 제시한 뒤 각 단어에 대한 질문을 던졌다. 그들은 세 종류의

질문을 하면 그것이 (표층, 중층, 심층마다 각각 다른 수준으로) 처리될 것이라고 보았다.[3]

인쇄된 단어 'TRAIN[기차]'를 상상해보자. 크레이크와 로카트는 단어의 물리적 구조에 대한 질문(소문자로 쓰여 있는가?)으로 표층 수준의 처리를 촉진하고, 단어의 압운에 대한 질문('brain[뇌]'과 운이 맞는가?)으로 중층 수준의 처리를, 단어의 의미에 대한 질문(이 단어는 여행 수단인가?)으로 심층 수준의 처리를 촉진했다. 수검자들이 일련의 단어를 이 방법으로 기억하게 하고(부호화), 잠시 휴식 시간을 둔 뒤 깜짝 기억 테스트를 실시해 수검자들이 어떤 단어를 기억하는지 살펴보았다. 수검자들이 가장 잘 기억한 것은 의미를 통해 부호화한 단어였고, 그다음은 압운을 통해 부호화한 단어, 그다음이 물리적 형태를 통해 부호화한 단어였다. 종합해보면 단어의 기억 보유 수준은 부호화 과정에서 그 단어에 대해 얼마나 정교하게 서술적으로 생각했느냐에 따라 달라지는 것으로 드러났다. 크레이크와 로카트는 심층처리가 표층처리보다 강한 기억을 만들어낸다는 것을 실증적으로 보여주었다.[4]

우리는 헨리에게 처리깊이효과가 나타날 것인가가 궁금했다. 1981년 우리는 헨리가 단어의 의미를 잘 생각하여 나중에 그 단어를 재인하는 능력을 향상시킬 수 있는 처리깊이 테스트를 고안했다. 헨리에게도 심층처리된 단어가 표층처리된 단어보다 더 잘 재인될 것인가? 이 테스트의 검사자극은 'hat[모자]' 'flame[불꽃]' 'map[지도]' 같은 일반명사 서른 개였다. 부호화 과제를 위해 검사자가 녹음 테이프를 틀었다. 먼저 단어를 듣는다('hat'이었다고 가정하자). 다음으로 세 종류의 질문에 '예' 또는 '아니요'로 답하면 된다. 예를 들어 물리적(표층)

수준의 부호화를 위한 질문은 "여자가 이 단어를 말합니까?", 음운론적(중층) 수준의 질문은 "이 단어가 'glass(유리)'와 운이 맞습니까?", 의미론적(심층) 수준의 질문은 "이 단어가 의류에 속합니까?" 같은 식이다.[5]

부호화 단계가 끝난 뒤 헨리에게 예고없이 기억력 검사를 실시해서 방금 부호화한 어휘들을 재인하는지 테스트해보았다. 검사자가 세 단어를 읽어주고 아까 들었던 단어를 고르게 하는데, 잘 모르겠다면 짐작으로 고르라고 했다. 헨리는 처리깊이 과제를 2회 수행해서 우연으로 서른 개 항목 중 열 개를 맞혔다. 이 검사를 실시한 것은 두 시기였는데, 두 시기 모두 점수가 요행수인 반반 확률을 넘지 못했다(1980년에 12점, 1982년에 10점). 전체적인 수행점수는 기초 미달이었으며, 우리가 고안한 문제에서는 처리깊이효과를 보여주지 못했다.[6]

지금은 헨리의 수행능력이 형편없었던 이유가 해마가 손상 되었기 때문만이 아니라 정보가 처음 처리되는 부위인 내측두엽 구조와 부호화된 정보의 표상을 저장하는 역할을 담당하는 피질 영역이 연결되지 않고 상호작용도 일어나지 않기 때문이라는 것이 밝혀졌다. 해마가 정보 부호화에서 중대한 역할을 한다면, 피질의 역할도 이에 못지 않게 중요하다. fMRI는 과제를 수행하고 있을 때 활성화되는 뇌의 모습을 보여주는데, 이 영상 분석은 정보가 표층처리될 때보다는 심층처리될 때 피질이 더욱 활성화된다는 것을 입증했다. 하지만 피질은 혼자 힘으로는 부호화 기능을 수행할 수 없다. 감각기관이 단어, 그림, 소리, 접촉을 지각하여 이 정보를 뇌로 전달하면 그것을 피질이 등록하는 것이다. 하지만 이 단계를 지나면 정보를 저장하는 능력이 너무나 떨어져서 처리깊이효과가 나타날 수 없었다. 감각신호를 받아들이고 이해하는 능력은 정상이었으나 아무리 노력해도 심층 표상을 형성할 수 없어 기억에 오랜 시간 남겨둘 수 없었던 것이다.[7]

일반적으로 사람 이름이나 얼굴, 날짜, 주소 같은 정보는 특징을 심층적으로 포착할수록 기억에 오래 남는다. 장기기억 속에서 단서 없이 뽑아낸 정보가 되었든(자유회상) 몇 가지 선택지에서 바로 알아본 정보가 되었든(재인) 매한가지다. 어떤 이탈리아 음식점에 가는 길을 인터넷에서 검색한다고 가정해보자. 과거에 그 음식점에 갔던 경험을 토대로 한 풍부한 표상이 뇌리에 남아 있다면, 음식점 이름과 동네 이름이 즉각 떠올라 그 정보를 바로 컴퓨터 검색창에 입력하면 된다. 그런데 가본 적이 없거나 어쩌다 한번 지나친 게 전부라서 부호화된 표상이 빈약하다면 상호가 떠오르지 않아 후보 음식점 명단을 훑어봐야 원하는 이름을 알아볼 수 있을 것이다.

새로운 정보를 심층적으로 부호화해야 나중에 인출하기가 쉬워지는 이유는 우리가 그 정보들을 측두엽, 두정엽, 후두엽의 피질에 두루 저장되어 있는 풍부한 의미론적 정보와 연결했기 때문이다. 새로운 정보를 단순히 반복하는 수준의 암송이 아니라, 그 정보를 우리가 이미 아는 다른 사실들과 연관시켜 조작하는 정교한 암송elaborative rehearsal을 시도할 경우 장기기억에 훨씬 큰 도움이 된다. 시험을 앞둔 학생인 경우라면 소규모 공부 모임을 만들어 강의 내용과 공부한 내용에서 문제를 뽑아 서로 묻고 답하는 방식으로 준비할 때 한결 효과적이다. 이런 모의 시험에 이어 토론을 하는 과정이 바로 정교한 암송에 해당한다. 이 과정에서 심층처리 효과가 발생하므로 단순히 도서관에 앉아

조용히 반복해서 필기 내용을 읽는 학생들보다 견고한 부호화가 이루어지는 것이다.[8]

위 가정 속의 학생들과 달리 헨리는 활기 넘치는 정교한 암송의 혜택을 볼 수 없었다. 하지만 1985년에 **단순 암송**을 이용해서 한 차례 놀라운 성과를 거둔 일이 있는데, 언뜻 봐서는 장기기억이 형성된 것처럼 보였다. 내 연구실에 있던 한 박사후과정 연구원이 헨리가 시간의 경과를 어떻게 이해하는지 테스트하고 싶어 했다. 연구원은 헨리에게 연구실에서 나갔다 오겠다고 말한 뒤 돌아와서 자기가 얼마 동안 나가 있었는지 물을 것이다. 그녀는 2시 5분에 연구실을 나가서 2시 17분에 돌아와서는 헨리에게 자기가 얼마나 있다 돌아왔는지 물었다. 그러자 헨리는 "12분… 맞았죠?" 했다. 그녀는 깜짝 놀랐지만 벽에 대형 시계가 걸려 있는 것을 보고 어떻게 정답을 맞혔는지 알았다. 그녀가 연구실을 비운 동안 헨리는 '2:05'를 혼자 계속 반복하여 염두에 두고 있었다. 그러다가 그녀가 돌아왔을 때 시계를 보니 '2:17'이었다. 헨리는 작업기억능력을 살려 2:17에서 2:05를 빼는 간단한 산수를 한 것이다. 헨리는 기억은 하지 못하지만 이 장애를 상쇄하는 묘수를 찾아내곤 했다. 이 경우에 헨리는 수학 문제를 풀어야 했을 뿐만 아니라 자신이 그 행동을 하는 이유도 기억해야 했다.[9]

정교한 암송이 기억을 강화하는 유일한 방법은 아니다. 역사 속에는 심상을 만들고 그 심상을 나중에 필요한 시점에 꺼내 쓸 수 있도록 배치하여 정보를 기억하는 복잡한 기법을 이용한 사람들의 사례가 넘친다. 이탈리아의 예수회 선교사이자 학자인 마테오 리치는 1596

년 중국에서 활동하면서 《기억술에 관한 논문Treatise on Mnemonic Arts》이라는 짧은 책을 쓰는데, 리치가 과거에 급제하기 위해 방대한 분량의 지식을 공부해야 하는 중국인들에게 가르쳐준 암기법을 기술한 논문이다. 리치의 기법은 심상에 '기억의 궁전'을 구축하는 중세 유럽의 기억술을 토대로 삼았다. 기억의 궁전은 중앙에 피로연장이 있고 그 주위를 많은 방이 둘러싸고 있는 구조로 된 웅장한 건축물인데, 방마다 정서를 불러일으키는 생생하고 복잡한 이미지를 곳곳에 배치한다. 정서적 내용이 담긴 이미지가 무감정한 이미지보다 기억에 더 깊이 남는 까닭에, 이 방법은 기억해야 할 정보와 방 안에 배치된 이미지를 강렬하게 감정적으로 결합시킨다. 그렇게 함으로써 선명한 연합이 형성된다. 리치의 기억술을 현대적인 용어로 **장소법**method of loci이라고 부른다. 친숙한 길을 눈에 그리면서 그 길을 따라 표지물을 배치하고 그 각각의 지점에 기억해야 할 항목들을 갖다놓는 방법이다.[10]

기억의 궁전을 세워보자. 우선 친숙한 장소를 하나 고른다. 사무용 건물이나 집 근처 상점 혹은 자기 집도 좋다. 예를 들어 결혼 피로연 때 신부에게 들려줄 축사를 암기해야 한다고 가정하자. 거기에는 초등학교 시절 축구 시합 이야기, 중학교 때 체육 시간, 고등학교 때 프랑스로 수학여행 간 이야기, 대학 시절에 개를 키우게 된 일 그리고 신랑과 만난 사연 등 구체적인 추억담이 들어갈 것이다. 기억의 궁전으로는 동네 슈퍼마켓을 선택해보자. 인사말에 들어갈 일화의 단서를 식품코너에 차례대로 끼워넣는다. 눈에 확 띄는 힌트를 슈퍼마켓 문에 붙인 뒤 과일코너, 채소코너, 정육코너, 냉동식품코너 순으로 힌트를 붙인다. 입구에는 유리문 대신 거대한 축구공이 놓여 있는 이미지를 상상한다. 거기에는 일곱 살 시절 신부와 신부의 소꿉친구가 축구복 차림으로 두 손을 꼭 잡고 축구공 위에 앉아 있다. 과일코너가 나오면 신부가 속한 체조팀이 수박 위에서 물구나무 선 이미지를 떠올리고, 채소코너에서는 아스파라거스순 ㄲ트머리를 차지한 에펠탑을 떠올린다. 정육코너에서는 진열장 안에 실물 크기의 시베리안허스키가 다섯 근짜리 스테이크용 고기를 입에 물고 있는 이미지를, 냉동식품 코너에서는 냉동칸 안에 신랑이 한쪽 무릎을 꿇고서 거대한 냉동 양파 튀김 자루를 들고 있는 이미지를 떠올린다. 이러한 이미지를 구성하여 뇌리에 각인한 다음에는, 심상을 통해 슈퍼마켓을 한 바퀴 돌면서 마음의 눈으로 기억 이미지들을 훑는다. 이제 축사를 시작하면 이 '기억의 슈퍼마켓'에 저장해놓은 추억과 일화를 특정 순서에 따라 인출해 쓰면 된다. 이 기억술은 연령에 상관없이 기억력을 강화하는 데 효과적이다.

　기억력 대회에 참가하는 많은 사람이 이 장소법을 이용한다. 예를 들어 프린스턴 대학교는 매년 파이π의 날(3월 14일)에 원주율 외우기 대회를 개최한다. 2009년에 여러 대학 연구자들이 모인 연구팀이 원주율을 소수점 이하 어마어마한 자릿수까지 암기하는 능력을 지원하는 뇌 영역을 확인하기 위해 fMRI를 분석하는 실험을 했다. 이 실험 참가자는 MRI 스캐너 안에 누워서 어떤 행동 과제를 수행한다. 특정 뇌 영역이 활성화되면 그 영역의 산소 소비량이 증가한다. 뇌는 이렇게 산소 사용량이 증가한 지점을 포착하면 혈류를 높여 산소를 공급하라는 명령을 보낸다. 혈액에 공급되는 산소량이 증가하면 혈액에 함유된 분자의 자성도 변한다. 따라서 지구 자력의 수천 배에 달하며 가까이 가져갔다가는 신용카드를 망가뜨릴 수 있는 강력한 자석을 이용해 자기장에 변화가 일어난 위치를 찾아낼 수 있다. 이 방법으로 특정 기능에 어떤 뇌회로가 이용되는지를 찾아내 뇌 활동 지도를 만들 수 있다.

이 2009년 연구진은 fMRI로 한 22세의 공학도가 원주율의 첫 540 자리를 암기하는 동안 이루어지는 뇌 활동을 기록했다. 학생은 장소법을 이용하여 원주율을 암기했는데, 암기 과정에서 촬영한 fMRI는 인출 처리 기능이 전전두엽피질 내 특정 영역의 활성화를 유도한다는 것을 보여주었다. 이 영역은 작업기억과 집중력을 담당하는 것으로 알려져 있는데, 즉 이 학생이 원주율을 능숙하게 암기하여 술술 외는 데는 인지제어 체계가 중대한 역할을 수행했음을 시사한다.[11]

애초에 사람들이 어떻게 그렇게 방대한 분량의 정보를 습득할 수 있는지를 이해하기 위해 연구자들은 그 공학도에게 무작위 나열 숫자 백 개를 암기하게 하고 그 과정을 fMRI로 촬영했다. 결과는 인상적이었다. 그 학생은 장소법을 약간 변용한 자기만의 기억술로 6분 스캔 3회 만에 백 개 숫자 전체를 정확한 순서대로 다 외웠다. fMRI 이미지는 부호화 초기에 시각 처리, 감정 관련 학습, 운동 계획motor planning(뇌가 어떤 아이디어를 떠올린 뒤 익숙하지 않은 일련의 행동을 계획하고 수행하는 능력 —옮긴이), 업무 계획task schedule 그리고 작업기억에 특화된 피질 영역이 원주율 인출 때보다 더 많이 활성화된다는 것을 보여주었다. 이 과제 수행에는 다양한 종류의 정신적 노력이 요구되기 때문에 여러 영역이 선택적으로 활성화되었다. 그 학생은 이 과제를 성공적으로 수행하기 위해 많은 자원을 활용해야 했는데, 거기에는 뇌 뒤쪽의 시각 처리 기능과 뇌 앞쪽의 인지제어 기능이 포함된다.

그 학생은 자신이 사용한 장소법을 소개했는데, 기억의 궁전을 주로 색깔, 감정, 유머, 속된 표현, 성적 표현으로 구성한다고 했다. "감정적이고 끔찍한 장면일수록 기억하기 쉽다"라는 것이다. 연구자들은 그 학생이 시종 고도로 감정적인 이미지를 사용하는 것이 남다른 뇌 구조(변연계의 일부인 대상회)에서 오는 것이라고 여겼다. 이 학생은 숫자군 암기에 탁월했지만, 지능이나 기억력이 비상한 것이 아니라 꾸준한 노력을 통해 매우 효과적인 인지제어 회로가 발달하면서 정보 보유력이 높아진 것이었다. 한 심리학자의 말마따나 "비범한 암기력은 타고나는 것이 아니라 만들어지는 것이다." 기억력은 노력만 한다면 얼마든지 계발할 수 있다. 이름, 숫자, 단어, 그림 등을 암기할 때는 그 항목을 처음 접하는 시점에 뇌의 활동이 활발할수록 훨씬 기억하기 쉽다.[12]

부호화로 기억 형성의 입구가 열리면 그 뒤를 응고화와 저장이 바로 뒤따른다. 헨리는 제시된 정보를 부호화하여 잠깐 등록하는 것까지는 할 수 있었지만 뒤이어 이루어져야 할 처리 기능이 망가져 정보를 응고화하여 저장할 수 없었다.

fMRI 기술이 초기 단계였던 1995년에 우리는 헨리의 부호화 과정을 실시간으로 관찰할 수 있었다. 우리는 헨리에게 풍경 사진을 보여준 뒤 그것이 실내인지 야외인지 고르라고 했다. 헨리는 간단히 정답을 맞혔다. 따라서 우리는 헨리가 사진을 볼 때 부호화 과정이 진행된다는 것을 알 수 있었다. 이 과정 중에 촬영한 MRI는 사진 부호화 과제를 수행하는 동안 헨리의 전두엽에서 활동이 증가한다는 것을 보여주었다. 다른 방에서는 건강한 참가자들에게 같은 실험을 실시했는데 이들의 MRI는 부호화가 진행되는 동안 왼쪽 전두엽에 있는 두 영역과 오른쪽 전두엽에 있는 한 영역이 활성화된다는 것을 보여주었다. 헨리는 전두엽피질에 시동을 걸어 지각한 대상을 부호화할 수는 있었다. 그러나 거기서 끝이었다. 기억 형성을 처리하는 과정이 망가져 정보 응고화와 저장 기능을 수행할 수 없었던 것이다.[13]

뇌가 새 정보를 받아들여 부호화할 때는 정보의 내용을 심층처리하여 미래에 사용할 수 있게 만들어놓는다. 처음 전달된 정보가 곧장 장기 저장소에 보관되는 것은 아니다. 어떤 정보가 장기기억으로 보존되기 위해서는 오랜 시간에 걸쳐 개별 뉴런들과 그것들을 구성하는 분자 성분이 영구적으로 변하는 응고화 과정을 거쳐야 한다. 인접한 세포들 간의 연결은 학습 경험의 성격에 따라 더 강해지기도 하고 더 약해지기도 한다. 헨리의 뇌는 해마가 제거되어 응고화에 필요한 처리 작용을 개시할 수도 완료할 수도 없었다.

응고화 개념을 제시한 것은 1900년 괴팅겐 대학교의 야심 넘치는 실험심리학자 게오르크 엘리아스 뮐러와 알폰스 필제커였다. 하지만 뇌가 기억을 응고시키는 기제를 알아내려는 과학자들의 노력은 난관에 부딪혀왔다. 이 난제를 풀기 위해 벌레에서 사람에 이르기까지 많은 종을 대상으로 수천 가지 실험이 이루어졌으며, 우리 뇌에서 각기 다른 유형의 기억이 어떻게 응고되는가를 놓고 건설적인 논쟁이 불붙곤 했다.[14]

뮐러와 필제커는 의식적으로 사실과 일화를 인출하는 서술학습이 곧바로 장기기억이 되는 것은 아니라는 새로운 사실을 발견했다. 그들은 응고화가 뇌에서 긴 시간에 걸쳐 점차적으로 이루어지는 변화라고 주장했다. 그런데 이 기간에 새로 획득된 기억은 방해받기 쉽다. 뮐러와 필제커가 학생과 동료 연구자를 비롯해 친척과 아내는 물론 본인들까지 동원한 소규모 수검자 그룹을 구성하여 8년 동안 실험한 끝에 내린 결론이었다. 먼저 그들은 의미 없는 음절 2,210마디를 'DAK-BAP' 같은 식으로 짝지어 구성한 여섯 자 음절 조합 리스트를 고안했다. 그들은 한 번에 한 참가자씩 호된 훈련을 받게 한 뒤 24일간 테스트를 실시했다. 수검자는 여섯 자 음절 조합을 소리내어 읽은 뒤 머릿속으로 의미 없는 음절들의 조합을 연합한다. 그런 뒤 기억 테스트를 수행하는데 연구자가 각 조합의 앞 음절, 예를 들어 'DAK'를 단서로 제시하면 수검자가 뒤 음절 'BAP'를 말하는 것이다.[15]

연구자들은 수검자들이 범한 침입오류intrusion error를 집중적으로 분석하면서 중요한 사실을 발견했다. 침입오류란 수검자가 리스트 항목을 기억하는 도중에 앞 리스트에 있던 음절이 끼어드는 오류를 가리킨다. 가령 수검자가 앞서 JEK를 학습했다면 정답은 BAP여야 하는데, 대신 DAK를 말하는 경우다. 심리학자들은 이러한 침입오류가 나타나는 것은 방금 학습한 항목이 최근기억에 남아 맴돌기 때문이라고 설명한다. 이 오류가 가장 많이 발생한 것은 훈련 20초 뒤에 테스트를 수행했을 때였다. 이 시점은 뇌가 여전히 정보 부호화 임무를 수행하는 때다. 훈련과 테스트 사이의 간격을 3분에서 12분까지 늘이면 침입오류 빈도가 떨어졌다. 이 기간에는 뇌가 정보 응고화 임무를 수행한다. 그리고 24시간 뒤에는 침입오류가 발생하지 않았다. 이 시점이면 수검자의 뇌에서 정보 응고화가 성공적으로 완료된 것이다. 이 실험은 응고화가 이루어지기 위해서는 일정한 시간이 필요하다는 사실을 보여주었다. 부호화 직후에는 심상 연합이 깨지기 쉽지만 1분, 1분, 시간이 흐르면서 점점 강해진다.[16]

이후 동물을 대상으로 한 연구 하나가 밀러와 필제커가 세운 가설을 뒷받침했다. 1949년 노스웨스턴 대학교의 한 생리심리학자가 쥐에게 우리 안에서 약한 전기 충격이 흐르는 칸을 피하게끔 하는 훈련을 시켰다. 그런 다음 매 학습이 끝난 뒤 그룹별로 각기 다른 시간 차로 쥐의 뇌에 전기경련충격ECS을 실시했다. 20초 뒤 ECS를 받은 그룹이 가장 부진했고, 학습과 ECS의 시간 간격이 40초, 1분, 4분, 15분으로 벌어지면서 충격 칸에 들어가는 빈도는 점점 낮아졌다. 한 시간 이상 이후에 ECS를 실시한 그룹은 충격 칸에 들어가지 않았다. 부호화와 ECS의 간격이 길어질수록 응고화 시간도 길어졌고, 따라서 기억도 좋아진 것이다. 이 실험 결과는 훈련 후 일정한 시간 동안 뇌 활동을 방해하는 요소가 있을 때 응고화 작용이 차단된다는 것을 보여준다. 헨리의 뇌에서는 해마와 피질에서 부호화한 후 몇 분에서 몇 시간 동안 발생해야 하는 그 중대한 분자 변화가 일어나지 못했고, 따라서 새로운 서술적 정보가 확고하게 기억으로 형성되지 못했다.[17]

이러한 많은 실험을 통해 신경과학자들은 기억의 신경 기반, 즉 뇌 안에 존재하는 물리적 구조가 처음에는 미약하다가 점차 강해진다는 사실을 밝혀냈다. 앞서 실험실의 행동 조작으로 기억이 방해받는 경우를 살펴보았지만, 실생활에서는 약물이나 알코올 혹은 머리 부상 같은 형태로 뇌 기능에 한층 더 직접적인 손상을 입는 일이 발생한다. 익히 알려진 예가 미식축구 선수들에게 흔히 나타나는 기억력 취약성 문제다. 2012년 가을, 첫 고교 1군 경기에서 뛰던 한 라인배커(미식축구에서 최전방 수비선 바로 뒤에 있는 수비수 — 옮긴이)가 공을 들고 달리는 상대팀 러닝백(공격선 후방에 있다가 공을 받아 달리는 공격수 — 옮긴이)에게 태클을 걸기 위해 달렸다. 두 선수는 (헬멧끼리) 부딪쳐 넘어졌지만 바로 일어나 자기 위치로 돌아갔다. 두 차례 경기가 더 진행된 뒤 라인배커의 동료가 사이드라인으로 가서 부상당한 친구가 자기 위치에서 벗어나 뛴다고 알리자 코치가 본 위치로 들어가라고 지시했지만 듣지 않았다. 팀의 물리치료사가 부상당한 라인배커를 살펴보고 신경학적 상태는 정상이라고 판단했다. 구역질도 없었고 두통도 없었다. 그런데 놀랍게도 그 라인배커는 충돌이나 충돌 뒤에 일어난 어떤 일도 기억하지 못했다. 머리에 타격을 입으면서 기억흔적이 취약한 상태에 있다가 응고화되지 못하고 흩어져버린 것이다.

병원이나 실험실에서 실시하는 기억 테스트는 대부분 서술·일화기억(이야기 속의 단어와 내용들 간에 또는 그림의 세부 요소들 간에 연합을 형성하는 능력)을 평가한다. 헨리 사례 전까지 기억 연구자들은 어떤 뇌구조가 이러한 연합 기능을 관장하는지 확실하게 규명하지 못했다. 헨리가 우리에게 준 중대한 가르침은 해마가 연합(연상) 작용에 없어서는 안 되는 구조라는 사실이다. 해마의 기능이 없는 헨리는 익숙한 낱말들 간에 연합을 형성하는 것이 불가능했다. 기억 속에서 그 낱말들을 연결할 수 없는 것이다. 헨리의 새 정보 장기기억 저장소는 비어있을 수밖에 없었다.

동물과 사람의 학습 능력에 있어 기본 개념인 연합은 일화기억의 정수다. 연합은 어떤 특별한 사건(예컨대 '이 장을 읽는 것')의 특징을 시간('오후 3시')과 공간('창문으로 햇빛이 들어오는 주방에서')의 맥락 속에 통합해서 생각하게 해준다. 이 맥락은 주방에 있던 또 다른 사람이나 그때 흘러나오던 음악, 어떤 문장을 읽으면서 떠올렸던 구체적인 생각 같은 요소가 추가되면 한층 더 풍부해진다.

일상에서는 시간이 흐르면서 특정 항목이 함께 나타나는 경우가 반복될 때 연합이 형성되며 강화된다. 새 동네로 이사 가면 옆집 사는 사람, 단골 커피숍이나 약국, 식당에서 일하는 사람들 등 동네 사람들에 대해 점차 알게 된다. 그러다가 몇몇 사람하고는 개인적으로 더 가까워지고, 서로의 인생에 관련한 정보가 조금씩 쌓이면서 더 깊이 알게 된다. 예를 들면 커피숍에서 일하는 점잖은 남자는 늘 우리 집 개가 잘 지내는지 안부를 묻는데, 5년째 학위 공부를 하면서 언론인이 되기 위해 노력하고 있다는 것, 그리고 늘 웃는 낯으로 인사하는 편의점 노인 점원은 암으로 손녀를 잃었다는 것 같은 정보를 얻는다. 우리는 우리가 사는 동네의 봄, 여름, 가을, 겨울을 경험하면서 그 계절의 특징이라 할 만한 광경과 소리, 냄새 따위를 저장한다. 시간이 흐르면서 우리 뇌에는 자기가 사는 동네에 대한 정교한 표상이 형성되는데, 거기속하는 개별 사실들이나 사건들이 서로 연결되어 있는 경우도 많다. 그렇게 한 동네에서 몇 년을 살고 나면 자기가 사는 동네에 대한 자세하고도 생생한 그림을 그릴 수 있다.

지난 수십 년 동안 여러 나라 수많은 과학자들이 연구를 통해 이러한 연합 기능의 기저가 되는 인지처리와 신경표상을 밝혀냈다. 해마의 인접 피질인 부해마 영역이 해마에 복잡한 지각 정보와 아이디어와 맥락을 쏟아부으면 해마가 이 풍부한 정보를 세 가지 방식으로 연합한다. 첫째, 해마는 눈에 띄는 사람과 사물과 감각을 서로서로 그리고 그것을 접한 시간과 장소와 연합한다. 예를 들면 오늘 아침 7시 55분에 동네 커피숍에서 본 모든 사물과 고객, 그때 들었던 소리, 맡았던 냄새를 연합한다. 둘째, 해마는 사건을 시간순으로 연결해서 그 경험을 흐름으로 기록하여 하나의 일화로 구성한다. 커피숍에 들어와 줄 서서 메뉴를 읽고 카푸치노를 라지로 주문하고 직원이 커피 끓이는 것을 기다리고 주문한 것을 받아 화급히 문을 밀치고 나가 직장에 도착하는 일련의 과정이 하나의 연속 장면으로 기록된다. 셋째, 공통점이 있는 많은 사건과 일화를 연결하여 새로운 관계망을 만든다. 오늘 아침 커피숍에서 있었던 일을 다른 단골 커피숍과 식당에서 경험한 음식에 대한 기억과 연결하면서 외식에 대한 전반적인 견해가 형성된다.[18]

아침마다 커피숍에서 겪는 독특한 경험에 담긴 상세한 내용을 부호화할 때면 이 새로운 학습이 과거에 경험한 많은 일들을 재활성화함으로써 그 하나하나의 경험을 초월하는 풍부한 최신판 연합표상이 형성된다. 이렇게 외식에 대한 포괄적인 표상을 확립하기 위해서는 해마와 중뇌가 협력해야 하는데, 중뇌는 피질과 선조체를 뇌의 하층부와 연결해주는 2센티미터 길이의 구조다. 공통점이 있는 경험들을 연결하는 일화 통합 작용('최고의 카푸치노를 만드는 커피숍으로 가야 할까, 아니면 페이스트리가 맛있는 커피숍으로 가야 할까?' 같은)은 우리가 일상에서 내리는 결정을 처리한다. 이 복잡미묘한 작용을 지원해줄 인지적·신경적 기반이 헨리에게는 없었다.[19]

밀너는 1955년에 헨리를 처음 검사할 때 단어 연상 능력이 있는지 알아보기 위해 여덟 개의 단어 조합을 소리내어 읽게 했다. 의미가 연관되어 있어 기억하기 쉬운 단어 조합과 서로 관계가 없어 기억하기 힘든 단어 조합이 섞여 있었다.

금속-철 (쉬움)

아기-울음 (쉬움)

충돌-암울 (어려움)

학교-잡화점 (어려움)

장미-꽃 (쉬움)

복종-인치 (어려움)

과일-사과 (쉬움)

양배추-펜 (어려움)

위의 단어 조합을 읽고 5초 뒤에 밀너가 헨리에게 목록에 있는 항목들에 대해 물었다. "금속이 무엇과 함께 있었는지 기억합니까? 아기는요? 충돌은요?" 첫 검사 때는 철 하나만 맞혔다. 밀너가 단어 조합 목록을 다시 읽어주고 재검사했다. 두 번째에는 울음, 철, 꽃을 기억했는데, 전부 쉬운 항목에 속하는 것이었다. 마지막으로는 사과, 울음, 철을 기억했다. 어려운 항목의 조합은 응고화하지 못했다. 30분 뒤 헨리는 3회 테스트에서 모두 정답을 맞혔던 금속-철 조합만 기억했다. 다른 조합에 대한 기억이 다 사라진 것은 헨리의 뇌에 응고화와 저장에 필요한 내측두엽 구조가 없기 때문이었다.[20]

헨리가 받은 수술과 심리검사 결과를 상세히 다룬 스코빌과 밀너의 1957년 논문은 기억 연구의 새 지평을 열었다. 이전 환자들, 특히 F. C.와 P. B. 사례 연구가 해마가 장기기억에 중추적인 역할을 한다는 것을 시사했다면, 헨리의 사례는 그 사실에 쐐기를 박았다. 헨리가 다종다양한 기억 테스트에서 일관되게 낮은 점수를 받자 해마가 전 세계 기억 연구자들의 초점이 되었다.[21]

지금은 응고화가 기억의 핵심 요소라는 것이 밝혀졌지만, 정확히 그것이 어떻게 발생하는지 그리고 뇌에서 응고화가 이루어지는 기반 과정은 어떤 것인지 하는 물음에 답을 해야 헨리가 가진 기억장애를 제대로 이해할 수 있다.

기억 응고화는 뇌회로들이 대화를 주고받으면서 세포, 그중에서도 특히 해마의 세포망 내에서 분자 변화가 일어남으로써 이루어진다. 응고화를 위해서는 해마와, 기억의 조각들이 저장되는 측두엽, 두정엽, 후두엽의 피질 영역 사이의 강도 높은 대화가 필수조건이다. 신경세포들이 소통하면서 기억 처리 영역들을 연결하고 그 결합을 강화하여 피질에 그 정보가 보존되게 만들어주는 것이다.[22]

우리가 어떤 정보를 접하면 신호가 각각의 뉴런에서 축삭돌기라고 하는 기다란 꼬리를 따라 이웃 뉴런으로 전달된다. 전기신호 형태로 전달된 그 신호는 축삭돌기 말단에서 화학신호 형태로 뉴런과 뉴런 사이의 틈새, 즉 **시냅스**[신경세포 연접부]를 건너간다. 시냅스에는 **시냅스간극**[연접틈새]이 있는데, 분자들이 한 세포에서 옆 세포로 이동하는 통로다. 시냅스 다른 편에 있는 **수상돌기**는 인접한 뉴런에서 뻗어나온 나뭇가지 모양의 짧은 돌기인데, 여기서 신호를 받아 신호를 처리하는 뉴런의 세포체로 안전하게 보낸다. 모든 뉴런은 출력장치인 축삭돌기와 입력장치인 수상돌기를 갖고 있다(그림15).

20세기 중반부터 신경이 연결되는 방식에 관한 가설이 나오기 시작했다. 1949년에 캐나다 심리학자 도널드 O. 헵은 뇌에서 조직된 기억흔적이 장기기억 형성의 토대가 된다고 추측했다. 헵은 학습이 이루어지는 과정에서 뇌 구조에 물리적 변화가 일어나면서 기억흔적이 자리를 잡는 것이라고 생각했다. 이 생각에 영향을 미친 것은 1894년에 '사고훈련mental exercise'이 축삭돌기와 수상돌기를 발달시킬 것이라고 말한 에스파냐의 해부학자 산티아고 라몬 이 카할이었다. 헵은 이 주장에서 한발 더 나아갔다. 한 뉴런이 다음 뉴런에게 말을 걸 때 시냅스에서 일어나는 작용을 감안하여, 한 세포가 다른 세포를 반복적으로 자극할 때 시냅스 양쪽에 있는 작은 구조가 부풀어오른다고 주장했다(현재 용어로는 축삭돌기에 있는 구조는 축삭염주, 수상돌기에 있는 구조는 수상돌기가시라고 부른다). 이렇게 부풀어오른 구조로 인해 이후에 첫째 세포가 둘째 세포를 또다시 활성화시킬 가능성이 높다. 사람과 동물이 새 정보를 학습하면 가까이에 있는 세포 여러 개가 동시에 반복적으로 흥분하면서 하나의 폐쇄회로를 형성하는데 학습 과정이 진행되면서 이 회로는 서서히 강화된다. 헵 규칙이라고 불리는 이 가설은 시냅스가 학습과 기억의 생리학적 기반을 밝히는 데 중대한 기관이 될 것이라고 정확히 짚었다. 그 시절 헵에게는 닫힌 경로, 즉 고리 회로가 행동이나 학습에 관여한다는 생각을 뒷받침해주는 직접적인 생리학적 근거가 전혀 없었다. 하지만 결국에는 뇌가 유연한 적응력을 갖

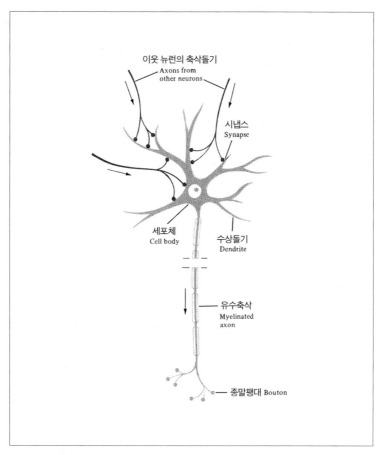

이웃 뉴런의 축삭돌기
Axons from
other neurons

시냅스
Synapse

세포체
Cell body

수상돌기
Dendrite

유수축삭
Myelinated
axon

종말팽대 Bouton

그림15 전형적인 뉴런

우리 뇌에는 뉴런이 수십억 개 있으며, 이들은 끊임없이 대화를 주고받는다. 전형적인 뉴런은 몇 개의 부위로 이루어져 있다. 각각의 뉴런에는 수상돌기가 있어 다른 뉴런에게서 수천 개의 신호를 받는다. 이 정보는 세포체에서 처리된 뒤 축삭돌기를 따라 다른 뉴런으로 전달된다. 뉴런들이 서로 만나는 지점이 시냅스다.

고 있다고 주장한 그의 예언적 가설이 옳았던 것으로 밝혀졌다. 헵 가소성은 정말로 존재하며, 헵의 영향은 계속되어 신경과학계에서는 이 가소성이 과연 실제로 학습과 기억의 기반이 되는가 하는 문제를 탐구하고 있다.[23]

이 탐구는 1960년대 말에 **장기강화**long-term potentiation 현상이 발견됨으로써 그와 함께 상당한 진전을 이루었는데, 지금은 많은 신경학자가 이 현상이 학습과 기억의 생리적 기반이라고 여긴다. 1966년 오슬로 대학교의 박사 과정 학생 테레 뢰모가 단기기억에서 해마가 하는 역할을 알아내기 위해 토끼 마취 실험을 실시했다. 뢰모는 토끼의 해마로 정보를 전달하는 축삭돌기에 짧은 간격으로 전기자극을 가했는데, 이 자극을 같은 간격(동일 빈도)으로 연속해서 가하면 회를 더할수록 다른 쪽 시냅스 뉴런들이 점점 더 빠르고 강하게 반응한다는 것을 발견했다. 이 전기자극이 정보를 한 세포에서 다른 세포로 전달하는 힘을 강화했는데, 라디오 소리를 키우는 것과 비슷하다. 그중에서도 결정적인 특징은 이 현상이 한 시간 이상 지속됐다는 점이다. 뢰모는 이 새로운 발견을 **빈도강화**frequency potentiation라고 불렀고, 세포의 축삭돌기를 반복적으로 자극하면 이러한 현상이 일어난다는 것을 보여주었다. 반복적인 자극이 신호를 발생시키고 그 신호가 시냅스를 통과하는데 그러면서 이 신호를 수용하는 세포가 더 흥분하게 되는 것이다. 이 연구는 쥐 실험을 통해 계속되었는데, 1970년대에 이 현상을 **장기지속강화**long-lasting potentiation라고 명명했다가 1970년대 말에 장기강화라는 명칭으로 바뀌었다.[24]

장기강화 현상이 발견되면서 많은 종의 동물을 다양한 방식으로 실험할 수 있는 하나의 기억형성 실험모형이 구축되었다. 전 세계 많은 연구자들이 특정 패턴이 시냅스에 입력되는 것이(다시 말해, 특정 유형의 경험이) 뉴런들이 연합하는 강도를 높이는 현상과 관련해 분자와 세포 메커니즘을 탐구하고 있다. 장기강화 현상은 신경가소성, 즉 경험으로 인해 뇌가 변화한다는 가설을 입증하는 강력한 근거가 되고 있다. 신경과학자들은 뇌 가소성을 **구조적 가소성**과 **기능적 가소성**이라는 두 가지 핵심 개념으로 설명한다. 구조적 가소성 연구는 해마가 평생 변하지 않는 고정된 구조가 아님을 보여주었다. 즉 수상돌기와 그 시냅스들은 경험에 대한 반응으로써 계속 변화한다. 기능적 가소성은 해마와 다른 뇌 영역에 있는 시냅스의 결합력이 높아지기도 하고 낮아지기도 한다는 것을 설명하는데, 본질적으로 뉴런이 다른 뉴런을 흥분시킬 수 있다는 것을 말한다. 기억의 핵심은 경험으로 인해 뇌가 변화할 수 있다는 점이며, 장기강화 현상은 그 변화가 구조와 기능이라는 두 가지 측면에서 모두 나타난다는 것을 실험으로 증명한 탁월한 사례다.[25]

장기강화 현상이 발견된 뒤로 풍부한 연구가 이루어지면서 이 현상의 특성이 세 가지로 구체화되었다. 첫째, 장기강화 현상은 몇 시간에서 며칠까지, 나아가 1년까지 지속될 수 있다(지속성). 둘째, 특정 패턴의 자극이 전달되어 정보 부호화 과정이 시작되는 경우 활성화된 경로서만 장기강화가 일어난다(입력특정성). 셋째, 신호를 보내는 쪽 시냅스 뉴런과 신호를 받는 쪽 시냅스 뉴런이 동시에 활성화된다(연합성).[26]

1980년대 중반까지 중대한 물음 하나가 해결되지 않았다. 기억 테스트 동물실험에서 관찰된 것처럼 장기강화가 학습에도 영향을 미치는가? 장기강화를 **차단**해도 학습과 기억 기능이 일어날까? 1986년에 이루어진 한 연구가 이 문제를 다루어 장기강화 기능 결함이 공간기억장애와 관련이 있음을 입증했다. 에든버러 대학교와 UC어바인의 신경과학자들이 정상 쥐에게 불투명한 액체 속에 잠겨 있는 플랫폼까지 헤엄쳐 가는 훈련을 시켰다(모리스 수중미로 실험). 훈련을 받은 지 며칠 만에 한 그룹은 수조 안에 플랫폼이 어디에 있는지를 파악하여 이 플랫폼을 밟고 올라가는 데 성공했다. 다른 그룹에 속한 쥐들에게는 해마에서 장기강화 기능이 활성화되지 못하게하는 물질을 투약했더니 플랫폼을 찾아내지 못했다. 이 결과는 장기강화를 차단했을 때 공간기억에 장애가 생긴다는 것을 분명하게 보여주었는데, 이는 헨리가 새로 이사한 집을 찾아갈 때 곤란을 겪었던 상황과 흡사하다.[27]

1996년에 노벨상 수상자 도네가와 스스무와 에릭 캔들의 연구실에서 학습과 기억에서 중추적 역할을 하는 해마를 이해하는 데 혁명을 예고하는 논문이 여러 편 발표되면서 약물 차단법 분야에 중대한 발전이 이루어진다. 도네가와 캔들 연구진은 강력한 유전자조작 기술을 이용하여 쥐의 해마 내에서 세 지점에 위치한 **피라미드세포**라는 특정 뉴런에서 NMDA^N-메틸-D-아스파트산염 유전자만 제거했다. 장기강화 현상이 일어나면 신호를 내보내는 쪽 시냅스 세포들이 신경전달물질인 글루탐산염을 방출하는데, 이것이 신호를 받는 쪽 시냅스에서 NMDA 수용체가 활발하게 활동하게 만든다. 혹시라도 이 신호를 받는 세포들이 동시에 활성화되었을 경우의 이야기다. 이렇게 신호를 주고받는 대화가 단백질 합성과 분자구조에 변화를 일으켜 기억해야 할 정보를

확고하게 각인시키며 시냅스의 효율성을 더욱 높인다(강화).[28]

　도네가와와 캔들 연구진은 한 번에 한 영역씩 돌아가면서 NMDA 유전자를 제거하는 방법을 써서 이 유전자가 기억 형성에서 어떤 역할을 하는지 그리고 해마의 CA1과 CA3 영역(해마를 구성하는 세포 영역을 DG, CA3, CA1으로 나누는데, 신호 전달은 주로 DG—CA3—CA1 방향으로 이루어진다 — 옮긴이)이 학습 및 기억 기능과 밀접한 연관이 있음을 밝혀냈다. CA1 영역에서 NMDA 수용체를 제거한 생쥐들은 모리스 수중미로에서 헤엄친 후 숨은 플랫폼을 밟고 밖으로 나오는 과제에서 NMDA 수용체가 온전한 생쥐보다 시간이 오래 걸렸다. 해마의 다른 부위인 CA3 영역은 다른 유형의 기억을 담당하는 것으로 밝혀졌다. CA3에서는 패턴을 완성하기 위해 NMDA 수용체가 반드시 필요한 것으로 밝혀졌는데, 기억의 단서 일부만 보여준 뒤 전체 기억을 인출해야 할 때 이 수용체가 활성화되었다. 유전자 적중법gene targeting(원하는 유전자만 제거하여 해당 유전자의 기능을 알아내는 기술 — 옮긴이)을 이용한 이들 실험은 해마에 있는 특정 세포만 타깃으로 삼아 공간기억에서 수용체에 의존하는 시냅스 가소성의 역할을 규명하는 획기적인 성과를 이끌어냈다.

　그런데 사람에게서도 장기강화가 일어나는가? 1990년대부터 독일, 오스트리아, 캐나다, 오스트레일리아, 영국의 연구자들이 사람의 해마, 운동피질, 척수에서 장기강화를 유도하는 실험을 수행해왔다. 장기강화가 과도하거나 감소하여 제대로 일어나지 않는 사람도 있는데, 그렇다면 일부 신경장애나 정신장애는 장기강화가 지나치게 증폭되거나 지나치게 축소되는 데서 온 것일 가능성도 있다. 이 가능성이 이 계통의 질환으로 고통받는 수많은 사람들에게 다양한 치료법을 제시해줄 수 있다. 사람의 뇌에서 뛰어난 기능 중 하나는 경험에 따라 변화할 수 있는 능력인 가소성이다. 이 강점을 이용한다면 고장난 장기강화 기능도 교정할 수 있어야 마땅하다. 신경계의 전략 지점에 장기강화를 제어하는 많은 화학물질 중 하나를 사용함으로써 기억 손실, 간질, 만성 통증, 불안, 중독, 그 밖의 장기강화 기능 결함과 관련된 여타 질병을 정복할 수 있을 것이라는 즐거운 전망이 나오고 있다.[29]

장기강화 기능이 학습에 반드시 필요하다는 가설이 갈수록 타당성을 얻고 있지만, 아직도 많은 것이 밝혀지지 않고 있다. 아직까지는 장기강화가 기억만큼 오래 지속되는지를 입증하지 못했다. 장기강화의 지속 기간은 기껏해야 몇 주인데, 장기기억은 지속 기간이 수십 년에 이르기도 한다. 신경과학자들은 실험실에서 관찰해온 세포 및 분자 메커니즘과 일상에서 이루어지는 특정 정보의 부호화·저장·인출 기능 간의 관계를 규명하기 위한 연구에 매진하고 있다. 해마 신경세포가 처리되는 과정과 운전면허 필기시험 점수 사이의 간극을 메우기 위해서는 아직도 밝혀내야 할 것이 많다.

자기는 꿈을 꾸지 않는다고 믿는 사람이 있는가 하면 꿈을 기억하지 못한다고 말하는 사람도 있다. 꿈은 저절로 기억나는 것이 아니라 공을 들여야 완전하게 기억할 수 있다. 머리맡에 항상 수첩과 필기구를 두었다가 잠에서 깨자마자 바로 적으면 꿈의 내용이 달아나기 전에 기록할 수 있다. 꿈에는 일반적으로 우리의 지난 경험이 뒤섞여 나타나는데, 이것이 기억 응고화에 어떤 역할을 수행할 수도 있다. 그렇지만 꿈이 기억 응고화에 필수요소라는 직접 근거는 아직 없으므로, 꿈과 기억의 관계를 다루는 실험은 신중하게 접근해야 한다.

기억이 응고화(고정)되는 메커니즘을 알아내기 위해 1990년대 중반에 연구자들이 쥐 수면 실험에 착수했다. 연구자들은 쥐의 해마에 전극을 설치하여 수면 중에 이루어지는 뇌의 활동을 기록해서 이 기록에서 드러난 신경 활동 패턴과 깨어 있을 때 기록한 신경 활동 패턴을 비교했다. 두 패턴에서 확연한 상관관계가 나타나곤 하여 깨어 있을 때 경험한 내용을 기억함에 있어 수면이 하는 역할이 무엇인지를 어느 정도 설명해주었다.

이 실험은 해마에서 고주파를 발생시키는 **장소세포**를 발견하면서 촉발되었다. 1971년 유니버시티 칼리지 런던의 신경과학자들이 쥐의 해마에서 쥐가 특정 위치에 있을 때만 신호를 내보내는 뉴런을 발견했다. 각각의 장소세포는 저마다 하나의 특정 위치에서만 반응했다. 각각의 뉴런은 각기 다른 **공간수용장**^場을 갖는다. 장소세포는 자기 위치에 들어왔거나 자기 쪽으로 향하는 쥐에게 신호를 보낸다. 예컨대 쥐를 어떤 미로 속에 집어넣고 맛난 먹이를 받을 수 있는 길을 찾게 만들었을 때 이 장소세포가 활성화되는 것이다. 장소세포들을 한자리에 모아놓으면 쥐의 환경 지도가 만들어질 것이다. 공간수용장은 쥐의 세계가 해마 안에서 어떤 식으로 표상화되는지를 훌륭하게 규명했다.[30]

장소세포가 발견되자마자 쥐와 생쥐 실험에 수많은 연구자가 이목을 집중했다. 쥐와 생쥐가 미로 과제를 수행하면서 움직이면 장소세포들이 일련의 패턴과 순서로 각각의 위치에서 신호를 보내 쥐와 생쥐가 달리거나 멈춘 지점을 정확히 표시한다. 이보다 더 신기한 것은,

미로에서 쥐를 빼낸 뒤에도 장소세포들은 같은 순서로 다시 활성화된 다는 사실이다. 다시 말해 쥐가 (잠들거나 동작을 멈춰) 조용할 때도 장소세포는 앞서 미로를 돌아다닐 때 발생했던 것과 동일한 신경 활동 패턴을 재연한다.

장소세포의 활동이 장기기억 형성에 어떤 영향을 미치는가? 1997년 애리조나 대학교의 신경과학자들은 수면 중이거나 조용히 깨어 있는 비활동 시간, 그러니까 피질이 입력 정보 처리에 덜 관여하는 시간에도 해마가 피질 활동 패턴을 재활성하게 만든다는 가설을 내놓았다. 이 가능성을 탐구하기 위해 연구자들은 쥐의 해마에 있는 장소세포 옆에 전극을 삽입하여 세포가 활성화되는 상태를 기록했다. 매회 기록은 '수면-미로 찾기-수면'의 3단계로 구성했다. 연구자들은 두 번째 수면 시에 해마의 신경세포 흥분이 피질의 신경세포 흥분 패턴과 흡사할 것이며, 더구나 이 흥분 패턴은 미로 찾기를 하는 동안에 발생했던 흥분 패턴과도 일치할 것이라고 예측했다. 실험 결과는 연구자들의 예측이 옳았음을 입증했다. 수면 중에 쥐가 미로에 있을 때 나타났던 신경세포 흥분 패턴이 해마와 피질에서 재발현했으며, 해마와 피질 두 영역의 정신 표상과 신경회로의 경로가 두 번째 수면 시기 이전 미로 찾기의 표상과 유사하게 나타났다. 이러한 유사성은 해마와 피질의 신경회로가 수면 중에도 상호작용한다는 것을 시사한다. 그럼에도 문제는 여전히 남아 있다. 이 과도적 활동이 장기기억에도 영향을 미치는가?[31]

MIT의 신경과학자 매튜 윌슨과 동료들은 애리조나 대학교의 연구를 발판 삼아 마음대로 돌아다니는 쥐와 생쥐의 세포 약 백 개의 흥분 상태를 동시 기록하는 실험을 실시했다. 이 연구가 밝히려 한 것은 해마 안의 큰 세포군이 어떻게 기억을 형성하고 보유하는가였다. 쥐의 해마 내 장소세포들이 활동한 기록이 그 답을 알려주었다. 연구자들은 실험 쥐의 머리에 4채널 전극 기록 장치가 부착된 작은 모자를 씌워 많은 뉴런이 활동하는 것을 동시에 관찰했다. 이 실험은 수많은 장소세포의 전류 활성도를 시시각각 눈으로 직접 확인하게 해주었다.

잠들었을 때와 깨어 있을 때의 뇌 활동을 비교하기 위해 연구자들은 뇌전도 기록을 관찰하면서 전류가 활성화되는 정도에 따라 수면을 3단계로 나누었다. 사람이 잠을 잘 때 전반부에는 깊이 잠든 상태인 서파수면이 가장 보편적으로 나타나고, 후반부에는 잠이 그렇게 깊지 않은 렘수면이 주로 나타난다. 동물도 서파수면과 렘수면을 경험한다.[32]

2001년 윌슨 연구실에서 쥐 해마에서 장소세포가 활동하는 패턴을 기록했는데, 처음에는 쥐가 간식을 얻기 위해 미로를 돌아다니는 10~15분 동안을 기록했고, 다음으로 같은 세포를 수면 중 1~2시간 동안 기록했다. 미로를 돌아다니는 동안과 렘수면 동안에 해마 내 세포가 어떻게 행동하는지를 비교하니 놀랍게도 패턴이 유사했다. 두 기간의 기록이 대단히 유사하다는 점은 쥐가 잠자는 동안 미로에서 학습한 행동을 재연한다는 것을 시사한다. 렘수면 중 해마에 있는 뉴런은 학습하는 시간에 뉴런이 활성화된 것과 동일한 순서를 보였다.[33]

어떤 행동 순서를 보여주는 이러한 신경 활동 패턴은 실제 경험이 지속되는 한 함께 지속되었다. 이처럼 개별 세포들 무리가 활성화 패턴을 반복하는 것을 기억재생이라고 한다. 깨어 있는 쥐는 해마의 특정 부위(CA1 영역)에서 그 순서를 부호화하는데, 이때 전류가 활성화된 패턴이 24시간 뒤에 렘수면이 이루어지는 중에도 여전히 탐지된다. 이렇게 이전에 경험한 행동을 반복하는 양상으로 신경 활동이 나타나는 것은 기억이 지속된다는 사실을 보여주는 강력한 근거다. CA1 공간수용장이 공간 내에 쥐가 있는 위치를 부호화했고, 쥐의 뇌가 이 정보를 통해 위치의 순서를 조합했다. 해마와 대뇌피질에 있는 공간 기억 담당 영역이 주고받는 대화가 이 지속적 기억에 기여했을 것으로 보인다. 렘수면 단계에서 깨어 있을 때 했던 활동을 재생하면 피질과 해마에 있는 신경회로가 상호작용하면서 피질에서 기억이 응고화되는 것을 강화하는 것일 수 있다. 기억재생이 학습과 응고화에 기여한다는 가설은 여전히 연구가 필요한 단계지만, 해마에 있는 장소세포가 기억을 한다는 주장은 이미 상당수 근거가 축적된 상태다.[34]

서파수면 중에 이루어지는 뇌 활동에 대해 윌슨 연구진이 실행한 연구는 학습과 장기기억에서 기억재생이 중요한 요소임을 상당히 강력하게 입증했다. 이 연구에서 연구진은 렘수면과 서파수면이 기억에 미치는 영향이 다르다는 것을 발견했다. 그들은 쥐에게 트랙을 왕복하는 훈련을 시키고, 한 번 트랙을 완주할 때마다 포상으로 초콜릿을 한 조각씩 주었다. 쥐들이 단것에 탐닉하는 동안 연구자들은 쥐의 해마 내 많은 세포들이 활동하는 것을 동시에 기록했다. 그런 뒤 쥐들이 잠자는 동안 같은 세포들이 활동하는 것을 관찰했다. 이들이 깨어 있을 때 했던 행동이 서파수면 중에도 해마에서 재생되었지만, 다만 이번엔 고속재생이었다. 실제 주파 기록은 4초였는데 서파수면에서는 15~20배 빠르게 재생되었다. 재생된 기억은 활동이 지속된 시간이 아닌 활동이 이루어진 순서에 관한 것이었다. 깨어 있을 때 활동한 순서는 그대로였지만 실제로 수행하는 데 소요되는 것보다 짧은 시간으로 압축되어 재생된 것이다.[35]

우리가 마음의 눈으로 집에서 슈퍼마켓까지 가는 길을 그린 다음 이 길을 가는 모습을 상상한다면, 우리의 사고 여행은 실제로 차로 이동하는 것보다 훨씬 금방 끝날 것이다. 꿈의 내용을 압축하는 방식도 이와 똑같으리라는 것은 의심의 여지가 없다. 윌슨의 실험으로 보건대 이런 유형의 기억재생은 서파수면에 든 초기 몇 시간 동안 일어나는 듯하다. 따라서 이 기억재생은 정보처리 과정의 초반 활동으로 장기기억이 확립되기 전에 이루어지는 것으로 보인다.[36]

기억은 피질 전체에 걸쳐 저장되기 때문에 수면 중에 일어나는 응고화 처리 과정에는 반드시 피질 활동이 포함된다. 정보를 수용하고 응고화하고 인출하는 과정에서 해마와 피질이 필수적으로 협력해야 한다는 사실은 밝혀졌지만, 서로 떨어져 있는 뇌 영역들이 어떻게 협력할 수 있는가? 윌슨 연구진은 2007년에 또 하나의 중대한 통찰을 내놓는다. 기억재생 활동 중에 해마의 분자 활동과 피질의 분자 활동이 밀접하게 연합한다는 사실을 발견한 것이다. 연구진은 정상 쥐에게 8자형 미로 달리기 훈련을 시켰다. 쥐들은 8자 중간에서 달리기 시작해서 한 번은 왼쪽으로, 다른 한 번은 오른쪽으로 달려야 상으로 먹이를 받을 수 있다. 3주 훈련이 끝난 뒤 쥐의 해마와 시각피질(눈으로 들어오는 정보를 수용하는 뒤통수 쪽의 감각 처리 영역)에 전극을 삽입해 두 영역에서 뉴런이 활성화 되는 패턴을 기록했다. 이 실험 결과 해마와 시각피질 두 영역 모두에서 서파수면 중에 기억이 재생 된다는 근거가 나왔다. 이는 쥐도 사람처럼 시각적 꿈을 꾼다는 것을 시사한다. 해마에서 뉴런이 활성화되는 패턴은 시각피질에서 뉴런이 활성화되는 패턴과 비슷했다.[37]

잠만 푹 자도 기억재생이 활발해져 기억력이 좋아진다면 얼마나 좋을까. 그럴 가능성은 희박하지만 잠이 기억 응고화와 시냅스 가소성에 기여한다는 근거는 충분히 나오고 있다. 현재 사람의 수면 각 단계가 기억 응고화에 미치는 영향을 알아내기 위한 실험은 특정 기억 유형(서술기억과 비서술기억)과 수면 유형 및 수면 길이의 관계를 밝히는 데 초점을 맞추고 있다. 이 관계를 밝혀낸다면 행동실험을 넘어서서 뇌 안을 직접 들여다보고 기억이 응고화되게하는 신경 처리 과정을 확인할 수 있게 될 것이다. 그렇게 된다면 수면과 수면장애에 수반되는 생리학적 변화를 검사해서 불면증과 기억장애를 앓는 이들을 위한 새로운 치료법을 개발하는 것도 불가능한 일만은 아닐 것이다.

헨리에게는 새로운 사실과 사건을 응고화하고 저장하고 나중에 인출할 능력이 없었다. 그렇지만 그의 기억상실증이 반드시 **인출** 능력 결함에서 온 것이라고는 할 수 없다. 수술 전에 응고화하고 저장한 사실은 여전히 기억할 수 있으니까 말이다. 그는 임상연구센터 사람들에게 수술 전에 있었던 일이나 가족에 관해 이야기하는 것을 좋아했다. 하지만 예전의 기억흔적을 현재 삶과 관련 있는 정보와 통합해서 인출하지는 못했다. 예를 들면 총기 수집에 대해 이야기하면서 그 수집품들이 현재 어떤 상태인지를 곁들여 이야기하지 못하는 것이다. 헨리는 수술 전에 응고화된 정보를 수술 후에 얻은 정보로 재응고화하지 못했다. 따라서 어린 시절 기억이 그 시절의 기억흔적으로 뇌에 각인되어 더 이상 갱신되지 않았다.

재응고화를 기억 갱신 과정에 빗대어 생각해보자. 여행 가방을 풀었다가 다시 싸면 옷가지가 놓인 모양이 처음하고는 약간 달라질 것이고, 몇 가지는 덜어놓고 다른 것을 넣을 수도 있다. 옛 기억이 인출되면서 재응고화되면 갑자기 기억이 느슨해져서 다시 왜곡과 간섭에 취약한 상태가 된다. 이때 기억이 새 정보로 변경되는 것이다.

중국음식을 마지막으로 먹은 때가 언제인가 하는 질문을 받으면 먼저 속으로 음식, 저녁, 남은 음식, 젓가락 등을 떠올리면서 심상 검색을 시작한다. 상상으로 시내 차이나타운으로 차를 몰고 가면 주변 환경이 기억을 재생하는 데 도움을 줄 것이다. 질문받은 그 식사에 대한 기억을 인출하는 과정에서 원래 식사를 했던 시간(몇 해 전일 수도 있다)에 일어났던 것과 유사한 응고화 과정이 다시 활성화된다. 그러면서 옛 기억이 현재의 생각으로 변경될 것이다. 예를 들어 그 중국음식을 먹고 나서 1년이 지나 당신이 MSG 알레르기가 있다는 사실을 알게 된다면 그날 밤 머리가 깨질 것 같은 두통을 겪었던 원인이 MSG 알레르기 증상이었구나 하는 생각과 통합되면서 원래 식사에 대한 기억이 변경되는 것이다. 이는 가령 한국식당에서 지난 생일 축하 모임을 가졌다는지 하는 비슷한 식사에 대한 기억에도 영향을 미칠 수 있다. 그 중국식당을 생각 속에서 재방문할 때 동시에 생각에 떠오르는 모든 것이 새 기억 형성에 개입한다. 기억을 인출할 때마다 예전 일에 대한 기억이 왜곡될 여지가 존재하지만 우리는 한편으로 편집된 기억이 더 마음에 남게 만든다. 전에 응고화된 기억을 재활성화하면 새로운 기억흔적이 만들어지고, 이때 변형된 기억흔적들이 기존 기억에 대한 저항력을 높여 다른 뇌 작용에 간섭받지 않게 만드는 것이다. 그 식사에 대한 기억을 여섯 달 동안 매달 재활성화한다면 새 기억은 더욱 견고해져서 오랜 시간 지속될 것이다. 그 과정에서 첫 번째 식사 기억과 비슷한 점은 기억에서 사라질 수도 있지만.

인출은 필요한 기억흔적을 그냥 활성화시키는 것보다 훨씬 복잡한 작용이 일어나는 하나의 재건 과정이다. 기억은 인출할 때마다 바뀌게 되어 있다. 세상에 완전히 똑같은 두 기억이 있을 수 없는 것은 기억을 불러와 사용할 때 내용이 달라져 저장되기 때문이다. 지난 생일을 기억에 떠올릴 때마다 세부 내용이 조금씩 달라지는데 삭제되는 내용이 있고 덧붙는 내용이 있다. 그러면 새로운 내용이 응고화된다. 이렇게 인출되는 동안과 인출 이후에 응고화 과정이 다시 활성화되는 것을 신경과학자들은 재응고 가설이라고 불러왔다. 간단하게 말하면 기억은 저장소에서 꺼냈다가(인출) 다시 집어넣을(재응고) 수 있다는 것이다. 기억이란 전에 장기기억에 저장된 정보와 현재 상황의 정보를 혼합하는 행위다.[38]

(좋은 것이 되었든 나쁜 것이 되었든) 하나의 기억이 인출될 때면, 그 기억에서 기저를 이루는 기존의 촘촘한 연결망과 현재의 인출 상황과 관련 있는 새 정보가 통합되기 마련이다. 기억의 재응고화는 새로운 내용이 기존 내용에 삽입되어 기존의 기억을 새로운 장식으로 변경하는 것이다. 가짜기억false memory이 그 인상적인 예가 될 것이다. UC샌디에이고의 신경과학자들이 대학생들에게 O. J. 심슨의 판결을 어떤 경로로 접했는지, 즉 라디오로 들었는지 텔레비전에서 봤는지 아니면

판결이 나온 지 사흘이 지난 뒤에 친구에게 들었는지 물었다. 일부 학생에게 15개월 뒤에 다시 질문하니 기억의 내용이 상대적으로 정확했다. 일부 학생에게 32개월 뒤에 다시 질문했을 때는 기억의 정확도는 떨어졌지만 자기 기억이 맞으리라는 자신감은 더 높았다. 두 시기 모두 정보를 접한 경로에 대해 잘못 기억하고 있어 응고화된 기억이 불안정하며 수정될 수 있다는 가설이 타당함을 보여주었다.[39]

1997년 파리 피에르마리퀴리 대학교의 두 신경과학자가 기억이 바뀔 수 있음을 입증하는 근거를 발견했다. 그들은 중앙에 있는 작은 플랫폼에서 여덟 개 다리가 뻗어나오는 형태의 방사형 미로에서 쥐를 훈련시켰다. 세 통로 끝에 코코아 시리얼을 놓아두었고 나머지 다섯 통로 끝에는 아무것도 놓지 않았다. 연구자들은 하루에 한 번씩 쥐를 미로 중앙에 놓아 마음대로 돌아다니게 했다. 미끼가 놓인 세 통로를 다 지나가면 실험을 완료했다. 쥐들은 며칠 만에 이 요령을 완벽하게 익혀 곧장 코코아 시리얼이 있는 세 통로로만 들어갔고 나머지 빈 통로는 거들떠보지도 않았다.[40]

이 쥐들에게 새로운 기억이 얼마만큼이나 강도 높게 응고화되는지를 확신하기 위해 연구자들은 쥐들이 단 한 번이라도 오류를 범하지 않게 함으로써 이 기억을 재활성화시켰다. 그런 뒤 곧바로 기억감퇴제인 MK-801(NMDA 수용체 길항제)을 주사함으로써 단 한 번도 오류를 일으키지 않았던 시도 경험을 기억으로 응고화하는 데 필요한 작용을 차단했다. 24시간 뒤 쥐들은 코코아 시리얼이 놓인 통로를 기억하지 못했다.

연구자들은 영리한 실험 전략으로 재응고화가 이루어지는 메커니즘을 보여주었다. 그들은 쥐들에게 1회 더 테스트를 실시했는데, 이 1회야말로 쥐들이 투약 이전의 실력을 되찾기에 충분한 기회였다. 미로에 대한 기억이 방해를 받기는 했으나 완전히 사라진 것은 아니었다. 이 추가 실험으로 쥐들은 새 정보를 기존 기억에 통합하여 다시금 투약 전 수준으로 수행능력을 발휘할 수 있었다.[41]

이 실험은 하나의 기억이 재응고될 때는 최소한 첫 응고화 과정에서 발생했던 분자 활동 중에서 일부라도 재활성화된다는 것을 입증했다. 장기기억이 인출될 때마다 변화가 생긴다는 사실은 기억이란 일생에 걸쳐 일어나는 수많은 사건들이 이끄는 역동적인 현재진행형 과정이라는 견해를 한층 강화한다. 장기기억을 개괄하는 활동이 그 기억을 더 견고하고 안정적으로 만든다는 가설은 생물학적으로도 입증되었다.

재응고화는 우리 일상에서 끊임없이 일어난다. 성장기를 보냈던 동네를 10년 만에 다시 찾는다고 해보자. 동네가 자신이 기억하던 모습과 똑같지 않아 놀랄 것이며, 어쩌면 모습도 소리도, 심지어는 냄새까지 다를 것이다. 어릴 적 뛰어놀던 운동장에 대한 장기기억 흔적을 인출하는 동시에 어른이 된 지금의 눈으로 동네의 새로운 특징들을 통합하고 자기 삶의 뿌리를 재평가하면서 옛 기억을 갱신할 것이다. 그렇게 함으로써 느슨해진 기억흔적에 최신 내용이 추가되어 더 강한 기억흔적이 형성되는 것이다. 이런 갱신이 이루어지는 것은 예전에 응고화된 기억과 새 정보 사이에 어긋나는 점이 발생했기 때문이다. 사람에 대한 견해도 같은 방식으로 조정될 수 있다. 첫인상이 좋지 않았던 동료가 겪어보니 훌륭하고 소중한 동반자가 되는 경우가 있지 않은가.

1990년대 말에 처음 나온 재응고화 개념은 중대한 진보를 이루어 낼 잠재력을 갖고 있다. 일례로 외상후스트레스장애PTSD를 들 수 있는데, 많은 이라크전쟁 퇴역 군인들이 극심한 PTSD에 시달리면서 참전 이전처럼 생활하지 못하고 있다. 그들은 충격적인 사건들을 끊임없이 다시 경험하면서 불면, 불끈하는 성미, 분노, 집중력 저하, 끊임없는 위험 예감 같은 증상을 겪는다. 한 연구진이 사건에 대한 비참한 기억은 없애지 않으면서 PTSD로 인한 고통을 약화시킬 방법을 시험해왔다. 그들이 택한 방법은 프로프라놀롤 투약이었는데, 이 약제는 신체 작용을 통해 감정을 표현하는 도구인 교감신경의 활동을 억제한다. 환자들은 단기간만 프로프라놀롤을 투약했는데도 상태가 좋아졌다. 외상을 남긴 사건들에 대한 세부 내용은 여전히 기억했지만 극심한 정신적 고통은 겪지 않았다. 이는 외상을 남긴 기억을 인출하여 재응고화하는 동안 프로프라놀롤이 감정 영역과 관련한 대뇌 활동을 감소시키는 대신 기본 사실이 재응고화되는 해마의 기능은 간섭하지 않았음을 시사한다.[42]

우리가 일상에서 겪는 특이한 사건이나 일화에 대한 기억에도 재응고화가 도움이 된다. 어떤 복잡한 일화기억과 관련 있는 한 요소가 재활성화되면 그 일화와 관련한 다른 많은 기억들도 재활성화된다. 예를 들어 내가 MIT에 들어온 첫날 우리 부서에 있는 행정직원이 복사기 사용법을 가르쳐주었다. 그는 유리판에 내 손을 올려놓으라고 하더니 단추를 눌렀고, 몇 초 뒤 내 손 이미지가 찍힌 종이가 출력되었다. 나는 출력된 첫 복사지를 들고 감탄하면서 그 놀라운 기계 곁을 떠났다. 1964년에 경험한 그 복사기를 회고할 때면 MIT에서 보낸 그날과 관련한 많은 기억이 쏟아져나온다. 어떤 특정한 사건, 가령 취직한 첫날에 대한 세부 기억을 자주 인출한다면, 이 사건에 대한 기억은 한 번도 인출하지 않고 지나갈 때보다 더 신뢰할 수 있을 것이다.

헨리의 기억상실이 어떻게 이루어지는지를 이해하면 기억은 형성되는 기제도 이해할 수 있다. 1백여 년 전 뮐러와 필제커가 기억이 시간이 흐르면서 응고되며 부분적으로 응고화된 기억흔적은 자극에 취약하다는 가설을 처음 내놓았다. 2004년 UC샌디에이고의 심리학자가 이 가설을 발전시켜 심리학, 정신약리학, 신경과학 분야의 각 연구에서 수렴되는 근거들을 토대로 정합적 망각이론을 제시했다. 망각이 일어나는 이유는 새로운 기억이 형성될 때 끊임없이 응고화가 진행 중인 다른 기억들이 간섭하기 때문이다. 이 기억의 '견습 기간' 중에는 응고화가 불완전한 기억과 관련이 있든 없든 상관없이 어떤 유형의 정신 활동으로도 기억이 약화될 수 있다.[43]

마흔다섯 살 전문직 남성이 일주일간 휴가를 보내기 위해 테니스 휴양지로 떠난다고 상상해보자. 집에서 출발한 그는 전날 오후에 가졌던 회의 내용을 생각하는데, 관리자가 자기한테 새로 시작하는 프로젝트를 이끌어달라고 했다. 관리자가 요구한 세부 사항을 기억하면서 새 프로젝트를 어떻게 착수할 것인지 제안서 형식을 구상하고, 운전을 계속하면서 프로젝트의 각 단계를 시행할 방안을 이리저리 생각한다. 장거리 운전 끝에 마침내 휴양지에 도착했고, 그의 정신적 작업도 중단된다. 휴양지 주인이 나와 반기자 그는 휴가 분위기에 돌입한다. 처음 보는 얼굴들, 낯선 이름을 소개받고 언제 어디서 누구와 무엇을 하게 될지 안내 사항을 숙지한다. 그는 즐거운 마음으로 여행 가방과 테니스 가방을 방으로 옮긴 뒤 재빨리 짐을 풀고 수영장으로 향한다. 이내 이 새로운 세계에 몰입하여 일상을 잊어버린다. 앞으로 7일 동안 그는 포핸드, 양손 백핸드, 서브, 스매시, 네트플레이에 집중한다. 이 시간 내내 그 자신은 알지 못하는 사이 그의 해마가 새로운 광경과 소리, 대화, 장소를 부지런히 기록하면서 이 휴양지의 심상지도를 작성하고 있었다. 일주일 뒤 귀가하기 위해 운전을 시작할 무렵이면 관리자와 가졌던 회의 내용이며 새 프로젝트를 위한 혁혁한 구상 따위는 거의 잊어버렸을 것이다. 휴가지에서 접한 정보의 홍수가 일주일 전 부호화한 정보가 응고화되는 것을 가로막은 것이다. 새로 획득한 기억은 변하기 쉬우며, 이어지는 사건들이 그 새 기억을 부분적으로 혹은 완전히 지워버릴 수 있다.

시간이 흐르면서 지난 일을 망각하는 것은 정상이며, 10년 전에 있었던 일을 기억하는 것이 지난주에 있었던 일을 기억하는 것보다 어렵다. 우리가 지난 일을 망각하는 것은 새로운 활동과 새로운 생각이 지난 기억을 밀어내기 때문이다. 애초에 부호화가 제대로 되지 않은 사건이라면 시간이 지나면서 기억에서 사라진다. 헨리가 우리 연구에 기꺼이 참여하면서 우리는 내측두엽 구조가 손상된 것이 망각을 심화시키는지 검증할 수 있는 다시없는 기회를 얻었다.

1986년 우리는 망각이 발생하는 상황을 밝히기 위해 헨리를 위한 일련의 실험을 설계했다. 당시 헨리는 예순 살이었다. 흔히들 기억상실증 환자가 건강한 사람보다 정보를 더 빨리 잊어버린다고 생각한다. 이 가설을 입증하기 위해 우리는 헨리와 대조군 수검자에게 잡지

그림16　검사 준비를 마친 헨리. 1986년 MIT

에서 골라낸 동물, 건축물, 실내 장식, 자연, 사람, 물건의 컬러 사진 120장을 슬라이드로 보여주었다. 헨리는 각각의 사진을 20초 동안 보면서 지시사항을 들었다. 이어서 우리는 사진 두 장을 나란히 놓고 보게 했는데, 한 장은 이미 본 것이고 한 장은 처음 보는 것이다. 우리는 헨리에게 앞에서 본 것이 어느 쪽인지 물었다. 이런 유형의 기억 인출을 재인기억이라고 부른다. 테스트 방식은 두 선택지 중에서 정답 하나를 의식적으로 선택하는 것이다.[44]

　우리는 헨리에게 120장 슬라이드 테스트를 4회 실시했는데, 처음에 120장을 전부 보여준 뒤 각각 테스트마다 시간 간격을 달리했다. 헨리는 10분 뒤 사진 30장을 보았고, 다른 30장을 하루 뒤, 다음 30장을 사흘 뒤, 마지막 30장을 일주일 뒤에 보았다. 헨리의 망각 속도를 대조군의 망각 속도와 비교하려면, 10분 뒤에 받는 테스트에서는 대조군과 같은 점수가 나와야 한다. 우리는 이 중요한 동점을 얻어내기 위해 첫 학습 단계에서 헨리에게 각 사진을 20초씩 보여주었고, 반면에 대조군 참여자들에게는 1초씩만 보여주었다. 정보 부호화 시간에서 헨리에게 19초씩 더 보상한 것이다.

결과는 놀라웠다. 20초에 걸쳐 정보를 부호화한 헨리는 하루, 사흘, 일주일 뒤에 실행한 테스트에서 대조군 참여자들과 같거나 더 높은 점수를 받았다. 더 놀라운 점은, 헨리의 재인기억이 사진을 처음 본지 여섯 달이 지나고서도 정상이었다는 사실이다. 복잡한 컬러 사진 테스트에서 같은 연령대에 같은 수준의 교육을 받은 건강한 성인들과 비교해봐도 헨리의 망각 속도가 더 빠르지는 않았다.[45]

헨리는 장기기억능력과 관련한 대부분 지수에서 낙제했는데 어떻게 사진 재인기억 테스트에서는 정상 점수를 받았을까? 그는 일상과 관련 있는 사항은 사실상 아무것도 기억하지 못하며, 새로운 서술기억에 관한 테스트에서는 하나 걸러 하나씩 최저점을 받았다. 나는 사진 재인기억 테스트의 결과를 이론적으로 어떻게 설명해야 할지 알 수 없었다. 이 실험을 동료들에게 설명하면서 나는 헨리에게 막연하게나마 어떤 감이 있어서 그것이 둘 중 하나를 선택하는 데 도움이 되었으리라고 추측했다. 테스트 방식 자체가 앞에서 본 사진과 새로운 사진 중에서 하나를 고르는 것이었다. 따라서 익숙한 것을 답으로 골랐거나 아니면 익숙한 것을 거부하고 나머지를 답으로 골랐거나, 둘 중 하나였을 것이다. 이 과정에서 헨리는 자동적으로 다른 한 사진보다 기억이 잘 나는 사진을 선택했을 것이다. 테스트 도중에는 헨리에게 어떤 생각을 한 것인지 물을 수 없었다. 그런 방해 요소가 실험을 망칠 수 있기 때문이었다. 하지만 이 테스트에서 헨리의 뇌 뒤쪽 피질 영역이 자동적으로 활성화되었을 가능성이 높다. 방대한 시각자료 저장 능력이 있는 것으로 알려진 영역 말이다.

우리가 이 테스트를 실시하던 시기에 수리심리학 연구자들이 정보처리이론을 이용하여 재인기억에 관한 확고한 이론틀을 수립했다. 이 이론틀은 1974년 리처드 앳킨슨과 제임스 주올라가 제시한 모형에서 나왔다. 앳킨슨과 주올라의 장기기억 과제는 최대 60개의 단어를 기억하는 것이다. 이어서 수검자들에게 한 번에 한 단어씩 보여주고 그것이 기억한 단어인지 아닌지를 묻는다. 수검자가 대답을 빨리 했다면 그 반응은 익숙하다는 느낌에만 의존한 것이어서 오답일 확률이 높다. 반면에 대답하는 데 시간이 좀 걸렸다면 그 단어가 암기 목록에 있는 것인지를 확실하게 숙고했던 것이므로 정답일 확률이 높아진다. 이 결과를 토대로 연구자들은 정상적인 개인인 경우에는 재인 과정이 별개의 두 인출 과정으로 이루어진다고 기술했다. 재인기억에 대한 이러한 견해는 1980년에 인지심리학자 조지 맨들러가 지금은 널리 알려진 재인기억의 이원처리 모형을 제시함으로써 공식화되었다. 맨들러는 재인기억은 두 종류로, **친숙화와 회고**라고 주장했다. 그 뒤를 이은 다른 인지심리학자가 이 두 종류의 기억이 근본적으로 구분된다는 것을 밝혀 1974년 모형이 유효함을 입증했다. 친숙화는 자동적으로 이루어지는 빠른 과정이며, 회고는 각별한 주의를 기울여 기억을 이용하는 의도적이며 느린 과정이다.[46]

길에서 우연히 어떤 사람을 마주쳤는데 분명 아는 사람임에도 이름도 기억나지 않고 정확히 누구인지도 가물가물해 머뭇거려야 했던 경험이 누구에게나 한두 번은 있을 것이다. 이것이 **친숙화**의 토대가 되는 재인기억이다. 이는 특별히 주의가 요구되지 않고 자동적으로 이루어지는 과정이다. 헨리가 앞에서 보았던 잡지 사진을 식별하는 과제를 수행할 때 활성화된 것이 바로 이 과정인데, 이 과제는 인지적 노력 수준이 상대적으로 낮다. 거꾸로 오랜 친구를 길에서 만나면 함께 시간을 보내며 경험했던 즐거운 일화들이 세세히 기억난다. 이 재인기억은 **회고**를 토대로 하는데, 기억 저장소를 탐색하는 노력과 주의력이 요구되는 과정이다. 이 과정이 이루어지기 위해서는 해마가 정상적으로 기능해야 하기 때문에 헨리는 일상에서 그리고 대부분의 기억 테스트에서 이 과정을 살릴 수 없었다.

이처럼 1980년대에 이루어진 이 실험은 뜻밖의 결과를 도출해냄으로써 뇌의 노동분과에 관한 하나의 중대한 사실을 밝혀주었다. 친숙화와 회고는 각기 다른 뇌회로에서 이루어지는 독립된 과정인데, 헨리의 뇌에서는 하나는 보존되었고 다른 하나는 손상되었다. 이 발견은 나중에 해마에서 이루어지는 회고 기능과 후각주위피질에서 이루어지는 친숙화 기능이 서로 결합되는 수백 가지 행동의 명백한 근거가 되었다. 해마와 후각주위피질이 상호작용하는 밀접한 이웃인 것은 사실이지만, 기억 인출에서는 서로 다른 기능을 한다.[47]

이렇게 구분된 기능 덕분에 우리는 헨리가 어떻게 부호화한 지 여섯 달 된 복잡한 사진을 재인할 수 있었는지를 이해할 수 있었다. 헨리는 수술로 후각주위피질을 일부만 제거했기 때문에 나머지 보존된 후각주위피질과 피질의 다른 정상 영역이 협력하여 사진을 재인할 수 있었던 것이다. 하지만 일상적인 장기기억을 하기 위해서는 이 정도의 협력으로는 충분치 않다. 헨리는 사진 재인기억 실험에서 독특하게 예외적인 결과를 얻었을 뿐, 다른 서술기억 테스트에서는 재인기억 수행점수가 한결같이 낮게 나왔다.[48]

이어진 fMRI 분석은 재인기억 테스트에서 제시된 사진을 고를 때 헨리가 익숙한 것 같다는 '감'을 이용했으리라는 우리의 추측을 뒷받침해주었다. 2003년 캘리포니아의 한 인지신경과학 연구팀이 친숙화와 회고를 내측두엽 내에 있는 다른 두 영역이 관장한다는 것을 보여주었다. 수검자들이 MRI 스캐너 안에서 빨간색으로 쓰인 '니켈NICKEL' 같은 단어와 초록색으로 쓰인 '사슴DEER' 같은 단어를 부호화한다. 스캔이 끝난 뒤 수검자들은 앞에서 학습한 단어들과 학습하지 않은 단어들이 무작위로 섞인 재인기억 테스트를 수행한 뒤 두 가지 질문에 답했다. 첫 번째 질문으로 각 단어에 대해 앞에서 학습한 것이 확실한지 아닌지를 물었다. 다음으로는 각 단어가 스캐너 안에서 보았을 때 빨간색이었는지 초록색이었는지를 물었는데, 이는 출처기억의 정확성을 평가하는 질문이다. 글자 색을 기억하기 위해서는 정확한 출처기억이 요구되는데, 이 과정에서 각 단어와 그 색을 의식적으로 연합하면서 회고기억을 활용하게 된다. 출처기억에 의거한 판단은 친숙화를 토대로 할 수 없다. 학습 목록에 빨간색 단어와 초록색 단어가 뒤섞여 있어 테스트를 수행할 때 친숙하게 보이기도 하고 아닌 것처럼 보이기도 하기 때문이다.[49]

연구자들은 각 수검자의 fMRI를 하나하나 분석했다. 분석 결과 수검자들이 회고기억을 이용하여 재인했던 단어를 부호화할 때 활성화된 대뇌회로와 **친숙화**를 토대로 재인했던 단어를 부호화할 때 활성화된 대뇌회로는 서로 달랐다. 재인 자신감이 상승할 때는 친숙화가 기여하는 정도가 서서히 상승했다. 어떤 단어가 앞서 학습한 것이라는 자신감이 클수록 친숙화 효과는 높아졌다.[50]

각기 다른 대뇌회로가 각 유형의 재인기억을 관장한다는 것을 밝혀낸 fMRI 분석 결과는 후각주위피질과 해마가 재인기억에서 각기 다른 역할을 수행한다는 가설과 일치했다. 연구자들이 친숙화를 전담하는 회로를 발견한 곳은 인접한 두 영역인 내후뇌피질과 후각주위피질이다. 친숙함이 상승할 때 이 회로의 활동도 상승했다. 수검자들이 글자 색을 정확하게 기억할 때는 다른 두 영역의 활동이 상승했는데, 이는 출처 정보(글자 색)를 정확하게 기억하는 것이 회고기억의 지표임을 시사한다. 이 요충지는 해마 뒤쪽과 그 옆에 있는 부해마피질이다.[51]

이러한 발견은 해마와 부해마피질이 회고기억을 전담하며 후각주위피질과 내후뇌피질이 친숙화를 전담한다는 것을 시사한다. 헨리의 뇌를 MRI로 분석한 결과, 후각주위피질 조직이 양쪽 다 약간씩 남아 있는 것으로 밝혀졌다. 우리는 헨리가 잡지 사진 기억 과제를 수행할 때 이 남아 있는 후각주위피질 영역이 활성화되면서, 친숙해 보이는지 아닌지를 토대로 앞서 학습한 사진을 선택할 수 있었던 것이라고 판단했다.

헨리의 사례는 해마의 병변이 회고기억을 하는 데 심각한 결함을 야기하며, 후각주위피질과 친숙성과 관련해서도 같은 문제가 발생할 수 있음을 입증했다. 그렇다면 후각주위피질에만 병변이 있는 사람에게도 친숙성 기억에 결함이 나타날까? 2007년에 이 물음에 대한 답이 나왔다. 후각주위피질만 손상되고 해마는 온전한 한 여성 환자가 있었는데, 친숙성에는 결함이 있었지만 회고에는 아무 문제가 없었던 것이다. 캐나다의 한 연구진이 중증 간질을 완화하기 위해 왼쪽 전측 두엽절제술을 받은 환자 N. B.의 재인기억을 검사했다. 그녀의 절제술은 F. C.와 P. B.나 헨리와 달리 해마는 남겨두고 후각주위피질을 크게 잘라낸 변칙적 수술이었다. N. B.는 재인기억 테스트에서 헨리와 정반대의 결과를 보였다. 회고는 정상인데 친숙화에서 장애를 겪었던 것이다. 이 놀라운 사례는 내측두엽에 회고와 친숙화를 관장하는 회로가 각각 따로 있다는 가설에 무게를 실어주었다. 하지만 회고와 친숙화 처리 영역을 정확하게 밝히는 위치화 논쟁은 현재진행형이어서 앞으로 더 깊이 다룰 가치가 있는 주제로 여겨지고 있다.[52]

서술기억이 망가진 헨리에게 남은 것은 희미하게 친숙한 느낌뿐이었다. 그는 이런 심리적 인상을 믿어도 되는지 판단할 수 없었지만, 그것이 삶의 내용이 되었으니 문제될 것은 없었을지도 모르겠다. 이만큼이나마 보존된 친숙성 기억능력은 빅포드 요양병원에서 보낸 28년간의 생활에 도움이 되었다. 빅포드를 제집처럼 마음 편히 여기는 헨리를 두고 한 직원은 "휴게실의 대들보"라 칭했다. 그는 환자들 사이에서 인기가 아주 좋아서 개중에는 헨리를 성 아닌 이름으로 부르는 사람들도 있었다. 그는 친절한 성품과 정중한 태도로 제정신 아닌 사람들 사이에서 무던하게 지낼 수 있었다. 사람들을 진심으로 대하는 모습이 말해주다시피 헨리는 동료 환자들이나 빅포드 직원들을 '낯선' 사람들로 여기지 않았다.

나에게는 헨리와 교류하기에 유리한 점이 하나 있었는데, 내 얼굴이 낯익은지 헨리가 나를 고교 동창생이라고 믿은 것이다. 그에게 나는 제삼자가 아니었다. 노상 접하는 빅포드의 여직원 몇 사람에게도 같은 연합이 형성되었는데, 오랜 시간 반복해서 접하다 보니 아는 사람인 듯한 느낌이 강해진 것이다. 10년이면 강산이 변하듯이 그가 만나는 얼굴, 사물, 기술은 급격한 변화를 거듭해왔지만, 헨리는 이런 변화를 의문 없이 받아들여 자신의 세계 안에 통합했다. 수술 전에는 흑백 텔레비전을 보다가 수술 뒤에 컬러 텔레비전으로 바뀌었어도 이 급격한 변화를 언급하지 않았다. 우리 연구실에 왔을 때도 컴퓨터 앞에 느긋하게 앉아 테스트를 수행하는 모습이 마치 평생 써온 물건 다루는 것처럼 보였다. 헨리의 세계에 스며 있는 그 친숙한 느낌이 일상생활을 하기 불가능한 기억상실증을 겪는 와중에도 빅포드와 MIT를 아늑한 터전으로 만들어주었으리라.

8

기억할 필요가 없는 기억 1

: 운동기술 학습

헨리의 뇌 손상은 내측두엽 구조물에 국한되었으며, 소뇌를 제외한 나머지 영역은 여전히 정상적으로 기능했다. 이 나머지 영역이 몇 가지 무의식적 학습을 지원했다. 헨리는 새 기술을 습득하고 기억하여 일상에서 그 기술을 사용할 수 있었다.

헨리는 노인이 되면서 보행보조기 사용법을 배워야 했다. 항발작제 부작용으로 인해 이 기구에 의존하지 않고는 걷기가 힘들었기 때문이다. 수술 뒤 바라던 대로 대발작 발생 빈도는 줄었지만 간질약은 지속적으로 투약해야 했다. 수술 전에 다량 복용한 다일란틴은 수술 후에도 계속 치료 용량 범위에서 복용하다가 1984년 한 신경학자가 다른 항발작제로 바꿔보자고 했을 때 중단했다. 이 무렵 다일란틴은 이미 몇 가지 심각한 부작용을 일으켰는데, 여러 차례 골절상을 일으킨 골다공증도 그중 하나였다. 그뿐 아니라 다일란틴은 평형감각과 협응력을 관장하는 소뇌도 크게 위축시켰다. 그로 인해 걸음걸이가 불안정해지고 속도도 떨어졌다. 또 다른 간질약 페노바르비탈은 진정제인데, 헨리의 움직임이 전반적으로 느려지게 된 원인으로 보인다.

헨리는 골다공증이 악화되어 혼자 걷는 것이 안전하지 않을 정도였다. 1985년에는 오른쪽 발목이 골절되었고, 1986년에는 왼쪽 고관절 치환수술을 받았다. 수술 회복기에 의사가 안전하게 걸어다니고 활동할 수 있도록 보행보조기를 처방해주었다. 새 기구를 받은 헨리는 제대로 사용하기 위해 조작법을 익혀야 했다. 헨리는 열심히 연습해서 걷기, 의자에 앉아 있다가 보행보조기로 옮기기, 보행보조기에서 의자에 앉기 기술을 터득했다. 내가 보행보조기를 사용하는 이유를 묻자 헨리는 대답했다. "넘어지지 않으려고요." 헨리에게는 자신이 다일란틴 부작용으로 골다공증이 생겼다는 서술기억이 형성되지 않았으며 여러 차례 골절상을 입어 입원하고 재활 치료를 받아야 했다는 사실도 기억하지 못했다. 그렇지만 새로 익힌 운동기술은 날이 가고 달이 가도 잊지 않고 기억했다. 헨리가 절차지식을 획득하여 유지할 수 있음을 보여주는 놀라운 사례였다.

실험실에서 실시한 운동학습능력 검사 결과도 일상에서 거둔 성취와 일치했다. 헨리의 뇌에 남아 있는 영역들이 이 기능에 활용되었으며, 헨리는 스스로는 알지 못한 채 이를 학습하고 기억했다. 이 상황에 '기억'이라는 용어를 쓰니 기억에는 여러 종류가 있다는 사실이 다시금 부각된다. 우리가 장보기 목록을 기억하려고 할 때는 의식적인 서술기억이 작용하며, 자전거를 10년 만에 타도 넘어지지 않고 잘 달릴 때는 무의식적인 비서술기억에 의존한다.

스스로 인지하지 못하는 상태에서 학습이 이루어질 수 있다는 사실을 발견한 것은 사람의 기억 연구에서 가장 중대한 발전 가운데 하나로 꼽힌다. 20세기에는 기억상실증을 연구하는 대부분의 과학자들이 서술학습과 서술기억에 초점을 맞추었다. 하지만 또 하나의 이야기가 펼쳐지고 있었는데, 기억상실증 환자들이 자신의 학습 경험을 명시적으로 서술하지는 못하지만 다른 유형의 기억인 비서술학습을 통해 새 과제를 수행할 수 있음이 밝혀진 것이다. 비서술학습은 절차학습 혹은 암묵학습이라고도 부른다. 광범위한 학습 방법(운동기술 학습, 고전적 조건형성, 지각 학습, 반복점화)이 비서술이라는 넓은 우산을 쓰고 있다. 이들 방법은 습득하기까지 요구되는 시도 횟수, 결정적인 뇌회로, 지식의 지속 기간 등 여러 면에서 차이를 보인다.[1]

기억상실증 환자도 학습을 할 수 있다는 주장이 처음 나온 것은 1911년이었다. 제네바 대학교의 심리학자 에두아르드 클라파레드가 티아민 결핍으로 기억이 손상되는 코르사코프증후군을 앓는 마흔일곱 살 여성 환자에 관한 놀라운 병례를 기술했다. 이 환자는 헨리처럼 발병 전에 획득한 일반적인 지식은 모두 기억했다. 예를 들면 모든 유럽 국가의 수도 이름을 기억했고 간단한 암산을 할 수 있었다. 하지만 단어 목록이나 방금 읽어준 이야기는 기억하지 못했고 자기를 진료하는 의사도 알아보지 못했다.

하루는 클라파레드가 이 환자의 학습 능력을 알아보기 위해 손바닥에 핀을 숨기고 악수를 했다. 그녀는 핀 끝을 느끼고는 움찔했다. 다음 날 그녀에게 다가가 손을 내밀었더니 악수를 거절했지만 이유는 알지 못했다. 그녀는 분명 악수 당시의 정보를 받아들였지만, 다음 날에는 무의식기억 속에서 그런 반응을 일으킨 고통의 경험을 떠올릴 수 없었다. 공포의 내용을 진술하지 못하는 것은 서술기억이 손상되었음을 보여준다. 그러나 동시에 악수를 거절한 것은 비서술기억은 여전히 기능하고 있음을 시사한다.[2]

40년 뒤 브렌다 밀너가 처음으로 실험을 통해 기억상실증 환자에게 보존된 학습 능력을 보여주었다. 1955년에 하트퍼드에 있는 스코빌의 진료실에서 처음 헨리를 평가할 때 새로운 정보가 학습되는지 여부를 보기 위해 다양한 행동 과제를 부여했다. 밀너는 이 실험에 어떠한 가설도 전제하지 않았지만 결실은 어마어마했다. 한 과제에서는 사흘에 걸쳐 헨리의 수행점수가 측정 가능한 수준으로 향상되었다. 이 우연하고도 흥미진진한 발견은 헨리의 내측두엽에서 제거한 구조물이 이 종류의 학습에는 꼭 필요하지 않다는 것을 시사했다. 밀너의 실험은 뇌에 저장되는 장기기억이 두 종류임을 시사하는데, 헨리는 두 종류의 과제 중 하나만을 성공했다. 그후로부터 수십 년 동안 밀너의 발견에서 영감받은 비서술기억 연구 논문이 수천 건 발표되었다.

밀너가 선택한 테스트 중에 운동기술 학습 과제인 거울 보고 선 긋기가 있는데, 한 번 방문에 사흘 연속 실시했다. 밀너는 헨리에게 매일 오각형 별을 선을 따라 그리게 하면서 연필이 선 밖으로 나오지 않게 하라고 주문했다. 이 과제가 어려운 것은, 평면 책상 위에 놓인 별 인쇄 그림을 비스듬한 각도의 금속판이 가리고 있어 별과 헨리의 손과 연필이 보이지 않았기 때문이다. 비스듬한 금속판 오른쪽으로 몸을 기울이면 거울을 통해 별과 자신의 오른손과 연필을 볼 수 있다. 거울에는 이미지 전체가 반전되어 있기 때문에 그림을 몸에서 멀어지는 방향으로 그린다면 거꾸로 연필을 몸 방향으로 움직여야 한다. 동작의 방향을 잡기 위한 시각 단서가 뒤집혀 있는 것이다. 따라서 이 과제를 풀기 위해서는 새로운 운동기술을 습득해야 한다. 이 반전 시각 이미지가 손의 움직임을 지시한다. 밀너는 헨리의 손이 선에서 벗어났다가 돌아올 때마다 오류로 채점했다. 수검자 대다수가 처음에는 이 과제를 짜증스러워하고 어려워하지만, 시간과 노력을 투자하면 그림 속도가 빨라지고 실수도 줄어든다(그림17).[3]

헨리가 이 과제를 반복적으로 수행하면서 놀라운 일이 일어났다. 첫째 날에는 시도를 거듭하면서 오류 점수가 서서히 감소했는데, 놀랍게도 하루가 지나서도 전날 배운 것을 잊어버리지 않았다. 둘째 날 첫 테스트에서 오류 점수가 첫째 날 마지막 훈련 때와 거의 비슷하게 나온 것이다. 별 따라 그리기 횟수가 거듭되면서 오류는 줄어들었다. 셋째 날 수행점수는 만점에 근접했다. 선을 거의 벗어나지 않고 깔끔하게 별을 그려냈다.

헨리는 새 기술을 습득했다. 하지만 이 학습은 의식적 정보처리 범주 밖에서 이루어졌다. 둘째 날과 셋째 날에 헨리는 전날에도 같은 과제를 수행했다는 것을 전혀 기억하지 못했다. 밀너는 테스트 마지막 날을 선명하게 기억한다. 거울 속에 있는 별 그림을 능숙하게 따라 그린 헨리는 허리를 꼿꼿하게 펴고서 자랑스럽게 그림을 바라보았다. "거참 이상한 일입니다. 내 생각에는 이게 어려울 거 같았거든요. 그런데 제법 잘해낸 것 같지 않습니까?"

밀너는 헨리가 획득한 것과 같은 운동기술이 다른 기억 회로를 통해서, 그러니까 헨리에게 없는 해마 구조물 바깥에서 학습되는 것일 수도 있다고 추측했다. 이 우연한 발견이 내측두엽 회로에 의존하지 않는 학습 처리 과정이라는 보물 창고를 열었다. 헨리의 내측두엽 회로는 수술로 손상되었지만, 남아 있는 다른 뇌 영역이 이 학습 기능을 관장한 것이다.[4]

그림17 거울 보고 선 긋기 과제

1962년 밀너가 실행한 선구적인 실험은 기억상실증 환자에게 학습 능력이 남아 있음을 최초로 보여주었다. 밀너는 헨리에게 거울 보고 선 긋기 과제를 부여했다. 오각형 별을 따라 그리되 연필이 선 밖으로 나오지 않아야 하는데, 자신의 손과 연필과 별을 거울에 비친 상으로만 봐야 한다는 것이 난관이었다. 그렇지만 사흘에 걸쳐 과제를 수행하면서 헨리의 점수는 측정 가능한 정도로 상승했다. 그럼에도 헨리는 이 경험도, 자신이 이룬 성취도 의식하지 못했다. 이는 뇌에 두 종류의 장기기억이 저장된다는 것을 뜻한다. 하나는 헨리가 성공한 비서술기억이고 다른 하나는 헨리가 실패한 서술기억이다. 그로부터 몇십 년 뒤 우리 연구팀이 그 실험을 다시 실시했다. 헨리는 우리 팀의 첫 테스트를 수행한 지 약 1년이 지나 다시 테스트를 받을 때도 그 기술을 기억하고 있었다.

1962년 나는 맥길 대학교 대학원생 시절 몬트리올 신경학연구소 연구원으로 일할 때 밀너의 이 놀라운 발견을 심화시키기 위한 작업을 했다. 헨리가 테스트를 받기 위해 어머니와 함께 일주일 동안 몬트리올을 방문했을 때였다. 당시 과학자들은 헨리의 서술기억을 검사할 때 시각과 청각 정보를 기억하는 과제를 내주어 장애를 입증했다. 하지만 그의 기억장애가 촉각, 즉 체감각계까지 이어지는지를 검사한 사람은 없었다. 나는 헨리에게 촉각 미로의 정답 경로를 암기하는 과제를 내주었다. 나는 5장에서 헨리가 정답 경로를 처음부터 끝까지 학습하는 데 실패한 사례를 소개했다. 검사를 80회 수행하는 동안 오류 점수가 감소하지 않았다. 그런데 그사이 헨리는 새로운 무언가를 **학습**했다. 나는 매 시도에서 오류 횟수뿐만 아니라 출발점에서 도착점까지 소요된 시간도 기록했다. 헨리 모자가 이스트하트퍼드로 돌아간 뒤 이 데이터를 그래프로 구성했는데 놀랍게도 오류 점수에는 변화가 없지만 과제를 80회 수행하는 과정에서 시간 점수는 서서히 감소했다는 사실을 발견했다. 경로는 기억하지 못했지만 완주 속도는 매일 조금씩 빨라진 것이다. 미로 완주 시간이 단축되었다는 것은 무언가 배웠음을 의미했다. 헨리는 미로 찾는 방법, 즉 **요령**을 익힌 것이다. 그는 경로는 기억하지 못했지만 과제를 수행할 때 점점 느긋해졌다. 이 실험은 운동 학습은 사실과 경험을 응고화하고 저장하는 내측두엽과는 다른 기억 회로가 관장한다는 밀너의 가설을 강력하게 뒷받침했다.

내가 고안한 촉각 미로 과제에서 오류 점수와 시간 점수가 차이를 보인 것은 자유회상(서술기억)은 헨리에게 손상된 해마 영역이 담당하는 반면에 기술 학습(절차기억)은 손상되지 않은 다른 회로가 담당한다는 견해를 입증해준다. 내가 아는 바로는 이 1962년 실험 결과는 같은 실험 안에서 서술학습에는 실패하고(정답 경로를 학습하지 못함) 절차학습, 즉 비서술학습에는 성공한(운동기술이 향상됨) 것을 수치로 보여준 첫 사례였다. 이 두 가지 장기기억의 중요한 차이점을 규명하기 위해 나는 환자와 비환자에 대한 심화 연구를 이어갔다.[5]

새로운 운동기술을 획득하기 위해서는 과제를 계속해서 반복 수행해야 한다. 하지만 일단 획득하고 난 뒤에는 사라지지 않는다. 자전거는 한번 배우면 절대로 잊어버리지 않는다는 말도 있지 않은가. 그러나 모든 테니스 선수가 말하듯이, 운동기술은 한두 번 연습으로는 절대 완벽해질 수 없으며, 경험을 쌓으면서 발전한다. 여러 동작이 하나하나 성취되다가 하나의 전체로 조화를 이루어 자동적으로 매끄러운 움직임을 구사할 수 있을 때 비로소 기술이 완성된다. 가령 양손 백핸드를 구사하기까지 얼마나 많은 단계를 거쳐야 하는지 생각해보자. 먼저 네트 정면을 향해 두 발을 나란히 놓고 라켓을 두 손으로 쥔 채 자세를 잡는다. 공이 백핸드 쪽으로 날아오면 손을 살짝 풀면서 양손 백핸드 그립으로 기울였다가 어깨와 몸을 같은 방향으로 틀면서 네트에서 먼 방향으로 백스윙한다. 라켓헤드가 손보다 밑에 있어야 라켓 스트링이 공 뒤쪽을 때리면서 톱스핀이 걸린다. 다음으로는 발을 성큼 움직이면서 몸은 앞으로 향하고 두 팔은 위로 뻗는다. 공을 때릴 때는 체중을 다리 앞쪽에 실으면서 라켓을 어깨 위로 쭉 밀어올린다. 처음부터 끝까지 공에서 눈을 떼지 않으며 무릎은 살짝 굽힌 상태를 유지한다.

다루어야 할 정보가 너무 많다! 그러기 위해서는 (전전두엽피질이 조절하는) 인지제어처리 활동이 이루어져야 각각의 단계를 기억하고 그 단계들을 적절한 순서로 실행할 수 있다. 초심자는 자신의 동작과 움직임을 매 순간 의식적으로 관찰하게 된다. 이 기술은 쉽게 획득되지 않아 모든 중요 단계가 하나처럼 이루어질 때까지 연습을 거듭해야 한다. 이 학습 과정을 거쳐 뇌는 잘게 잘게 개별 동작으로 나뉘어 있던 백핸드 스트로크를 하나의 능숙한 샷으로 때릴 수 있게 된다. 이 정보를 인출할 때는 백핸드를 이루는 요소들이 서로 의미 덩이 지어진 chunking 그룹으로 움직인다. 학습이 된 다음에는 몇 주에서 몇 달, 심지어는 몇 년이 지나도 의식적인 제어 없이도 자동적으로 백핸드 스트로크가 나올 것이며, 그러면 집중력과 인지제어력은 게임, 세트, 나아가 경기 전체를 이기기 위해 필요한 전략을 지휘할 것이다.[6]

다행히 운동기술 학습 과정은 실험실 연구로 구현하기 수월해 헨리가 우리에게 풍부한 자원이 되었다. 1955년 밀너의 거울 보고 선 긋기 연구와 나의 1964년 연구가 일관된 결과로 나타나자 나는 헨리가 다른 운동 과제도 학습할 수 있는지 알아보기로 했다. 1966년 헨리가 마흔 살이었을 때 이 문제를 더 철두철미하게 파고들 기회가 왔다. 헨리의 부모님이 MIT의 임상연구센터에서 2주간 검사를 받도록 허락한 것이다. 이 검사를 시작으로 헨리는 35년에 걸쳐 임상연구센터를 50차례 방문하게 된다. 이번 방문에서 우리는 심각한 기억상실증을 앓는 헨리가 새로운 운동기술을 학습할 수 있는지를 검사하고자 했다. 검사를 14일 연속 실시한다는 계획으로 나는 회전 추적 과제, 양손 작동 과제, 좌우 동시 두드리기 과제를 제시하여 헨리의 기술 학습 발전 정도를 일일 단위로 기록했다.[7]

첫 과제인 회전 추적 과제의 장치는 구식 턴테이블과 비슷하게 생겼는데, 원 테두리에서 안쪽으로 약 5센티미터 떨어진 지점에 동전 하나 크기만한 금속 표적이 있다. 헨리는 오른손 엄지와 검지로 철필을 잡고, 내가 신호를 줄 때 철필로 표적을 짚는다. 몇 초 뒤 원반이 돌기 시작하면 20초 동안 회전하는 표적에서 철필이 떨어지지 않도록 해야 한다. 나는 철필이 표적에 머무는 시간과 철필이 표적을 떠난 횟수를 함께 기록했다. 첫 이틀은 하루 2회, 다음 닷새는 하루 1회씩 헨리와 대조군 수검자들에게 검사를 실시했다. 일주일 뒤 다시 검사를 실시해 헨리와 대조군 수검자들이 연습 없이 이 과제를 얼마나 기억하는지를 확인했다(그림18).[8]

7일간 검사를 받으며 헨리는 점수가 향상되었지만, 대조군 수검자들이 향상되는 수준에는 미치지 못했다. 기록을 자세히 들여다보면 검사 횟수가 증가하면서 표적을 짚은 횟수도 증가했고, 표적을 놓쳤다가 되찾는 데도 능숙해졌다. 전체적으로는 대조군 수검자들이 표적을 짚은 시간이 더 길었다. 헨리는 대조군만큼 점수가 급상승하지는 않았지만, 일주일 동안 별도의 훈련 없이도 새로운 운동기술을 학습할 수 있었다. 14일째 다시 실시한 검사에서는 7일째에 한 검사와 같은 점수가 나왔다.[9]

그다음 주에는 헨리에게 양손 작동 과제를 훈련시켰다. 알루미늄 원통에 가는 선 두 줄이 비대칭으로 그려진 장치를 사용한다. 원통이 회전하는 20초 동안 양손에 든 철필이 선에서 떨어지지 않게 하는 것이 과제다. 이 과제는 운동제어 측면에서 특히 어려운데, 헨리의 뇌가 오른손과 왼손, 오른쪽 눈과 왼쪽 눈의 움직임을 동시에 조정해야 하

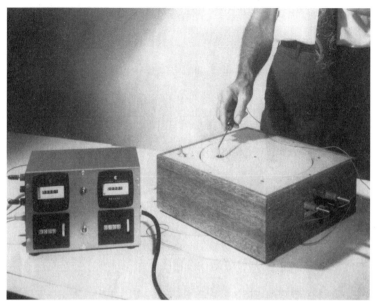

그림18 회전 추적 과제

회전 추적 과제가 시작되면 내가 헨리에게 철필로 표적을 짚으라고 주문한다. 원반이 돌기 시작하면 20초 동안 회전하는 표적에서 철필이 떨어지지 않도록 해야 한다. 나는 철필이 표적에 붙어 있는 시간과 표적에서 떨어진 횟수를 함께 기록했다. 7일간 검사받는 동안 대조군 수검자들만큼은 아니지만 헨리의 점수는 향상되었다. 다음 일주일 동안에는 훈련이 없었지만 이 기술을 그대로 유지했다.

기 때문이다. 따라서 좌우 뇌가 계속해서 상호작용해야 한다. 나는 회전 속도를 높여가면서 3회 검사를 실시하여 헨리와 대조군 수검자들이 철필을 원통에 표시된 선에 대고 있는 시간과 선에서 떨어뜨린 횟수를 각각 기록했다. 앞 과제와 마찬가지로 헨리의 점수가 대조군의 점수보다 낮았고 꾸준함에서도 떨어졌지만, 이 운동기술도 회를 거듭할수록 확실하게 향상되었다(그림19).[10]

헨리가 회전 추적 과제나 양손 작동 과제에서 뛰어난 점수를 내지 못한 것은 서술기억에 결함이 있어서가 아니다. 이 두 과제는 빠른 반응 시간으로 결정되는 검사였다. 검사자극에 반응할 시간이 충분했을 때는 헨리의 점수도 괜찮았다. 하지만 헨리는 전반적으로 모든 것을 천천히 하는 경향이 있었다. 이러한 느린 템포는 어느 정도는 간질뿐만 아니라 불면증에도 처방되는 진정제인 페노바르비탈이 원인이 되었을 것이다. 비슷한 병변을 지닌 다른 환자들, 스코빌의 환자 D. C.나 펜필드와 밀너의 환자 P. B.와 F. C.도 항경련제를 복용했고 행동이 느려졌다. 하지만 헨리는 이렇게 느린 템포에도 새로운 운동기술을 학습하고 그 지식을 오랜 기간 보유할 수 있었다. 항경련제 투약을 중단하면 어떤 점수가 나왔을지는 알 수 없다. 헨리의 건강과 안전을 해칠 위험이 있으므로 그러한 조건은 우리의 선택지에 없었다.[11]

또 다른 운동 학습 과제인 좌우 동시 두드리기는 철필로 표적 네 개를 차례로 두드리는 능력을 보는 것인데, 처음에는 양손을 각각 따로, 다음으로는 두 손을 동시에 쓴다. 이 연구의 목표는 주어진 30초 동안 두드리는 속도와 횟수가 연습을 통해 향상되는가를 보는 것이다. 이 장치에는 검은 목판에 4등분 표시된 금속 원 두 개가 나란히 있

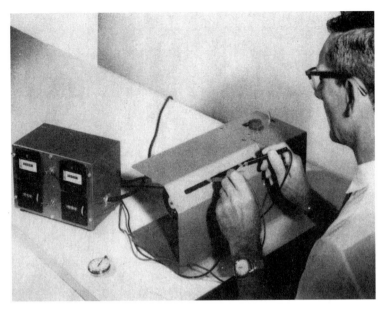

그림19 양손 작동 과제

양손 작동 과제에서 헨리는 원통이 회전하는 20초 동안 철필이 트랙에서 떨어지지 않게끔
해야 했다. 이 과제는 운동제어 측면에서 특히 어려웠는데, 회전하는 원통을 따라서 뇌가
양손과 양눈을 동시에 제어해야 하기 때문이다. 이 과제에서도 헨리는 대조군보다 점수가
낮았고 꾸준함에서도 떨어졌지만, 회를 거듭할수록 수행점수는 확실하게 향상되었다.

다. 4분원마다 숫자 1, 2, 3, 4가 붙어 있지만 숫자의 배열은 다르다. 먼저 헨리는 오른손으로 철필을 잡고 오른쪽 원에 있는 숫자를 1-2-3-4 순으로 두드린다. 그다음엔 왼손으로 철필을 잡고 왼쪽 원에 적힌 숫자를 1-2-3-4 순으로 두드린다. 다음으로는 양쪽 원에 있는 숫자를 동시에 두드리라고 주문하는데 헨리에게는 특히 어려운 과제다. 양쪽 원에 있는 숫자 배열이 달라서 두 손의 궤적도 달라야 하므로 오른손과 왼손의 움직임을 잘 조정해야 한다. 이 과제는 40분 간격을 두고 2회 수행했다(그림20).[12]

이 과제에서는 헨리가 대조군과 같은 점수를 받았고, 휴식시간 뒤에 다시 테스트했을 때는 먼저 1회 때보다 속도가 빨라졌다. 헨리는 두드리기 기술에 대한 운동기억을 응고화했고, 따라서 학습된 이 운동행동을 40분 뒤에 재현할 수 있었다. 이 운동기술은 대조군과 맞먹었는데 어째서 회전 추적과 양손 동작에서는 그렇지 못했을까? 가장 큰 차이는 이 두드리기 과제가 자기 주도형이었다는 점이다. 헨리는 자신에게 맞는 속도로 과제를 수행할 수 있었다. 하지만 다른 두 과제는 장치가 작동되는 속도에 맞춰야 했다. 회전 추적 장치는 세 가지 속도로 회전했고, 양손 작동 장치는 자동으로 회전 속도가 상승했다. 이 두 과제에서는 표적이 어디로 가는지도 재빠르게 예측해야 했는데, 그 과정에서 서술기억에 입력된 정보가 필요했을 수도 있다.[13]

이 헨리 사례에 대한 초기 연구는 서술학습과 비서술학습에 어떤 차이가 있는지 잘 보여준다. 서술지식은 내측두엽 구조물이 있어야 외현되는 반면에 절차적 비서술지식은 이 연결망과 별개로 이루어진다. 새로운 기술이나 방법을 학습하는 일은 의식적인 지각 없이 일어

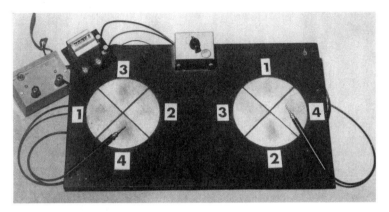

그림20 좌우 동시 두드리기 과제

헨리는 오른손으로 철필을 잡고 오른쪽 원에 있는 숫자를 1-2-3-4 순으로 두드려야 한다. 그다음 왼손으로 잡은 철필로 왼쪽 원에 있는 숫자를 1-2-3-4 순으로 두드린다. 다음으로는 양쪽 원에 있는 숫자를 동시에 두드리며 1-2-3-4 순으로 진행하라고 주문했는데, 이것이 특히 어려운 과제다. 양쪽의 숫자 배열이 달라 두 손의 궤적도 달라야 하므로 오른손과 왼손이 협응해야 하기 때문이다. 이 자기 주도형(스스로 속도를 조절할 수 있는) 과제에서 헨리는 대조군만큼 점수가 나왔고, 휴식을 취한 뒤 다시 테스트했을 때는 처음보다 속도가 빨라졌다.

난다. 자전거를 타거나 테니스를 치거나 스키를 탈 때는 그 기술이 있는지 없는지가 실행을 통해 드러난다. 자기 동작을 밀리세컨드 단위로 분석하려 들다가는 충돌하고 공을 놓치고 날끼리 엉키고 말 것이다. 음악가들도 마찬가지다. 어려운 곡을 연주하면서 한 음 한 음 떼어 생각하다가는 연주 자체가 엉망이 되고 말기에 그런 생각 없이 곡 전체를 하나의 복합적인 운동 순서로 여기고 실행해야 한다. 피아니스트 피터 서킨이 보스턴 심포니오케스트라와 협연으로 모차르트 협주곡을 연주한다면, 이 곡을 해석해 이끄는 것은 이 연주곡을 오랜 세월 맹렬히 연습하면서 그의 뇌가 획득한 방대한 절차지식이다. 연주할 때는 개별 건반음 하나하나가 물 흐르듯이 하나의 전체로 통합되어 각 음의 손가락 움직임을 전혀 의식하지 않는다.

　신경과학에서 학습의 종류를 구분하기 전까지는 철학, 컴퓨터과학, 심리학 같은 분야가 추상적인 이론화 작업을 시도해왔다. 영국 철학자 길버트 라일은 1949년 저서 《마음의 개념The Concept of Mind》에서 정신을 연구하는 이론가들이 지능의 토대로서 지식이 하는 역할을 과도하게 강조하는 나머지 개인에게 있어 과제를 수행하는 방법을 이해한다는 것이 무엇을 의미하는지는 고려하지 못한다고 질책했다. 라일은 이 차이를 **명제적 지식**knowing that과 **방법적 지식**knowing-how으로 구분했다. 우리가 춤 동작 같은 새로운 기술을 배울 때 뇌가 근육에 보내는 일련의 명령과 그 결과로 발생하는 반응(명제적 지식)을 말로는 명확하게 설명하지 못하겠지만 새로 익힌 기교를 몸으로 보여줌(방법적 지식)으로써 친구들의 찬사를 받는 것은 가능하다.[14]

헨리에게 새 운동기술 학습 능력이 있다는 사실은 수술로 제거된 해마와 인접 구조물이 새로운 운동기술을 학습하는 데 반드시 필요한 것은 아님을 설득력 있게 증명해주었다. 그렇다면 우리가 답을 구해야 하는 다음 질문은, 운동 학습을 **지원하는** 결정적인 뇌회로는 무엇이냐가 될 것이다. 이 문제를 조사하기 위해 우리는 다른 원인으로 뇌에 손상을 입은 비기억상실증 환자들에게 초점을 맞추었다.

20세기 이래로 과학자들은 **기저핵**과 **소뇌**, 이 두 뇌 영역이 운동 학습에 중대한 역할을 한다는 사실을 밝혀왔다. 신경계 질환자들의 운동기술 학습을 연구하는 학자들은 기저핵 안에 있는 피질하 구조들의 집합체인 **미상핵**과 **조가비핵**[피각](이 두 집합체를 선조체라고 부른다)에 초점을 맞춰왔다. 이 구조들은 위아래, 즉 피질에 있는 뉴런과 뇌 아래쪽에 있는 뉴런에서 들어오는 신호를 받는다. 선조체는 특정 피질 영역에서 오는 신호를 받아서 그 신호를 감각기능과 운동기능을 통합하는 간뇌의 구조인 시상을 거쳐 같은 피질 영역으로 돌려보낸다. 그 결과 선조체는 몸과 세계에서 무슨 일이 벌어지는지를 소상히 알게 되는데, 이 능력 덕분에 어려운 운동기술 학습에 중요한 역할을 수행할 수 있다(그림21).

소뇌는 뇌 뒤쪽 시각피질 밑에 위치한 크고 복잡한 구조다. 헨리의 소뇌는 크기가 많이 작아졌지만 MRI로는 정확한 손상 부위를 알아낼 수 없었다. 소뇌는 선조체는 물론 피질에 있는 여러 부위와 폐쇄회로 방식으로 직결되어 있다. 소뇌는 뇌와 척수에 있는 많은 영역으로부터 정보를 받기 때문에 운동기능 조절의 최전선에 서 있다.

선조체 이상은 퇴행성 뇌질환인 파킨슨병과 헌팅턴병을 포함하여

20여 가지 질병의 원인이 된다. 파킨슨병은 선조체에 있는 조가비핵에 이상이 생겼을 때 나타나며, 헌팅턴병은 미상핵에 이상이 생겼을 때 나타난다.

파킨슨병은 원인이 알려지지 않은 흔한 질환으로, 50대에 가장 발병이 많으며 여성보다는 남성에게 많이 나타난다. 파킨슨병의 흔한 증상으로는 무표정, 느린 움직임, 손 떨림, 구부정한 자세, 발을 질질 끄는 걸음걸이가 있다. 파킨슨병은 흑색질에서 뉴런이 소실되어 나타나는 질환이다. 흑색질은 대뇌피질 아래 자리 잡은 회색질 덩어리로 신경전달물질인 도파민을 선조체에 있는 조가비핵으로 보내는 기능을 한다. 흑색질에 있는 뉴런이 죽으면 파킨슨병 환자에게서 볼 수 있듯이 조가비핵에 전달될 도파민이 생성되지 않아 운동장애를 일으킨다.[15]

헌팅턴병은 미상핵에 있는 뉴런이 소실되어 나타나는 희귀 유전병으로 피질 내 세포를 사멸시킨다. 이 병의 원인은 4번 염색체에 있는 HTT 유전자 결함 때문인 것으로 알려져 있다. 헌팅턴병 환자에게는 이 유전자에 있는 특정 염기가 120회까지 반복되는 것으로 나타나는데, 이 병을 앓지 않는 사람들은 10회에서 35회가량 반복된다. 파킨슨병의 특징이 움직임 결핍이라면 헌팅턴병의 특징은 움직임 과다라고 할 수 있다. 헌팅턴병에서 가장 두드러지는 증상은 얼굴, 사지, 엉덩이가 비틀리거나 경련 같은 불수의적 움직임이 나타나는 것인데 마치 춤추는 것처럼 보인다.[16]

파킨슨병과 헌팅턴병은 선조체에 있는 각기 다른 부위(파킨슨은 조가비핵, 헌팅턴은 미상핵)에서 초기 손상이 일어나므로, 이 두 병을 병행 연구하면 교차 검증이 가능하여 다양한 운동기술을 관장하는 영역을

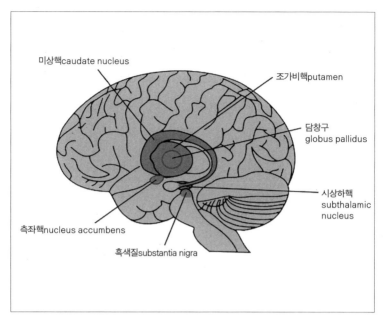

미상핵caudate nucleus

조가비핵putamen

담창구
globus pallidus

시상하핵
subthalamic
nucleus

측좌핵nucleus accumbens

흑색질substantia nigra

그림21 기저핵

기저핵은 대뇌반구 중심에 자리 잡은 여러 핵의 집합회로로, 피질과 협력하여 자세와 운
동을 제어하며 무의식적 학습을 관장한다. 기저핵에서 핵심 구조는 선조체(미상핵과 조가
비핵), 측좌핵, 담창구, 시상하핵, 흑색질이다. 전두엽과 두정엽 영역에서 받은 정보가 이
기저핵의 회로를 따라 시상을 거쳐 다시 전두엽으로 돌아간다.

찾아내는 데 도움이 될 것이다.

1990년대 초 우리 연구팀은 운동기술 학습에서 조가비핵이 어떤 역할을 담당하는지 알아내기 위해 초기 파킨슨병 환자들을 대상으로 거울 보고 선 긋기 검사를 실시했다. 과제는 거울에 비친 육각별을 선에서 벗어나지 않고 되도록 빨리 그리는 것이다. 파킨슨병 환자들은 운동장애로 인해 대조군 수검자들보다 육각별을 느리게 그렸고 자주 멈추는 바람에 시간이 더 오래 걸렸다. 결과는 우리가 예상한 바와 같았는데, 우리는 이 검사로 운동학습능력이 아닌 운동수행능력을 측정하고자 했다. 파킨슨병이 운동기술 학습기능에 영향을 미쳤는지를 알아보기 위해 우리는 3일 연속 훈련을 실시하면서 환자군과 대조군의 속도 변화를 기록했다. 우리는 육각별 밑에 디지털 계기판을 설치하여 매회 철필의 시작점에서 도착점까지 밀리세컨드 단위로 정확하게 파악했다. 이 수치 기록으로 운동기술 학습과 관련한 몇 가지 지수를 측정할 수 있었다. 이 측정 방법은 운동 수행능력에 결함이 있더라도 악영향을 받지 않았는데, 검사 시작 시점에 수검자의 수행 수준과는 무관하게 개개인의 향상 속도만을 적용했기 때문이다.

3일간 훈련을 거치면서 파킨슨병 환자들은 모든 지수가 향상되기는 했지만 향상되는 속도는 대조군 수검자들보다 느렸다. 별 도형 선 긋기를 완성하는 데 걸리는 시간, 선에서 벗어났다가 돌아오는 데 걸리는 시간, 거꾸로 돌아가는 데 걸리는 시간 등 몇 가지 지수에서는 3일간 훈련 과정에서 파킨슨병 환자군이 대조군보다 덜 향상되었다. 이 거울 보고 선 긋기 과제에서 환자들이 겪은 어려움은 선조체가 복잡한 운동기술 학습을 관장한다는 직접적인 근거가 되므로, 헨리가

이들 운동기술을 학습할 때 선조체가 협력한다는 견해에 힘을 실어주었다.[17]

우리의 실험에 참여한 파킨슨병 환자들이 거울 보고 선 긋기 과제에서 장애를 겪었다고 해서 모든 운동 학습 과제에서 형편없는 점수를 받을 것이라고 생각해서는 안 된다. 뇌의 많은 영역이 운동행동을 담당하는데, 이 모든 영역이 단 하나의 만능운동 학습기능만 전담한다는 것은 말이 되지 않는다. 뇌는 어떤 부속품도 업무 과다에 치이도록 방치하지 않는 효율성 높은 기계다. 따라서 우리는 운동기술마다 각기 다른 인지 및 신경 처리 기능이 관여한다는 가설을 세웠다. 거울 따라 선 긋기 과제에 기용됐던 선조체 내의 뇌회로가 다른 기술 학습 과제, 예컨대 특정 반응 순서 학습에도 이용되는 법은 없다는 이야기다.

1990년대 초에 우리는 파킨슨병 환자가 겪는 운동 학습 장애의 범위를 연구하면서 매리 조 니센과 피터 불러머가 1987년에 처음 선보인 순서 학습법을 도입했다. 파킨슨병 환자들이 컴퓨터 단말기 앞에 앉는다. 컴퓨터 화면 하단에 작은 흰 점 네 개가 일렬로 뜬다. 우리는 점 네 개에 반응 단추 네 개를 각각 연결한 특수 키보드를 제작했다. 수검자들은 왼손 중지와 검지로 왼쪽 두 단추를 조작하고, 오른손 중지와 검지로는 오른쪽 두 단추를 조작한다. 이 테스트에서 주어진 과제는 흰색 점 네 개 중 한 점 밑에 작은 흰색 사각형이 뜨면 그 위치에 해당하는 단추를 최대한 빨리 누르는 것이다. 수검자들은 한 세트에서 열 가지 배열 순서가 10회씩 반복되어 단추를 누르는 횟수가 총 1백 회라는 것을 모르고 있다. 수검자가 그 순서를 학습한다면 반복되는 배열로 구성된 세트에서는 반응 속도가 점점 더 빨라질 것이고, 무

작위 배열로 구성된 세트에서는 반응 속도가 빨라지지 않을 것이다(그림22).[18]

이 순서 학습 과제를 파킨슨병 환자군과 대조군에게 이틀 연속 실시했다. 과제 수행 시간은 두 그룹 간에 차이가 없었으며, 파킨슨병 환자군은 정상적으로 과제를 수행했다. 테스트 첫날 동안 반복 배열에 반응하는 시간이 감소했으며 하룻밤이 지나도 이 학습기억이 유지되어 둘째 날 테스트를 시작할 때는 첫날 테스트가 끝날 무렵의 속도와 같았다. 반복 배열 과제에서 파킨슨 환자군의 반응 시간이 줄었다는 것은 그들이 절차지식을 정상적으로 습득했음을 시사한다.

파킨슨병 환자들이 수행한 거울 보고 선 긋기 과제와 순서 학습 과제 점수를 비교해보니 전자는 학습이 되지 않았고 후자는 학습이 되었는데, 이는 기술 학습을 천편일률적인 것으로 보아서는 안 되며 기술의 종류에 따라 담당하는 신경 기반이 다르다는 것을 시사한다. 파킨슨병 환자군의 경우 거울 보고 선 긋기 기술 학습을 지원하는 선조체의 기억 회로가 제대로 작동하지 않았다. 하지만 같은 환자군에게 남아 있는 다른 신경회로가 순서 학습을 정상적으로 수행할 수 있게 해주었다. 우리의 다음 질문은 '이 회로는 무엇인가, 다른 병을 앓는 환자에게도 이 회로가 손상되는가'였다.

헌팅턴병을 조사하면서 우리는 미상핵 손상이 이 과제에 어떤 영향을 미쳤는지 알 수 있었고, 이것이 순서 학습에 관여하는 기질을 찾아내기 위한 실마리가 되었다. 니센은 헌팅턴병 환자군에게 순서 학습 테스트를 실시했는데 이들에게 학습장애가 나타났다. 이 환자들의 운동능력은 이 과제를 수행하기에는 충분했지만, 스물한 명의 대조군

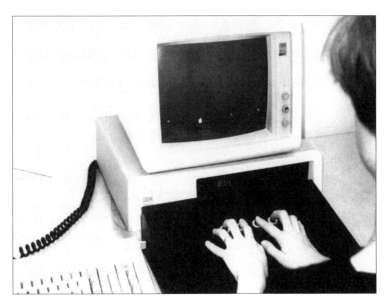

그림22 순서 학습 과제

파킨슨병 환자들이 컴퓨터 단말기 앞에 앉으면 화면 하단에 작은 흰 점 네 개가 일렬로 뜬다. 점 네 개 가운데 하나 밑에 작은 흰색 사각형이 뜨면 그 위치에 해당되는 단추를 최대한 빨리 누르는 과제다. 세트당 열 가지 배열 순서가 10회씩 반복되어 단추를 누르는 횟수는 총 백 회가 되는데, 환자군 수검자와 대조군 수검자에게는 이 사실을 알려주지 않는다. 우리는 초기 파킨슨병 환자들과 비환자 대조군이 이 배열 순서를 학습한다는 것을 확인했다. 반복되는 배열로 구성된 세트에서는 반응 시간이 점점 짧아졌으며, 무작위 배열로 구성된 세트에서는 반응 시간이 짧아지지 않았다. 반면에 헌팅턴병 환자군에서는 이 비서술 학습이 나타나지 않았다.

수검자들과 비교하면 속도가 더 느리고 정확도도 떨어졌다. 이들이 보이는 장애는 인지장애와는 무관하다. 이 결과는 배열 순서 학습에서 미상핵이 중대한 역할을 수행한다는 것을 보여준다.[19]

파킨슨병과 헌팅턴병을 병행 실험해 보면 선조체 안에서 일어난 병변의 차이가 순서 학습에 어떻게 다른 영향을 미치는지를 알 수 있다. 파킨슨병 환자들은 순서 학습을 정상적으로 수행했지만 헌팅턴병 환자들은 장애를 보였다. 이 차이는 순서 학습 기능에서는 헌팅턴병 발생 초기에 손상되는 미상핵이 결정적인 기질인 반면에, 파킨슨병 발생 초기에 손상되는 조가비핵은 그렇지 않음을 시사한다.

운동 학습에 관여하는 뇌 영역은 선조체만이 아니다. 신경과학 분야에서는 1960년대부터 동물실험과 소뇌 이상 환자 연구를 통해 기술 획득을 관장하는 뇌 영역에 대한 또 다른 견해가 형성되어왔다. 소뇌에 이상이 생기면 협응운동장애, 굼뜬 움직임, 떨림, 불분명한 발음 같은 증상이 나타난다. 만취한 사람들에게서도 이런 증상이 나타나며, 헨리도 떨림을 제외한 나머지 증상을 모두 겪었다. 소뇌 퇴행이 일어나는 환자들은 순서 학습에 장애를 보였지만, 여러 연구에서 소뇌 퇴행의 근본적인 결함이 파킨슨병과는 다를뿐더러 더 심각할 수도 있음을 시사하는 결과가 나왔다. 소뇌 퇴행 환자들은 헨리가 성공적으로 수행한 오각형 별 선 긋기 과제와 비슷한, 거울에 비친 단순한 기하학 패턴 따라 그리기 같은 과제에서도 대조군보다 속도와 정확도 모두 떨어졌다. 1962년 우리는 헨리 사례를 통해 거울 보고 선 긋기 기술에 반드시 내측두엽 영역이 필요한 것은 아님을 밝혀냈는데, 그로부터 30년 뒤 같은 유형의 학습에 소뇌가 반드시 필요하다는 것을 알아냈다.[20]

소뇌 손상이 거울 보고 선 긋기 과제 시에 영향을 미친다는 것은 이 환자들이 테스트를 수행하는 동안 동작에 대한 가르침을 받는다 해도 그 정보를 활용하지 못한다는 이야기다. 시각적 이미지를 볼 수 있고 팔과 손의 위치 변화도 감지하지만, 이 정보를 근육을 움직이라는 새 명령으로 전환하지 못하는 것이다. 그들은 이 굳어진 반응을 학습으로 극복할 수 없었다. 이런 결함은 이 과제에만 국한된 것이 아니라 입력된 감각 정보를 근육 작동 명령으로 통합하는 기능 자체에 장애가 생긴 것에 가까웠다. 자판 타이핑을 생각해보자. 이 기술을 실행할 때는 손가락 끝에 닿는 자판의 촉감, 손가락과 손의 위치와 움직임, 손과 컴퓨터 화면에 뜬 문서의 시각 이미지 등 여러 경로를 통해 정보를 받아들인다. 타이핑을 할 때는 원하는 글자를 화면에 띄우기 위해 뇌가 이 모든 입력 정보를 자동적으로 종합하여 손가락에 어느 정도로 힘을 가하고 어떻게 움직일 것인지를 명령한다. 이렇게 복잡한 운동기술이라도 건강한 사람이라면 연습을 통해 별문제 없이 획득할 수 있다.

프리즘 적응은 감각 회로와 운동 회로의 협력을 보여주는 인상적인 예다. 수검자는 빛을 왼쪽 혹은 오른쪽으로 몇 도 굴절시켜 사물이 실제 위치에서 왼쪽 혹은 오른쪽으로 몇 도가량 비껴나 보이게 만드는 프리즘 안경을 착용한다. 수검자는 평소 시력으로 표적을 짚는 연습을 한 뒤 프리즘 안경을 착용한다. 이 기술에 능숙해지면 검사자가 프리즘 안경을 착용하라고 하는데, 그와 함께 시각 환경이 바뀌고 표적이 제시된다. 프리즘이 왼쪽으로 굴절된 렌즈라면 수검자는 표적 오른쪽을 짚을 것이다. 그러나 몇 분 연습하고 나면 이 굴절에 적응하여 표적을 정확하게 짚게 된다. 프리즘을 뺀 뒤 다시 짚는다면 적응의 여파가 나타날 것이다. 수검자는 반대 방향을 짚는데, 이는 변화된 시각 정보에 적응했음을 의미한다.

1990년대 말 이 적응 처리에 요구되는 뇌회로가 밝혀졌다. 시각 환경 변화에 적응하는 데 결정적인 역할을 담당하는 뇌 영역을 정확하게 찾아내기 위해 신경과학자들은 소뇌 장애 환자들에게 프리즘 적응 테스트를 실시했다. 1996년 실험에서 수검자들은 세 가지 조건, 즉 프리즘 착용 전과 착용하고 있을 때와 벗은 직후에 표적을 향해 공 던지기 과제를 수행했다. 연구자들은 이 세 가지 조건 아래 학습 능력을 평가했다. 수검자들은 프리즘 렌즈로 인해 표적이 실제 위치보다 왼쪽에 있는 것으로 보이기 때문에 처음에는 표적 왼쪽에 공을 던졌다. 연습을 거쳐 점점 더 오른쪽으로 던지게 되면서 공이 맞는 지점이 표적 중심에 가까워졌다. 대조군 수검자들의 경우 프리즘 안경을 벗은 뒤 여전히 프리즘을 착용하고 있는 것처럼 표적 오른쪽을 향해 공을 던졌다. 이는 시각 환경의 변화에 적응했음을 시사한다. 이 반작용 잔존효과를 학습 여부를 판단하는 척도로 삼았다. 소뇌 장애 환자들은 프리즘 안경을 벗은 뒤에도 처음에 했던 그대로 표적 왼쪽에 공을 던져 대조군에게서 나타났던 반작용 잔존효과가 나타나지 않았다. 이 결과는 이 환자들의 뇌에서 프리즘 굴절을 상쇄하는 작용이 일어나지 않았다는 강력한 증거다. 이 실험은 소뇌가 지각 정보와 운동 정보, 이 두 종류의 정보를 통합하여 시계 변화를 수용하는 기능을 수행한다는 것을 보여준다.[21]

우리는 1990년대 중반에 헨리에게 이 테스트를 실시했는데, 놀랍게도 헨리는 현저한 소뇌위축증에도 불구하고 정상적인 프리즘 적응

능력을 보였다. 이 프리즘 적응 과제는 시지각기능 담당 회로와 운동기능 담당 회로의 상호작용으로 이루어지는 비서술학습에 소뇌 손상이 어떤 영향을 미치는지 살펴보기에 이상적인 검사였다. 우리는 프리즘 렌즈로 인해 헨리가 일하는 공간 안에 있는 모든 것이 왼쪽으로 11도 옮겨진 것처럼 보이는 상황에 헨리의 운동계가 적응할 수 있는가를 실험했다. 우리는 헨리에게 프리즘 렌즈를 장착한 실험용 고글을 착용하게 했다. 팔을 뻗은 만큼 떨어진 거리에 수직 기준선이 있고, 헨리는 프리즘 착용 전, 프리즘 착용 시, 프리즘 탈착 후라는 세 상황에서 오른손 검지로 재빨리 선이 어디에 있는지를 가리켜야 한다. 각 상황마다 정면에 있는 점 한 개와 좌우에 있는 각 네 개 점씩 총 아홉 개 점을 짚어야 한다. 우리는 매회 헨리가 어느 지점을 짚었는지 기록하여 그 위치가 표적에서 얼마만큼 벗어났는지를 측정했다. 다른 프리즘 적응 실험과 마찬가지로 프리즘 탈착 후에 나타나는 반작용 잔존효과 수치(헨리가 짚은 지점이 표적에서 얼마나 벗어났는가)를 학습의 척도로 삼았다.

헨리의 수행점수는 대조군 수검자 열 명과 같았다. 프리즘 착용 시에는 자신이 표적에서 왼쪽으로 크게 벗어났다는 것을 명확하게 인지하여 검지를 점점 오른쪽으로 옮기다가 표적을 정확하게 짚었다. 프리즘을 벗은 뒤에는 프리즘이 아직 남아 있는 것처럼 표적 오른쪽을 짚었다. 정상적으로 반작용 잔존효과가 나타났다는 확실한 근거다. 이 과제를 수행하는 동안 헨리의 뇌에서 감각기능 회로와 운동기능 회로가 상호작용하여 이 비서술학습을 성공적으로 이루어낸 것이다.

소뇌에 남은 어떤 기능이 헨리의 수행을 지원했는지는 아직 알지 못하지만, 헨리에게 온전하게 남아 있는 소뇌회로를 사후 연구하면 이 결과가 의미하는 바를 더욱 깊이 있게 이해할 수 있을 것이라고 본다. 우리가 특히 관심을 둔 것은 정보를 소뇌로 전달하는 구조인 소뇌심부핵인데, 남아 있을 경우에는 이것이 프리즘에 적응하는 데 필수적인 조직으로 기능할 수도 있다. 따라서 프리즘 적응을 관장하는 뇌 신경회로를 밝혀내는 것이 신경과학 분야에서 중요한 성취가 될 것이다.

운동기술 학습 연구에서는 헨리의 수행능력과 내측두엽 이외 영역에 손상을 입은 환자들의 수행능력이 매우 대조적이었다. 우리는 뇌에서 운동기술 학습과 서술기억을 담당하는 영역이 다르다는 사실을 알아냈다. 해마 부위에는 사실과 사건을 회상하고 재인하는 회로는 있지만 새로운 운동기술을 학습하는 회로는 없다. 반면에 미상핵과 조가비핵, 소뇌에 있는 회로들이 운동기술을 학습하는 데는 반드시 필요하지만 사실과 사건에 관한 기억을 인출하는 데는 그렇지 않다.

헨리가 실험실 테스트에서는 새로운 기술을 획득할 수 있었지만, 보행보조기 조작 기술을 제외하면 일상생활에서 이 능력을 십분 발휘하지는 못했다. 간질발작도 있는 데다가 소뇌 손상으로 인한 여러 증상이 춤을 비롯해 새로운 운동기술을 학습하는 데 방해가 되었기 때문이다. 헨리는 크로케 게임(공을 나무 망치로 쳐서 두 기둥 사이로 통과시키는 놀이 — 옮긴이)은 할 줄 알았지만, 연습으로 실력이 향상되었는지 여부는 알 수 없다.

신경과학자들은 뇌 손상으로 인해 운동기술을 담당하는 신경회로가 파괴되는 문제를 연구하면서 아울러 운동기술 과제를 학습하고 수행하는 대뇌 신경회로의 메커니즘을 설명하는 이론 모형을 만들었다. 1994년 MIT의 신경과학자 레자 섀드머와 퍼디난도 무사이발디가 내놓은 가설이 운동기억을 이해하는 데 중대한 돌파구가 되었다. 뻗는 동작을 할 때 우리 몸에 있는 운동제어 체계가 환경에서 발생하는 예기치 못한 변화에 적응한다는 주장이다. 뇌는 이 과업을 달성하기 위해 경험을 통해 환경 안에서 작용하는 힘(미는 힘과 당기는 힘)을 어림 계산하는 일종의 정신 모형을 구축한다. 이 정신 모형은 뇌가 습득한 기술을 부호화하고 수정하는 메커니즘을 설명하는 데 널리 쓰이고 있다.[22]

이 정신 모형이 어떤 것인지 이해하기 위해 목마른 상황을 예로 들어보자. 갈증을 느끼면 유리잔에 물을 따른 뒤 손으로 잔을 잡고 입으로 가져가 마신다. 이 동작은 우리가 살면서 무수히 많은 장소에서 무수히 수행해온 단순한 운동이지만 보이는 것만큼 간단하지는 않다. 팔을 움직이기 전에 뇌가 유리잔 모양이며 예상되는 무게, 놓인 위치, 손의 위치 따위의 기본 정보를 접수하여 처리한다. 이때 뇌가 수행해야 하는 업무는 식탁 위에 있는 유리잔의 위치와 유리잔을 잡는다는 목표를 입술로 유리잔을 가져오기 위해 필요한 근육 활동 패턴으로 번역하는 것이다. 우리는 이런 종류의 운동명령(이 닦기, 칼과 포크 사용, 운전, 인터넷 검색 등)을 일상에서 끊임없이 이행한다. 우리는 평생에 걸쳐 갖가지 환경에서 무수히 많은 사물과 상호작용하는데, 그때마다 우리 뇌가 감각기관으로 받아들인 정보를 동작으로 전환해야 하며, 상황이 갑자기 바뀌더라도 다행히 우리는 곧바로 적응할 수 있다.

정신 모형은 손 동작과 운동명령의 관계를 처리하는 뇌회로를 의미한다. 예를 들어 손이 하고자 하는 동작과 이 동작을 성취하기 위해 필요한 운동출력의 관계를 구현한 것은 **역방향 모형**이다. 이 정신 모형은 손으로 유리잔을 잡도록 안내하는 체계에서 큰 비중을 차지하는 요소다. 또 다른 정신 모형인 **순방향 모형**은 운동명령의 결과를 예측하여 특정 운동 과제(위의 예에서는 물 한 잔 마시기)를 성공적으로 수행하기 위해 필요한 회로를 선택하게 해준다. 1998년 일본의 한 컴퓨터 신경과학자가 런던에 있는 동료와 공동 연구를 진행하면서 정신 모형 개념을 도입하여, 새로운 운동기술을 획득하는 것은 운동 과제 수행을 위한 정신 모형을 확립할 수 있느냐에 달려 있다는 가설을 세웠다. 운동 학습은 동작의 표적이나 목표의 공간적 특성을 적절한 근육 활성화 패턴으로 번역하는 처리 과정이다.[23]

　이 컴퓨터 신경과학 연구팀은 두 종류의 정신 모형이 협조하여 실제 동작을 추적해서 우리가 성취하려고 하는 동작의 심상을 만들어낸다고 주장했다. 한 모형은 운동출력(유리잔을 향해 팔을 뻗어 잡는 동작)과 그 뒤로 이어지는 감각입력 정보(유리잔과 팔의 위치와 팔을 뻗어 유리잔을 잡는 속도)를 연결한다. 이 모형은 팔의 현재 상태와 동작명령('잔을 향해 뻗어라')을 감안하여 다음 위치와 움직이는 속도를 단계마다 예측한다. 다른 모형은 잔을 잡기 위해 필요한 실제 운동명령을 만들어낸다.[24]

　이 두 모형이 상호작용할 때 뇌는 팔의 실제 상태와 원하는 상태를 비교한다. 이 두 상태가 어긋나는 것이 수행 오류에 대한 결정적인 정보로 전달된다. 목표를 성취하기 위해 동작을 어떻게 수정해야 한다고 지시하는 오류 신호가 학습을 촉진한다. 뇌는 정보의 맥락(가령 유리잔의 위치가 바뀐 상황)이나 오류 정보(면밀한 감각운동 피드백 지시)를 토대로 해서 한 모형에서 다른 모형으로 전환할 수 있다. 이 전환 메커니즘이 환경 변화에 언제든 신속하게 적응하는 유연성을 보장하는 것이다.[25]

헨리가 거울에 거꾸로 비친 육각형 별 패턴과 철필과 손을 모두 보면서 선 긋기 과제를 수행할 때, 그의 뇌에서는 눈에 보이는 것과 철필이 움직이는 경로 간의 관계를 기술하는 새로운 정신 모형이 구축되고 있었다. 이 새로 구축된 정신 모형은 전담 뇌회로가 따로 담당해서 이전에 학습된 운동행동이 끼어들지 못하도록 한다. 일상에서 이러한 정신 모형들이 축적되면서 우리 뇌에는 방대한 운동행동 목록이 구축된다.

일본 교토의 연구자들은 컴퓨터 모형, 인지과학, 신경생리학에서 이루어진 연구 결과를 토대로 이러한 정신 모형이 생성되고 저장되는 곳이 주로 소뇌일 것이라고 예측했다. 이 복잡하고 큰 구조가 이런 업무를 수행할 수 있는 것은, 이 구조가 실제 동작과 목표 동작 간의 차이를 오류 신호로 접수하여 (그 오류를 수정할) 다음 동작을 이끌어낼 수 있는 생리학적 역량이 있기 때문이다

일본 연구자들은 2007년에 fMRI로 이 가설을 실험하여 처음으로 정신 모형이 소뇌에서 형성된다는 생리학적 근거를 얻어냈다. 이 학자들은 수검자들에게 컴퓨터 마우스로 컴퓨터 화면에서 불규칙하게 이동하는 표적을 따라다니게 하는 과제를 내주었다. 기준 조건에서는 마우스가 정방향으로 이동하고, 테스트 조건에서는 마우스를 120도 회전되어 마우스와 커서의 관계가 변화했기 때문에 수검자들은 마우스를 제어하는 새로운 방법을 학습해야 한다. 11회에 걸쳐 훈련을 실

시하는 동안 학습 과정 처음부터 끝까지 해당 신경회로가 활동하는 모습을 fMRI로 촬영했다.

테스트를 진행하는 동안 연구자들은 소뇌에서 별개의 두 부위가 활성화되는 것을 발견했다. 하나는 오류와 관련된 부위로 학습이 이루어지는 동안 신경 활동은 감소하고 선 긋기는 정확해졌다. 다른 하나는 선 긋기 오류와는 관계 없고 정신 모형과 관련된 부위로 훈련 후반에도 신경 활동이 계속되었으며, 새 선 긋기 기술에 대한 정신 모형이 저장되는 장소인 듯했다. 이 운동 학습 과제를 수행하는 동안 소뇌 양쪽 많은 영역에 있는 신경이 활성화됐는데, 일부는 전두엽피질과 두정엽피질에서 운동 계획, 운동 전략, 팔 뻗기 동작에 관한 유용한 정보를 받아들인다.[26]

운동기술 학습에서 소뇌가 중대한 역할을 담당한다는 근거를 고려하면, 약물에 의해 소뇌가 심각하게 손상된 헨리가 거울 보고 선 긋기, 회전 추적, 양손 작동 같은 운동 과제를 정상적으로 수행했다는 사실이 놀랍기만 하다. 내가 초창기 연구에서 사용한 척도는 오류를 범한 횟수와 과제 완료에 걸린 시간뿐이어서 헨리의 수행능력을 면밀하게 평가하지 못했다. 나는 기술 학습 처리과정에서 헨리의 뇌에서 일어나는 운동제어 메커니즘을 더 심층적으로 이해하고 싶었다. 1998년 존스홉킨스 대학교의 연구자 새드머와 흥미롭고도 유익한 공동 작업을 하면서 우리는 학습이 이루어지는 동안 헨리의 운동기억이 어떻게 작용하는지를 세밀하게 살펴볼 수 있었다. 나는 새드머가 우리 과 박사후과정 연구원으로 있을 때 운동제어 분야에서 수행한 연구와 전문적인 식견에 감명한 바 있었기에 그와 그가 지도하는 학생 두 명을

MIT로 초빙하여 기술 학습 실험을 지휘하게 한 것이다.

1996년에 이루어졌던 연구가 우리가 실험을 하게 된 동기가 되었는데 운동기억의 응고화 과정을 보여주는 연구였다. 이 연구는 건강한 청소년들을 대상으로 하여 운동 학습 경험의 응고화가 학습 이후에도 계속해서 진행된다는 것을 증명했다. 수검자들에게 이전 테스트 때 연습한 운동기술을 다시 수행하게 했더니 지난 테스트가 끝날 무렵에 받은 점수보다 높은 점수가 나온 것이다. 이는 중간의 빈 시간 동안 그 운동기억이 향상되었음을 시사한다. 하지만 첫 번째 과제를 수행한 직후에 두 번째 운동 과제를 알려주자 이전 기억에 교란이 일어났다. 첫 번째 운동기억의 응고화가 두 번째 과제의 간섭으로 중단된 것이다. 반면에 두 운동 과제 학습 사이의 간격을 네 시간으로 늘리자 혼란이 발생하지 않았다. 이 연구 결과는 운동기억은 응고화되는 시간이 짧다는 것을 말해준다. 연습한 지 단 네 시간 만에 새로 학습한 기술에 대한 기억이 취약한 상태에서 상당히 견고한 상태로 전환한 것이다. 이 신속한 시간 과정은 길게 가면 몇 년씩 걸리는 서술기억 응고화와 아주 대조된다.[27]

실험실 연구를 통해 발견된 사실이 개인의 일상 경험으로 이어지는 경우도 많다. 나와 일하는 편집자 한 사람은 스키 강사에게 자신은 1회 수업당 새 기술 하나씩밖에 배울 수 없다고 말한다. 스키 강사가 그녀에게 두 가지 이상의 기술을 가르친다면 그녀는 아무것도 배우지 못할 것이다. 다른 기술기억으로 전환하는 과정에서 새로 배운 한 기술이 응고화되는 것이 방해받기 때문이다.

섀드머가 건강한 청소년들에게 실시한 1996년 실험은 기술 학습에 관해 중요한 문제 제기를 했다. 운동기억이 응고화되기 위해서는 수검자가 과제와 관련된 서술정보도 기억해야 하는가? 간섭 효과가 발생하기 위해서는 내측두엽 기능이 정상이어야 하는가? 이 실험에 참여한 청소년들의 경우에는 서술기억이 작동했으므로 확실한 답을 얻기 위해서는 기억장애가 있는 수검자가 필요했다. 그렇다면 서술기억이 대부분 파괴된 헨리 사례를 살펴보면 서술지식이 중요한지 아닌지를 확인할 수 있을 것이다. 우리 연구진은 최초로 기억상실증 환자의 운동기억에 어떤 간섭이 작용하는지를 조사했다. 서술기억이 연습 후 운동기억이 간섭하는 것에 아무런 역할도 하지 않는다면, 다양한 운동기술을 학습한 결과가 헨리나 대조군 수검자나 같아야 마땅하다.[28]

이틀 연속 진행한 실험에서 우리는 헨리가 새로운 운동기술을 학습하는 능력에 대해 연구했다. 이 실험 과제는 위wii(비디오게임 제조사 닌텐도가 출시한 가정용 게임기 — 옮긴이) 게임 소프트웨어인 '링크의 사격 트레이닝'(화면에 뜨는 과녁을 명중시키는 사격 게임)과 비슷하다. 처음에는 표적이 정지되어 있고 표적에 명중하면 폭발한다. 게임이 진행되면서 표적이 움직여 난도가 높아진다. 헨리의 실험에서는 표적이 끝까지 움직이지 않았다. 헨리가 표적 맞히기에 능숙해진 뒤에는 예고 없이 장치에 충격을 가해 팔을 표적에서 벗어나게 만들었다. 훈련을 하면 어긋난 팔을 움직여 다시 정확히 조준할 수 있게 되는지를 알아 보기 위한 실험이었다.

이 과제에는 비디오 화면 아래 기계 손잡이가 설치된 장치를 사용한다. 헨리는 처음 이 장치 앞에 앉았을 때 다른 수검자들과 마찬가지로 기계에 손을 대지 않고 가만히 있었다. 연구자들이 헨리에게 손에 익도록 손잡이를 잡고 이리저리 흔들어보라고 했다. 처음에는 손잡이를 건드리는 자기 손만 보고 있어서 연구자가 커서가 떠 있는 화면을 보라고 말했다. 그렇게 1분가량 커서를 만지작거린 뒤 화면 중앙 표적에 불이 들어오자 헨리에게 커서를 그 위치로 옮기라고 했다. 그러고는 다른 표적을 제시하여 커서를 최대한 빨리 그 위치로 옮기라고 주문했다. 표적이 제시될 때마다 1초 이내에 커서를 옮기는 것이 과제다. 커서로 표적을 잡는 순간 표적은 폭발한다(그림23).

표적이 폭발하는 이미지가 헨리에게 어린 시절 사냥 갔던 기억을 떠올리게 했다. 과제를 수행하면서 표적점이 계속 폭발하자 헨리는 사용했던 총의 종류, 어린 시절 살던 집 뒤뜰로 나 있던 현관, 뒷산 숲의 지형, 사냥한 새의 종류 등 소중한 기억을 소상히 이야기했다. 헨리는 이 과제를 수행하는 이틀 동안 신이 나서 웃는 얼굴로 유년 시절 기억을 여러 번 반복해서 이야기했다. 헨리에게 이 실험은 감정이 고조되는 유쾌한 경험이었다.[29]

헨리가 몇 분 동안 커서를 표적에 맞힌 뒤에 우리는 예고 없이 과정에 변화를 주었다. 기계 팔에 힘을 가해 손이 한쪽 구석으로 밀려나게 만든 것이다. 즉 표적을 짚으려면 팔을 직선으로 뻗으면 안 되고 구부려서 움직여야 한다. 하지만 어느 정도 연습한 뒤 헨리는 운동명령을 변경하여 기계 팔의 반동을 보정했고, 이로써 다시 빠른 속도로 손을 직선으로 움직일 수 있게 되어 1.2초 이내에 표적 짚기라는 시간 목표를 꾸준히 달성했다. 헨리의 뇌가 기계 팔의 힘을 계산해서 그 작용을 보정할 수 있는 정신 모형을 구축한 것이다. 헨리가 힘을 보정하는 요령을 학습한 것에는 확실한 근거가 있다. 연구자들이 기계 팔에서 갑자기 힘을 빼자 헨리의 동작이 크게 어긋났는데, 앞서 기계 팔에 갑자기 힘을 가했을 때와 같은 패턴의 오류가 나온 것이다. 테스트가 끝나자 연구자들이 헨리에게 시간을 내주어 고맙다고 정중히 인사했고 헨리는 점심을 먹으러 갔다.[30]

　몇 시간 뒤 검사실로 돌아온 헨리는 그 장치며 실험을 까맣게 잊어버린 상태였다. 연구자들이 기계 팔을 옆으로 밀고 헨리에게 앉으라고 했다. 자리에 앉은 헨리는 뭔가 예상치 못한 흥미로운 일이 있나 보다 하고 기대하는 표정이었다. 하지만 처음 이 장치를 보았을 때와는 달리 이번에는 자발적으로 손을 내밀어 손잡이를 잡아 자기 쪽으로 당겨보고 화면을 바라보며 표적이 나타나기를 기다렸다. 이 과제를 앞에서 수행했다는 의식적인 회고는 없는 것이 분명하지만, 헨리의 뇌에 있는 어떤 부위가 이 장치가 화면 속의 커서를 움직이게 해주는 도구라는 사실을 이해하고 있는 것이다. 화면에 표적이 나타났을 때는 앞선 훈련의 반작용 잔존효과가 확실하게 드러났다. 그의 뇌가 기계 팔이 앞서 했던 것처럼 자신의 팔을 흔들리라는 것을 예상했기 때문에 그 힘을 보정할 운동명령을 생성했다. 그 힘이 존재하리라고 예상해서 표적을 향해 손잡이를 조작한 것이다. 운동기억은 어떤 도구를 조작하는 요령을 학습하는 것만이 아니다. 도구의 용도에는 보상도 있다는 정보까지 함께 학습한다. 그 보상이란 이를테면 '내가 손잡이를 빨리 움직이면 재미난 일이 벌어질 것'이라는 식이다. 기계 팔을 눈으로 보고 손으로 만지는 것만으로도 보상을 기대하는 운동행동을 일으키기에 족했다. 첫 번째 테스트에서 기계 팔 조작에 어떤 충격이나 기분 나쁜 자극이 수반되었다면, 다음 실험 때는 그 장치를 다시 조

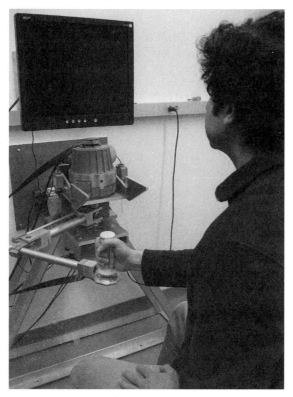

그림23 팔 뻗기 과제

우리는 헨리에게 기계 팔로 커서를 움직여 화면에 뜬 표적을 하나하나 최대한 빨리 짚으라고 주문했다. 표적을 1초 이내로 포착하면 과제에 성공한 것이고, 그 즉시 표적은 폭발한다. 헨리가 몇 분 뒤 커서로 표적을 짚는 데 성공하자 우리는 예고 없이 기계 팔에 힘을 가해 헨리의 손이 한쪽으로 밀려나게 만들었다. 어느 정도 연습한 뒤 헨리는 운동명령을 변경하여 가해진 힘을 보정해서 다시 빠른 속도로 손을 움직여 표적을 짚을 수 있게 되었다. 헨리가 그 힘을 보정하는 요령을 학습했다는 것을 알 수 있었던 것은, 우리가 다시 기계 팔에서 갑자기 힘을 빼자 헨리의 동작이 크게 어긋났기 때문이다. 앞서 기계 팔에 갑자기 힘을 가했을 때와 같은 패턴의 오류가 나온 것이다.

작하려들지 않았을 것이다.[31]

헨리의 팔 뻗기 과제 수행은 그의 뇌가 세 가지 중요한 통찰을 얻었음을 보여주는데, 세 가지 모두 의식적 지각과 내측두엽 기능 없이 이루어졌다. 첫째, 첫 훈련 시기에 처음 보는 도구로 구체적인 목표를 달성하는 요령을 학습했는데, 방해하는 힘이 없을 때와 방해하는 힘이 있을 때 모두 목표를 달성했다. 둘째, 몇 시간 뒤 다시 테스트했을 때 도구를 본 것만으로도 자발적으로 도구를 사용할 수 있었다. 이는 헨리가 그 도구를 사용했을 때 받았던 보상, 즉 표적이 폭발하는 즐거움을 학습하고 저장했음을 시사한다. 셋째, 도구를 눈으로 보고 손으로 만져보는 것만으로도 그 도구의 목적을 무의식적으로 회상할 수 있었을뿐더러 그 목적을 달성하기 위해 필요한 운동명령도 회상할 수 있었다. 그러나 시각 및 촉각 정보가 의식적 기억을 불러일으키지는 못하여 그 과제를 이미 훈련한 적이 있다는 사실은 기억하지 못했다.[32]

회전 추적, 양손 작동, 좌우 동시 두드리기 과제를 이용한 운동 학습 실험과 달리 이 기계 팔 실험으로 우리는 운동제어의 두 특성인 운동학과 동역학을 따로 살펴볼 수 있었다. 운동학은 움직임의 속도, 속도 변화, 움직임의 방향을 가리키며, 동역학은 움직이는 힘의 효과를 가리킨다. 헨리는 과제의 운동학을 학습하는 데 상당한 어려움을 겪었지만 결국에는 팔이 몸에서 멀어지면 커서가 위로 이동하고 팔을 몸쪽으로 당기면 커서가 아래로 이동한다는 것을 학습했다. 또 헨리는 가해진 힘을 보정하는 요령(동역학)을 학습하여 바로 표적을 맞힐 수 있었다. 우리의 실험 목적은 헨리의 손상된 서술기억이 이러한 복잡한 운동기억을 획득하는 데 영향을 미치는가를 알아내는 것이었는데,

놀랍게도 영향을 미치지 않았다. 헨리의 뇌는 대조군 수검자들과 마찬가지로 이 운동기술을 학습하게 해줄 새로운 정신 모형을 구축할 수 있었다.

헨리가 새로운 운동기술을 학습할 수 있다는 1962년 밀너의 이 선구적인 발견은 사람이 비서술기억을 획득하고 보유하는 메커니즘에 대한 새로운 이해를 열어준 엄청난 진보였다. 그 뒤로 연구자들은 이 기억을 조명하기 위한 수많은 실험을 고안해왔다. 현재 실험들은 기술 학습에서 근본이 되는 대뇌회로 가소성과 관련한 세포와 분자 메커니즘에 집중되고 있다. 이러한 연구를 통해 축적되는 지식들이 헌팅턴병과 파킨슨병 같은 질환의 새 치료법을 제시할 수도 있을 것이다.

움직임은 세계와 상호작용하기 위해 필요한 기본 요건 중 하나이기 때문에 운동기술을 실행하는 것은 우리가 자립적으로 살아가는 데 대단히 중요한 기능이다. 운동기술에 있어 한 가지 수수께끼는 우리가 어떻게 이것을 그렇게 빠르게 거의 생각 없이 실행할 수 있느냐다. 어떤 새로운 기술을 처음 배울 때는 거기에 실행제어라는 형태로 엄청난 집중력과 노력을 쏟아야 한다. 우리가 획득한 기술은 시간이 가면서 노력이 훨씬 덜 필요하게 되며 점점 더 자동적으로 실행된다. 새로 배운 운동기술이 자동적인 반응이 되는 메커니즘에 대한 연구가 이루어져 왔는데, 이제 우리는 뇌 영상술을 이용해서 기술을 훈련하는 사람의 뇌에서 어떤 변화가 발생하는지를 볼 수 있다.

하지만 과학이 해야 할 일은 여전히 많이 남아 있다. 끊임없이 변화하는 일상 세계에서 일차운동피질, 선조체, 소뇌 등 여러 뇌 영역의 개별 운동 메커니즘이 어떻게 협력하여 그 복잡다단한 운동 학습을 성취해내는가? fMRI 기술을 이용하여 그 여러 뇌 영역들이 운동기술 학습의 종류에 따라 각각 어떤 메커니즘으로 기능하며 또 그 뇌회로들이 언제 어떻게 협력하는지를 분석하고 데이터를 축적할 수 있을 것이다. 현재까지 이루어진 fMRI 분석으로 운동 학습이 진행되는 동안 많은 피질 영역이 그 과정에 관여한다는 것을 밝혀냈는데, 이는 운동영역과 비운동영역에 걸친 광범위한 연결망이 기술을 획득하도록 지원한다는 뜻이다.

어떤 종목이 되었든 운동 경기 기술을 익히는 데는 오랜 훈련이 필요하다. 축구공 드리블, 자유투 던져넣기, 서비스 에이스 모두 그렇다. 기술이 향상되는 과정에서 뇌도 함께 변한다. 1998년 미국 정신건강연구소의 신경과학 연구팀이 지속적인 연습 과정과 기술 획득 과정에서 포착 가능한 정도로 신경 활동을 변화시키는 데 필요한 연습량을 검사하는 작업에 착수했다. 그들은 움직임을 지시하는 신경신호를 내보내는 전두엽 뒤쪽의 띠인 일차운동피질에 초점을 맞추기로 했는데, 이 영역이 수의운동을 제어할 뿐만 아니라 운동 학습을 지원하기 때문이다. 연구자들은 건강한 성인에게 몇 주에 걸쳐 일련의 손가락 동작을 연습하게 했다. 엄지로 나머지 네 손가락을 일정한 순서대로 하나씩 짚는 것인데, 소지-검지-약지-중지-소지 순이다. 수검자들은 이 순서를 매일 10~20분 동안 5주에 걸쳐 연습했다. 제한 시간은 30초인데, 시간이 갈수록 수검자들은 30초 동안 과제를 완료하는 횟수가 증가하고 실수는 감소했다.[33]

이 동작을 하는 동안 뇌에서 어떤 변화가 일어나는지 파악하기 위해 매주 1회 fMRI 분석을 실시했는데, 수검자들이 MRI 스캐너 안에서 이 손가락 짚기 과제를 수행하는 것이다. MRI를 분석한 결과, 수검자들의 기술이 향상할수록 일차운동피질에서 손을 담당하는 영역이 활성화하면서 넓어졌으며, 이 변화는 몇 달간 지속되었다. 이 결과는 어떤 운동기술을 연습하면 운동뉴런이 부가적으로 활성화되며 그 뉴런들이 훈련된 운동영역을 나타내는 뇌회로에 통합된다는 것을 보여주었다. 성인의 뇌가 훈련에 의해 변화하는 신경가소성을 지닌 구조임을 보여주는 이 확실한 근거는 운동기술 학습이 우리 뇌에 미치는 영향을 설명해준다. 일차운동피질의 중심 기능은 근육에다 할 일을 알려주는 것이지만, 운동 학습 중에 이 영역에서 일어나는 신경 흥분이 시냅스 연결을 강화시킴으로써, 즉 세포 하나가 자기와 시냅스 짝을 이루는 세포를 흥분시킴으로써 기억 응고화를 촉진하는 기능도 한다. 일차운동피질 안에 있는 신경회로는 운동기능을 획득하고, 응고화하고, 인출하는 과정에서 순간순간 유연하게 상황에 적응한다.[34]

우리는 실험실 연구를 통해 헨리가 거울 보고 선 긋기, 회전 추적, 양손 작동 등의 운동기술을 획득할 수 있음을 증명했다. 헨리의 전두엽에서 일차운동피질이 손상되지 않은 것이 새로운 운동기술을 습득하고 보행보조기 사용법을 익혀 일상에서 능숙하게 활용할 수 있었던 배경이었을 것이다. 하지만 헨리의 다른 뇌 영역, 즉 운동기능을 담당하는 영역과 인지 처리를 담당하는 영역에서 유용한 변화가 일어났을 가능성도 있다.

운동 학습은 대개 많은 연습을 거치는 동안 서서히 일어나며 기술을 획득하는 데 바탕이 되는 복잡한 메커니즘은 학습이 진행되면서 변화한다. 훈련을 통해 일어나는 가소성은 뉴런들의 세포체인 회백질 그리고 다른 세포군을 연결해주는 섬유로인 백질이 모두 확장되는 것을 통해 확인할 수 있다. 먼저 일차운동피질과 인접한 운동영역이 활성화되고, 전두엽과 두정엽, 나아가 소뇌가 활성화된다. 시간이 지나 기술동작이 능숙해져서 자동적으로 움직이는 수준이 되어도 학습에는 여전히 일차운동피질과 아울러 선조체와 소뇌가 관여한다. 운동표상은 운동피질로 확장될 뿐만 아니라 행동을 계획하는 기능, 움직임을 지각하는 기능, 안구운동 제어 기능, 공간관계 계산 기능을 전담하는 피질 영역들로도 확장된다. 이들 영역이 협력하여 운동기억이 형성된다. 많은 뇌회로가 운동기술 학습에 관여하지만, 헨리 사례가 보여주듯이 내측두엽 회로는 불필요하다.[35]

요즘은 뇌 영상술이 발전해서 건강한 개인이 운동기술을 연습하는 동안 중요한 뇌회로에서 어떤 일이 벌어지는지를 지켜볼 수 있다. 연구자들은 일정한 운동 과제에서 초심자가 전문가가 되는 과정을 살펴보며 단계 단계마다 어떤 영역들이 활성화되는지 알아내고자 했다. 2005년 신경과학자들이 fMRI를 이용하여 수검자들이 순서 학습 과제(앞서 기술한 니센-불러머 과제)를 장시간 훈련할 때 초심자 단계에서 일어나는 뇌 활동과 자동반응 단계에서 일어나는 뇌 활동이 다르다는 것을 증명했다. 처음에는 전전두엽피질에 있는 영역들과 심부 영역인 미상핵이 크게 활성화되었지만, 반복 연습을 통해 기술을 자동적으로 구사하는 단계에 이르자 이들 영역은 활동이 줄어들었다. 미상핵과 조가비핵으로 구성되는 선조체가 운동 순서를 익히는 데 결정적인 역할을 한다는 분석 결과는 파킨슨병과 헌팅턴병 환자들이 운동 학습을

하는 데 장애를 겪는다는 발견과 일치한다. 둘 다 선조체 손상이 원인인 질환이다.[36]

운동 학습은 훈련 횟수를 거듭하면서 서서히 발생한다는 발상에서 몬트리올 콘코디아 대학교의 두 신경과학자가 2010년 5일 연속으로 기술을 획득하는 과정에서 일어나는 뇌 활동의 변화를 기록한다는 야심 찬 연구를 수행했다. 모든 훈련 회차마다 MRI 스캔이 필요한 것은 아니어서 동일한 운동 학습 과제를 훈련 1, 2, 5일 차에는 스캐너 안에서 수행하고 3, 4일 차에는 스캐너 밖에서 수행했다. 수검자들의 기술이 향상되면서 초기에 활성화됐던 여러 영역의 활동이 점차 감소했음이 드러났다. 뇌 활동이 감소한 것은 반복되는 자극에 뇌가 주의를 덜 기울이게 되었으며 학습이 진보함에 따라 더 이상 오류를 수정할 필요가 없어졌기 때문일 것이다. 동시에 일차피질 영역과 소뇌 안에 있는 작은 영역은 기술이 향상되는 동안 활동이 증가했다.[37]

전체적으로 활동이 감소하는 네트워크 안에서 유독 활동이 증가하는 이들 영역이 운동기억이 궁극적으로 저장되는 장소일 수 있다. 연구자들은 일차운동피질 내에 있는 개별 뉴런군들이 운동 순서를 학습하는 데 있어 각기 다른 부분을 부호화하고 발현하는 것이라 추측했다. 수행 오류가 발생했을 때 활성화되는 뉴런군이 있는데, 이 무리는 **빠른 학습**을 담당하며 서술기억 네트워크와 대화한다. 망각에 저항을 나타내는 뉴런군은 **단계적 학습**을 전담하며, 절차(방법)학습을 담당하는 네트워크와 대화한다. 그리고 이 두 뉴런군은 서로 협력한다.

하나의 복잡한 기술이 초보 수준에서 전문가 수준으로 진화하는 과정은 단일한 과정으로 이루어지는 것이 아니라는 강력한 근거가 이미 나와 있다. 운동기억에는 시간의 척도가 다양하게 작용하며, 그 영향은 시간이 흐르면서 변화한다. 우리는 각기 다르게 기능하는 신경 과정을 분리해서 다룸으로써 헨리가 손 뻗기 과제를 수행할 때 기계 팔에 가해진 힘을 보정하는 기술을 획득했다는 것을 알아낼 수 있었다. 헨리는 이 기술을 보유할 수 있었지만, 학습 속도는 대조군 수검자들보다 뒤처졌다. 2010년 fMRI 실험 결과를 보면서 나는 헨리가 몇 가지 운동기술을 학습할 때 속도가 더뎠던 원인이 소뇌 손상 때문일 것이라고 추측했다. 운동 학습 초기에 중요한 도움을 주는 것이 소뇌이기 때문이다.

대다수의 사람들의 뇌에서는 비서술기억과 서술기억을 처리하는 과정이 서로 밀접하게 얽혀서 돌아간다. 자전거를 탈 때 자기가 하는 동작을 일일이 설명하지는 못할지언정 연습용 자전거에 처음 올랐던 날이나 뒤에서 잡고 있던 부모님이 손을 놓아 혼자 힘으로 타게 되었던 날은 기억할 수 있을 것이다. 기술, 경험, 지식이 하나로 연결되어 있는 것이다. 그런데 헨리 사례는 경험이 송두리째 지워진 뇌에서도 얼마든지 기술이 만개할 수 있음을 보여주었다.

9

기억할 필요가 없는 기억 2

: 고전적 조건형성, 지각 학습, 점화

우리 실험실은 1980년대에서 1990년대 말에 걸쳐 연구 범위를 넓혀 학습행동의 특성을 탐구했다. 우리는 폭넓은 이론적 맥락에서 비서술 기억을 구성하는 여러 가지 인지 및 신경 처리 과정의 메커니즘을 밝혀줄 새로운 실험을 고안했다. 앞서 살펴보았듯이 헨리는 새로운 운동기술을 무의식적으로 익힐 수 있었다. 또한 헨리가 다른 비서술기억 과제를 성공적으로 해낼 수 있다는 것도 확인했다. 고전적 조건형성, 지각 학습, 반복점화 연구에서 헨리는 그 학습이 의식적인 서술기억을 통해서가 아니라 과제 수행을 통해 이루어졌음을 보여주었다. 헨리가 이들 과제를 능숙하게 해냈다는 것은 이러한 형태의 무의식적 학습이 운동 학습과 마찬가지로 내측두엽이 아닌 다른 영역에 있는 뇌 회로에서 일어난다는 것을 시사한다. 헨리는 이들 각 유형에 따른 비서술지식에 관해 이해하는 데 중대한 역할을 했다.

이 시기에 나와 동료들은 연구 참가자로서 헨리가 가진 무한한 가치를 인식하게 되었다. 동시에 쏟아져나오는 수많은 과학적 발견이 헨리 사례와 관계가 있었으며 헨리에 대한 심층 연구로 증명된다는 사실이 우리에게는 놀라움의 연속이었고, 우리 연구에 헨리가 참여한다는 것은 분명 우리 실험실에 명성을 가져다주는 크나큰 혜택이었다. 헨리의 실험 결과를 다룬 논문은 양적으로는 우리 실험실이 발표한 전체 논문의 22퍼센트밖에 되지 않지만, 질적으로는 그 하나하나가 세계의 주목을 받았을 뿐만 아니라 지금까지도 널리 인용되고 있다.

고전적 조건형성은 타액 분비나 무릎반사 혹은 눈 깜박임 같은 반사작용을 이용하는 학습행동이다. 이 형태의 비서술학습은 수십 년 동안 동물과 사람 연구에서 중요한 방법으로 사용되어왔다. 고전적 조건형성 실험으로, 종소리 같은 중성적 항목에 음식 같은 항목을 짝지어 반복적으로 제시하면 타액 분비 같은 반사가 확실하게 일어난다. 결국에는 종소리만으로도 반사 반응이 일어난다. 피험 동물이 종소리를 듣고서 침을 흘린다면 종소리가 들릴 때마다 음식이 주어지는 반복적인 과정을 겪으며 두 항목의 연합이 학습된 것이다.

1900년대 초 개의 소화 기능을 연구하던 러시아 생리학자 이반 파블로프가 고전적 조건형성 현상을 발견했다. 파블로프는 이 현상을 유도하기 위해 동물은 입에 먹이를 물고 있을 때 침을 흘린다는 단순반사를 이용했다. 그는 음식 냄새나 먹을 것을 가져오는 사람을 보는 것만으로도, 심지어는 그 사람의 발소리만으로도 유사한 반사가 일어나는 것을 관찰했다. 개는 이러한 감각단서가 음식이 오고 있음을 의미한다는 사실을 학습했다. 파블로프의 조수는 개에게 먹이를 주기 직전에 초인종을 울렸다. 이 종소리와 먹이의 짝자극에 반복적으로 노출된 개가 종소리를 듣고 침을 흘린 것은 개에게 소리와 음식 연합이 학습되었음을 시사한다.[1]

상품과 감정을 결합하는 것은 광고산업에서 흔히 구사하는 전략이다. 카리브해에서 환히 웃는 아름다운 커플이 해질녘 해변에서 산보를 하고 열대어 사이에서 헤엄치고 마사지를 받는 리조트 광고를 상상해보자. 열대 휴양지로 휴가를 가려고 마음먹은 사람이라면 그 리조트를 선택할 가능성이 높은데, 우리에게 즐거움과 낭만이 연합되는 조건형성이 학습되었기 때문이다.

우리 연구팀은 조건반응 형성에 소뇌와 해마가 중대한 역할을 한다는 실험 결과를 얻은 바 있지만, 이 두 영역이 고전적 조건형성 학습에서 각각 얼마나 중요한 역할을 하는지 알아내고 싶었다. 우리는 해마의 기능이 없는 헨리가 자극에 조건반응을 보인다면 그에게 남아 있는 소뇌가 이 학습을 중재했을 것이라는 가설을 세웠다. 만약 헨리가 조건반응을 보이지 않는다면 그 결과는 해석이 불가능하다. 결함이 생긴 원인이 해마 손상 때문인지 소뇌 손상 때문인지 아니면 둘 다인지 알 수 없기 때문이다. 1962년부터 헨리가 받아온 모든 신경검사에서는 소뇌에 기능장애가 있다는 징후가 나타났으며 MRI 영상은 뚜렷한 소뇌위축을 보여주었는데 이는 세포가 사멸되는 징후다. 그러나 헨리는 해마와 소뇌가 대규모로 손상되었는데도 우리 실험에서 조건반응을 보였다. 학습 속도가 동년배 건강한 사람보다 훨씬 느리기는 했지만, 첫 학습이 이루어진 후 2년이 지나 수행한 실험에서도 조건반응을 나타냄으로 놀라운 파지 능력을 보여주었다.

1990년 우리는 먼저 눈 깜박임 조건형성 실험을 통해 헨리의 고전적 조건형성 능력을 검사했는데, 삐 소리 직후에 눈에 바람이 분사되는 자극에 조건반응을 보이는지 테스트하는 실험이었다. 헨리는

MIT 임상연구센터에 있는 조용한 방에서 편안한 의자에 앉아 공기분사기와 눈 깜박임을 기록하는 모니터가 부착된 머리띠를 착용했다. 연구자가 헨리에게 지시사항을 전달했다. "편안하게 앉으세요. 가끔씩 삐 소리가 난 뒤에 약한 바람이 눈에 분사될 겁니다. 눈을 깜박이고 싶으면 그렇게 하세요. 그저 자연스럽게 반응하시면 됩니다."(그림24)[2]

우리는 2주 동안 지연조건형성과 흔적조건형성이라는 두 종류의 조건반응 과제를 실시했다. 지연조건형성에서는 먼저 삐 소리가 울린 즉시 공기가 분사되고 둘이 동시에 멈춘다. 매 훈련은 약 45분 동안 90회 이루어지는데, 그중 80회에 삐 소리와 함께 공기를 분사함으로 헨리가 무의식적으로 두 항목을 연합하도록 만든다. 삐 소리와 공기 분사 사이 1초 미만의 아주 짧은 틈에 눈 깜박임이 발생하면 한 번의 조건반응으로 쳤다. 이 눈 깜박임은 헨리가 삐 소리와 눈에 분사되는 바람 간의 연합을 학습했음을 시사한다. 헨리의 무의식이 곧 바람이 분사되리라는 것을 예상해서 눈을 깜박인 것이다. 나머지 10회는 삐 소리만 나오는데, 그때도 즉각 눈을 깜박이면 조건반응으로 계산했다. 결과 계산은 단순하다. '삐 소리-분사' 조건과 '삐 소리' 조건에 반응을 보인 횟수를 세는 것이다. 흔적조건형성 과제에서는 삐 소리와 공기 분사 사이에 아무 소리 없는 0.5초의 간격을 두었는데, 헨리의 뇌가 삐 소리와 이어 나올 공기 분사를 연합할 수 있는 시간을 준 것이다. 앞 과제에서와 마찬가지로 삐 소리에 눈을 깜박이면 조건반응으로 친다.[3]

조건형성 테스트가 진행되는 동안 우리는 헨리가 즐거운 것에 주의를 집중할 수 있도록 영화를 틀어주었다. 헨리가 좋아한 것으로는 찰리 채플린의 코미디 〈황금광〉이 있었고, 또 하나는 어머니와 함께

그림24 눈 깜박임 조건형성 과제

이 과제를 위해서 헨리는 편안한 의자에 앉아 공기분사기와 눈 깜박임을 기록하는 모니터
가 부착된 머리띠를 착용했다. 우리는 이렇게 주문했다. "편안하게 앉으세요. 가끔씩 삐
소리가 난 뒤에 눈에 약한 바람이 분사될 겁니다. 눈을 깜박이고 싶으면 그렇게 하세요.
그저 자연스럽게 반응하시면 됩니다." 8주 기간 동안 헨리는 지연조건형성과 흔적조건형
성, 이 두 종류의 조건형성 과제를 수행했다. 헨리의 점수가 대조군 수검자의 점수보다 낮
기는 했어도, 두 과제에서 모두 조건반응을 보였다. 헨리에게 비서술학습이 이루어졌다는
근거다.

갔던 1939년 뉴욕 세계박람회를 다룬 다큐멘터리였다. 삐 소리가 들려야 해서 영화에서는 소리를 죽였지만 헨리는 불평 없이 즐거운 마음으로 검사에 임했다. 그 기간 내내 헨리는 자신이 기억 실험에 참가하고 있다는 것을 알지 못했는데, 그렇기 때문에 이 과제가 그의 비서술기억 처리 기능을 활용했다는 것을 더욱 확신할 수 있다. 우리는 헨리의 조건형성 학습 능력에 결함이 있는지, 있다면 어느 정도인지 파악하기 위해 헨리의 조건형성 점수와 66세인 건강한 수검자의 점수를 대조했다.[4]

헨리는 지연조건형성과 흔적조건형성 두 과제에서 모두 조건반응을 보였는데, 비서술기억 훈련과정에서 그의 뇌가 보여준 수정 능력과 연관이 있는 성취다. 하지만 전체적으로는 대조군의 능력보다 떨어졌다. 학습 기준(삐 소리 한 항목만 제시했을 때 9회 중 8회 연속 성공)에 도달하기까지 시도 횟수가 대조군 수검자보다 더 많았다. 지연조건형성 과제에서는 대조군이 315회 만에 목표점(9회 중 8회 성공)을 받은 반면 헨리는 473회가 소요되었다. 우리는 지연조건형성 실험이 끝나고 5주가 지나서 흔적조건형성 실험을 실시했다. 지연조건형성 과제에서는 대조군 수검자가 첫 시도 만에 학습 기준에 도달한 반면에 헨리는 91회가 필요했다. 헨리는 지연조건형성과 흔적조건형성 두 학습 모두 장애를 겪은 것으로 보인다.[5]

우리는 지연조건형성과 흔적조건형성 실험 중에 공기 분사 없이 삐 소리만 제시한 항목을 통해 헨리의 학습 능력을 파악할 수 있었다. 몇 회는 삐 소리에 눈을 한 번 깜박이기는 했지만 반응이 너무 늦었다. 조건반응 합격선인 4백 밀리세컨드(10분의 4초)를 초과한 눈 깜박임은 조건반응 횟수에 넣지 않았다. 그의 더딘 반응이, 적어도 부분적으로는 지연조건형성 학습 기준에 도달하기 위해 테스트를 1백여 회 더 시도해야 했던 이유를 말해준다. 하지만 5주간 휴식한 후에 학습한 것을 얼마나 기억하고 있는가 하는 것도 학습이 이루어졌음을 판단하는 또 다른 척도였는데 이때 헨리는 지연조건형성 일부가 학습되었음을 보여주었다. 이번에는 276회 시도 만에 조건반응이 나타났다(전보다 시도 횟수가 197회 줄었다). 한편 대조 수검자는 91회 시도로 나타나 휴식 전보다 24회 적었다. 헨리가 42퍼센트 상승치를 보인 것은 대조군 수검자가 79퍼센트 상승한 것보다는 못 할지라도 조건반응 획득에 중대한 진전을 보인 것만큼은 분명했다. 이 실험은 지연조건형성이든 흔적조건형성이든 고전적인 조건형성에서 해마가 필수적으로 기능하는 것은 아님을 보여주었다. 우리는 헨리가 학습을 할 수 있다는 사실을 통해 위축된 소뇌에 남아 있는 어떤 부분이 이 학습 능력을 가능하게 했는지 생각해보게 되었다.[6]

첫 조건형성 실험을 실시하고 2년이 지난 뒤에 이 학습이 지속되는 기간을 검사했다. 헨리는 새로 실시한 비서술학습 실험에서 놀라운 결과를 보여주었다. 단 9회 만에 흔적조건형성 기준점에 도달함으로써 학습된 조건반응이 2년에 걸쳐 뇌에 견고하게 응고화되고 저장되었음을 보여준 것이다. 이 명확한 결과는 삐 소리의 흔적을 0.5초 사이에 공기 분사와 연결하는 데 해마의 기능이 반드시 필요한 것은 아님을 보여준다. 헨리에게 남아 있는 소뇌와 피질 영역이 학습된 반응을 보유하는 데 기여해서 2년이 지나서도 이러한 조건반응이 일어날 수 있었던 것이 분명하다. 헨리는 무의식적인 비서술학습 능력은 보여주었으나 경험에 대한 서술기억은 전혀 되살려내지 못했다. 그는 연구원이나 장비, 지시사항, 방법을 전혀 기억하지 못했고 자신이 학습한 것에 대해서도 의식하지 못했다.[7]

우리는 지연조건형성과 흔적조건형성의 차이를 명확하게 파악하기 위해 UC샌디에이고의 세 학자가 진행한 기억 연구를 참조했다. 이 연구팀은 2002년 동물과 사람(기억상실증 환자 포함)을 대상으로 실험하여 흔적조건형성에는 자각이 반드시 필요하지만 지연조건형성에는 그렇지 않음을 입증하는 근거를 얻었다. 이 학습 과제에서 수검자는 삐 소리와 공기 분사의 관계에 대한 서술지식, 즉 삐 소리는 이제 곧 공기가 분사된다는 신호임을 자각한다. 우리 실험에 참여한 대조군 수검자에게도 확실하게 이 서술지식(관계에 대한 자각)이 있었다고 보는 것은 그들이 단 1회 시도에 흔적조건형성을 학습했기 때문이다. 이 실험이 진행되면서 건강한 수검자들은 삐 소리는 공기 분사가 일어나리라는 예고임을 의식 차원에서 자각하게 되었고, 공기 분사를 기다리게 되었다.[8]

헨리에게는 이 서술지식(자각)이 없었지만 91회의 시도 만에 흔적조건형성이 일어났다. 따라서 헨리의 학습에는 분명하게 다른 메커니즘이 작용했다. 캘리포니아의 기억 연구자들은 소뇌가 지연조건형성과 흔적조건형성에 반드시 필요한 부위이긴 하지만 0.5초라는 짧은 틈에 삐 소리라는 표상을 학습하기는 어려울 것이라고 주장했다. 그렇다면 헨리의 경우에는 삐 소리가 손상되지 않은 청각피질에 표상화됨으로써 그 조건반응(비서술지식)이 학습되어 소뇌가 기능할 수 있었을 것이다.[9]

우리는 고전적 조건형성 실험으로 헨리의 뇌가 환경 변화에 적응할 수 있는 능력이 있음을 증명했다. 헨리는 이 과정에서 삐 소리와 눈에 분사되는 바람을 연관짓는 연상 학습을 해낼 수 있었다. 이 비서술 학습은 의식적인 자각 영역 바깥에서 작동하는 신경회로에 국한된 불수의적 학습이다. 반면에 삐 소리와 분사를 의식적으로 연합하려고 했다면 실패했을 것이다. 헨리는 담당 의사의 이름과 얼굴도 연합하지 못하는 상태였으니 말이다. 그에게는 이런 종류의 과제를 수행할 때 필요한 서술기억이라는 관계 회로가 없었지만, 의식적 회상 없이 지연과 흔적 두 종류의 조건반응을 획득할 수 있게 해주는 연결망은 남아 있었다.

지각 학습도 고전적 조건형성 학습처럼 과제 수행을 통해 이루어진다. 시각기관에서 일어나는 지각은 움직임을 포착하고 사물, 얼굴, 모양, 질감, 선의 방향, 색을 인지하는 정신능력이다. 마찬가지로 촉각은 거침, 온도, 모양, 질감, 탄성을 인지하는 정신능력이다.

지각 학습은 지각과는 다르다. 지각 학습은 자극에 대한 기초 처리 과정이 숙달되었을 때 일어난다. 지각 학습은 앞서 훈련한 것을 더 정확하고 빠르게 알아보는 능력으로, 학습한다는 의식적 자각 없이 우발적으로 발생한다. 골동품 자동차에 관한 것이라면 모델별로 만듦새며 구성을 환히 꿰는 애호가에서부터 조립공정에서 발생하는 결함을 즉각적으로 잡아내는 품질관리자, MRI 사진의 윤곽만 보고도 악성 종양을 알아보는 방사선 전문의까지, 경험을 통해 지각이 미세 조정되는 것은 우리 삶의 모든 영역에서 일어나는 현상이다.[10]

우리 연구팀은 헨리의 내측두엽이 헨리가 의식적인 자각을 하지 않고도 새로운 지각 정보를 얻을 수 있는지 알고 싶었다. 1968년 밀너가 헨리에게 지각 학습 능력을 검사하기 위해 골린 부분그림 테스트를 실시하면서 이 문제를 다뤘다. 이 테스트로 우리가 측정하려던 것은 시지각능력이 아니라, 덜 완성된 그림을 두 번째로 보았을 때 처음에 봤던 것과 견주어 그것이 무슨 그림인지 알아보는 능력이었다. 이 과제에는 비행기, 오리 등 사물과 동물로 이루어진 스무 가지 조각 그림을 다섯 단계로 완성해가는 스케치를 사용했다. 테스트는 무엇인지 알아보기 어려울 정도로 일부만 묘사된 스케치에서 시작하여 한눈에 알아볼 수 있는 완성된 그림으로 끝난다. 헨리는 먼저 1단계 스케치를 한 번에 한 장씩 약 1초 동안 보고 그것이 무엇을 묘사한 것인지 말해야 한다. 다음으로 최종 5단계까지 한 장씩 스무 개 항목 전체를 맞혀야 한다(그림25).[11]

밀너는 골린 테스트를 이틀 연속 실시하면서 다음과 같이 주문했다. "지금 불완전한 그림을 몇 장 보여드리겠습니다. 그 그림이 완성되었을 때 어떤 그림일지 말씀해주십시오. 잘 모르겠다면 짐작해서 말씀하십시오." 잠깐 연습을 한 뒤 첫 카드 스무 장을 제시하고 오답 횟수를 기록했다. 그런 다음 이번에는 좀 더 알아보기 쉬울 것이라고 말하면서 다음 단계 그림들을 처음과 다른 순서로 제시했다. 다음 그림이 무엇인지 예측할 수 없게 하기 위해서다. 이런 식으로 점점 더 완성된 그림을 제시했는데, 헨리가 스무 개 카드가 무슨 그림인지 모두 맞힐 때까지 계속했다. 헨리는 4회째 시도에서 오답을 내지 않고 테스트를 완료했다. 놀랍게도 정확도가 대조군 수검자 열 명보다 약간 높았

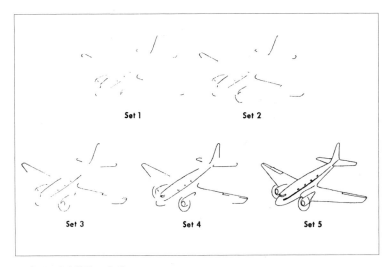

Set 1　　　　　　　Set 2

Set 3　　　　　　Set 4　　　　　　Set 5

그림25　골린 부분그림 테스트

지각 학습을 측정하는 테스트다. 이 과제에는 비행기나 오리 같은 사물과 동물로 이루어진 스무 가지 그림이 제시되는데, 거의 알아보기 어려울 정도로 단편화된 그림에서 시작하여 점차 부분이 많아지면서 한눈에 알아볼 수 있는 완전한 그림으로 끝난다. 헨리는 가장 단편화된 그림부터 한 번에 한 장씩 약 1초 동안 본 뒤 그것이 무슨 그림인지 답해야 한다. 그런 방식으로 최종 5단계까지 총 스무 개 항목에 답을 한다. 헨리는 4회 만에 오답 없이 테스트를 완료했는데, 놀랍게도 정확도가 대조군 수검자 열 명보다 약간 높았다. 한 시간 뒤 헨리에게 예고 없이 동일한 항목의 그림을 다시 보여주었더니 먼저보다 적은 횟수만에 전 항목을 다 맞혔다. 헨리는 외현지식 없이도 지각기술을 학습했으며, 이는 손상되지 않은 피질 영역에 견고하게 저장되어 유지되었다.

다. 헨리가 틀린 그림은 스물한 개였는데 대조군은 평균 스물여섯 개를 틀렸다.[12]

　다른 검사를 하면서 헨리의 시지각능력이 우수하다는 것은 알았지만, 이 능력이 처음 본 그림을 다음에 알아보는 과제를 하는 데 도움이 될까? 헨리에게 지각 학습이 일어날 것인가? 한 시간 뒤 밀너는 예고 없이 같은 그림 항목들을 헨리에게 보여주었다. 헨리는 그 그림들을 보았다는 사실은 기억하지 못했지만, 더 적은 시도로 조각 그림들이 무슨 항목인지 알아맞혔다.[13]

　하지만 헨리는 대조군만큼은 향상하지 못했다. 왜 그랬을까? 대조군 수검자들은 헨리보다 유리한 조건이었다. 그림의 이름이 장기기억에 저장되므로 두 번째 테스트 때는 그 명단 중에서 정답을 고르면 되었다. 예를 들어 대조군 수검자들은 오리 그림을 기억하므로 오리의 주둥이와 꼬리를 암시하는 단편을 보면 바로 그것이 **오리**라고 짐작할 수 있다. 하지만 헨리는 시도를 거듭하면서 정확도가 점점 향상했고, 13년 후 내가 같은 테스트를 실시했을 때는 심지어 점수가 더 높았다. 의식엔 그 그림을 본 적이 있다는 기억이 전혀 없었지만 그러한 외현지식 없이도 지각기술을 학습했으며, 학습된 정보는 손상되지 않은 피질 영역에 견고하게 저장되어 보존되었다.[14]

　지금은 뇌에서 정보를 찾고 분류하는 역할을 담당하는 부위에 관해 훨씬 더 많은 것이 밝혀져 있다. 예컨대 1990년대 초에 이루어진 연구로 뇌에서 얼굴 인지 처리를 담당하는 영역이 밝혀졌다. 몬트리올 신경학연구소의 한 인지신경학자가 수검자들에게 얼굴 인지 과제를 내준 뒤 뇌 기능 영상술인 PET를 활용하여 시각 정보 처리를 담당하는 측두엽피질 안에서 뇌혈류가 상승하는(즉 신경 활동이 증가하는) 부위를 찾아냈다. 5년 뒤 MIT의 한 인지신경학자는 PET보다 더욱 정밀한 뇌 그림을 제공하는 뇌 영상술인 fMRI 프로토콜을 개발하여 측두엽에서 얼굴 인지 영역을 구획하고 그 기능을 증명했으며, 여기에 '방추상얼굴영역'이라는 명칭을 붙였다. 헨리의 뇌에서 이 영역이 손상되지 않았기 때문에 부모님과 친척, 친구들, 유명인사의 얼굴을 수술 뒤에도 알아볼 수 있었던 것이다. 이 사람들의 얼굴 이미지는 수술 전에 장기기억에 저장되어 있었다. MRI 스캐너 안에서 헨리에게 낯선 얼굴을 연달아 보여주면 사진을 보는 동안에는 **방추상얼굴영역**이 활성화될 것이다. 하지만 스캐너에서 나온 뒤에는 그 얼굴들을 기억하지 못할 것이다. 그의 내측두엽에는 새 얼굴 이미지를 새 기억으로 형성하는 데 필요한 영역이 없기 때문이다.[15]

이 MIT 연구자가 중대한 발견을 한 것에 영감을 받은 반더빌트 대학교 연구팀이 fMRI를 활용하여 다른 범주의 전문지식을 다루는 뇌 부위의 배치도를 만들었다. 그들은 새나 자동차와 관련한 광범위한 지식도 얼굴 인지 뇌 영역을 이용한다는 것을 발견했다. MRI 스캐너에 들어간 모든 수검자에게 조류가 조합된 그림과 자동차가 조합된 그림을 보여준 뒤 그 새들이 같은 종인지, 그 차량들의 모델과 연식이 같은지 판단하게 했다. 연구자들은 수검자를 두 그룹으로 나누어 새와 관련한 뇌 활동과 자동차와 관련한 뇌 활동을 비교했는데, 조류 전문가의 뇌는 자동차보다 새에 강하게 반응했고, 자동차 애호가들의 뇌는 조류보다 자동차에 대한 정보에 두드러지게 활성화되었다. 조류나 자동차 관련 전문지식에 대한 반응이 일어나는 곳은 얼굴 인지 처리를 담당하는 곳과 같은 피질 영역이었다. 이는 이 작은 영역 안에서 이루어지는 활동이 개인의 특수성에 따라 각기 다른 분야(얼굴 인지, 전문 분야의 지식 등)에 특화된다는 것을 암시한다.[16]

이 실험은 사람 뇌의 가소성을 설명해주는 사례다. 얼굴, 조류, 자동차 같은 특정 대상에 대한 장기적 지각 학습이 이루어지면 각각의 지식을 전담하는 뉴런의 영역이 명확하게 구획된다. 뇌의 가소성은 우리가 타인이나 자신이 처한 환경과 상호작용할 때 기본이 되는 중요한 능력이다. 헨리는 수술 뒤에도 여전히 얼굴, 자동차, 조류를 알아볼 수 있었고, 골린 그림 테스트에서도 손상되지 않은 시각피질에 의존해 정상적인 지각 학습 능력을 보여주었다. 그러나 이 처리 과정들은 그 자체만으로는 일상에서 만나는 어휘나 새로운 얼굴, 새로운 사물을 기억하게 해주지 못한다.

사람의 뇌가 정보를 학습하고 분류하는 메커니즘에 대해서는 계속해서 새로운 사실이 발견되고 있다. 2009년에는 신경과학자들이 얼굴과 사물의 처리를 담당하는 시각 영역들을 이어주는 백색질의 경로를 편도체와 해마에서 발견했다. 우리는 헨리의 뇌를 사후 분석해서 이들 연결 경로가 정말로 손상되지 않았는지 검증할 것이다. 하지만 내측두엽 구조로 이어지는 경로는 손상되지 않았을 것이라고 본다. 내측두엽 구조가 제거되지 않았다면 얼굴과 사물에 대한 정보가 전달되었을 것이다. 다만 헨리에게 없는 것은 받아들인 얼굴 정보를 하나의 기억으로 부호화하고 응고화하는 장치였다.[17]

모든 비서술학습이 외부의 자극이나 학습에 반복적으로 노출되어야 하는 것은 아니다. 단 한 번의 학습 시도로 반복점화효과가 일어날 수도 있다. 헨리에게 실험실에서 단어나 그림 또는 패턴 집합을 보여준 뒤 이어지는 테스트에서 다시 같은 집합들을 보여주었을 때 보통은 지각 반응 시간이 짧아졌는데 이미 한 번 노출된 것이기 때문이다. 이렇게 인지 처리 능력이 향상되는 것을 반복점화효과라고 부른다. 헨리의 뇌가 '점화priming'되어 일정한 반응을 보이는 것은 그 자극을 앞에서 본 적이 있기 때문이다. 지난 경험을 굳이 회상하려고 애쓰지 않을 때도 무의식이 기억에 영향을 미치는 것이다.[18]

반복점화는 일상에서도 빈번하게 일어나지만 무의식 차원에서 이루어지기 때문에 우리는 알아차리지 못한다. 아침에 막 일어나서 라디오에서 노래를 한 곡 들었는데 온종일 그 노래를 흥얼거리는 경우가 있다. 점화 역시 광고업계에서 즐겨 사용하는 광고 수단이다. 특정 브랜드 이름을 텔레비전이나 잡지에서 자주 접하다 보면 그 정보가 우리 뇌에서 처리되어 의식적으로 광고에서 보았다는 기억을 하지 못할지라도 다른 브랜드보다 그 브랜드를 선택할 가능성이 높아진다. 정치 선거운동도 점화효과를 이용한다. 잘 알려지지 않은 후보자라도 유권자들이 반복적으로 보고 듣게 되면 하룻밤 사이에 유명인사가 될 수 있다. 투표용지에서 그 후보자의 이름이 보이면 우리는 그 사람이 만만찮은 업적을 쌓은 노련한 정치인이라는 착각을 하게 된다. 오로지 우리의 뇌가 그 이름을 더 쉽게 처리하기 때문이다.

1980년대 중반 우리는 헨리의 점화능력을 구체적으로 살펴보기로 했다. 이 기억 형태가 기억상실증에 대한 저항력이 있을지, 기억상실증에서 여러 유형의 점화가 동등하게 강한 효과를 발휘할지 알고 싶었기 때문이다. 또 하나의 연구 초점은 테스트 항목이 헨리에게 익숙한 경우와 그렇지 않은 경우에 점화효과가 비슷하게 나타나는지 검증하는 것이었다.

우리는 1980년대 말부터 1990년대까지 다양한 점화 과제로 일련의 실험을 실시하면서 이 주제를 탐구했다. 모든 실험의 테스트는 학습 단계와 검사 단계로 구성했는데, 전자는 헨리가 낱말이나 그림에 노출되는 단계이고 후자는 헨리가 학습한 낱말이나 그림 그리고 학습하지 않은 낱말이나 그림을 이용한 과제를 수행하는 단계다. 예를 들면 학습 단계에서는 헨리에게 컴퓨터 화면에 한 번에 한 낱말씩 띄워 어휘 목록을 제시하고, A자가 포함된 낱말이라면 '예', 그렇지 않은 낱말에는 '아니요'로 답하게 한다. 이런 지시사항을 받은 헨리는 이 과제가 A를 찾아낼 능력을 보는 것이라고 여겨 기억 테스트라고는 생각하지 않는다.

EPISODE 〔사건〕

FACULTY 〔능력〕

RADIUS 〔반경〕

STOVE 〔난로〕

CALCIUM 〔칼슘〕

ROUGH 〔거친〕

CLAY 〔점토〕

STAMP 〔우표〕

FROST 〔서리〕

다음 검사 단계에서는 헨리에게 학습 목록에 있는 낱말 중에서 앞머리 알파벳 세 글자와 목록에 없는 낱말 중에서 앞머리 세 글자를 뒤섞어 제시한다. 학습하지 않는 낱말들은 글자 수나 사용 빈도 면에서 학습 목록의 낱말들과 비슷한 것으로 구성했다.

CLA

SER

CAL

ROU

MED

TRO

EPI

FAC

SWI

RAD

BRE

REC

우리는 헨리에게 제시된 모든 세 글자 어간이 영어 단어의 앞머리임을 알려주고 그 뒤를 이어 낱말을 완성해달라고 주문했다. 우리는 맨 먼저 떠오르는 낱말을 쓰면 좋을 것이라고 하면서 학습 목록에 대해서는 언급하지 않았다. 헨리는 이것이 기억 테스트라는 것을 여전히 인지하지 못했다.

학습 목록에 있는 낱말들은 예비조사에서 건강한 대조군 수검자들에게 처음 떠오르는 단어를 완성하라고 주문했을 때 가장 많이 나온 세 가지 답 중에 없는 낱말들이었다. CLA, CAL, ROU 어간에서 가장 많이 나온 완성단어는 'CLAP〔박수〕' 'CALENDAR〔달력〕' 'ROUND〔둥근〕'였다. 다음으로 많이 나온 단어가 'CLAY' 'CALCIUM' 'ROUGH' 였다. 헨리는 놀랍게도 목록을 단 한 번 본 뒤에 대조군에서는 완성 빈도가 떨어졌던 단어를 완성했는데, 이는 헨리에게 점화효과가 일어났음을 시사한다. 헨리의 점화 점수에는 어쩌다 맞힌 항목 수도 포함되었다. 그 점수는 학습한 낱말의 어간을 완성한 횟수에서 학습하지 않은 낱말의 어간을 완성한 횟수를 뺀 수다. 테스트가 진행되는 동안 헨리의 뇌에서는 방금한 학습 목록에서 보았던 낱말이 표상화된 결과 점화효과가 발생했다.[19]

우리는 이 비서술 과제 수행점수와 다른 두 가지 서술기억 과제 점수를 대조했는데, 후자는 형식은 비슷하지만 학습한 낱말을 의식적으로 기억하는 과제로 측정한 점수다. 이 과제는 앞서와 같이 컴퓨터 화면에 제시되는 학습 목록을 보고 잠깐 틈을 둔 뒤 방금 본 낱말들을 언어로 회상하는 형식이다. 다음으로는 재인기억 테스트를 실시했다. 이 테스트에서는 컴퓨터 화면에 세 낱말이 제시되는데 전부 같은 세 글자 어간, 가령 'CLAY—CLAM〔조개〕—CLAP'으로 구성된다. 헨리는 세 낱말 중에서 학습한 낱말을 골라야 한다. 헨리는 회상 과제와 재인 과제 모두 실패했다.[20]

서술기억 과제와 비서술기억 점화 과제의 결정적인 차이는 지시사항이다. 회상과 재인 테스트에서는 헨리에게 학습 목록에 있는 낱말을 의식적으로 재인해달라고 주문했다. 전통적인 기억 테스트다. 이 결과는 헨리가 서술학습과 비서술학습에 각기 다른 신경회로망을 가동했음을 보여주었다. 헨리가 회상 과제와 재인 과제에서 실패했다는 사실은 그의 서술기억 회로에 결함이 있음을 증명해준다. 하지만 단어 완성 점화 테스트를 정상적으로 수행한 것은 그의 비서술기억 회로가 손상되지 않았음을 증명한다.[21]

기억상실증을 겪는 사람에게 정상적인 점화효과가 일어날 수 있게 하는 뇌의 메커니즘은 무엇인가? 첫 번째 실마리는 1984년 펜실베이니아 대학교 심리학자들의 연구에서 나왔는데, 그들은 기억상실증 환자들과 격의 없는 대화를 나누면서 그들을 면밀하게 관찰했다. 이 연구팀이 중증 기억상실증 환자들을 특정 낱말이나 개념(예컨대 개나 개의 품종)에 한참 동안 노출시킨 뒤 15초 동안 다른 과제를 수행하게 했더니 어떤 대화에 대해서도 기억에 없다고 말할 뿐 아니라 대화의 소재가 무엇이었는지도 기억하지 못했다. 하지만 환자들에게 원하는 아무 이야기나 먼저 시작하라고 했을 때는 앞서 나누던 대화에서 나왔던 소재나 단어(예컨대 개나 테리어)를 택하는 경향을 보였다. 그러면서도 새로운 대화와 앞선 대화 사이에 어떤 연결고리가 있는지는 인식하지 못했다.[22]

이 연구팀은 기억상실증 환자들이 점화 테스트에서 정상 점수를 내는 것이 흔적 활성화, 즉 손상되지 않고 남아 있는 심적 표상(정보가 마음속에 저장되는 방식인 상징 부호)이 자극된 결과일 것이라고 추측했다. 그들은 환자들이 'CANDLE〔양초〕' 'PLEASANT〔즐거운〕' 'BUTTON〔단추〕' 같은 낱말을 소리 내어 읽을 때 그 낱말에 대한 하나의 심상이 활성화된다는 가설을 세웠다. 활성화는 몇 분에서 몇 시간까지 (헤어드라이어를 사용하고 끈 뒤에도 얼마간 그 열기가 남아 있는 것처럼) 지속되며, 이 현상은 기억상실증 환자든 비환자든 비슷하다. 이어지는 테스트에서 환자들에게 CAN, PLE, BUT으로 시작되는 낱말을 완성하라고 했을 때 가장 많이 나온 답은 'CANDLE' 'PLEASANT' 'BUTTON'으로, 다른 가능한 완성 단어보다 앞서 노출됐던 낱말이 더 많이 활성화되었다.[23]

우리 연구팀은 1980년대 중반에 반복점화효과 연구를 시작하면서 몇 가지 목표를 세웠다. 하나는 생소한 패턴을 검사자극으로 사용하여 비언어 점화효과를 조사하자는 것이었다. 기억상실증 환자가 손상되지 않은 점화효과를 보여주는 대다수의 실험은 읽기, 철자법, 단어 완성 같은 언어 과제인데, 기억상실증에 영향을 받지 않는 점화효과의 특성을 종합적으로 다루는 이론이라면 언어 외의 정보도 포괄해야 마땅하다. 기억상실증 환자들은 낱말을 볼 때 그 낱말에 대해 기억상실증이 나타나기 전 획득한 지식을 인출할 수 있다. 자극이 그들의 정신적 사전에 이미 저장되어 있기 때문에 그 자극이 활성화되면 점화효과를 나타내는 것이다. 그러나 처음 보는 정보라면 어떨까? 점화된 반응에 대한 지식이 이미 있는 경우, 그러니까 해당 자극에 대한 표상이 정상적으로 저장되어 있는 경우에만 온전한 점화효과가 나타나는 것일 수도 있다. 언어적 점화효과를 발생시키는 기반이 무엇인지는 단어 지식으로 쉽게 알아낼 수 있지만, 비언어적 패턴에 대한 점화효과를 일으키는 지식 기반이 무엇인지는 분명하지 않았다.

1990년 우리 실험실 연구자들은 헨리가 종이에 그린 패턴을 검사자극으로 사용할 때 정상적인 점화효과가 나타날 것인가를 조사하기 위한 실험에 착수했다. 우리는 점 아홉 개 중에서 다섯 개를 이은 타깃 도형 6종으로 구성된 가로세로 3인치(약 7.6센티미터)의 정사각형행렬을 고안했다. 헨리와 대조군 수검자들은 여섯 개의 점 패턴에서 점 다섯 개를 직선으로 연결하여 원하는 도형을 그린다. 수검자들이 마음 내키는 대로 그린 이 도형들이 수검자 개개인의 기준이다. 점화 테스트는 여섯 시간 뒤에 실시했다. **학습 단계**에서 우리는 수검자들에게 6종의 타깃 도형이 그려진 종이를 한 장씩 나누어주고 같은 페이지에 그려진 점 패턴을 이용해 그 타깃 도형들을 베끼라고 했다. 다음으로 이 종이를 걷었고, 수검자들은 3분 동안 주의분산 과제로 20세기의 유명 연예인 이름 최대한 많이 쓰기를 수행했다(그림26).[24]

검사 단계에서는 헨리와 대조군 수검자들에게 여섯 개 점 패턴이 그려진 새 종이를 나누어주고, 원하는 아무 도형이나 그리되 모든 패턴에서 점 다섯 개를 직선으로 이어야 한다고 주문한다. 우리는 수검자들이 앞에서 베껴 그렸던 타깃 도형을 그릴 수 있는지를 보고자 했다. 만약 그린다면 점화효과가 발생했다는 증거가 될 것이다. 헨리와 대조군 모두 점화조건(베껴 그리기를 한 뒤)에서 그린 타깃 도형 수가 기준조건에서 마음대로 그린 타깃 도형 수를 크게 초과했다. 요약하자면 수검자들이 타깃 도형 하나를 점 패턴에 베낀 뒤 그릴 경우에는 원하는 대로 아무것이나 그리라고 해도 타깃 도형을 그릴 가능성이 높다는 이야기다. 헨리는 각기 다른 시점에 수행한 세 종류의 다른 테스트에서 정상적인 점화효과를 보였다.[25]

이 실험이 보여준 새로운 자극에 대한 점화효과는 이 학습이 헨리

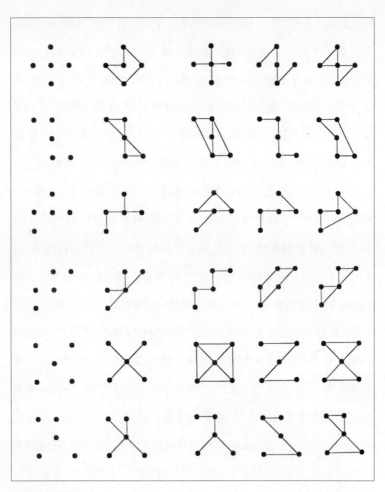

그림26 패턴 점화

1열은 패턴 점화 테스트의 점 패턴이고 2열은 헨리가 베껴 그린 타깃 도형의 표본이다. 나머지 열은 점을 이어 나올 수 있는 도형들이다. 헨리는 타깃 도형을 점 패턴에 베껴 그리고 난 뒤에 어떤 모양이든 원하는 대로 그리라는 주문을 받으면 앞서 그렸던 그 타깃 도형을 그리는 경우가 많았다. 각기 다른 시점에 수행한 세 종류의 다른 테스트에서 헨리는 정상적인 점화효과를 보였다.

가 수술 전에 획득한 기억표상이 아니라 새로 획득한 특정 타깃 도형 표상을 통해 이루어졌음을 시사한다. 기억장애가 비언어적 점화 능력에 영향을 미치지 않는다는 것을 최초로 기술한 이 발견은 기억상실증 환자의 점화효과가 언어 자극에만 국한되지 않는다는 가설을 뒷받침하는 강력한 근거가 되었다.[26]

패턴 점화의 경우는 어떻게 설명할 것인가? 일반 수검자나 헨리에게 타깃 도형에 대한 기억표상이 이미 있었던 것 같지는 않으므로 패턴 점화를 장기기억 표상이 활성화된 것이라고 하기는 어렵다. 그렇다면 어떤 설명이 가능할까? 타깃 도형을 점 패턴에 베껴 그리는 과정에서 헨리와 대조군 수검자들에게 타깃과 베낀 형상 간의 새로운 연합이 형성되었다. 이 새 연합이 점 패턴을 구체적으로 구조화한 지각 처리에 영향을 미쳐 그리기에서 점화효과를 유도한 것이다. 헨리는 기억상실증이 심각한 수준이므로 이 정상적인 패턴 점화가 회상과 재인 메커니즘이 작용한 결과일 가능성은 없다. 일화기억이 형성되지 않는 헨리에게 지각점화를 뒷받침하는 새로운 연합이 형성된 것은 이 연합이 비서술학습을 통해 형성되었을 수 있다는 결론을 강조해준다.[27]

서술기억이 요구되는 패턴 인출 과제에서 헨리의 수행점수가 대조군보다 크게 떨어진다는 점이 특히 눈에 띄었다. 우리는 다른 테스트를 실시해서 헨리와 대조군 수검자들에게 새로운 타깃 도형 집합을 점 패턴에 베껴 그리게 하고 3분 휴식을 취한 뒤 도형 네 개 중에서 방금 베껴 그린 것을 고르라고 했다. 헨리는 형편없는 서술기억과 일관되게 방금 베껴 그린 도형을 알아보는 데 어려움을 겪었고, 대조군은 그렇지 않았다.[28]

헨리에게 패턴 점화 능력이 있다는 사실은 이 종류의 기억이 회상과 재인기억을 뒷받침하는 내측두엽 구조에 의존하는 것이 아님을 보여준다. 패턴 점화를 중재하는 지각연합은 시각 처리 과정 초기에 피질 뒤쪽에서 형성된 것으로 보인다. 이 연합은 의식적인 자각으로 접근하기 어려운 편이다. 이 견해가 나온 후 각종 점화효과를 뒷받침해주는 피질 회로를 찾기 위한 폭넓은 실험들이 뒤따라 실행되었다. 우리는 반복점화의 기능적 구조를 밝히기 위한 일련의 연구를 수행했다. 연구의 주인공은 헨리였지만 다른 뇌 영역이 손상된 수검자들도 필요했다. 따라서 알츠하이머병 환자들을 비롯하여 다양한 병변이 있는 환자들을 연구에 참여시켰다. 아울러 각 환자군과 대조할 건강한 성인 그룹도 연령별, 성별, 교육 수준별로 구성했다.

1991년 점화가 복수 개념임을 증명하면서 우리의 연구에 첫 돌파구가 마련되었다. 즉 점화는 일군의 학습 처리 과정을 나타냈다. 알츠하이머병 환자군을 연구하면서 우리는 피질에 있는 여러 회로가 두 종류의 점화를 중재한다는 것을 증명할 수 있었다. 알츠하이머병 환자들은 헨리와 마찬가지로 내측두엽이 손상되어 회상과 재인 같은 서술기억 테스트에서 장애를 보였다. 또한 알츠하이머병 환자군에게서는 피질 영역 중에 세포 손실이 발생한 곳이 있고 아닌 곳이 있음이 드러났다. 알츠하이머병 환자군은 검사 단계 테스트로 시각적 단어 식별 과제(지각점화)를 수행할 때는 정상적인 점화효과를 보였으나, 의미를 토대로 하는 단어 생성 과제(개념점화)에서는 점화가 일어나지 않았다. 이 결과는 이 두 종류의 점화가 분명하게 구분된다는 것을 시사한다. 단순한 시각기억을 기반으로 하는 점화를 담당하는 뇌회로와 복합적 사고를 기반으로 하는 점화를 담당하는 뇌회로가 다르다는 이야기다. 헨리가 두 종류의 과제에서 모두 정상적인 점화효과를 보인 것은 그 과제에 내측두엽 회로의 기능이 필요하지 않았기 때문이다.[29]

지각점화와 개념점화 과제는 하나의 학습조건과 하나의 검사조건으로 구성된다. 학습조건은 두 과제 모두 환자군과 대조군이 컴퓨터 화면에 한 번에 하나씩 일련의 낱말이 제시되면 소리 내어 읽는 것이다. 검사조건은 각각 달랐다. 지각식별 점화 과제에서는 검사자가 수검자에게 방금 끝난 과제와 무관한 또 하나의 과제를 수행할 것이라고 말한다. 그런 다음 화면에 일련의 낱말을 제시하면서 수검자에게 소리 내어 읽으라고 지시한다. 절반은 학습 목록에 있던 낱말들이고 나머지 절반은 처음 나온 것이다. 학습한 낱말을 식별하는 데 소요된 시간(밀리세컨드 단위)이 학습하지 않은 낱말을 식별하는 데 소요된 시간보다 짧으면 점화가 일어났다고 볼 수 있다. 우리는 알츠하이머병 환자군에서 나타난 점화효과가 대조군의 점화효과와 다르지 않다는 것을 알아냈고, 경증에서 중증까지 치매 환자들이 지각식별 과제를 수행할 때는 점화효과에 방해가 일어나지 않는다는 것도 알아냈다. 이 결과는 알츠하이머병 환자들의 뇌에서 이 종류의 점화를 담당하는 회로가 손상되지 않았음을 시사한다.[30]

개념점화 과제는 컴퓨터 화면에 세 글자 어간이 제시되면 가장 먼저 떠오르는 단어를 말하는 것이다. 절반은 학습 목록에 있던 낱말들이고 나머지 절반은 새로운 낱말들이다. 알츠하이머병 환자군은 어간을 단어로 완성할 때 학습한 낱말로 완성한 것이 무작위로 떠오른 낱말로 완성한 수보다 많지 않았다. 알츠하이머병 환자군은 개념점화

능력이 크게 떨어졌다.[31]

알츠하이머병 환자 부검을 통해 우리는 이 질환으로 인한 피질 손상이 일률적이지 않다는 것을 알아냈다. 시각, 청각, 촉각을 통한 기본 정보를 받아들이는 피질 영역과 운동명령을 생성하는 피질 영역은 손상이 덜한 편이지만, 고차원적 처리를 관장하는 전두엽, 측두엽, 두정엽 같은 상위 영역들은 손상되어 있었다. 우리가 실행한 점화 연구 결과는 후두엽(알츠하이머병 환자들에게 손상되지 않은 부위)의 시각 영역 안에 있는 기억 회로가 지각점화효과를 지원하며 측두엽과 두정엽피질(알츠하이머병 환자들에게 손상된 부위)에 있는 다른 회로가 개념점화효과를 지원한다는 것을 시사한다. 헨리의 뇌에서는 이들 영역 전부가 손상되지 않았다. 그래서 헨리가 두 종류의 점화 과제에서 아무 문제를 겪지 않은 것이다.[32]

1995년 우리는 시각 영역에 손상을 입은 한 환자를 연구했는데 지각점화와 개념점화가 별개의 처리 과정이라는 주장을 뒷받침하는 결과를 얻었다. 그의 MRI 스캔은 시각 영역을 포함하여 여러 영역에서 이상을 나타냈고 시각인식 테스트 결과도 저조했다. 하지만 그에게는 기억상실증이 없었고 내측두엽도 온전했다. 이 환자에게 알츠하이머병 환자들이 수행한 과제를 내주었더니 정반대 결과가 나왔다. 짧은 시간 제시되는 낱말과 유사 비단어(특정 언어의 음운규칙에 맞지만 실제로는 존재하지 않는 단어 — 옮긴이)를 식별하는 과제에서 지각점화효과가 나타나지 않았지만, 의미를 토대로 한 단어 완성 과제에서는 개념점화효과가 정상적으로 나타났고, 앞에서 보았던 낱말에 대한 외현 기억도 명확히 존재했다. 이 환자가 개념점화 능력과 지각점화 능력에서 정상과 저조라는 극명한 대비를 보였다는 사실은 우리 연구에 시사하는 바가 대단히 컸다. 알츠하이머병 환자군에서 나타난 상반된 결과를 고려할 때, 이 결과는 두 점화 과정이 별개의 신경회로에 의존한다는 가설에 설득력 있는 근거가 되었다.[33]

헨리와 다른 환자들을 대상으로 반복점화 연구를 실행한 것은 경험이 외현지식과 무관하게 우리에게 어떤 영향을 미치는가를 면밀하세 밝히는 데 큰 도움이 되었다. 우리는 점화 실험을 하며 서술기억 측정 방법까지 포함했기 때문에 이 결과는 비서술기억이 점화되는 것과 외현기억이 인출되는 것이 어떻게 다른지를 선명하게 보여주었다. 실험실 연구에서는 이 차이를 밝히기 위해 치밀하고 조심스럽게 접근해야 하지만, 일상에서는 굳이 찾으려고 애쓸 것도 없다. 약속이나 친구 생일을 잊어버렸을 때 우리는 기억력을 탓한다. 하지만 테니스 시합에서 졌을 때는 '서브에 맞는 운동 순서를 인출하지 못했다'면서 기억력을 탓하지는 않는다. 기억이라는 용어를 후자의 개념이 아니라 전자의 개념으로 사용할 때 우리는 서술기억과 절차기억이 다르다는 사실을 인지한 것이다.

일상에서 겪는 그러한 일화들이 뇌의 기능적 구조에도 그런 구분이 존재한다는 증거는 아니다. 헨리와 다른 환자군에 대한 연구가 이 구분을 과학적으로 입증해주어야 했다. 헨리는 이미 해마와 그 인접 조직이 서술기억(경험과 정보를 의식적으로 기억하는 능력)에 절대적으로 중요하다는 것을 증명한 바 있다. 헨리가 우리의 점화 실험을 정상적으로 수행했다는 사실은 개념점화와 지각점화가 전두엽, 측두엽, 두정엽(복잡한 인지기능을 지원하는 것으로 알려진 영역들)의 고차적 연합피질에 자리 잡은 기억 회로에서 일어난다는 견해를 지지한다. 이들 회로는 내측두엽 기억 회로와 분리되어 독자적으로 활동한다.

헨리는 자각적 의식 바깥에서 작용하는 다양한 종류의 기억을 이해하는 데 큰 기여를 했다. 눈 깜박임 같은 고전적 조건형성, 지각 학습, 반복점화 연구를 통해 우리는 헨리에게 새로운 비서술적 지식을 획득할 능력이 있음을 밝혀냈다. 헨리는 뇌 양쪽 해마와 인접한 구조물이 크게 손상되어 심각한 기억상실증을 겪는 상태에서도 외현지식 인출 처리나 학습 경험에 대한 의식적인 회상 처리 없이 학습이 가능함을 보여주었다. 지연조건형성과 흔적조건형성 과제를 수행하면서 조건반응을 학습했으며 이 학습한 반응을 몇 달 동안 보유했다. 그는 생각 속에서 그림의 단편을 완성함으로써 지각 학습이 가능함을 보여주었으며, 구술 항목과 그림 항목 테스트를 통해 두 종류의 점화 능력을 보여주었다. 이러한 성취는 헨리에게 인지능력과 이 능력을 뒷받침하는 신경회로가 손상되지 않고 남아 있다는 사실을 입증했다.

우리 실험실 구성원들은 비서술학습과 비서술기억에 관한 실험 결과를 과학 학술지 논문과 책에 수록해 의학계와 과학계에 적극적으로 알려왔다. 수많은 연구자들이 우리 연구를 인용하는 상황은 헨리의 공헌이 얼마나 지대했는가를 말해준다.

10

헨리의 우주

아버지가 세상을 떠난 뒤로는 어머니가 헨리를 돌봤지만 결국 그것이 어머니에게 너무 큰 짐이 되었다. 1974년 마흔여덟 살의 헨리와 어머니는 이사하여 릴리언 헤릭과 한집에 살게 되었다. 헨리 어머니의 외가 친척과 결혼했다가 사별한 헤릭 부인은 정식 간호사로 코네티컷주 하트퍼드의 고급 정신과 치료시설인 인스티튜트오브리빙에서 근무하다가 퇴직했다. 헤릭 부인은 60대에 들어서도 일상생활이 곤란한 노령 환자들을 돌보곤 했다.

헤릭 부인은 재혼하여 남편과 트리니티 칼리지에서 멀지 않은 하트퍼드 뉴브리튼 애비뉴의 주택가에 살았다. 헤릭 부부가 사는 3층짜리 목조 가옥은 현관 베란다가 딸려 있고 키 큰 나무 정원이 있었다. 헤릭 부인의 아들 M 씨는 어머니에 대해 "단정하고 정숙하며 아주 영국적인" 사람이라고 설명했다. 그녀는 유머 감각이 좋았고 잘 웃었다. 집에서는 구닥다리 홈드레스를 입고 지내지만 빼입고 외출하는 것도 즐겼다. M 씨는 어머니가 바지 입는 것을 본 적이 없었다.

헤릭 부인은 헨리를 가엾게 여겨 첫 남편이 죽은 뒤에도 몰레이슨 집안과 연을 끊지 않고 오랫동안 헨리 모자와 연락하고 지냈다. 늙고

허약해진 몰레이슨 부인에게는 참으로 다행한 인연이었다. 하루는 헤릭 부인이 헨리 집을 방문했다가 몰레이슨 부인의 오른쪽 다리가 궤양으로 심하게 부어오른 것을 보고 놀라서 곧장 하트퍼드 병원 응급실로 데려갔다. 이틀 동안 다리를 잃을지도 모르는 위험한 상태가 지속되었지만 다행히 회복했다. 이 일이 있은 뒤로 헤릭 부인은 2~3주에 한 번씩 헨리 모자의 상태를 점검했다.

1974년 12월 헤릭 부인은 이웃에 사는 몰레이슨 집안의 친구에게 걸려온 전화를 한 통 받았다. 몰레이슨 부인에게 크리스마스 선물을 가져갔는데 부인이 그들을 알아보지 못한다고 했다. 헤릭 부인은 인스티튜트오브리빙에 일정이 잡혀 있었지만 출근할 수 없다고 전화하고는 대신 몰레이슨 부인을 찾았다. 헤릭 부인은 몰레이슨 부인이 "실신해서 바닥에 쓰러져 있었다"라고 이야기했다. 무슨 일이 있었는지는 알 수 없지만 헨리는 뭔가 잘못되었다는 사실을 인지하지 못하고 그저 어머니가 쉬거나 잠이 든 것이라고 생각했다. 구급차가 와서 몰레이슨 부인을 응급실로 후송했는데 후송 중에도 상태가 몹시 안 좋았다. 의사들은 몰레이슨 부인을 바로 요양병원으로 보내자고 했지만, 인정 많은 헤릭 부인이 1975년 1월에 몰레이슨 모자를 자기 집에 받아들였다.

더러운 속옷에 지독한 체취 등 이들 모자의 위생 상태는 한눈에 보아도 처참한 수준이었다. 헤릭 부인은 간병 수준을 높여 그녀의 표현을 빌리자면 "오랜 세월 유지해왔던 아주 좋은 상태로" 몰레이슨 부인을 "회복"시켰다. 헤릭 부인의 집에 막 들어갔을 때는 헨리와 어머니의 관계가 험악했다. 과거에도 갈등이 있었다지만 가까이서 지켜본

그림27 1975년의 헨리

사람이 없으니 알 수 없는 노릇이었다. 혜릭 부인의 말로는 몰레이슨 부인이 아들에게 쉴 새 없이 잔소리를 해댔고, 그럴 때마다 헨리는 "정말로 못 말리게 화가 나서" 어머니의 정강이를 걷어차거나 안경으로 어머니의 이마를 때리곤 했다. 그럼 혜릭 부인이 바로 끼어들어 몰레이슨 부인은 위층으로, 헨리는 아래층으로 보냈다. 두 사람이 같이 있을 때면 혜릭 부인도 자리를 지켜 평화를 유지했다. 이 전략이 통했는지 헨리는 크게 안정되었다.

혜릭 부인은 헨리의 생활에 일과를 부여하여 아침마다 밥을 먹고 약을 먹고 면도한 뒤 볼일을 보게 했다. 또한 서랍에 깨끗한 속옷과 양말이 있으니 챙겨 입으라고 일러두었다. 주중에는 오전 8시 45분에 헤릭 부부가 헨리를 지적장애인 '학교'인 하트퍼드 지체시민협회에 태워다주었다. 이곳에서는 헨리를 포함한 몇 사람이 탁자에 둘러 앉아 골판지 진열대에 열쇠 꾸러미 걸기 같은 하트퍼드 업체가 위탁한 하청작업을 했고, 급여로는 격주로 소액 수표를 받았다.

1977년의 기능훈련 경과보고서에는 헨리가 "작업장 환경에 잘 적응했다"라고 기록되어 있다. 담당 훈련관은 헨리의 '작업 평가' 항목에 이렇게 썼다.

> 헨리는 지시사항을 잘 기억하지 못한다. 주기적으로 상기시켜줘야 한다. 작업 변화에 기꺼이 응하지만 혼동하는 일이 많다. 주어진 작업량을 묵묵히 견딘다. 헨리가 하는 일을 수시로 확인해야 한다. 반복되는 작업에도 기술이 향상되지 않는다. 공정이 많아질수록 작업의 질이 떨어진다. 여러 단계로 이루어진 조립 작업에 곤란을 겪는다. 구두 지시를 이해한다.

이 훈련관은 특기사항에 헨리가 3단계 이상으로 이루어진 프로젝트를 감당할 수 없었다고 적었다.

휴식 시간이 끝나면 헨리는 사무실로 와서 뭘 해야 하느냐고 묻는 경우가 많았지만 작업대를 보여주면 곧바로 자기가 할 일을 이해했다. 전후 상황이 비서술적 기억 회로에 저장되어 있던 작업 방법과 기술을 기억하는 데 도움이 되었다. 이 회로가 적절한 환경 단서에 반응하여 활성화될 수 있기 때문이다.

'학교'를 파한 뒤 헤릭 부인 집으로 돌아오면 헨리는 손을 씻고 간식을 먹는 등의 일과를 이어갔다. 헨리는 테라스에 앉아 소총 잡지를 읽거나 십자말풀이 하는 것을 좋아했고, 밖에 사람들이 있으면 이야기를 나누기도 했다. 헨리는 어머니와 단둘이 살 때보다 훨씬 사교적으로 지냈다. 헨리는 집안일을 돕고 싶어 해서 쓰레기를 치우거나 헤릭 씨가 하는 마당일을 거들었다. 저녁에는 푹신한 안락의자에 앉아 텔레비전을 보거나 십자말풀이를 했다. 헤릭 부인은 텔레비전 수상기에 9시 반에는 꺼야 한다고 써 붙여놓았는데, 헨리는 한 번도 어기지 않았고 9시 반에서 10시 사이에는 알아서 잠자리에 들었다. 가톨릭 가정에서 성장한 헨리는 일요일 아침에 방송 미사를 한두 편 보았고, 오후에는 헤릭 부인이 차로 바람을 쐬게 해주거나 외식을 시켜주었다. 헨리는 외식을 좋아했다. 오후에 외출하면 보통 몇 시간을 보낸 뒤에 귀가했다. 헨리는 헤릭 부인이 데려다주는 곳이면 어디든 좋아했다. "차로 가는 곳이면 가리지 않아요"라고 부인은 말했다.

헨리는 헤릭 부인의 집에서는 길을 잃지 않았다. 자신이 묵는 방이 어딘지 알았고 불 끄는 일에 늘 신경을 썼다. 한번은 헤릭 부인이 요리하느라 가스불을 켜놨는데, 부인이 켜놓고 나갔다고 생각한 헨리가 가스를 껐다. 어느 날 밤에는 헤릭 부인이 머리 세팅을 하러 위층에 올라가면서 이따가 내려올 테니 부엌 전등은 끄지 말고 놔두라고 말했다. 하지만 헨리는 헤릭 부인이 당부한 내용이 확실하게 기억나지 않아 잠자리에 들지 못하고 아래층에서 헤릭 부인이 돌아올 때까지 45분을 기다렸다.

나는 대화와 편지를 통해 헤릭 부인이 헨리에게 따뜻하지만 절도 있는 환경을 제공하는 훌륭한 간병인임을 확신했다. 헨리가 처음 헤릭 부인의 집으로 들어갔을 때는 매일 담배를 한 갑 반씩 피우는 골초였는데 헤릭 부인이 관리를 해주어 서서히 하루 열 개비로, 나중에는 다섯 개비로 줄였다. 그러다가 헤릭 부인 집에서 지낸 6년째에 신체검사 엑스레이로 폐기종이 발견되자 완전히 끊게 만들었다. 헨리는 금연 후 복통을 호소했지만 내가 보기에는 흡연 욕구가 남아 있어서 그런 듯했다. 이 무렵 내가 진행하는 테스트를 수행할 때 헨리의 손이 자동으로 가슴팍 주머니로 갔다. 뭘 찾느냐고 물었더니 헨리가 답했다. "담배요." 끈질긴 습관이었다. 헨리의 비서술기억은 온전했다. 담배 찾는 동작을 기억한 것인데 수술 전에 학습된 동작이다. 하지만 서술 기억은 상실되어서 주머니가 빈 이유는 기억하지 못했다.

헤릭 부인은 양호한 위생 상태를 유지하기 위해 손 씻기, 변기 올리기 등 헨리가 상기해야 할 일을 적어 집 안 곳곳에 붙여두었다. 헨리는 어머니와 단둘이 살 때보다 더 건강하고 정신도 명료하고 다양한 식단을 섭취한 것으로 보인다. 헨리는 일과를 지켰고, 대발작을 겪을 때와 대발작 후 무기력증을 겪을 때를 제외하면 학교에 빠지지 않았다. 대발작은 자주 일어나지 않았지만 소발작(실신발작)은 여전히 꽤 자주 일어났다. 헤릭 부인은 헨리가 텔레비전을 보던 중에 갑자기 "멍해졌다가" 몇 초 안에 본래 모습으로 돌아오곤 했다고 전한다. 헤릭 부인은 헨리의 병원 치료와 우리 실험실 방문 따위의 활동을 관리하면서 고맙게도 우리가 필요할 때마다 MIT까지 손수 차를 운전해서 헨리를 데려다주곤 했다.

헤릭 부인의 보살핌은 몰레이슨 부인에게도 고마운 일이었다. 하지만 1977년 클레이슨 부인은 헤릭 부인이 말하는 "또 하나의 저주"인 고혈압으로 입원해야 했다. 일주일 만에 퇴원했으나 헤릭 부인이 89세의 고령자인 몰레이슨 부인을 보살피기에는 한계가 있었다. 몰레이슨 부인은 요양원으로 들어갔고, 치매와 망상장애를 앓으면서 그곳에서 남은 생을 살았다. 어머니가 어디에 사는지 왜 그곳에 사는지를 기억할 능력이 없었던 헨리는 어머니가 곁에 없는 상황에 잘 석응할 수 없었으며, 어머니와 아버지가 언제 방문하는지 자주 물었다. 그해 우리 실험실의 한 연구원이 헨리가 지갑에 넣어 다니던 쪽지를 발견했다. 하나는 "아빠는 돌아가셨다", 다른 하나는 "엄마는 요양원에 계신다. 건강하시다"였다. 헤릭 부인이 쓰라고 한 것인지 헨리가 그 소식을 들었을 때 스스로 적은 것인지는 알 수 없지만, 어쨌든 쪽지 덕분에 헨리는 부모님이 어디 있는지 몰라 불안에 떨지 않을 수 있었다.

헤릭 부인은 가끔씩 헨리를 어머니가 있는 요양원에 데려다주었다. 헨리는 언제나 기쁜 마음으로 어머니를 만났고 어머니가 무사하다는 것을 알고는 기쁜 마음으로 돌아왔다. 헨리의 어머니는 1981년 12월 96세를 일기로 세상을 떠났다. 헨리의 돌봄이 한 사람은 헨리가 어머니의 사망 소식에 충격받지 않았고 슬픔에 휩싸이지도 않았다고 전했다. 그저 어머니가 얼마나 좋은 사람이었는지, 자기를 돌보느라 어떻게 평생을 헌신했는지, 그런 이야기만 했다.

헨리는 헤릭 부인이 말기 암 진단을 받던 1980년까지 그 집에서 살았다. 이제 50대 중반이 된 헨리는 헤릭 부인의 동생 부인인 켄 빅포드와 아내 로즈가 코네티컷주 윈저록스에 세운 장기 요양 시설인 빅포드 요양병원에 들어갔다. 헨리는 24시간 전문 돌봄이의 헌신적인 보살핌 아래 가족 같은 분위기의 빅포드 요양병원에서 남은 생 28년을 지냈다. 그의 병원 기록을 보면 맨 윗줄에 나에 대해 "유일하게 관여하는 친척이자 친구이며 연고자"라고 적혀 있다. 나는 헨리가 이 이 요양원에 들어가는 날 함께 가서 헨리가 제대로 된 돌봄과 보호를 받을 수 있는지 살펴보았다. 메디케어(65세 이상의 노령자 또는 65세 미만의 장애인을 위한 미국의 건강보험 프로그램 — 옮긴이), 메디케이드(65세 미만의 저소득층과 장애인을 위한 미국의 의료보조 프로그램 — 옮긴이), 사회보장제도가 헨리의 입소 비용은 물론 지역 병원 진료비까지 보조해주었다.

헤릭 부인이 사망한 뒤로는 헨리의 안녕과 건강에 책임을 느껴온 내가 보호자가 되었다. 이제 헨리를 신경 써서 지켜보는 일은 내 몫이었다. 헨리가 MIT 임상연구센터에 오면 반드시 신체검사와 신경검사를 받게 했는데, 이것이 새로운 증상을 발견하고 치료법을 찾는 일에 도움이 되었다. 다행히도 의사가 지시한 내용을 따르는 동안 역량 있는 MIT 의학부 연구진들과 요양병원 직원들이 도움을 주었다. 나는 빅포드에 있는 돌봄이들과 긴밀하게 접촉하면서 대발작이 일어나거나 발목에 골절상을 입거나 난폭한 행동을 보이는 등의 우려스러운 상황이 발생할 때마다 곧바로 연락을 받았다. 나는 헨리가 더 나은 생활을 할 수 있도록 옷가지, 카드, 사진, 영화와 상영기기 따위를 보내기도 했다.

이제 내가 누구보다 헨리를 잘 아는 사람이 되었다. 헤릭 부인은 헨리의 가족 휴가나 행사와 관련한 기념 물품을 관리해오다가 전부 나에게 넘겼다. 1991년 코네티컷주 윈저록스 유언검인법원이 헤릭 부인의 아들 M 씨를 헨리의 후견인으로 지명하여 헨리의 재산을 보호하고 일신상의 문제를 감독하는 권한을 부여했다. M 씨는 헨리의 과거를 아는 풍부한 정보원으로서 내가 알지 못하는 몰레이슨 가족사의 퍼즐 조각을 채워주었는데, 기쁘게도 그 보물 같은 추억의 일부를 대중과 공유할 수 있었다. 그 모든 이야기와 유품은 헨리 가족의 과거를 재구성하는 데 큰 도움이 되었다.

제삼자인 우리 생각에는 헨리가 기억상실증을 안고 살아간 50년이라는 세월 동안 극도로 피폐한 삶을 살았을 것 같지만 실상은 그렇지 않다. 처음에는 부모님과, 다음으로는 헤릭 부인과, 마지막 남은 기간은 빅포드에서 헨리는 항상 사람들의 보살핌을 받았고 즐거운 일을 찾을 줄 알았으며, 고통스러워 보이는 경우는 극히 드물었다. 하지만 기억이 없는 삶이란 어떤 것일까? 영원히 한순간에 갇혀 살아가야 한다면, 그것이 정말로 사람답게 사는 것일까? 철학자, 심리학자, 신경과학자 중에는 기억이 없으면 자기도 없다고 주장하는 사람들이 있다. 헨리에게는 '나는 누구다' 하는 생각이 있었을까?

나는 헨리에게 비록 파편들뿐일지라도 자아의식이 있었다고 확신한다. 오랜 세월 함께 작업하면서 우리는 헨리를 헨리이게 만드는 성격과 버릇, 특징을 알게 되었다. 헨리는 소신과 욕망, 가치관이 늘 드러나는 사람이었다. 이타적이던 그는 우리가 자신에 대해 알아낸 것이 다른 사람들에게 도움이 되었으면 좋겠다는 말을 자주 했다. 그런 바람이 실현될 수 있다는 희망으로 헨리는 흐뭇해했다.

헨리는 자신이 수술을 받았고 기억에 문제가 있다는 것은 알았지

만 그것이 얼마나 오래전 일인지는 알지 못했다. 다음은 1992년 그 수
술에 대해 나와 대화한 내용의 일부다.

SC: 그 [수술] 이야기 좀 해주시겠어요?

헨리: 그러니까 내가 기억을 할 수 있다면요…. 어디서였는지, 얼마나
된 일인지 기억이 나지 않아요….

SC: 담당 의사 이름은 기억나세요?

헨리: 아니요.

SC: 스코빌이라는 이름, 귀에 익으세요?

헨리: 네, 그래요.

SC: 스코빌 박사님 얘기 좀 해주세요.

헨리: 음… 음, 박사님이 어딜 갔는데… 무슨 순회 여행 같은 거예요. 박
사님이 한 일은… 음, 사람들에 대한 의학 연구를 했어요. 유럽에서도
온갖 사람을 연구했는데, 왕족도 있었고 영화배우도 있었어요.

SC: 박사님을 만난 적 있으신지요?

헨리: 네, 그랬던 것 같아요. 여러 번.

SC: 어디에서 만났는지 아세요?

헨리: 연구실이었던 것 같아요.

SC: 거긴 어디였는데요?

헨리: 음, 하트퍼드가 바로 생각납니다.

SC: 하트퍼드 어디요?

헨리: 음, 솔직히 번지 같은 건 모르겠지만, 하트퍼드 시내 쪽이었던 건
알아요. 하지만 중심지에서는 조금 벗어난 데였어요. 중심지에서….

SC: 병원이었습니까?

헨리: 아뇨. 처음 만난 곳은 연구실이었어요. 병원 가기 전에요. 그리고 거기서… 음… 음, 박사님이 나에 대해 알아낸 것이 다른 사람들에게도 도움을 준댔어요. 그럴 수 있어서 기뻐요.

헨리가 회고한 내용은 거의 정확했다. 겉으로는 스코빌이나 수술 결과에 대해 어떤 분노도 표출하지 않았지만 그 수술로 인해 자신에게 아주 나쁜 일이 일어났다는 정보는 어느 정도 처리된 듯했다. 헨리는 뇌외과 전문의가 되는 것이 꿈이었다는 이야기를 여러 번 했지만, 안경을 쓰기 때문에 실수로 환자를 다치게 할지도 모른다는 걱정이 들어 그 꿈을 포기했다고 했다. 또한 이 이야기를 대본을 조금씩 수정해가면서 하루에 서너 번씩 반복하는 것도 헨리다운 일이었다. 간병인이 헨리의 이마에서 땀을 닦아주다가 잘못해서 안경이 떨어진 이야기도 있고, 환자의 피가 안경으로 솟구치는 바람에 앞이 보이지 않은 이야기, 안경에 티끌이 붙어 시야를 가린 이야기 등등. 어떤 식으로 변경되든 헨리가 이야기하는 내용의 요점은 자신이 실수를 해서 환자가 감각능력을 상실하거나 마비되거나 심지어는 죽음에 이를지도 모른다는 걱정이었다. 이 이야기들에서 반복되는 주제는 헨리 자신이 경험한 것과 놀라울 정도로 닮아 있었다. 1985년 헨리는 내 실험실에 박사후과정 연구원으로 와 있던 뉴질랜드의 신경심리학자 제니 오그던에게 자신의 생각을 털어놓았다.[1]

오그던: 수술을 언제 받으셨는지 기억하세요?

헨리: 아니요.

오그던: 그때 무슨 일이 있었다고 생각하세요?

헨리: 음, 내 생각에는, 아… 음, 지금 나하고 논쟁을 하고 있습니다. 내가 그 수술을 받은 세 번째나 네 번째 환자인데, 생각하니까 그들이, 음, 어쩌면 손을 잘못 댔을지도 몰라요. 시기도 잘못됐고요. 하지만 배운 게 있겠죠.

헨리의 친절한 마음씨는 일상에서 자주 접할 수 있었다. 그는 공손하고 다정하고 정중한 사람이었다. MIT에서 함께 건물을 이동할 때면 내 팔을 잡고 호위해주곤 했다. 그는 또 유머 감각이 있고 농담을 즐겨 했는데, 자기 몸을 던져서라도 웃기고 싶어 했다. 1975년에는 내 동료 한 사람과 대화하다가 날짜에 관한 질문을 받자 예의 그 문장를 말했다. "나는 지금 나하고 논쟁하는 중입니다." 그러자 동료가 물었다. "누가 이기고 있나요? 이분이에요, 아니면 이분이에요?" 그러자 헨리가 웃음을 터뜨리면서 되받았다. "이분 아니면 이분이죠." 46년 동안 헨리는 나에게 단 한 번 딱딱거렸다. 내가 어떤 복잡한 절차를 가르쳐주고 있었는데 짜증이 난 것이다. "박사님 때문에 못 해 먹겠어요!"

우리가 아는 헨리가 형성되는 데는 몇 가지 변수가 작용했다. 타고난 성격, 평생 타인의 보호를 받아야 하는 상황, 그리고 수술이다. 좌우 편도체 절제가 어느 정도는 헨리의 행동에 영향을 미쳤다. 변연계에 존재하는 아몬드 모양의 이 구조는 감정, 동기, 성, 통증 반응, 그리고 특히 공격성과 공포와 관련한 감정을 처리하는 데 중요한 역할을 한다. 이 남자의 상냥하고 유순한 성격은 수술 때문이었을까? 우리가 아는 헨리는 언제나 남의 뜻에 잘 응하는 수동적인 사람(행동거지가 아버지와 많이 닮은)이었고 그의 부모도 헨리의 성격이 수술 뒤에 달라졌다는 이야기를 한 적이 없었다. 헨리는 감정 표출 능력이 전혀 떨어지지 않았고 아주 공격적인 모습을 보일 때도 있었다. 하트퍼드 지역 센터 직원한테 덤벼들었을 때도 그랬고 어머니와 싸울 때도 그랬다. 1970년 헨리가 MIT를 방문한 기간에 우리가 지켜본 바로는 그는 어머니를 그리워할 수 있었고 한동안 어머니를 보지 못하다가 다시 만났을 때는 다정다감한 모습을 보였다. 수술 뒤 감정이 무뎌졌을지는 몰라도 우리 모두가 경험하는 대부분의 감정을 헨리도 경험할 수 있었다.

그럼에도 헨리는 많은 면에서 기본적인 자기인식을 잘하지 못했다. 자신의 건강 상태를 평가할 능력이 없어서 지금 자기가 아픈 건지 건강한 건지, 힘이 넘치는지 지쳤는지, 배가 고픈지 목이 마른지조차 판단하지 못하는 경우가 대부분이었다. 헨리가 신체적 아픔을 호소하는 경우는 아주 드물었다. 가끔은 복통이나 치통 같은 통증을 보고했지만, 치질 같은 질환은 언급 없이 지나갔다. 발목이 부러졌는데 아무렇지도 않게 여겨 엑스레이를 찍어볼 생각조차 하지 않은 일도 있었다. 우리는 헨리가 허기나 갈증을 언급하는 일이 드물다는 점을 인지했지만, 배가 고픈가 물어보면 "난 언제든 먹을 수 있어요" 하고 답하곤 했다. 1968년 몰레이슨 부인은 헨리에게 배고프냐고 묻자 처음으로 그렇다고 말했다고 보고했다. 헨리는 이렇게 말했다. "네, 배고픈 거 같아요." 헨리는 스스로 먹을 것을 찾는 일이 없어 돌보는 사람들이 하루 세 끼를 챙겨줘야 했다.

헨리가 자신의 상태를 스스로 표명하지 못하는 결함 가운데 얼마만큼이 기억상실증의 결과이며, 얼마만큼이 편도체 절제의 결과일까? 헨리가 통증, 허기, 갈증 같은 내적인 상태를 언급하지 않는다는 관찰 결과를 체계적으로 기록하기 위해 우리는 1980년대 초 두 가지 실험을 실시했다. 한 연구에서 우리는 헨리의 통증지각 능력을 테스트했고, 다른 연구에서는 식사 전과 후에 느끼는 허기와 갈증의 정도를 헨리에게 평가하라고 주문했다. 제한적인 기억능력이 이러한 내적 상태를 보고하는 데 영향을 미치는 것일 수도 있기에 우리는 편도체가 남아 있는 기억상실증 환자 다섯 명을 대조군 수검자로 선정했다.[2]

신경과학자들은 19세기 초부터 편도체를 연구해오면서 복잡한 구조와 다양한 기능을 지니는 이 부위가 통증, 허기, 갈증을 포함하는 일련의 감정 조절에 중요한 역할을 한다는 사실을 밝혀냈다. 헨리는 좌우 편도체가 거의 다 제거되었기 때문에 이들 병변이 편도체의 기능에 미치는 영향을 기록하는 것이 중요했다. 좌우에 있는 편도체는 다른 두 영역, 중뇌수도주변회질과 전두엽 바로 밑에 있는 전두대상피질을 통합하여 고통 처리 회로를 구성한다. 이 회로는 동물과 사람을 역경에서 보호해 생존 확률을 높이는 기능을 한다. 편도체는 시상하부를 포함해 뇌의 여러 다른 부위와 협력하여 허기와 갈증을 지각하는 능력에도 기여한다.[3]

1984년 우리 실험실은 헨리가 통증, 허기, 갈증과 관련한 신호를 처리하는 능력을 파악하는 연구를 시작했다. 먼저 헤어드라이어와 유사한, 피부에 열점을 발사하는 장치를 사용하여 헨리의 통증지각을 테스트했다. 우리는 헨리에게 팔뚝 여섯 지점에 강, 중, 약으로 열을 쏘였다. 열은 피부에 화상을 입지 않을 강도로 제어했다. 3회 테스트 동안 헨리는 각 열 자극의 강도를 11단계(아무 느낌 없음, 뭔가 느껴짐, 미지근함, 따뜻함, 뜨거움, 아주 뜨거움, 아주 희미하게 아픔, 약간 아픔, 아픔, 심하게 아픔, 견딜 수 없이 아픔〔스위치 끔〕)의 척도로 평가했다. 우리는 헨리의 통증지각을 세 가지 상황으로 평가했다. 분석에는 통증지각에 대한 두 척도, 즉 강도가 다른 두 자극을 얼마나 잘 구분하는가와 어떤 자극에 '아픔'으로 답하는 경향을 보이는가를 적용했다. 헨리의 점수와 건강한 대조군의 점수를 대조하니 두 척도 모두 헨리가 처졌다. 헨리는 건강한 대조군보다 열의 강도를 구분하는 과제에서 검사자극을 구별하지 못하는 어려움을 겪었을 뿐 아니라 아무리 강한 자극에도 아프다고 답하지 못했다. 헨리가 자극이 지속되는 3초가 끝나기 전에 스위치를 끈 적이 한 번도 없다는 점이 눈에 띄었다. 다른 기억상실증 환자는 대조군과 비슷한 점수를 받았는데, 이는 통증지각 장애가 반드시 기억상실증의 요소는 아님을 시사한다. 헨리에게 통증지각 결함이 나타난 원인은 편도체 병변 때문이었다.[4]

배고픔의 강도를 지각하는 능력에 대한 또 다른 실험에서는 건강한 대조군과 다른 기억상실증 환자 대조군의 능력을 비교했다. 보통 사람은 끼니때가 되면 속으로 자기가 느끼는 배고픔의 정도를 평가한다. '지금 뭘 좀 먹을까, 말까?' 또 식사가 끝나면 배가 부른 정도를 의식적으로 평가한다. '후식을 먹을까, 말까?' 식욕에 관한 이 두 척도를 테스트한 결과 헨리는 주관적 식욕('나는 얼마나 배고픈가?')과 배부름에 대한 자각('나는 얼마나 배부른가?') 둘 다를 경험하지 못하는 것으로 나타났다.[5]

1981년 실험에서 우리는 헨리에게 0(굶주림)에서 100(한입도 더 먹을 수 없이 배부름) 사이에서 배고픈 정도에 대한 점수를 매기게 했다. 헨리는 식사 직전이 되었든 직후가 되었든 변함없이 50점을 매겼다. 하루는 저녁을 배불리 먹고 식판을 갖다놓은 직후에 방금 먹은 것과 동일한 음식이 담긴 식판을 주방 직원이 말없이 다시 가져왔다. 헨리는 빠르지는 않으나 평소와 다름 없는 속도로 이 두 번째 식사를 했고, 샐러드만 남긴 헨리의 답은 '한입도 더 먹을 수 없이 배부름'이 아니라 '다 먹음'이었다. 20분 뒤 헨리에게 자신이 느끼는 배고픔에 다시 점수를 매길 것을 주문했다. 그는 75점을 매겼는데 이 점수는 어느 정도 배가 부른 상태임을 의식한다는 뜻이다. 이처럼 배부른 상태임을 이중으로 확인시킨 뒤에야 겨우 50점 이상의 점수를 받아내긴 했지만, 헨리는 여전히 자신이 흡족한 상태라고 하기에는 많이 부족하다고 느꼈다.[6]

통증지각 테스트는 헨리의 통증감지 능력이 손상되었으며 정상으로 유지된 촉감감지 능력과 크게 불균형한 상태임을 가리킨다. 헨리는 통증의 여러 강도를 구분할 수는 있었지만 건강한 대조군 수검자나 다른 기억상실증 수검자들보다 점수가 낮았다. 열의 강도를 높였을 때도 통증을 호소하는 정도가 상승하지 않았다.

편도체가 손상되지 않은 기억상실증 환자들에게서는 통증지각 이상이 나타나지 않았기 때문에 우리는 양쪽 편도체 절제가 이처럼 비정상적으로 높은 통증 내성의 원인일 것이라고 판단했다. 관련 연구로 헨리는 허기와 갈증을 느끼는 정도가 식전이나 식후나 차이가 없으며 만족감을 표현할 능력이 없는 것으로 나타나, 헨리가 다른 기억상실증 환자들보다 현재의 내적 상태에 관련한 정보를 처리할 능력이 아예 없거나 부족하다는 우리의 결론을 뒷받침했다. 우리는 헨리가 고통, 허기, 갈증의 내적 상태를 표시 혹은 표현하지 못하는 것이 기억장애 때문이 아니라 편도체 병변 때문이라고 보았다.

실험은 우리가 헨리의 일상에서 느낀 것이 옳았음을 입증했다. 통증지각 장애와 빈약한 식욕감지 능력 말이다. 우리는 헨리가 내적 상태를 감지하는 능력이 떨어지는 원인이 양쪽 편도체 절제 때문이라고 결론 내렸다. 좌우 편도체가 다 없는 헨리는 배가 고프거나 목이 마를 때를 지각하지 못했으며, 충분히 먹었고 충분히 마셨다고 말해줄 뇌회로가 기능하지 못했다. 다행히도 전체적인 식욕은 떨어지지 않았다. 그는 샐러드보다는 케이크를 더 좋아하고 프렌치토스트를 아주 좋아했으며 간 요리는 질색했다.

편도체는 성욕 표출에도 중요한 역할을 해서 편도체 병변은 성욕을 높이거나 낮출 수 있다. 우리가 아는 한 헨리는 수술 뒤 성적인 관심이나 행동을 전혀 보이지 않았다. 수술한 지 15년이 지난 뒤 스코빌은 헨리가 "성적인 표현을 전혀 하지 않으며 욕구가 있어 보이지도 않는다"라고 썼다. 헨리의 성욕 결핍은 수술의 후과後果일 수도 있다. 그는 젊은 시절 여자들하고 어울린 이야기를 한 적이 있으며, 두 친구에게서 받은 편지는 수술 전에는 여자에게 관심이 있었음을 시사한다. 진지하게 사귄 사람은 없었던 것으로 보이지만 말이다. 헨리의 가족 앨범에는 핀업 포즈를 취한 매력적인 젊은 여성의 사진이 있었다. "헨리에게 사랑을 보내며, 모드가. 1946년 5월 1일 촬영." 헨리가 깊은 관계를 맺은 경험이 없는 것은 중증 간질과 간질약 장기 복용에 따른 결과일 수도 있다. 언제 어디서 발작이 일어날지 모르는 병을 앓는다는 사실이 사람들과 어울리는 상황에서 극도로 자기를 의식하게 만들었을 것이다. 데이트 도중에 경련을 일으킨다거나 약물로 인해 잠에 빠져 망신당할 처지에 있는 사람이라면 누구라도 데이트를 꺼리지 않겠는가.

헨리가 어떤 사람인지, 그가 느끼는 세계는 어떤 것인지를 이해하는 데 가장 큰 어려움은 수술 전 삶에 대한 그의 기억이 대단히 불완전하다는 점이었다. 그는 순행성 기억상실증으로 인해 뇌가 손상된 이후 일어난 사건이나 사실을 기억하지 못했다. 그러나 역행성 기억상실증도 있어 뇌 손상이 발생하기 전에 경험한 독특한 사건들을 인출할 수 없었다.

역행성 기억상실증 연구는 순행성 기억상실증 연구보다 어렵다. 순행성 기억상실증 테스트에서 연구자가 해야 할 일은 환자에게 그림, 문장, 이야기, 복잡한 그림 등 기억할 항목을 제시한 뒤 환자가 정보를 기억하는지를 검사하는 것이 전부다. 반면에 역행성 기억상실증은 과거에 저장된 정보를 알아내는 것이 어려운 까닭에 연구가 까다롭다. 이런 이유로 연구자들은 환자 개인의 독특한 사건과 사실을 이용하는 개별적 테스트를 고안하는 경우가 많다.

1986년 보스턴 대학교의 두 기억 연구자가 역행성 기억상실증에 대해 주목한 사례 연구를 발표했는데, 이전까지는 기억장애 연구에서 무시되던 영역이었다. 이 연구는 역행성 기억상실증이 모든 시기와 관련 있는 정보에 같은 영향을 미치는지, 아니면 기억상실증이 발병

하기 수십 년 전에 저장된 정보가 발병 시점과 가까운 시기에 저장된 정보보다 더 끈질긴지를 다루었다. 이 연구팀이 세심하게 고안한 실험은 환자의 과거 정보를 확보하는 것이 얼마나 중요한지를 보여주었다. 그들은 환자 P. Z.만을 위한 맞춤형 테스트를 이용하여 오래된 과거기억remote memory은 남아 있는 편이나 기억상실증 발병 시점과 가까운 기억은 대부분 상실되었음을 밝혀냈다.[7]

뛰어난 과학자이자 대학교수인 P. Z.는 예순다섯 살이 되던 1981년에 알코올성 코르사코프증후군 진단을 받았다. 순행성 기억상실증과 역행성 기억상실증 둘 다 심각한 상태였다. P. Z.는 왕성하게 저술활동을 했던 까닭에 기억상실증이 발병하기 전에 그가 알았던 것이 무엇인지를 확실하게 파악할 수 있었다. 그는 뇌 손상 발생 전에 자서전을 썼는데, 이 자서전에 서술된 사건들에 대한 기억을 테스트했더니 전체적으로 저조했다. 하지만 흥미로운 사실은 오래된 사건일수록 정확하게 답하는 경향을 보였다는 점이다. 어린 시절은 선명하게 기억했지만 기억상실증 발병 몇 년 전의 사건들은 거의 아무것도 기억하지 못했다. 이 연구뿐 아니라 다른 연구들에서도 오래된 장기기억이 최신 장기기억보다 덜 취약하다는 것을 보여주었다.

이 현상을 더 깊이 파고들기 위해 연구자들은 P. Z.와 친분이 있는 과학자와 저술에 인용된 과학자 총 75명의 명단을 만들었다. 이 과학자들은 각기 명성을 얻은 시기가 다르다. 한 실험에서 연구팀은 P. Z.에게 이 과학자들의 이름을 하나씩 제시하고 해당 학자의 연구분야와 구체적인 학문 업적에 대해 물었다. 그 결과 1965년 이후에 전성기를 맞은 동료 학자들에 대한 점수가 가장 낮아서 그의 역행성 기억상실증이 발병 시점인 1981년으로부터 15년 전까지의 기억을 집어삼켰음을 보여주었다. 1981년 이전 시기와 관련 있는 항목들은 가장 높은 점수를 받았다. P. Z. 같은 환자들이 이런 기억상실 패턴을 경험하는 원인은 아직 밝혀지지 않았다.

헨리도 역행성 기억상실증을 경험했지만 우리는 몇십 년이 지나서야 이 증상의 본질을 파악할 수 있었다. 우리가 도출한 실험 결과로 인해 헨리는 자전기억에 있어 해마가 하는 역할이 무엇인지에 관한 과학 논쟁의 중심에 서게 되었다. 헨리의 기억상실증, 특히나 역행성 기억상실증을 상세히 연구하면서 우리는 여러 유형의 기억이 저장되고 인출되는 메커니즘에 대해 많은 것을 알아낼 수 있었다. 뇌는 선생님이 자신을 우수독서그룹에 넣어준 날 같은 개인적인 일화기억을 인출할 때와 졸업한 초등학교 이름 같은 개인적인 의미기억을 인출할 때 각각 다른 처리 과정을 거친다. 이 사실을 밝혀내는 데 반 세기가 넘도록 진행된 우리의 연구가 중요한 역할을 차지했다.

처음에 스코빌과 밀너는 헨리의 기억상실증이 꽤 간단하다고 보았다. 그저 수술 후에 획득한 새 정보를 기억하지 못하며 수술 직전 시기의 기억은 상당량 없어졌으나 어린 시절의 경험은 명확하게 기억하고 있다는 정도로. 1957년 그들은 헨리에게 "부분적으로 역행성 기억상실증이 나타난다"라고 기술하면서 "3년 전에 좋아하는 삼촌이 돌아가신 것을 기억하지 못하고, 그 시기 병원에서 있었던 일도 전혀 기억하지 못하지만, 입원하기 직전 시기에 있었던 소소한 사건들은 기억할 수 있다. 그의 초반 기억들은 선명하고 온전한 것으로 보인다"라고 했다. 1965년에도 헨리가 수술 전 1년 동안 있었던 일에 대해 부분적 기억상실증을 보인다는 점에 주목했던 신경학자가 있었다. 예를 들면 헨리가 수술받기 한 달 반 전에 갔던 휴가 여행과 수술받기 두 달 전에 갔던 여행을 시종일관 헷갈려한다는 점이다. 나아가 이 신경학자는 헨리가 보유한 기억인 수술받기 2년 이상 이전의 사건들, 수술 전에 헨리가 알았던 친척과 친구 들, 헨리가 획득했던 기술과 능력도 기록했다. 우리는 스코빌의 진료 기록과, 헨리와 어머니와 나눈 비구조화 인터뷰를 바탕으로 하여 헨리가 학창 시절이나 고등학교 때 사귄 여자친구 혹은 10대 후반과 20대 초반에 일했던 곳 등 수술 전에 있었던 오랜 사건을 기억하는 능력에는 아무런 변화가 없다는 보고서를 발표했다. 하지만 스물일곱 살 때 받은 수술 전 2년 동안의 기억은 희미한 것으로 보였다.[8]

과거기억 테스트가 표준화되고 정교해지면서 우리가 초반에 받은 인상이 옳지 않았음을 깨닫게 되었다. 1982년부터 1989년까지 나와 동료들은 수술 전과 수술 후 기억을 조사하기 위한 여러 유형의 객관식 테스트를 도입했다. 첫 유형은 대중 지식으로 유명한 노래(《크루징 다운 더 리버Cruising down the River》《옐로우 서브머린Yellow Submarine》 등), 역사 상식(제2차 세계대전 때 배급과 물가를 제어한 기관, 존슨 대통령이 군대를 파견하여 개입한 남아메리카 국가 등), 유명한 장면(미국 해병대가 이오지마에서 성조기를 게양하는 장면, 닐 암스트롱이 달에 착륙하는 장면)이 포함되었다. 이 테스트에는 헨리가 수술 전에 접한 항목과 수술 후에 접한 항목이 섞여 있었다. 수술 전과 수술 후 두 시기가 모두 포함되는 1940년대에서 1970년대 사이에 발생한 사회적 사건에 대한 사지선다 테스트에서는 헨리의 기억이 놀라울 정도로 정확했다. 예를 들어 "3기 대선 때 프랭클린 루스벨트의 상대 후보는 누구였는가?"에서 헨리는 정답 '웬델 윌키'를 선택했다. "카터 대통령이 캠프데이비드에서 만났던 세계 지도자들은 누구누구인가?" 하는 문제에도 '베긴'과 '사다트'라는 정답을 맞혔다.[9]

　　테스트 결과는 헨리가 기억상실증에도 불구하고 수술 후에 접한 유명한 역사적 인물과 사건을 기억할 수 있음을 보여주었다. 사실상 아무것도 기억하지 못하는 사람에게서 이렇게 서술기억이 명확하게 나타나는 현상은 어떻게 설명해야 하는가? 우리는 답을 찾기 위해 헨리의 삶을 들여다보기로 했다. 그는 많은 시간을 텔레비전을 보고 잡지를 읽는 데 할애하는데, 이것이 시사와 유명인사에 관한 정보를 부호화하는 기회가 되었다. 이 활동이 반복되면서 헨리의 피질에 표상, 즉 뇌가 정보를 받아들이는 추상적 상징이 형성되어 테스트를 받을 때 그 인물 혹은 사건를 접한 적이 있는지 아닌지를 답할 수 있었던 것이다. 유명 장면 테스트에서는 세 가지 항목 가운데 하나를 골라야 했다. 둘은 틀리고 하나만 정답이다. 예를 들면 이오지마에서 성조기를 올리는 해병대 사진을 보여주고 남태평양 이오지마, 베트남 하노이, 한국 서울이라는 세 역사적 장소 중 하나를 고르게 하는 것이다. 1945년(39년 전), 1951년(33년 전), 1965년(19년 전) 세 년도 중 하나를 고르는 문항도 있었다. 수술 후 시기의 장면이 제시된 문항에서도 헨리는 정답을 자주 맞혔다. 일상적으로 접하는 미디어를 통해 하루하루 쌓여 온 기억흔적이 기억 인출을 뒷받침할 만한 친숙한 느낌을 촉발한 것이다. 하지만 단서 없이 유명한 장면의 날짜와 제목 기억하기(1945년, 이

오지마)처럼 더 어려운 과제에서 낮은 점수를 받았다. 이런 유형의 기억 테스트는 스스로 답을 생각해내야 하기 때문에 우리 대다수에게도 재인 테스트보다 어렵다. 헨리는 수술 후 시기와 관련 있는 정보에 대해서는 건강한 수검자들보다 훨씬 더 어려워했다. 1940년대에 있었던 사건들에 대해서는 정상적인 점수를 받았지만, 1950년대부터 1980년대 사이에 일어난 일과 관련한 정보에 대해서는 낮은 점수를 받았다.[10]

자전기억도 테스트했다. 우리는 나무, 새, 별 같은 보통명사 열 개를 단서로 제시하여 그와 관련해 헨리가 경험한 개인적인 사건을 이야기해달라고 주문했다. 시기와 상관없이 일화 하나만 말하면 된다. 점수는 회상한 기억의 시간과 장소의 구체성에 따라서 최하 0점에서 최대 3점으로 설정했다. 회상한 자전적 사건에 자극단서(새)가 포함되고, 시간과 장소가 구체적이고, 세부 내용이 풍부하면 3점이다. "나는 스물세 살 생일에 라스베이거스에 있는 호텔에 묵었는데 호텔 로비에 사교판머리황금앵무새가 있었다"라는 진술이 그 예다. 자전적 사건에 자극단서는 있지만 시간과 장소 정보가 구체적이지 않고 세부 내용이 빈약하면 2점을 받는다. "나는 부모님 집 근처에 있는 호수에서 새를 관찰하곤 했다" 같은 문장이다. 자전적 사건을 진술해도 자극단서와 구체성이 부족하면 1점인데, "나는 새 관찰을 나가곤 했다" 같은 문장이 그 예다. 대답을 못하거나 자전적 내용이 들어가지 않은 일반적 진술에는 0점을 매겼다. "새가 배회하듯 난다" 같은 진술문이 그 예다.[11]

인상적인 결과였다. 헨리가 인출해낸 개인적 사건은 전부가 검사 시점으로부터 41년 이상 지난 일이었다. 수술받기 11년 전인 열여섯 시절의 기억 말이다. 헨리의 수술은 수술 전 최신 기억은 없애버리고 훨씬 오래된 과거기억은 남겨놓았다. 1980년대 중반에 나온 이 연구 결과는 헨리의 역행적 기억상실증이 시간대 제한은 있으나 기억장애가 지속긴 기간이 1950년대와 1960년대에 보고된 것보다 훨씬 더 길었음을 보여주었다. 치매를 포함하여 순행적 기억상실증을 겪는 사람들은 역행적 기억상실증도 장기간에 걸쳐 겪는 경우가 적지 않으며, 기억장애가 발병하기 직전 시기의 사건보다는 더 오래된 사건을 더 잘 기억하는 경향이 있다. 이 현상을 나중에 들어온 것이 먼저 나가는 '후입선출'이라는 말로 요약할 수 있을 것이다.[12]

과거기억 실험 기법이 발전하면서 우리에게는 두 가지 수단이 생겼다. 하나는 더욱 섬세한 자전기억 인터뷰로, 수검자들이 구체적인 시간과 장소에서 있었던 단일 사건을 재경험하는 능력을 평가하는 실험이다. 여기에는 세부적인 전후 상황에 대한 회고도 포함된다. 또 하나는 특정 시간과 장소에서 발생한 사건의 맥락을 묻는 동반 사회적 사건 인터뷰다. 우리는 2002년에 오래전 사건과 최근 사건에 대한 헨리의 기억을 평가하는 새로운 연구를 수행했다. 이 실험에서는 1992년 내가 진행한 인터뷰에 썼던 단서를 사용했는데, 그 인터뷰에서는 헨리에게 일화적인 자전기억이 나타나지 않았다.[13]

이번 인터뷰에서 내가 헨리에게 물었다. "어머니에 대한 가장 좋은 기억은 무엇입니까?"

"음, 그건… 어머니가 내 어머니라는 거요."

"아주 특별했던 구체적인 사건을 기억할 수 있습니까? 명절이나 크리스마스, 생일, 부활절 같은 걸로요?"

"크리스마스에 대해 나하고 논쟁하고 있습니다."

"크리스마스가 어떤데요?"

"음, 아빠가 남부 사람이라서요. 거기선 여기, 북쪽에서 하는 것처럼 보내질 않거든요. 거긴 여기 같은 나무나 그런 게 없어요. 그리고 아, 근데 아빠 북쪽으로 오셨지만 태어난 건 루이지애나였어요. 그리고 아빠가 태어난 도시 이름도 알아요."

헨리의 이야기는 크리스마스로 시작했지만 자꾸만 딴 길로 새더니 질문을 잊었고 결국에는 다른 이야기로 끝났다. 오랜 기간 인터뷰를 해오면서 헨리는 어머니나 아버지와 함께했던 일에 대한 기억을 단 하나도 언급하지 못했다. 그의 대답은 언제나 모호했고 늘 같았다. 보통은 중요한 명절에 대해 질문하면 기억에서 지워지지 않는 감각적 묘사가 충만한 생생한 순간을 이야기하기 마련이다. 하지만 헨리는 오히려 사실 분류에 매달려 가족이며 양육 방식에 대한 일반지식을 이용하여 답변을 구성했다.

헨리의 기억 평가에 있어 하나의 돌파구가 된 이 연구는 수술 전 시기를 회고하는 것이 처음 우리가 생각했던 것보다 피상적임을 보여주었다. 그는 일반지식, 가령 아버지가 남부 출신이라는 사실에 의존해서 기억을 불러낼 수 있었지만 아버지가 준 크리스마스 선물 같은 개인적 경험과 연관된 기억은 전혀 회상하지 못했다. 헨리에게 개인사는 요지만 남아 있었고 단순한 사실에 대한 기억도 남아 있었지만 구체적 일화는 전혀 기억하지 못했다.[14]

1982년 10월에 자연스러운 환경에서 수술 후 삶에 대한 헨리의 기억을 탐구할 기회가 생겼다. 나는 이스트하트퍼드에 있는 마르코폴로 레스토랑에서 헨리의 35회 고등학교 동창회가 열린다는 소식을 들게 됐다. 실험실에 있는 박사후과정 연구원 닐 코언과 내가 빅포드 직원에게 이야기해 헨리를 하룻밤 시내로 데려가도 좋다는 허가를 받아냈다. 헨리를 파티에 데려가기 위해 차를 몰고 윈저록스에 도착했더니 헨리가 옷을 쫙 빼입고 신나서 기다리고 있었다.

레스토랑에는 동창생들과 그 배우자들까지 대략 백여 명이 북적이고 있었다. 헨리의 동급생 여러 사람이 그를 기억하고 반갑게 맞아주었다. 한 여자는 헨리에게 입맞춤으로 인사했는데 헨리도 좋아하는 눈치였다. 하지만 우리가 보기에 헨리는 동창생 중 그 누구의 얼굴이나 이름도 알아보지 못했다. 그런데 이런 곤경에 처한 사람은 헨리 혼자만은 아니었다. 한 동급생이 우리에게 여기 모인 사람들 중에서 한 사람도 못 알아보겠다고 고백하면서 하는 말이, 다른 참석자들과 달리 자기는 하트퍼드에서 떠났고 오랫동안 동창생들과 연락을 끊고 지냈다고 했다.

물론 헨리도 마찬가지였다. 그래서 우리는 헨리가 동창생을 알아보지 못하는 것이 어느 정도가 35년 동안 만나지 않은 결과이고 또 어느 정도가 기억상실증에 의한 것인지 알 수가 없었다. 얼굴은 낯설어도 이름표를 확인하면 희미하게나마 알아볼 수 있어야 마땅했다. "대니 매카시… 우리 특활반 같이 했잖아!" "헬렌 바커… 영어 시간에 옆자리에 앉았지. 네가 내 숙제 도와줬고." 이런 대화가 나왔을 법한데 그러지 못했다. 고등학교 시절에 대한 기억도 상당 부분 지워졌다는 뜻이었다.

우리는 오랜 세월 헨리를 연구해오면서 그의 기억장애가 특히 자전기억장애라는 사실을 알게 되었다. 그는 자신이 경험한 특별한 일화를 인출할 능력은 없었지만 잘 알려진 사회적 사건을 회상하는 능력은 그대로 보유했다. 예를 들면 1929년(그가 세 살 때)에 있었던 주식시장 붕괴, 시어도어 루스벨트 대통령이 산후안 힐에서 공격을 감행한 일, 프랭클린 D. 루스벨트 대통령, 제2차 세계대전에 대해 논할 수 있었다. 하지만 개인적인 정보가 되면 심한 장애가 나타났다. 예를 들면 부모님과 함께 차로 여행했던 매사추세츠주 모호크트레일의 아름다운 풍경에 대한 일반적 묘사는 할 수 있었지만, 여행에서 일어났던 구체적 사건과 관련한 세부 내용은 전혀 기억하지 못했다. 헨리가 기억하는 것은 사실이지 경험이 아니었다.

인지과학계의 거장 엔들 털빙이 헨리가 인출할 수 있는 정보와 하지 못하는 정보의 차이를 이해하는 데 돌파구가 될 수 있는 이론을 제시했다. 1972년 털빙은 장기기억의 양대 범주로, 외부 세계에 관한 사실, 의견, 개념의 저장소인 의미기억과 개인이 경험하는 사건들의 저장소인 일화기억을 제시했다. 의미기억은 특정한 학습 경험과 관계가 없는 기억이다. 예를 들면 나는 파리가 프랑스의 수도라는 사실을 언제 어디서 배웠는지 기억하지 못한다. 일화기억은 의미기억과 달리 시간 속에 배열된 사건을 기록하여 어떤 사건이었는지, 언제 어디서 발생했는지, 그것이 다른 사건들에 선행하는지, 이어진 다른 사건이 있는지 따위가 정신 속에서 표상화된다. 우리는 합격 통보 전화를 받던 당시에 주위 상황이 어땠는지를 하나하나 선명하게 기억하며, 우리에게는 시간을 거슬러 올라가는 정신적 여행 능력이 있기에 지금 이 순간에도 이 특별한 사건을 재경험할 수 있다. 헨리는 이 여행을 할 수 없었다.[15]

그렇다면 헨리의 개인적인 의미기억, 헨리의 유년 시절을 구성하는 사람들이나 장소들과 관련 있는 사실적 지식은 어떤가? 헤릭 부인이 내게 준 헨리의 옛 가족사진에는 결혼식, 대어를 잡은 순간, 축하를 위한 가족 만찬 등 행복한 추억이 담겨 있었다. 이는 헨리의 개인사를 보여주는 물리적 증거물들이다. 1982년 나는 헨리의 유년 시절 기억을 테스트하기 위해 그 가운데 서른여섯 장을 고르고 그 사이사이에 나의 옛날 가족사진을 동수로 섞어 넣었다. 내가 나온 사진은 넣지 않았다. 나는 이 사진들을 슬라이드로 제작해 한 장씩 스크린에 투사하면서 헨리에게 사진 속 사람들이 누구인지, 그 사진을 찍은 시간과 장소를 아는지 물었다. 한 사진은 헨리와 아버지가 모호크트레일에 있는 아메리카 원주민 조각상 앞에서 찍은 것이다. 헨리는 열두 살이었고 반바지에 하얀 와이셔츠, 넥타이에 안경을 썼고, 뒷짐 진 자세로 카메라를 보고 있다. 아버지는 키가 크고 늘씬한 체구에 헨리와 같은 와이셔츠와 넥타이를 착용했지만 긴바지 차림이다. 두 손을 골반에 얹고 한쪽 다리를 앞으로 내민 채 먼 곳을 응시하는 멋부린 자세를 취했다.

"이 사람들이 누군지 알아보시겠습니까?" 내가 헨리에게 물었다.

"아, 네, 하나는 나군요."

어느 쪽이 헨리인지 묻자 이렇게 답했다. "더 작은 쪽이요. 다른 사람은 아버지 같은데요. 이걸 찍은 곳은… 모호크트레일이 바로 떠오르네요. 이거 조각상인가 하는 질문을 속으로 하고 있어요. 어, 배경에 있는 게 조각상인 건 알겠어요. 인디언 조각상이죠. 하지만 그 뒤에 있는 배경은 무슨 산인지 모르겠군요."

언제 찍은 사진이냐고 묻자 헨리는 말했다. "38, 39…, 38년입니다. 앞에 말한 게 맞아요." 정확한 촬영 일자는 알 수 없었지만 헨리의 후견인과 나는 헨리가 열두 살이었던 1938년에 찍은 사진이라고 추측했고, 따라서 헨리의 기억이 옳았을 것으로 보인다.

헨리는 가족사진 서른여섯 장 중에서 서른세 장에 있는 사람들을 알아보았다. 내 가족사진에서는 아무도 알아보지 못했다는 사실 역시 마찬가지로 중요하다. 헨리의 가족사진 중에서 아무런 기억을 불러내지 못한 것은 단 세 장이었다. 하나는 먼 친척과 가진 저녁식사 자리인데다 헨리가 사진에 나오지 않았다. 그는 사진 속 소년이 눈에 익은 듯하지만 이름은 모르겠고, 언제 어디서 찍은 건지도 모르겠다고 했다. 헨리가 그 가족과 함께 보낸 시간이 많지 않았을 가능성이 있다. 어머니와 함께 찍은 헨리의 50세 생일 사진에서는 어머니는 알아보았지만 옆모습으로 찍힌 헨리 자신은 알아보지 못했다. 여기에서는 헨리의 오류를 해석하기 쉽지 않은데, 다른 사진에서는 자기를 알아보았기 때문이다. 알아보지 못한 세 번째 사진은 허리케인 이후에 찍은 것으로 지붕이 날아간 이모네 집 외관을 보여준다. 이모네가 플로리다에 있어 헨리가 가본 적이 없거나 그 사진을 본 적이 없었을 수 있다. 헨리는 자기 가족사진에 등장하는 인물과 사물에 관해 둘 중 하나 꼴로 구체적인 지식을 갖고 있었다. 내 가족사진 중에서 한 사진(하트퍼드의 엘리자베스 공원에서 우리 어머니가 손녀를 안고 있고, 발치에 오리 일곱 마리가 노닐고 배경에는 호수와 나무가 있는 사진)의 장소를 알아본 것은 대단히 인상적이었다. 하트퍼드에 살던 시절에 자주 가봤는지 어느 공원인지를 정확히 맞혔고, 이 사진이 말해주지 않는 것을 자신이 알고 있는 지식에서 유추하는 능력을 보여주었다.

헨리의 답변은 그의 개인적 의미기억(고향, 가족사, 자신의 과거)에 대한 지식을 반영한다. 헨리는 자신에 대한 일반적 지식은 갖고 있었다. 하지만 자기만의 개인적 일화지식인 자전기억에서 장애를 보인다는 사실은 자기인식이 아주 제한적임을 의미한다.

기억 연구자들은 역행성 기억상실증에 대해 연구하며 순행성 기억상실증 발병 시점으로부터 오래된 과거일수록 기억이 생생하고 최근기억은 소실되는 이유를 찾아왔다. 기억 응고화 표준모형이론은 기억이 오랜 기간에 걸쳐 응고되기 때문에 몇 달에서 몇십 년까지 지속될 수 있는 것이라고 가정한다. 이 이론은 괴팅겐 대학교의 심리학자 게오르크 엘리아스 뮐러와 알폰스 필제커가 1900년에 처음 내놓았다. 1990년대 중반 UC샌디에이고의 신경과학자 래리 스콰이어가 이끄는 연구진이 이 이론을 역행성 기억상실증 연구의 중심틀로 채택했다. 이 이론은 기억을 저장하고 재생하기 위한 초기의 응고화 단계에서는 대뇌의 해마 신경계가 필요하지만 시간이 흐르면 전두엽, 두정엽, 후두엽이 장기기억을 유지하는 역할을 책임지게 되면서 이 해마 신경계가 불필요해진다고 주장한다. 기억이 견고하게 저장된 뒤에는 해마 신경계에 의존하지 않아도 기억을 활용할 수 있다. 기억 형성에서 해마 신경회로는 일시적인 역할밖에 하지 않는다는 이야기다. 이 모형에 따르면 기억상실증과 치매 환자들이 최근기억을 보존하지 못하는 것은 이 새로운 기억이 충분히 응고화되지 못한 채 여전히 해마 신경계에 의존하기 때문이다.[16]

표준모형이론의 약점은, 기억이 세계에 관한 일반지식으로 이루어진 것(의미기억)이든 개인의 경험에 관한 것(일화기억)이든 상관없이 전부가 동일한 방식으로 처리된다고 전제한다는 점이다. 그러나 헨리가 회고한 내용은 두 유형의 기억에 중대한 차이가 있음을 보여준다. 즉 수술 전에 학습한 사실은 기억했지만 구체적 순간에 개인적으로 경험한 것을 묻는 질문에는 힘겨워했다. 서술기억은 전부가 같은 방식으로 처리되지 않는다. 헨리 사례를 연구하며 우리는 상세하고 선명한 자전기억을 저장하고 인출하는 능력은 해마 신경계에 의존하지만 사실과 일반적 정보의 기억은 그렇지 않다는 것을 알게 되었다.[17]

헨리의 역행성 기억상실증을 이해하는 데 있어 더 탁월한 모형은 1990년대 말 신경과학자 린 네이들과 모리스 모스코비치가 제시한 기억 응고화의 다중흔적이론이다. 헨리 사례를 통해 이 이론이 구상된 것은 아니지만, 우리의 연구 결과는 이들의 견해를 강력하게 뒷받침했다. 이 이론은 사실과 개인적 경험이 다른 방식으로 처리된다는 털빙의 가설에서 출발했다. 다중흔적이론은 응고화 표준모형과 마찬가지로, 세계에 관한 지식인 의미기억은 그것을 학습한 맥락을 기억할 필요가 없고 기존에 저장된 정보와 연관시킬 필요도 없기 때문에 언젠가는 해마 신경계에서 독립할 수 있음을 인정한다. 예를 들면 우리는 콜럼버스가 아메리카 대륙으로 처음 항해한 년도를 2학년 교실 뒷줄에 앉아서 들었다는 것은 기억하지 않고 1492년이라는 숫자만 기억한다. 하지만 자신의 스물한 살 생일을 어떻게 축하했는지를 기억하기 위해서는 언제, 어디서, 무엇을 했는가에 관한 구체적인 정보가 필요하다. 다중흔적이론에 따르면 해마 신경계가 없이도 사실지식(예컨대 1492년)은 인출할 수 있으나 해마 회로가 피질 회로와 소통하지 못한다면 개인적인 경험(예컨대 스무한 살 생일)은 인출이 불가능하다. 헨리의 사례는 응고화 표준모형이론보다는 다중흔적이론을 지지하는데, 자전적 사건들에 관한 기억흔적을 파지하고 인출하는 데는 언제까지나 해마 신경계가 작용해야 하기 때문이다.[18]

다중흔적이론은 기억상실증을 겪는 사람들이 최신 경험보다 오래된 경험을 더 많이 기억하는 경향을 보이는 이유를 설명하는 또 하나의 가설이기도 하다. 이 이론에 따르면 해마에서 일어나는 신경 처리 과정은 경험에 대한 기억이 저장된 피질에서 모든 오래된 지점이 어디인지 알려주는 하나의 지표가 된다. 이 과정을 지역 도서관을 방문하는 것에 빗대어 생각해보자. 가령 '카리브해의 조류'라는 제목을 색인 카드에서 찾은 뒤 서고로 가서 해당 도서를 찾는다. 우리가 회상에 젖어들어 하나의 기억흔적을 활성화할 때마다 그 기억에 대한 새로운 지표, 그러니까 색인 카드 항목이 하나씩 더 새로 생성되는 것이다. 따라서 합격을 통보하는 설레는 전화에 대한 기억은 우리가 그 기억을 떠올리는 순간 혹은 다른 사람에게 그 이야기를 하는 순간에 해마 신경계 안에서 연합망을 통해 다중의 지표와 연결될 것이다. 이 모형에서는 시간이 흐르면서 오래된 기억이 이런 지표와 연결되는 일이 축적되어 뇌 안에서 견고하게 결합될 기회를 얻는다. 역행적 기억상실증이 최신 기억에 더 큰 손상을 입히는 것은 이 기억들에 달린 닻이 더 적어서 파도에 더 취약하기 때문이다.

응고화 표준모형과 다중흔적이론은 자전기억에서 충돌한다. 자전기억은 의미기억이나 일반기억과 달라서 일화적이며 세부 내용이 풍부하다. 특히나 연구자들이 **경험과 밀접한 세부 요소**라고 부르는 어떤 특별한 사건에 따라오는 소리, 장면, 맛, 냄새, 생각, 감정 같은 요소들이 포함되어 있다. 표준모형은 자전기억이 해마의 기능에 의존하는 기간이 일시적이라고 가정하며, 그 기간이 지나면 해마에서 독립하여 피질에 저장된다고 본다. 이 이론에 따르면 헨리가 수술받기 전에 경험한 자전기억이 헨리에게 고스란히 남아 있어야 한다.

반면에 다중흔적이론은 자전기억을 인출할 때는 항상 해마가 기능한다고 주장한다. 이 견해에 따르면 해마는 해당 일화를 구성하는 감각 및 감정 정보를 저장한 피질 영역이 어디인지를 알려주는 기억 지표로 작용한다. 다중흔적이론이 맞다면 헨리는 어린 시절에 경험한 자전적 사건을 회상하는 능력이 손상되었을 것이다.

헨리가 수술 전에 있었던 자전적 일화에 대해서는 많이 진술하지 않아 내가 아는 것은 두 건뿐이다. 하나는 1950년대에 브렌다 밀너에게 열 살 때 자신이 겪은 의미 있는 사건을 진술한 것이다. "제가 첫 담배를 피웠던 일을 기억합니다. 체스터필드였어요. 아버지 담뱃갑에서 빼냈죠. 한 모금 빨았다가 얼마나 콜록거렸던지! 그때 소리를 들으셨어야 해요." 수십 년 동안 헨리가 우리에게 말해준 자전기억은 이것이 유일하다.[19]

우리는 2002년이 되어서야 헨리의 두 번째 자전적 경험을 들을 수 있었다. 그 무렵 우리는 개인적인 경험과 관련한 세부 내용을 이야기하도록 새로 고안된 인터뷰를 통해 헨리의 자전기억을 체계적으로 조사하고 있었다. 우리 실험실에 있는 박사후과정 연구원 새러 스테인보스가 헨리와 여러 차례 인터뷰를 진행하면서 인생 전체를 유년기, 10대, 성인 초반, 중년, 테스트 한 해 전, 이렇게 다섯 시기로 나누어 시기당 한 건의 사건을 진술해달라고 주문했다. 다음으로 스테인보스는 헨리에게 그 사건을 될 수 있는 한 상세하게 이야기해달라고 했다. 어떤 사건을 떠올리는 데 어려움을 겪으면 스테인보스가 결혼식이나 이사 같은 보편적인 사건을 제시하여 도움을 주었다. 이 연구를 진행하는 데 있어 가장 중요한 것은 인내와 끈기였다. 30분 동안 별별 사건을 다 제시해야 겨우 기억 하나가 유도되는 경우도 있었다. 또한 스테인보스는 헨리가 과거에 반복해서 묘사한 사건은 다시 고르지 않도록 했다(이런 일은 우리 모두에게 일어난다. 이야기를 하도 많이 거듭하다 보니 그 풍성하던 감각 경험을 무미건조하게 읊고 마는 경우 말이다). 스테인보스는 질문을 던져 인생의 각 시기에 대해 말하게 했는데, 헨리는 세부 내용을 떠올리는 것을 힘들어했다. 예를 들어 유년기에 있었던 한 사건에 대해 질문하면 헨리는 아버지가 경찰서장이었던 여학생을 좋아했던 일을 언급하지만 그 경험과 연관된 구체적인 일화, 특정 시간과 장소에서 일어난 무언가는 진술할 수 없었다.[20]

그러던 중 하루는 스테인보스에게 놀라운 이야기를 들려주었다.

"아주 어렸을 때부터 열한 살 사이에 있었던 한 가지 구체적인 사건을 기억할 수 있습니까? 여러 시간 동안 지속된 것으로요?" 스테인보스가 끈기 있게 물었다. "그런 비슷한 것이 생각납니까?"

"아뇨, 생각 안 나요." 헨리가 말했다.

"그럼 다른 시기로 옮겨가서 그 시기에 있었던 일 아무것이라도 생각나는 것이 있는지 볼까요?"

"그게 낫겠어요, 아무래도." 헨리도 동의했다.

"좋아요. 그렇게 해보세요. 그렇게 하면 뭔가 생각나는 게 있을지도 모르니까요. 열한 살에서 열여덟 살 사이에 개인적으로 경험한 구체적인 사건 가운데 떠오르는 게 있습니까?"

잠시 묵묵부답이어서 스테인보스가 다시 질문을 던졌지만 여전히 대답이 없었다.

"피곤하세요, 선생님? 잠시 쉴까요? 아니면 그냥…"

"지금 생각하는 중이에요."

"그렇군요. 죄송해요. 방해할 생각은 아니었습니다."

"첫 비행이 생각나요."

"다시 말씀해주세요."

"첫 비행이요."

"첫 비행 말씀이시군요."

"그래요."

"말씀해보세요."

헨리는 열세 살 때 단발 비행기로 30분간 창공을 여행한 경험을 아주 상세하게 이야기하면서 라이언 항공기의 전체 구조, 즉 장치, 조종간, 회전하는 프로펠러를 아주 정확하게 묘사했다. 조종사와 나란히 앉았던 것, 조종사가 그에게 조종을 맡겼을 때 다리를 뻗어 페달을 밟았던 순간을 회상했다. 스테인보스가 질문하자 그는 그날이 유월의 구름 낀 날이었고 하트퍼드 상공을 비행할 때 시내 건물들이 보였던 것을 기억했다. 착륙하기 위해 공항에 접근하면서 배들이 정박한 작은 만 상공을 통과했다. 수술 이래로 헨리가 구체적인 사건에 대한 흥분, 색과 소리, 두드러진 특색을 갖춘 세부 사항까지 풍부한 내용으로 과거의 경험을 기억해낸 것은 이것이 두 번째였다.

나는 스테인보스의 인터뷰 원고를 읽으면서 깜짝 놀랐다. 이 이야기를 들은 기억이 없다고 믿었는데, 알고 보니 착각이었다. 이 책의 원고를 쓰면서 우리가 수면 실험으로 헨리의 머리에 전극을 연결하고 진행했던 1977년 인터뷰를 다시 읽었는데, 검사자와 편안하게 수다를 떨면서 비슷한 이야기를 한 대목을 발견했다.

브레이너드필드도 있어요. 그래요. 그것도 압니다. 두 곳 모두 전에는 수송기가 있었는데 그때는 민항기만 있었어요. 그걸 기억하는 이유는 1939년에 내가 거길 갔거든요. 내가 비행했을 때요. 맞아요. 항공기로요. 그때 직접 조종했던 건 언제 생각해도 행복해요. 참 대단한 일이었어요. 왜냐면 어머니와 아버지 두 분 다 비행기를 무서워했거든요. 내가 거기 간 건 졸업식 직전이었어요. 이제 졸업할 거라서 비행을 할 수 있었어요. 2.5달러쯤 됐어요. 날 태워준 사람은… 로크빌 출신의 민항기 조종사였는데… 그 사람이 일하는 데가 [알아들을 수 없음]였어요. 나한테 특별 비행 기회를 준 거죠.

25년 전에 확보했던 이 추가 정보를 다시 발견하고서야 나는 헨리가 말한 비행 기억이 지어낸 이야기가 아니라 진짜 경험이었다는 것을 확신했다.

2002년 인터뷰를 진행하면서 스테인보스는 헨리에게 다른 구체적인 사건이 또 기억나느냐고 물었다. 몇 가지 순조롭게 진행된 이야기가 있었지만 비행 경험만큼 선명한 것은 없었다. 일곱 살 때 어머니와 함께 기차로 여행했던 일을 말하긴 했지만 특별한 일화는 없고 사실들만 나열했을 뿐이다. 하트퍼드에서 기차에 탑승해서 뉴욕에서 환승한 뒤 두 번째 기차로 플로리다까지 달렸다. 헨리는 맨 위층 침대, 어머니는 아래층 침대에서 잤던 일, 기차에서 식사한 일을 기억했다. 또 그는 초등학교에 다닐 때 부모님과 함께 캐나다로 여행 갔던 일도 기억했다. 그 여행에서 그는 젖소의 젖을 짠 일을 이야기하면서 정보도 약간 주었다. 젖소 스무 마리 정도가 있는 헛간에서 등받이 없는 둥근 의자에 앉아 젖꼭지를 한쪽씩 번갈아가며 당겨야 했다. 스테인보스가 부추겨봤으나 소젖 짜기에 대한 일반적인 설명 이외에는 순수한 개인 경험을 묘사하지 못했다. 따라서 하나의 자전기억으로 꼽기에는 부족했다.

첫 담배와 비행에 대한 기억은 선명한데 나머지 수술 전 삶에 대한 기억은 상반될 정도로 불분명하다. 이 두 일화를 헨리가 선명하게 기억할 수 있었던 것은 두 사건을 경험하는 동안 강렬한 감정을 느꼈기 때문이다. 스테인보스는 헨리에게 비행을 하는 동안 감정 상태가 얼마나 변화했는가, 비행하는 시간이 그에게 개인적으로 얼마나 중요했는가, 테스트를 받는 동안 이 경험이 얼마나 중요했는가를 각각 1점에서 6점까지 매기라고 했다. 헨리는 비행 중 감정 상태에 '어마어마한 감정 변화'를 뜻하는 6점을 매겼다. 비행하는 시간이 개인적으로 얼마나 중요했는가를 되돌아봤을 때는 5점, 테스트를 받는 경험에는 6점을 매겼다. 이 사건의 기억흔적이 헨리의 뇌에 남아 있었던 것은 감정적 의미와 사건 자체가 갖는 특별함이 감정 정보를 부호화하고 저장하는데 그때 이러한 기능을 관장하는 뇌 영역들인 해마, 전두엽피질, 편도체가 강하게 활성화되었기 때문이다. 이 활성화는 실제로 비행하는 시간만이 아니라 헨리가 나중에 이 일에 대해 친구들에게 이야기할 때도 매번 발생했을 것이다. 시간이 흐르면서 전율 넘치는 기억이 점점 더 견고해져서 수십 년이 지나서도 인출할 수 있는 풍요로운 표상이 형성되었던 것이다.[21]

헨리는 과거의 구체적 사건을 기억하는 데 어려움을 겪었던 반면 과거의 의미기억, 세계에 대한 일반적 사실 테스트에서는 꾸준히 훨씬 좋은 점수를 받았다. 한 테스트에서 스테인보스는 헨리에게 사건에 대해 학습할 때 개인적인 경험보다는 사회적 사건 자체에, 다시 말해 일화지식이 아닌 의미지식에 초점을 맞춰달라고 주문했다. 그러면서 단서 목록을 제시한 뒤 그의 인생 시기별로 강력범죄나 유명 스타의 결혼식 같은 특정 사회적 사건을 기억해보라고 했다. 헨리는 기억상실증 발병 이전 각 시기에 있었던 사회적 사건을 기억할 수 있었다. 예를 들면 한 '대형 사건'을 선택한 뒤 1937년의 힌덴부르크호 추락사고를 상당히 상세히 이야기했다. 이런 유형의 일반 정보를 기억하는 능력은 자전기억과 의미기억이 다른 방식으로 저장되고 인출된다는 견해를 뒷받침하는 근거가 되었다. 사회적 사건에 대한 기억이 고스란히 남아 있다는 사실은 헨리가 자전기억에는 장애를 겪지만 그것이 서사구조의 세부 요소를 인출하고 회상하고 기술하는 능력에 결함이 있기 때문은 **아니라는** 결론을 강력하게 지지하는 근거가 되었다.[22]

응고화 표준모형과 다중흔적이론에 대한 논쟁은 여전히 계속되고 있다. 헨리 사례에서 우리가 내린 결론은 다중흔적이론과 일치한다. 즉 헨리는 수술 전에 학습한 의미정보를 기억하는 능력은 견고하게 유지하고 있지만, 해마 손상으로 인해 거의 모든 자전적 사건을 기억하지 못하는 것이다. 그럼에도 헨리가 회상했던 두 기억, 첫 담배와 비행 경험은 그의 인생에서 빛났던 두 순간을 알려주는 놀라운 예외다.

스콰이어는 표준모형을 이용해 헨리가 겪는 기억상실증에 대해 설명하면서 두 가지 문제를 제기했다. 첫째, 헨리가 수술 전에 있었던 자전기억을 인출하지 못하는 것이 노인성 질환 때문일 수도 있다면서 2002~2004년 헨리의 뇌 영상에서 나타난 이상을 그 근거로 제시했다. 이 주장은 배제해도 되는 것이, 1992년 인터뷰로 헨리가 어머니나 아버지와 관련된 일화기억을 하나도 인출하지 못하는 자전기억의 진공상태에 있음이 입증되었기 때문이다. 당시 그의 뇌에서는 노령으로 인한 이상이 전혀 나타나지 않았다.[23]

스콰이어가 제기한 둘째 문제는, 헨리에게 수술 전 자전기억이 없는 것은 수술 직후에는 자전기억이 남아 있었지만 시간이 지나면서 이 기억흔적들이 쇠퇴한 것일 수도 있다는 주장이었다. 이 주장이 옳다면 사회적 사건을 기억하는 능력에도 같은 논리가 적용되어야 한다. 그 논리에 의하면 이 기억들도 시간이 지나면 쇠퇴했어야 하지만 그러지 않았다. 사회적 사건 인터뷰는 헨리의 자전기억이 사라지기 시작한 바로 그해에도 사회적 사건만큼은 선명하게 기억할 수 있음을, 즉 의미기억능력은 남았지만 일화적 자전기억능력은 손상되었음을 보여주었다. 나는 다중흔적이론과 일치하는 우리의 실험 결과를 토대로 얼마나 오래전인지와는 상관없이, 과거의 특별한 순간을 재경험하기 위해서는 해마가 정상적으로 기능해야 한다는 견해를 지지한다. 많은 연구에서 이 이론을 뒷받침하는 근거가 나오고 있다.[24]

응고화 표준모형과 다중흔적이론 중에서 어느 쪽에 무게를 실어

줄 것인가를 결정지을 한 가지 중요한 문제는 기억상실증이 일화적 자전기억과 의미기억에 미치는 영향이 다르냐 하는 것이다. 두 이론은 명백히 다른 예측을 내놓았으며 헨리 사례가 그 차이를 입증했다. 헨리를 테스트한 결과는 다중흔적이론을 지지하는데, 오래된 자전기억을 인출하는 뇌회로와 오래된 의미정보를 기억하는 뇌회로가 서로 다르다는 것을 가르쳐주었다. 전자는 기억상실증으로 인해 손상되지만 후자는 손상되지 않는다. 두 종류의 기억 모두 초기의 부호화, 저장, 인출은 내측두엽 구조가 관여한다. 그러나 이어지는 응고화 처리 과정에서 의미기억은 피질에 영구적으로 자리 잡지만, 일화적 자전기억의 흔적은 여전히 내측두엽 구조에 의존하며 그 기한은 정해져 있지 않다. 따라서 헨리에게 자전기억이 둘밖에 남지 않은 것은 우리가 아는 한, 헨리의 뇌에서 이 조직이 제거되었기 때문이다.

1970년대 후반에는 수면이 기억을 응고화하는 데 얼마나 중요한지, 신경가소성에서 어떻게 핵심 역할을 수행하는지 알려진 것이 없었다. 당시에는 꿈의 신경 기반에 대해 밝혀진 것이 거의 없었고 꿈의 작용에 대한 인지신경과학 연구도 존재하지 않았다. 우리가 알지 못했던 것은 안구운동과 수면의 여러 단계 사이에 그리고 수면의 여러 단계와 꿈 사이에 어떤 관계가 있다는 사실이었다. 이 기본 지식을 얻게 된 우리는 헨리의 내측두엽에 발생한 대규모 손상이 그의 꿈에 미치는 영향을 조사하기 위한 연구에 착수했다. 우리는 그의 꿈이 의식적 회고를 통해서는 우리가 유도할 수 없었던 어떤 비밀 저장소를 폭로할지도 모른다는 프로이트적 기대감에 애를 태웠다. 헨리의 무의식에 저장된 소망을 우리가 엿볼 수 있을까?

헨리가 수술 전 경험한 일들의 요지를 기억한다는 것을 아는 우리는 이 기억이 수술 후 헨리가 꾸는 꿈의 주요 내용이 아닐까 생각해 보았다. 꿈은 우리가 하는 상상에 의해 생겨나는 현상으로, 깨어 있는 상태에서 머릿속에 떠올리는 심상과 유사하다. 기괴하고 일관성 없고 순식간에 달아나는 꿈은 아귀가 맞아떨어지는 서사가 아니다. 쥐 실험은 꿈이 깨어 있을 때의 의식과 유의미한 연관성이 있음을 보여주었다. 우리는 전날 있었던 일을 기억하지 못하는 헨리가 잠잘 때는 어떤 꿈을 꾸는지 궁금해졌다.[25]

1970년 나는 임상연구센터의 간호사들에게 헨리가 아침에 잠에서 깼을 때 그가 꾼 꿈에 대해 질문해달라고 요청했다. 같은 간호사였다면 매일 비슷한 질문으로 꿈 구술을 유도했겠지만 그를 깨우는 간호사는 날마다 달랐다. 그런데도 그의 대답은 날마다 거의 비슷했다. 5월 20일, 헨리는 산을 달리고 있었거나 아니면 누군가의 등에 업혀 산을 올랐다. 5월 22일, 소도둑을 잡으려고 농부들과 함께 산으로 트럭을 몰고 올라갔다. 5월 23일, 산에 있는데 나무가 한 그루도 없었다. 5월 26일, "낭떠러지가 가파른 루이지애나처럼" 산이 많은 바닷가 시골에 있었다. 5월 27일, 스무 살쯤 되는 젊은이들하고 쉬면서 잠잘 수 있는 곳을 찾아서 언덕 많은 들판을 달려가고 있었다. 6월 6일, 언덕이 많은 푸른 시골을 걸었다. 나무는 없었다.

헨리의 꿈을 더 명확하게 분석하기 위해 우리는 꿈 내용을 기록하기 위한 실험을 고안했다. 이 1977년 연구의 목표는 해마와 편도체가 기능하지 않는 상태에서 꾸는 꿈의 성격을 파악하는 것이었다. 우리는 뉴런의 전기 활동을 기록하는 뇌전도를 이용하여 밤중 수면 패턴을 관찰했다. 이 기록은 헨리가 수면의 어느 단계에 있는지를 보여준다. 헨리의 꿈을 포착하는 과정에서는 두 학생이 도움을 주었는데, 렘수면 시기와 비렘수면 시기에 헨리를 깨워 꿈을 꾸고 있었는지, 그랬다면 어떤 꿈이었는지를 물었다. 헨리는 건강한 수검자들과 마찬가지로 두 시기 다 꿈을 꾸었다고 보고했다.

헨리가 구술한 꿈은 진짜였을까, 아니면 그저 질문자의 기대에 부응하기 위해 즉석에서 지어낸 이야기였을까? 나는 후자라고 보았다. 물론 만약 헨리의 꿈이 (우리 대다수의 꿈처럼) 실제 경험을 바탕으로 하는 것이라면 수술 전 사건들에 의거했을 것이다. 최근 경험은 기억하지 못하니 꿈의 연료가 될 수 없기 때문이다. 헨리가 구술하는 꿈은 대단히 현실적이어서 일관성 없고 비현실적인, 일반적인 꿈 같은 구석이 없었다. 그렇기는커녕 평소 깨어 있을 때 이야기하던 카우보이 영화 감상, 자연 체험, 매사추세츠 서부에 있는 제이콥스래더트레일과 모호크트레일 드라이브 여행 등 어린 시절의 사건들과 아주 닮아 있었다. 헨리에게는 수술 전 경험과 관련한 사실적 이야기 레퍼토리가 있었다. 협조적인 실험 참가자로서 최선을 다하느라 희미하게 가물거리는 그 옛날 기억의 골자를 구술했을 것으로 보인다.

다음은 한 학생이 오전 4시 45분에 렘수면 시기에 있는 헨리를 깨워서 주고받은 문답이다.

학생: 헨리? … 헨리?

헨리: 예?

학생: 꿈꾸고 계셨어요?

헨리: 몰라요. 왜요?

학생: 아무 기억도 나지 않으세요?

헨리: 어, 조금은 나요.

학생: 뭐가 기억나세요?

헨리: 음, 뭔가 알아내려고 하고 있었어요. 어떤 시골집이 있는데, 그 구조는 생각이 나지 않아요. 그리고…믿거나 말거나겠지만…내가 의사가 되는 꿈을 꾸고 있었어요.

학생: 그러셨어요?

헨리: 네… 뇌외과 전문의요. 그리고… 그게 내가 되고 싶은 거였으니까요…. 하지만 내가 안경을 쓰기 때문에 안 된다고 말했어요. 그리고 또 뭐라고 말했느냐면, 어, 작은 입자〔먼지〕 같은 게 있어서, 수술을 집도했다가는 그 사람이 끝날〔죽을〕 수 있다고 했어요.

학생: 아, 네.

헨리: 이건 내가 의사, 외과의, 뇌외과 전문의가 되고 싶어 했던 생각에 관한 거예요. 그리고 그건 정말 중요한 분야였는데, 무슨 말이냐면 외과라는 전문 분야를 생각했을 때 그랬다는 얘깁니다.

학생: 시골 이야기도 하셨잖아요? 그건 어떤 건가요?

헨리: 시골에서 환자를 수술하거나 아니면 그냥 시골에 있는 꿈도 있었고요. 평지… 평지였던 거 같아요. 그리고 나 자신에 대해서도 알고 싶었어요. 어떻게 보면 둘 다죠. 왜냐면 아빠가 남부에서 어린 시절을 보냈는데 거기는 평지였거든요. 물론 나는 코네티컷에서 자랐고, 캐나다에 가서 소젖을 짰어요. 그리고 또….

학생: 이게 전부 지금 꿈에서 있었던 일입니까?

헨리: 아니, 이건 현실에서 그런 거예요.

학생: 아, 꿈에서는 아니고요?

헨리: 내 꿈에서는… 몽땅 한꺼번에 나왔어요.

헨리가 구술을 시작했을 때 바로 나온 "어떤 시골집"은 진짜 꿈이었을 수 있지만, 여기에서 우리는 헨리의 제한된 기억 시간이라는 문제에 부딪혔다. 헨리의 꿈 구술을 신뢰할 수 있으려면 그의 즉각적인 기억 시간 범위인 약 30초 안에 일어났이야 한다. 그 범위를 넘어간 꿈 내용은 증발되었을 것이고, 그 뒤에 나온 횡설수설하는 대화에는 기존에 저장된 지식이 활용되었을 것이다.

헨리가 꿈을 꾸지 않았다는 결론을 뒷받침할 만한 근거는 없다. 하지만 꿈꾼 것이 사실이라면 그의 꿈 경험은 건강한 사람들과는 다른 것으로 보인다. 정상적으로 꿈에 관여하는 뇌 영역 일부를 헨리의 뇌에서는 액체성 공간이 대신했다. 예를 들면 건강한 사람의 편도체는 렘수면 기간에 아주 활발해지는데, 헨리의 뇌에서는 편도체 활성화가 일어나지 않아 수면 패턴과 꿈 기능이 달라졌을 것이다. 또한 헨리는 가끔 야간발작을 겪고서 다음 날까지 탈진해 있는 경우가 있었는데, 우리로서는 아무리 해도 헨리의 밤을 구성하는 사건들이 가진 특성을 파악할 길이 없었다. 1977년 우리가 헨리를 깨워 꿈을 꾸고 있느냐고 물었을 때 때로는 "네" 하거나 때로는 "아니요"라고 답했다. 이런 응답 패턴은 헨리가 질문을 이해하고 판단하는 것이 가능했을 뿐 아니라 모든 답변이 그저 질문자를 기쁘게 해주기 위해 즉석에서 예전 이야기를 가져온 것은 아니었음을 말해준다. 헨리가 꾸는 꿈 내용의 본질이 무

엇인지, 어떤 특징을 띠는지는 여전히 수수께끼로 남아 있다.[26]

　수술 전이 되었든 수술 후가 되었든 자전기억에 장애를 겪는 헨리
는 자기인식이 제한적일 수밖에 없었다. 그는 우리에게 친척에 대해
서나 유년 시절에 있었던 일을 이야기해주는 것을 좋아했지만, 그 이
야기에는 정확하고 구체적인 내용이 없었다. 자전적 이야기를 들려주
는데 그 사람이 누구인지를 알려줄 풍부한 감각 정보와 감정 정보가
빠져 있는 것이다. 의식적으로 과거의 일화를 하나하나 회고할 능력
이 없는 헨리는 '지금, 여기'에 갇혀 있었다. 이러한 한계를 감안할 때
헨리에게 자신이 누구인지에 대한 인식이 있는가 하는 물음은 타당해
보인다. 기억상실증이 헨리의 자기인식을 약화시켰을까?

　헨리 이야기를 듣는 사람들은 묻곤 한다. "헨리는 거울을 보면 어
떻게 반응하나요?" 20대 후반 이후로 아무것도 기억하지 못하는 헨리
는 중년이 되고 이제는 노인이 된 자신의 모습에 어떻게 적응했는가?
헨리는 거울을 들여다볼 때 충격받은 표정이나 저게 누구인가 하는 표
정을 지은 적이 없었는데, 거울 속에서 자신을 바라보고 있는 그 사람
이 친숙한 듯했다. 한번은 간호사가 물었다. "자신의 외모가 마음에 드
세요?" 헨리의 대답에는 예의 겸손한 유머가 담겨 있었다. "난 이제 애
가 아니랍니다."

　우리는 헨리에게 복합적인 풍경사진을 보여주고 몇 주가 지나서
다시 보여주는 실험을 한 적이 있는데, 헨리는 외현기억 없이 친숙한
느낌만으로 그 사진들을 재인했다. 어쩌면 거울에 비친 자신의 모습
에 놀라지 않은 것도 같은 이유였을 것이다. 오랜 세월 날마다 봐온 얼

굴이었으니 말이다. 우리 뇌에는 얼굴 정보를 전담하는 부위인 방추상얼굴영역이 있다. 헨리에게도 남아 있는 전전두엽피질의 한 구역이다. 헨리의 뇌에서 이 회로망이 보존된 덕분에 자신의 얼굴을 낯익은 것으로 지각했을 것이다. 비록 나이가 들면서 변했더라도 심상 속에서 자신의 이미지가 끊임없이 갱신되어왔을 것이다.

그렇지만 자신의 겉모습과 건강 상태에 대한 헨리의 지식은 빈틈 투성이다. 우리가 나이나 현재의 년도를 물으면 몇 년에서 몇십 년까지 틀린 답이 나왔다. 머리가 희끗희끗해지고 난 뒤에도 자신의 머리가 짙은 갈색이라고 말하는가 하면 나이가 들면서 체중이 많이 불었는데도 스스로를 "말랐지만 둔한" 사람이라고 설명하기도 했다. 그는 수술 전 자신의 모습에 대한 기억과 현재의 모습을 어떻게든 조화시키는 듯 보였다.

수술을 받은 뒤로 수십 년에 걸쳐 헨리의 세계는 셀 수도 없이 변했지만, 헨리 자신은 이러한 변화에 전혀 충격받지 않았다. 주변 환경에 날마다 반복적으로 노출되면서 더딘 학습이 이루어져 무의식적으로 새로운 정보에 친숙해진 것이다. 건강한 사람들이 자신의 세계에 대해 학습하는 것과는 다른 방식이다. 자신의 얼굴이며 자신을 돌봐주는 사람들, 주위의 환경과 마주칠 때마다 헨리의 뇌가 자동적으로 그 특징들을 등록하여 저장되어 있던 사물과 사람의 표상에 통합된 것이다. 그렇지 않았다면 희끗희끗해진 자신의 머리를 볼 때마다 놀랐을 것이고, 자신이 왜 거기에 살고 있는지, 텔레비전에 뜨는 영상은 어째서 컬러인지, 컴퓨터는 뭐하는 물건인지 등등 내내 의아한 생각에서 벗어날 수 없었을 것이다. 헨리는 자신의 삶에 등장하는 새로운 추가 정보들을 어떤 식으로든 받아들였다.

헨리는 새로운 기억을 형성할 수 없기 때문에 현재 삶은 자전적 경험으로 쌓이지 않았고 과거에 대한 이야기는 피상적이었다. 우리 대다수에게 개인사는 자신이 어떤 사람인지를 말해주는 가장 중요한 부분이며, 우리는 과거에 있었던 일을 생각하고 그 이야기들이 미래에 어떤 역할을 할지 상상하는 데 많은 시간을 바친다. 우리의 자아의식에는 자신의 과거사와 함께 미래의 지향인 '할 일 목록'이 포함된다. 사람들은 직업에서 성공하고 가정을 이루고 지금보다 나은 상태로 은퇴하는 상상을 할 것이다. 시간 단위를 좁혀보면 오늘 무엇을 완수해야 할지, 이번 주에 누구를 만날지, 다음 휴가에는 무엇을 할지 따위의 계획을 세운다. 수술은 헨리에게서 서술기억을 박탈했을 뿐 아니라 단기적이든 장기적이든 앞으로의 시간을 미리 사고하는 능력을 빼앗아갔다. 헨리에게는 다음 날, 다음 달, 다음 해 계획이라는 퍼즐을 구성할 조각들이 없으며 미래에 하게 될 경험을 상상할 능력이 없었다. 1992년에 나는 헨리에게 물었다. "내일 뭐 하실 생각이세요?" 헨리는 이렇게 답했다. "뭐든 유익한 걸 해야겠죠."

인지신경과학자들은 미래의 일에 대한 시뮬레이션과 일화기억을 인출하는 것이 어떻게 연관되는지에 관심을 기울여왔다. 그들은 과거를 기억하는 활동과 미래를 그려보는 활동에 관여하는 공통의 뇌회로를 찾아냈다. 미래의 사건에 대한 상상은 내측두엽 구조, 전두엽피질, 후두정엽피질에 달려 있다. 서술기억에서 중대한 역할을 수행하는 바로 그 영역들이다. 다음 휴가를 상상하는 사람은 과거 휴가의 세부 요소에 대한 장기기억과 그 밖의 지식을 활용한다. 과거 사건을 기억하고 다시 연결하여 미래에 대한 시나리오를 구성하기 위해서는 장기기억에서 정보를 인출해야 한다. 따라서 기억상실증이 이 처리 과정에 지장을 준다는 것은 놀랄 일이 아니다. 미래를 구성하는 활동에는 과거를 되살리는 일과 마찬가지로 해마와 전두엽피질, 대상피질, 두정엽피질이 기능적으로 결합되어야 한다. 헨리는 이 연결망을 형성할 수 없어 다음 날이나 다음 주 혹은 앞으로 몇 년 뒤에 무엇을 할 것인가 하는 질문을 받았을 때 참고할 데이터베이스가 없었다. 헨리는 과거를 기억하지 못하듯 미래도 상상할 수 없었다.[27]

11

사실지식

수술받기 전 몇 해 동안의 일화적 자전기억은 사라졌는데 같은 시기의 의미기억능력은 정상인 듯한 이런 상반된 현상을 보면서 수술 후의 일화기억과 의미기억에서도 같은 현상이 발생하는지 의문이 생겼다. 헨리가 수술받은 후에 일화기억능력이 심각하게 손상되었다(기억상실증의 대표적 특징)는 근거는 이미 충분히 갖고 있었다. 하지만 새로운 의미기억을 획득하는 능력은 정상일까, 아니면 결함이 있을까? 수술 후에 처음 접한 의미정보는 어느 정도까지 학습하고 보유할 수 있을까? 우리는 헨리가 수술 전에 획득했던 오래된 의미정보가 수술 후 시간이 흐르는 동안 어느 정도로 손실되었는지도 알아보고 싶었다. 이러한 물음에 답하기 위해 우리 실험실에서는 많은 연구를 해나갔다.

헨리는 수술 후에도 정상적인 주의폭attention span을 보였으며, 말하기, 읽기, 쓰기, 철자법에 문제가 없었고, 수술 전에 획득한 정보에 의거해 대화를 이어가는 것도 문제없었다. 1953년 수술 이전에 획득한 의미정보를 인출할 수 있었던 것은 의미정보가 저장되는 곳이 피질이어서 해마가 기능하지 않아도 됐기 때문이다.

우리가 특히 헨리의 언어능력에 주목했던 이유는 기존의 의미기억, 즉 1953년 이전에 저장되었던 의미기억을 유지하기 위해 내측두엽 구조가 필요한지 알고 싶었기 때문이다. 의미기억에서 핵심요소는 어휘 기억[의미와 형태(단수 대 복수)를 포함하는 단어 관련 정보들]이다. 무엇보다 중요한 문제는 기존에 저장된 어휘 기억이 기억상실증에서도 보존되느냐였다. 우리는 다음 세 문제를 다루기 위한 실험을 고안했다. 내측두엽 병변이 (수술 전에) 이미 학습된 어휘 정보를 활용하는 능력을 손상시키는가? 이 병변이 문법 처리 과정에 영향을 미치는가? 시간이 지나면 상기 어휘 기억이 쇠퇴하는가?[1]

우리는 헨리가 일상적인 대화를 주고받을 때 사용하는 언어 내용을 측정하고 심의했다. 동료들과 나는 그가 언어 처리 과정에서 보이는 특징이 다른 사람들이 보이는 특징과 같은지를 알고 싶었다. 1970년 우리 실험실의 한 대학원생이 중의적 표현, 즉 하나 이상의 의미를 내포하는 문장을 제시하여 언어 처리 메커니즘을 자극하는 테스트를 고안했다. 일반적으로 중의적 표현은 어휘(단어가 하나 이상의 의미를 갖는 것), 표층구조(구문규칙적 구조에 의해 하나 이상의 의미를 갖는 것), 심층구조(문장 요소들 사이의 관계를 나타내는 구절 구조에 의해 하나 이상의 의미를 갖는 것), 이 세 유형으로 작동한다.

어휘: 우리는 배를 쌓아 올렸다.

표층구조: 철수는 영희보다 영화 보기를 더 좋아한다.

심층구조: 늙은 남자와 여자는 같이 살기 힘들다.

그 대학원생은 중의적 문장 65개를 만들었는데, 유형별로 중의적 문장은 물론 의미가 명백하게 하나인 문장(예를 들면 "짐은 그 스키 상점에서 파카를 한 벌 샀다")도 25개 만들었다.[2]

실험을 시작하면 대학원생이 먼저 문장을 소리 내어 읽어주고 카드를 제시하면서 묻는다. "이 문장은 뜻이 하나입니까, 둘입니까?" 정상 수검자는 생각 속에서 그 애매한 문장을 재구성하여 정확하게 해석할 수 있다. 헨리는 대조군 수검자만큼 많은 중의적 문장을 찾아내지는 못했지만, 찾은 경우에는 심층구조의 중의성(가령 "Racing cars can be dangerous(자동차 경주/경주용 자동차는 위험할 수 있다)")까지 포함하여 모든 유형을 다 파악했다.

이 연구는 헨리가 한 문장에 들어 있는 여러 구문 요소와 그 요소들 간의 관계를 몇 초 이상 기억할 수 있음을 보여주었다. 대조군 수검자보다 많은 문장을 찾아내지 못한 것은 정보량이 그가 가진 단기기억 처리 용량을 초과한 데다 장기기억은 활성화하지 못했기 때문이다. 단기기억은 소량의 정보를 일시적으로 저장하는데, 헨리의 뇌가 이 기능을 수행하는 것은 가능하나 용량이 제한적이어서 일부 문장에 담긴 애매한 의미를 파악하기에는 부족했던 것이다.

비슷한 시기에 UCLA의 한 심리학자가 비슷한 실험 결과를 발표했다. 그는 MIT 우리 과 대학원에 재학할 때 독자 연구로 32개의 중의적 문장을 구성하여 헨리에게 읽어주면서 두 사항을 지시했다. "이 문장의 두 의미를 최대한 빨리 찾을 것." "'예' 하고 말한 뒤 해석되는 순서대로 두 의미를 말할 것." 연구자는 시간을 90초로 제한했고 헨리가 이 시간 내에 두 의미를 찾지 못하면 오류로 쳤다. 헨리는 어휘와 표층구조 항목의 중의적 문장은 80퍼센트 이상 해석해냈지만 심층구조 항목의 중의적 문장에는 0점을 받았다. 앞선 실험 결과와 상충하는 결과를 근거로 들어 이 UCLA 연구자는 헨리의 뇌에서 제거된 구조(해마 신경계)가 언어를 이해하는 데 중추적인 역할을 한다고 주장했다.[3]

우리 연구진이 보기에 이 결론은 맞지 않았다. 우리는 헨리가 누구하고라도 즉흥적으로 대화를 주고받을 수 있다는 것을 안다. 또한 1800년대 중반부터 수십 년에 걸친 연구를 통해 언어를 표현하고 이해하는 기능을 담당하는 것이 해마 신경계가 아니라는 사실도 밝혀진 바 있다. 나를 포함한 많은 연구자들은 대다수 개인의 언어기능을 관장하는 기관이 해마나 부해마회가 아니라 여러 피질 회로이며 그중에서도 뇌 좌반구가 중추적인 역할을 한다고 주장한다.

나는 UCLA 연구자가 만든 테스트 문항은 동일하게 가져오되 테스트 방식을 크게 달리하여 결과를 확인하기로 했다. 나는 헨리에게 문장을 소리 내어 읽으라고 주문했고 단어 하나라도 빼먹은 문장은 다시 읽게 했다. 단어를 건너뛰는 경우에는 해당 단어를 손가락으로 짚어 헨리의 주의를 집중시켰다. 그런 다음 두 가지 의미를 지닌 문장이 나오면 '예'라고 말한 뒤 떠오르는 순서대로 기술하라고 주문했다. 헨리는 매사를 천천히 하는 경향이 있으므로 문장을 해석할 때 UCLA 연구자가 시간을 90초로 제한한 것과 달리 무제한 시간을 주었다. 그 결과 내 예상대로 헨리는 자신에게 편한 속도로 문장 전체를 건너뛰는 단어 없이 완전하게 읽었을 경우 심층구조의 중의성도 찾아낼 수 있음을 보여주었다. 무엇보다 헨리가 (실험실 연구원들이나 임상연구센터 직원들과 일상적으로 하듯이) 사람들과 문제없이 대화를 주고받을 수 있다는 사실 자체가 문장 안에 함축된 또 다른 의미를 파악할 능력이 있음을 입증하지 않는가.

우리는 좌우 내측두엽 병변이 중의적 표현을 파악하는 능력이나 어떤 다른 언어 처리 능력에 장애를 일으켰다고 보지 않았다. 이 견해를 확고하게 하기 위해 2001년 실험실에 있는 대학원생 한 명과 박사후과정 연구원 한 명이 헨리에게 단어 지식과 구문규칙 활용 능력을 평가하기 위한 과제를 내주었다. 19회 테스트를 실시한 결과 우리는 헨리가 중의적 표현을 찾는 데 어려움을 겪는 원인이 어휘에 대한 지식이 부족하거나 문법에 결함이 있어서가 아니라고 결론 내렸다.[4]

헨리는 채색 그림과 선 그림에 묘사된 사물의 이름을 금세 맞힐 수 있었다. 예를 들면 그림 하나에 낱말 하나가 있는 카드를 보여준다. 둘 중 하나는 낱말과 그림이 일치하고 나머지 하나는 서로 무관하다. 헨리는 일치하는 카드와 일치하지 않는 카드를 구분하는 과제에서 약간만 감점을 받았다. 마찬가지로 기본 문법 테스트에서도 좋은 성적을 받았다. 명사의 복수형과 동사의 과거시제를 잘 알았고 형용사를 명사로 바꾸는 항목("그 남자는 멍청하다. 아니, 오히려 …이 두드러지는 사람이다")도 잘 풀었다. 문장을 듣고 문법적 오류가 있는지 맞히는 항목에서는 대조군 수검자에게 뒤지지 않았다.[5]

하지만 언어유창성 테스트에서는 고전했다. 한 테스트에서는 '과일' 따위의 범주를 제시하고 그 범주에 해당하는 항목을 1분 동안 될 수 있는 한 많이 말하는 과제를 냈다. 또 1분 동안 F로 시작하는 단어, 다음으로 A로 시작하는 단어, 다음으로 S로 시작하는 단어를 될 수 있는 한 많이 말하는 과제도 있었다. 이들 알파벳은 난이도의 척도가 되었다. 선택 가능한 단어 숫자로 볼 때 F로 시작하는 단어가 가장 어렵고 S 단어가 가장 쉬웠으며 A 단어는 그 중간에 속했다. 이 두 가지 유창성 테스트에서 헨리는 대조군 수검자 19명보다 낮은 점수를 받았다. 그렇지만 다른 모든 언어기능 테스트 결과 헨리의 어휘 기억(단어 지식) 능력이 손상되지 않은 것으로 나타났다.[6]

헨리의 유창성 점수는 저조했고 이 점에 대해서는 이견의 여지가 없다. 가장 간단한 설명은 헨리의 사회적·경제적 수준이 낮기 때문이라는 것이다. 헨리는 수술받기 전에도 말을 많이 하는 사람이 아니었던 데다 수술 후에는 명명 능력이 취약해졌는데, 이는 언어 소통 기술 전반에 결함이 있는 상태가 반영된 결과일 것이다. 노동자 계급이라는 성장환경도 언어발달에 제약이 되었을 수 있다. 그는 대학에 진학하지 않았고 젊은 시절 적성이나 관심사도 기술과 과학 쪽으로 기울었던 편이다. 제2차 세계대전 때 해외에서 복무한 친구들이 보낸 편지에 나타나는 수두룩한 오자나 문법적 오류를 보면 헨리가 속한 그룹에서 언어기술이 대단히 중요한 요소는 아니었다는 인상이 더욱 강해졌다. 우리 실험실에서 무수히 조사한 결과를 보더라도 전체적으로 헨리의 언어능력이 그의 사회적·경제적 수준과 일치하며 수술 전에도 다르지 않았음을 시사한다.

우리 실험실 사람들은 헨리와 격의 없는 대화를 주고받으면서 헨리가 이중적인 의미로 사용되는 단어 같은 중의적 표현이나 말장난을 충분히 이해한다고 느꼈다. 헨리가 대화를 주도하는 경우는 드물었지만 우리가 헨리를 끌어들일 때면 늘 흔쾌히 응할 뿐 아니라 즐거운 대화 상대가 되어주었다. 한번은 내가 이렇게 말했다. "선생님은 정말 수

수께끼 대왕이에요." 그랬더니 헨리가 이렇게 맞받아쳤다. "나 자체가
수수께끼인걸요!"

헨리가 수술 뒤에도 언어능력을 거의 잃지 않은 것은 언어의 생성
과 이해 작용을 지원하는 많은 뇌 영역이 내측두엽 부위 바깥에 있기
때문이다. 1980년대 말 시작된 뇌 기능 영상 실험이 언어 정보 처리
작용을 이해하는 데 새로운 지평을 열었다. PET와 fMRI, 이 새로운 두
영상법 덕분에 건강한 사람이 장비 안에서 단어를 이용한 다양한 과제
를 수행하는 동안 뇌의 활동을 관찰할 수 있게 되었다. PET와 fMRI는
기술 기반이 다르다. PET 분석을 위해서는 가장 활동적인 뉴런을 찾
아내기 위해 방사능 추적물질을 주사한 뒤 복잡한 엑스레이 기계로 촬
영한다. 이 기술을 활용하여 연구자들은 스캐너 안에 들어간 사람의
뇌에서 특정 인지 처리 과정에서 어떤 영역이 활성화되는지를 찾을 수
있다. fMRI는 뇌와 행동을 연결하는 기술을 기반으로 하는데, 혈류를
측정하여 특정 과제를 수행할 때 활성화되는 영역을 찾는 것이다. 대
부분의 인지신경과학 연구에서 fMRI가 PET를 대체하게 된 이유는 수
검자가 방사능에 노출되지 않으며 뇌 활성도를 더 정밀하게 그려낸다
는 장점 덕분이다.

2012년에는 듣기, 말하기, 읽기를 할 때 활성화되는 뇌 부위를 추
적한 종합적인 기능영상실험 분석이 나왔다. 이 종합분석은 언어와
관련해서 활성화되는 부위인 대뇌 왼쪽 피질에 있는 31개 영역과 피
질하 구조물(미상핵, 담창구, 시상)과 소뇌 오른쪽에 있는 두 지점을 보
여주었다. 이들 각 영역은 음성, 구어의 이해와 생성 처리 기능, 문어
처리 기능, 철자를 소리로 변환하는 기능 등 하나 이상의 언어기능을

지원한다. 이들 피질과 피질하 영역은 뇌백질 섬유로 밀도 높게 연결되어 효율적으로 상호 소통한다. 우뇌도 언어기능에 관여한다. 뇌 오른쪽 전두엽과 측두엽 회로가 말의 리듬과 억양, 높낮이와 관련한 정보를 처리한다.[7]

헨리가 특별한 사례였던 까닭에 우리 연구진은 인지신경과학계에 다시 한 번 영향력을 발휘할 수 있었다. 이번에는 언어 분야에서였다. 헨리의 어휘와 문법 처리에 관한 연구는 기억상실증 환자의 언어능력을 포괄적으로 분석한 최초의 시도였다. 헨리의 데이터는 어휘 기억 가운데서 기존에 획득한 (그리고 보존된) 정보의 인출과 새로 획득한 (그리고 보존되지 않은) 정보의 인출 간에 현저한 차이가 있음을 보여주었다. 테스트 결과는 헨리가 수술 전에 획득한 어휘와 문법을 기억하고 활용하는 데 내측두엽이 결정적인 역할을 하지 않음을 보여주었다. 헨리는 익숙한 단어의 철자를 쓸 수 있고 사물의 이름을 맞히고 그림과 단어를 짝짓고 유명한 장소가 어디 있는지를 말할 수 있었다. 어휘 정보를 인출하고 그 정보를 활용하는 이 능력이 살아 있는 것은 언어를 지원하는 피질 회로망이 손상되지 않았기 때문이다. 이와는 대조적으로 새로운 어휘 정보 학습에는 내측두엽 구조물이 필요하다는 것을 알아냈는데, 헨리가 수술 전에 저장된 어휘에 없는 새로운 단어를 학습하지 못하는 상태에 대해서는 앞으로 살펴볼 것이다.

헨리의 수술 전 의미지식은 어떻게 시간을 이기고 살아남았는가? 헨리의 의미기억능력은 뇌 손상이 없는 사람들만큼 좋은가? 건강한 사람들의 경우 의미기억이 일화기억보다 시간에 덜 취약하다. 실제로

1960년대에 시행한 일반지식 테스트에서는 연령대가 높은 성인이 연령대가 낮은 성인보다 높은 점수를 받았다. 물론 나이가 많아질수록 단어, 개념, 역사적 사실 저장소를 강화할 기회가 많아진다. 이미 학습한 정보를 재응고할 기회도 마찬가지다. 예를 들면 'espionage(첩보행위)'라는 단어를 듣거나 읽을 때마다 의미 저장소에서 해당 단어의 의미를 입수하여 처리한다. 이런 식으로 시간 속에서 'espionage'의 기억흔적이 강해진다. 이렇게 계속되는 정보의 되새김질이 일부 의미기억이 지워지지 않는 이유가 될 수도 있다.[8]

우리는 헨리의 수술 전 의미 저장소가 다른 건강한 성인과 같은 방법으로 보존되는지, 단어 정보를 인출하는 능력이 해마다 변함없이 유지되는지를 알고 싶었다. 몇십 년에 걸친 추적 연구의 장점 중에는 같은 지능지수 검사를 반복적으로 실시하여 점수 변화를 비교해볼 수 있다는 점도 있다. 48년에 걸쳐 헨리를 테스트해온 결과를 분석한 2001년 우리 보고서는 기억상실증 환자가 시간이 지나도 안정적으로 단어를 기억할 수 있는지를 최초로 다루었다.

우리 실험실에서는 1953년 8월 24일(헨리의 뇌가 본래 상태였던 수술 하루 전)부터 2000년 사이 기간 동안 20회에 걸쳐 테스트한 점수 결과를 분석했다. 이 분석은 표준 지능지수 검사의 네 하위 항목, 즉 일반지식(《햄릿》의 작가는 누구인가? 브라질은 어느 대륙에 있는가? 1년에는 몇 주가 있는가?), 유사성(눈과 귀는 어떤 면에서 같은가?), 이해력(집을 목재보다 벽돌로 짓는 것이 좋은 이유는 무엇인가?), 어휘력('espionage'는 무슨 뜻인가?) 점수를 평가했다. 이 네 항목에 대한 테스트 점수는 48년 동안 변함이 없었던 것으로 나타났다. 사실, 개념, 단어에 대한 기억이 수술 하루 전부터 2000년에 이르기까지 두루 일정했다는 사실은 내측 두엽 구조물이 수술 전에 응고화된 어휘 지식과 개념을 보유하고 활용하는 데 결정적인 역할을 하지 않음을 시사한다. 중요한 것은 우리가 분석한 결과를 통해 헨리의 뇌가 기존에 학습한 정보를 외현적인 훈련 없이 그대로 유지할 수 있음을 알게 되었다는 점이다. 헨리는 기억상실증 때문에 일화학습(보거나 겪은 사건이나 일의 순서를 기억하는 학습—옮긴이)의 득을 볼 수는 없었지만 그럼에도 해마 바깥에 있는 전두엽과 측두엽, 두정엽에 있는 회로를 가동하여 어휘 지식을 보유할 수 있었다. 그는 십자말풀이를 해온 것이 기억력에 도움이 되었다고 믿었는데, 어쩌면 그 말이 맞을지도 모르겠다.[9]

이런 방식의 후향적 연구가 가능했던 것은 오로지 우리가 수십 년에 걸쳐 헨리의 의미지식에 관한 세부적인 정보를 다방면으로 수집해온 덕분이었다. 이 연구의 한 가지 연관 목표는 헨리의 의미기억을 우리가 일화기억을 자세히 조사했던 것만큼 낱낱이 조사하는 것이었다. 우리는 표준검사로 할 수 있는 일반적 평가를 넘어서서 그의 기억에 관해 숨은 구석을 하나도 남겨두지 않는 철저한 탐구를 원했다.

1970년 잉글랜드의 기억 연구자들은 기억상실증 환자들이 겪는 기억장애는 인출 기능 이상에서 오는 것이라는 가설을 내놓았다. 새로운 기억을 정상적으로 저장할 수는 있는데 다만 그것을 의식적으로 불러올 수 없을 뿐이라는 주장이다. 나아가 이 연구자들은 기억상실증 환자에게 단서자극을 제시함으로써 표면상으로는 잊어버린 것으로 보이던 정보를 유도해낼 수 있다고 주장했다. 이 주장이 옳다면, 헨리에게 수술 후 획득한 정보와 관련한 단서자극을 제시한다면 그의 기억력이 정상 수준으로 올라와야 할 것이다. 우리는 1975년에 이 가설을 입증하기 위한 실험을 수행했다. 우리 실험실의 한 대학원생이 한스루카스 토이버와 협력하여 1920년대부터 1960년대 사이에 대중적으로 이름을 떨쳤던 인물의 사진을 이용해 유명인사 얼굴 테스트를 고안했다. 이 학생은 먼저 헨리에게 아무런 단서 없이 이들이 누구인지 물었다. 알아보지 못했을 때는 두 종류의 단서자극으로 상황과 머리글자를 제시하여 도움을 주었다. 예를 들어 앨프리드 랜든의 상황 단서는 "1936년 공화당 대선 후보로 상대 후보 루스벨트에게 패했고, 캔자스 주지사이기도 하다"였다. 헨리가 그래도 알아맞히지 못하면 그 인물의 이름과 성의 첫 자부터 제시하여 철자를 점점 늘려가는 식으로 도움을 주었다. 앨프리드 랜든의 음소 단서는 "A. L., Alf. L., Alfred L., Alfred Lan., Alfred Land."였다. 실험 결과 우리는 헨리가 수술 전에 알던 유명인사에 대한 기억은 유지했지만 수술 후 기억은 대조군 수검자들보다 크게 떨어진다는 것을 알 수 있었다. 1950년대 이후에 유명해진 사람들을 기억하는 데는 단서자극이 별로 도움이 되지 않았다. 헨리는 이 의미정보를 성공적으로 부호화, 응고화하여 저장하지 못했다. 따라서 그의 기억상실증은 그저 인출 기능에 결함이 있음을 보여주는 사례로 일축되어서는 안 된다.[10]

1974년부터 2000년 사이에 우리 실험실은 이 테스트를 9회 더 실시했다. 우리는 이 방대한 데이터 집합을 활용하여 헨리의 수행능력이 테스트 전 기간을 걸쳐 일관되게 나타나는가를 판단했다. 모든 데이터를 종합하니 1920년대에서 1940년대 사이에 알려진 유명인사에 대해서는 건강한 대조군과 같거나 더 높은 점수가 나왔지만 1950년대에서 1980년대에 알려진 유명인사에 대해서는 크게 떨어졌다. 예를 들면 단서자극 없이 1920년대 인물로는 찰스 린든버그와 워런 G. 하딩, 1930년대는 조 루이스와 J. 에드거 후버, 1940년대는 존 L. 루이스와 재키 로빈슨을 정확히 맞혔다. 1940년대 이후 인물에 대해서는 쩔쩔맸다. 1950년대 인기 야구선수 스탠 뮤지얼이나 매카시 광풍을 일으킨 조지프 매카시, 1960년대 인물로는 우주비행사 존 글렌이나 미식축구 선수 조 네이미스, 1970년대 인물인 지미 카터 대통령이나 앤 공주, 1980년대 인물인 올리버 노스 중령이나 조지 H. W. 부시 대통령도 맞히지 못했다.

그렇다고 해서 헨리가 새로운 정보를 전혀 저장하지 못하는 것은 아니었다. 단서자극이 주어지면 1953년 이후에 명성을 얻기 시작한 인사 몇 사람을 알아볼 수 있었다. 다만 그에게는 대조군 수검자에게 요구되는 단서보다 평균 50퍼센트가 더 필요했다. 단서자극을 넉넉하게 제공한다 해도 헨리의 기억을 끌어내는 것은 쉽지 않은 일이었다. 수술 후 기억상실증이 생긴 환자들이 저장하는 정보가 다량의 단서자극 없이 인출할 수 있는 것보다 더 많은 것은 분명하나, 헨리가 기억 인출에 실패하는 기본 원인이 기억상실증이라면 수술 전에 저장된 정보를 인출하는 능력도 마찬가지로 약화되었어야 한다. 그러나 수술 전에 얻은 정보를 인출하는 데는 큰 문제가 발생하지 않았다는 사실은, 기억상실증의 본질은 삶의 경험을 부단히 응고화하고 저장하고 인출하는 능력이 손상된 상태라는 견해를 강화한다.

헨리 사례는 내측두엽이 두 종류의 서술기억(일화기억과 의미기억) 모두에 필요하다는 주장을 입증하는 근거가 되었지만, 이 주장이 논란 없이 받아들여진 것은 아니다. 일부 연구자들은 새로운 의미정보 학습이 일화기억과 똑같이 내측두엽 구조물에 의존해서 이루어진다는 것을 믿지 않았다. 1975년 토론토의 두 의사는 기억상실증 환자들의 뇌에서 손상된 곳은 일화기억을 획득하고 인출하는 과정을 지원하는 구조물이지 의미기억을 획득하고 인출하는 데 관여하는 구조물이 아니라고 주장했다. 1987년 그중 한 의사가 구체적 사건에 대한 외현기억을 필요로 하지 않는 사실이라면, 기억상실증 환자라도 새로운 사실을 인출할 때마다 학습이 이루어진다고 주장했다. 그는 헨리 같은 환자는 비서술기억 회로를 통해 의식적 지각 범위 외적으로 일반지식을 획득할 것이라고 예측했다.[11]

1988년 동료들과 나는 이 견해를 입증하기 위해 헨리에게 새로운 어휘를 가르치는 테스트를 실시했다. 헨리가 영어사전에는 있으나 흔히 사용되지 않는 단어 8개(quotidian〔일상적인〕, manumit〔해방하다〕, hegira〔도피행〕, anchorite〔은둔자〕, minatory〔위협적인〕, egress〔탈출〕, welkin〔창공〕, tyro〔초심자〕)의 정의를 학습할 수 있는지 알아보는 테스트였다. 우리는 헨리가 수술 전에 접해보지 않았을 것이라 판단되는 어휘를 선정했다. 컴퓨터 화면에 한 단어와 그에 대한 정의가 뜨면 헨리가 그 단어와 정의를 소리 내어 읽는다. 다음으로 화면에 여덟 개의 정의가 뜨고 그 하단에 단어 한 개가 뜨면 그 단어에 해당하는 정의를 골라야 한다. 헨리가 정답을 맞히면 해당 정의가 선택 항목에서 사라지고 하단에 새 단어가 나타난다. 틀린 경우 다른 항목을 고르라는 지시가 나온다. 헨리가 8개 단어의 정의를 모두 맞힐 때까지 한 단어씩 이 과정이 반복된다. 대조군 수검자들은 평균 6회를 넘기지 않고 모든

단어를 맞혔다. 하지만 헨리는 20회나 시도했음에도 이 단어들을 학습하지 못했다.[12]

우리는 두 가지 방법을 추가하여 다시 같은 어휘를 학습하게 했다. 8개 단어마다 사용빈도가 높은 동의어를 하나씩 제시했고, 빈칸에 8개 단어 중 하나가 들어가야 할 문장을 제시했다. 'tyro'는 정의와 동의어 항목에서 매회 정답을 골랐을 뿐 아니라 빈칸 채우기에서도 90퍼센트 정답을 적은 것으로 보아 이미 아는 단어였던 것으로 보인다 (수술 전에 학습했을 것이라 추정된다). 그러나 나머지 단어의 의미는 끝내 숙지하지 못했는데, 헨리가 조건이 제어된 실험실 환경에서 어떤 새로운 단어의 정의도 학습할 수 없음을 보여주는 근거다. 반면에 대조군 수검자들은 6회 이내의 시도로 계속해서 새로운 단어를 숙지했다.[13]

하지만 이러한 실험은 사람들이 일상에서 새로운 단어의 의미를 학습하는 자연스러운 방식이 아니라는 주장이 나올 수도 있다. 어쩌면 우리 실험실 환경이 지나치게 인위적이어서 헨리가 의미정보 획득 능력을 충분히 활용하지 못했을 수도 있다. 일상에서 우리는 다양한 정황과 의미 속에서 새로운 어휘에 노출된다. 새로운 어휘를 어떠한 목적을 추구하는 과정에서 보거나 듣는 경우도 적지 않은데, 이는 학습 의욕이 있는 사람들에게 일어나는 일이다. 이러한 생각을 토대로 1982년 한 연구진이 기억상실증 환자가 새로운 어휘를 획득할 수 있느냐 여부는 그 환자가 알아듣지 못하는 언어 환경에 가야 판단할 수 있다고 주장했다. 이 연구진은 기억상실증 환자는 새로운 언어를 어린아이가 배우듯이 서서히 배울 것이며, 얼마 후에는 자신이 거기에 가봤던 사실을 잊어버릴 것이라고 보았다. 이 자연스러운 학습환경이 실험실 환경보다 나은 것은 듣기, 말하기, 읽기, 쓰기 능력을 일상환경에서 종합적으로 확인할 수 있기 때문이다. 낯선 나라에 떨어진 기억상실증 환자는 헨리처럼 실험실 학습환경이 아니라 빵집, 약국, 커피숍, 공원처럼 의미를 갖는 정황 속에서 문장이나 문구를 학습할 수 있을 것이다. 이 주장에 따르면 기억상실증 환자는 이러한 언어 정보에 반복적으로 노출됨으로써 음성, 어휘, 개념, 문법으로 이루어지는 풍부한 언어 심상을 형성할 수 있을 것이다.[14]

우리는 이 가설이 잘못되었다고 느꼈지만, 그것을 입증하기 위해서는 헨리가 1953년 수술 이후에 만들어진 신조어(평소 일상에서 접해봤을 단어)들에 대한 지식을 우연히 학습할 수 있는지 알아봐야 했다. 신조어의 정의는 기억하지 못할지라도, 의미를 모르는 상태에서도 그 단어가 진짜 단어인지 아닌지는 알 수 있을 것이다. 건강한 사람들은 이런 직관을 흔히 경험한다.

우리는 1954년 이후 《미리엄 웹스터 사전》에 등록된 신조어, 즉 헨리가 기억상실증 발병 이후에 접했을 단어에 대한 지식을 평가하는 작업에 착수했다. 이 테스트의 검사자극은 'charisma〔카리스마〕' 'psychedelic〔사이키델릭〕' 'granola〔가공 곡물식〕' 'Jacuzzi〔기포욕조〕' 'palimony〔이별위자료〕' 같은 단어들이었다. 이들 단어에는 기존 단어인 'butcher〔푸주한〕' 'gesture〔몸짓〕' 'shepherd〔양치기〕'와 발음이 가능한 비단어(phleague, thwige, phlawse)를 섞어 넣었다. 우리는 헨리가 1954년 이후에 만들어진 신조어와 발음이 가능한 비단어를 정식 어휘로 여기는지 확인해보고 싶었다. 매 테스트는 컴퓨터 화면에 나오는 다음 질문으로 시작된다. "다음 단어는 진짜 단어입니까?" 헨리는 그 단어를 읽고 "예" 또는 "아니요"라고 답한다. 정식 단어에 "예"라고 답하고 비단어에 "아니요"라고 답하면 정답이다. 1950년대 이전에 있는 단어에 대한 정답률은 93퍼센트(건강한 대조군은 92퍼센트)였고, 1950년대 이후 만들어진 단어에 대한 정답률은 대조군(77퍼센트)보다 저조한 50퍼센트였다. 비단어를 비단어로 분류하는 능력은 정상보다 약간 떨어져 헨리는 88퍼센트, 대조군은 94퍼센트였다. 이 단순한 실험은 헨리가 수술 전 의미지식은 그대로 갖고 있는 반면에 수술 후 의미지식은 제대로 저장할 수 없다는 극명한 차이를 보여주었다.[15]

헨리의 의미지식이 지닌 또 다른 측면을 탐구하기 위해 우리는 헨리가 가진 유명인사 지식을 특정하기 위한 테스트를 고안했다. 유명인사의 이름에 대한 언급이 최소한으로 이루어진다면 유명인사의 이름을 인지하는 능력도 최소한이 되는 셈이다. 이것이 우리가 헨리에게 이름 범주화 과제에서 주문한 것이다. "다음은 현재 혹은 과거의 유명인사입니까?" 하고 질문하면 헨리는 "예" 또는 "아니요"라고 답한다. 유명인사는 영화배우, 운동선수, 미국 정치인, 외국 정치 지도자, 작가로 구성했다. 이 과제에서 헨리의 수술 전이나 후에 유명해진 사람들의 이름을 보스턴 지역 전화번호부에서 고른 비슷한 이름들과 섞어 넣었다. 비유명인사의 이름을 유명인사가 아니라고 답한 점수는 대조군과 동점이 나왔고, 1930년대와 1940년대 유명인사를 알아맞히는 항목에서는 헨리의 점수가 대조군보다 높았다(헨리는 88퍼센트, 건강한 대조군은 84퍼센트). 1960년대, 1970년대, 1980년대에 유명해진 사람들의 경우에는(대부분 헨리 수술 이전 시기에는 무명이었는데) 헨리의 정답률은 53퍼센트로 대조군(80퍼센트)보다 크게 떨어졌다. 수술 전 시기에 알려진 유명인사에 대한 기억은 보존되고 수술 후 시기에 알려진 유명인사에 대한 기억은 손상된 결과 패턴은 헨리가 기억상실증 발병 이후에 접한 사실정보를 저장하거나 인출하지 못한다는 결론을 강하게 뒷받침한다.[16]

테스트 수행점수는 빈약했으나 그래도 헨리의 의미 저장소에는 수술 후 경험에 대한 기억흔적이 소량 보유되어 있었다. 우리는 미미하나마 헨리의 기억상실증이 절대적인 것은 아니라는 근거를 발견했다. 재인기억이 완전하게 지워 없어진 것은 아니었다. 단어와 문구에 대한 올바른 정의를 고르는 사지선다형 테스트(인쇄 책자)에서 1950년대 이전 단어나 문구 재인 문항에는 56퍼센트 정답, 1950년대 이후 단어나 문구 재인 문항에는 37퍼센트 정답을 냈다. 후자의 점수는 저조했으나 요행수(25퍼센트)보다는 높았다. 하지만 이들 단어와 문구를 회상하는 능력은 분명히 손상되었다. 1950년 이전 단어나 문구에서는 61퍼센트를 건져 올렸지만, 1950년대 이후 단어나 문구에서는 14퍼센트밖에 맞히지 못했다.[17]

단어 대 비단어 과제("다음은 진짜 단어입니까?" 'thweige')와 이름 범주화 과제("다음은 현재 혹은 과거의 유명인사입니까?" '린든 베인스 존슨')에서도 마찬가지로 헨리의 수행점수는, 빈약하기는 해도 1950년대 이후 단어와 이름에 대한 지식이 있음을 입증했다. 테스트 진행자가 헨리에게 기억상실증 발병 이후에 사전에 등재된 단어를 정의하라고 주문하면 대개는 답을 알지 못했다. 하지만 그저 "모르겠다"라고 답하지 않고 자신이 아는 것을 활용해 지적인 추측을 내놓았다. 대다수의 답변이 제시된 단어나 문구의 부분에서 의미를 끌어내 해석한 것이었다. 가령 'angel dust〔합성헤로인 펜시클리딘의 속칭〕'에 대해서는 "천사가 만든 가루. 일반적으로는 비라고 부른다"라고 정의했고, 'closet queen〔공개하지 않은 동성애자〕'에 대해서는 "나방"이라고, 'cut—offs〔마감일〕'에 대해서는 "절단"으로, 'fat farm〔체중감량용 사우나〕'에 대해서는 "낙농업"이라고 정의했다. 오래전 단어와 이름에 대한 의미기억이 저장된 헨리의 피질 회로가 새로운 단어와 이름 학습에 관여하지 못하는 것은 이곳에 있는 핵심적인 피질 영역과 해마 회로가 신호를 주고받지 못하기 때문이다. 따라서 헨리는 새로운 의미기억을 대부분 응고화할 수 없었다. 낯선 나라에 떨어진 기억상실증 환자가 그곳에서의 경험을 망각하면서 그곳의 언어를 배울 수 있는가 하는 문제로 돌아와보면, 의미를 지닌 정황에서 듣고 말하고 읽고 쓰기가 이루어지는 자연스러운 학습환경에서조차 헨리는 기존에 있던 단어 지식에 새로운 항목을 추가할 수 없을 것이다. 이 결함이 바로 헨리에게 심각하게 약화된 서술기억의 본질이었다.[18]

이 결과를 토대로 우리는 1990년대 중반에 새 단어의 의미를 학습하는 데 있어 헨리가 보이는 장애에 대한 후속 실험을 여러 차례 수행했다. 우리가 알고 싶은 것은 서술기억을 통한 새로운 정보 학습에서 헨리에게 나타난 장애가 우리가 아는 한 온전하게 유지된 비서술기억에도 이어지느냐였다. 의식적으로는 새로운 단어를 회상하지 못하는 헨리가 이들 단어로 점화효과를 얻을 수 있을까? 보존된 비서술기억 회로를 통해 이들 단어를 정상적으로 처리할 수 있을까? 하지만 무엇보다 궁금한 것은 'granola' 'crockpot〔찜기〕' 'hacker〔해커〕' 'preppy〔사립고 학생〕'처럼 1965년 이후(헨리의 기억상실증 발병 이후) 만들어진 신조어의 점화효과와 'blizzard〔눈보라〕' 'harpoon〔작살〕' 'pharmacy〔약국〕' 'thimble〔골무〕' 같은 1950년 이전 단어의 점화효과가 다르게 나타날 것이냐였다.

우리 실험실의 대학원생이 네 가지 반복점화 과제를 고안했다. 두 과제는 헨리의 단어완성 점화 능력을 평가한다. 하나는 1953년 수술 전 사전에 있는 단어로 구성했고, 다른 하나는 1953년 이후에 등재된 단어로 구성했다. 나머지 두 과제는 헨리의 지각식별 점화 능력을 측정한다. 하나는 1953년 이전 단어, 다른 하나는 1965년 이후 단어로 구성했다. 네 과제 모두 헨리의 비서술기억 회로가 관여한다. 이 실험에서는 점화 과제 하나당 하나의 학습조건과 하나의 검사조건을 부여했다.[19]

단어완성 점화 과제의 학습조건은 컴퓨터 화면에 하나씩 제시되는 단어를 헨리가 소리 내어 읽는 것이다. 검사조건으로는 1분 뒤 컴퓨터 화면에 세 글자 어간('granola'의 GRA-, 'thimble'의 THI-)이 하나씩 나타난다. 제시어의 절반은 학습 목록에 있는 것이고 나머지 절반은 미학습 단어로 구성했다. 검사자는 헨리에게 각 어간을 맨 처음 머리에 떠오른 단어로 완성해달라고 주문했다. 완성한 것이 THI-로 시작하는 일반적인 단어('think' 'thin' 'thief' 'thick')가 아니라 'thimble'이었다면 앞서 'thimble'에 노출된 효과를 보인 것이며, 이것이 단어완성 점화 과제의 핵심이다. 단어완성 점화 점수는 'thimble'처럼 목록에 있는 단어로 완성한 어간의 수이며, 목록에 없지만 유사한 단어로 어간을 완성한 경우는 그 수만큼 감점한다. 목록에 없는 것보다 목록에 있는 단어로 완성한 수가 월등히 많을 때 점화효과가 나타난 것이다.[20]

지각식별 점화 과제도 학습조건과 검사조건으로 구성된다. 학습조건 과제는 컴퓨터 화면에 단어가 하나씩 나타나서 0.5초 미만 간격으로 깜박이면 헨리가 각 단어를 소리 내어 읽는 것이다. 검사조건 과제는 화면에 잠깐 제시됐던 단어가 다시 나타났을 때 다시 각 단어를 소리 내어 읽는 것이다. 이 단어들의 절반은 학습 목록에 있는 것이고 나머지 절반은 미학습 단어들이다. 목록에 있는 단어를 맞힌 수에서 미학습 단어를 맞힌 수를 뺀 것이 지각식별 점화 점수다. 헨리는 이 과제에서도 점화효과를 보였다. 화면에 단어가 깜박일 때 헨리는 미학습 단어보다 학습 단어를 더 많이 읽을 수 있었다. 학습 단어와 미학습 단어가 순식간에 깜박이고 지나갔는데 학습 단어를 더 많이 읽었다는 것은, 헨리에게 그 단어들의 심적 표상이 강화되어 있었다는 뜻이다.[21]

헨리는 이 네 가지 점화 과제에서 명쾌한 결과를 보여주었다. 1950년 이전 단어에서는 두 종류 점화 모두 정상 점수를 받았다. 어간 완성 점화 과제에서는 학습하지 않은 단어보다 학습한 단어로 완성한 어간이 더 많았고, 지각식별 점화 과제에서는 짧게 깜박이고 지나간 단어들 가운데 미학습 단어보다 학습 단어를 더 많이 읽었다. 1950년대 이후 단어의 결과 패턴은 달랐다. 지각식별 점화는 여전히 정상이었지만, 단어완성 점화 과제에서는 0점을 받았다. 왜인가? 기존에 있는 헨리의 심상어휘집에는 이들 새 단어에 대한 의미표상이 형성되어 있지 않아서 단어완성 과제를 수행할 때 점화가 일어나지 못한 것이다. 지각식별 점화에 이 의미표상이 필요하지 않았던 것은 이 과제에는 언어에 의존하지 않는, 낮은 수준의 시각 처리 기능이 작용했기 때문이다. 신조어에는 단어완성 점화효과가 발생하지 않았으나 같은 어휘에 대한 지각식별 점화효과는 확고하게 나타났다는 사실은 이 두 종류의 점화를 지원하는 메커니즘이 각기 다르다는 것을 말해준다. 헨리의 뇌에서 하나는 손상되었고 다른 하나는 여전히 기능한다.[22]

개념점화와 지각점화라는 두 종류의 비서술기억 과제를 수행한 결과가 다르게 나온 것이 중요한 이유는 이 두 작용이 각기 다른 차원의 정보처리 회로를 활성화시킨다는 사실을 강조해주기 때문이다. 단어완성 점화는 측두엽과 두정엽에 저장된 단어 지식을 이용했다. 'granola'는 헨리에게 낯선 단어였으며, 그의 의미 저장소인 심상어휘집에 이 단어에 대한 의미표상이 존재하지 않았다. 학습 목록에서 이 단어를 읽었을 때 헨리에게 기존에 형성된 표상이 있었더라면 점화효과가 일어나 GRA- 어간을 신속하게 'granola'로 완성할 수 있었을 것이다. 하지만 GRA- 어간을 'grandmother〔할머니〕'로 손쉽게 완성한 것은 이 단어의 표상이 수술 전에 저장된 일반지식 속에 있었기 때문이다. 이 실험은 익숙한 단어로 테스트했을 때 정상적인 단어완성 점화가 이루어졌다는 앞선 실험 결과를 뒷받침한다.[23]

반면에 지각식별 점화는 더 기본적인 시지각 차원에서 이루어진다. 헨리는 단순히 학습 목록에 있는 'granola'를 소리 내어 읽었고, 화면에서 깜박이는 단어를 소리 내어 읽는 과제에 필요한 것은 시각피질의 관련 회로가 이 정보를 처리하는 일뿐이었다. 1953년 이전 단어와 1953년 이후 단어의 지각식별 점화효과가 대조적으로 나타난 것은 이 정보에 대한 연산 처리가 수행되는 부위인 뇌 뒤쪽의 시각피질이 의미가 있는 문자열('blizzard')과 의미가 없는 문자열('granola')을 동일한 방식으로 처리했기 때문이다.[24]

점화 같은 비서술기억 과제에서 학습 능력을 보이는 것이 헨리를 포함한 기억상실증 환자들의 특징이다. 헨리가 신생 단어에 대한 단어완성 점화 과제에서 실패한 것은 하나의 예외다. 이 실패는 1953년 이후 단어를 응고화하고 저장하지 못한 데 대한 직접적인 결과였다. 이 점화 과제에서 헨리는 화면에 뜬 'granola' 'crockpot' 'hacker' 'preppy' 같은 단어를 읽었지만, 그의 심상어휘집에는 이들 단어를 활성화할 항목이 전혀 없었다. 이들 단어를 앞에서 읽은 것이 도움이 되지 않았고 따라서 GRA- 어간이 나왔을 때 'granola'라고 완성할 수 없었던 것이다. 같은 단어를 놓고서 지각식별 점화에는 성공하고 단어완성 점화에는 실패했다는 것은 이 두 점화 능력을 지원하는 회로가 각기 다름을 의미한다. 이러한 분업은 우리의 뇌에서도 동일하게 일어난다.[25]

수많은 실험을 통해 헨리가 새로운 의미기억을 형성하는 능력, 새로운 사실을 학습하여 보유하는 능력을 상실했음이 거듭 드러났지만, 헨리는 가끔 우리가 생각하지도 못한 것을 기억하여 놀라움을 선사하기도 했다. 하루는 박사후과정 연구원인 이디스 설리번이 헨리와 일상적인 대화를 나누다가 이디스라는 이름을 들으면 무엇이 생각나냐고 물었다. 이디스는 헨리의 대답에 소스라치게 놀랐다. "이디스 벙커"라는 이름이 나온 것이다. 이디스 벙커는 1971년에 시작한 미국 시트콤 〈올 인 더 패밀리〉의 등장인물이었다. 다음 날 설리번이 같은 주제로 다시 질문했다. "그 프로그램 주인공 이름이 뭔가요?"

"아치 벙커요." 헨리가 말했다.

설리번은 아치 벙커가 사위를 뭐라고 부르는지 물으면서 덧붙여 말했다. "아주 듣기 좋은 이름은 아니에요."

헨리는 한참을 가만히 있다가 말했다. "얼간이요."

뜬금없어 보이는 이런 새로운 기억이 이따금씩 텅 빈 바다에 휩쓸려온 유목처럼 나타났고, 헨리가 기억에 실패하는 것을 익히 보아온 우리에게는 그것이 작은 기적처럼 느껴졌다. 초기에 헨리 어머니는 헨리가 호전되고 있다고 믿곤 했다. 그녀는 이렇게 말하곤 했다. "얘가 알 이유가 전혀 없는 것들을 알더라고요." 돌이켜보면 헨리의 기억 상실증은 명백히 영구적이며 이런 기억의 단편들이 오히려 예외였다. 헨리가 살면서 경험하는 것을 기억하는 능력은 어떤 정상적인 사람과 비교해봐도 참담한 수준이었다. 1973년 헨리는 '워터게이트'나 '존 딘' '샌 클레멘티'처럼 매일 밤 텔레비전 뉴스에서 무수히 들은 이름들도 기억하지 못했다. 그는 대통령이 누구인지 몰랐지만 'N'으로 시작하는 이름이라고 말해주면 "닉슨"이라고 답할 수 있었다.

1973년 7월 나는 헨리에게 스카이랩(미국 최초의 우주정거장 — 옮긴이)에 대해 말해줄 수 있는지 물었다. 헨리는 이렇게 답했다. "제 생각에는, 어, 우주선이 결합하는 곳입니다." 헨리는 또 당시 스카이랩에 세 사람이 있다고 정확하게 답했지만 바로 이렇게 덧붙였다. "그런데 내가 나하고 논쟁을 했거든요. 그랬더니 세 명이나 다섯 명이라네요?" 내가 다시 물었다. "그 위에서 돌아다니면 어떤 기분일까요?" 그러자 헨리가 이렇게 답했다. "음, 거기는 무중력입니다. 자석으로 그 사람들을 금속 부분에다 붙여놔야 떠다니지 않고 한자리에 머물러 있을 거 같아요. 그래야 무지불식간에〔헨리의 표현을 그대로 옮겼다〕휩쓸려가지 않죠." 헨리는 컴퓨터화된 테스트 같은 신기술은 거뜬하게 받아들였지만 다른 분야에 일어난 변화는 버거워했다. 한번은 히피를 두고서 춤추는 사람이라고 잘못 말한 적도 있다. 세상은 쉬지 않고 변해가는데 헨리는 거의 모든 면에서 옛날에 머물러 있었다.

오랜 세월에 걸쳐 야금야금 모습을 드러낸 작은 기억의 섬은 우리로 하여금 헨리의 의미기억을 더 집중적으로 탐구하게 만들었다. 우리는 다시 유명인사 지식을 검사하기로 했는데, 헨리가 평소 많이 보는 잡지와 텔레비전을 통해 끊임없이 접한 유명인사와 눈에 띄는 사건 관련 정보를 이용할 수 있기 때문이다. 헨리가 76세이던 2002년에 수행한 실험은 1953년 수술 이후에 유명해진 인사들의 세부 정보를 훑음으로써 학습한 의미지식의 깊이를 보여주었다. 이전의 연구는 헨리가 수술 후에 획득할 수 있었던 정보의 깊이는 알려주지 못했다. 앞선 실험에서 헨리가 보여준 단편적인 지식은 양적으로 빈약하여 서술학습이나 비서술학습 중 어느 쪽의 작용으로 보더라도 무방할 정도였다 (다른 두 기억 연구팀이 중증 기억상실증 환자가 몇 주간 훈련을 받은 뒤 서서히 새로운 의미사실을 학습하고 보유할 수 있었음을 입증했다. 두 환자는 과제를 수행하면서 빈약한 지식을 보였으나 그 학습 경험을 의식적으로 기억하지는 못했다. 이 학습은 비서술적이다).[26]

우리 연구팀의 두 대학원생이 현재 진행 중인 논쟁을 다루었다. 일부 연구자들은 고유해마 뒤쪽 부위가 (의식적으로 접근 가능한) 일부 의미학습을 지원할 수 있다고 보았다. 그러다 또 다른 연구팀은 기억상실증 환자는 일화기억 회로와 의미기억 회로가 모두 손상된 상태이므로 일화기억능력이 전혀 없는 헨리 같은 경우에는 의미학습이 불가능하다고 주장했다. 우리는 의미지식을 획득하는 경로를 찾아내기 위한 실험을 고안했다. 이 실험의 동기가 된 가설 논쟁은 모든 새로운 정보가 일화 형태로 뇌에 들어가서 일반지식으로 전환되느냐 하는 문제였다. 예를 들어보자. 당신이 열두 살 때 해변에서 처음으로 복숭아 아이스크림을 먹었는데 무척 맛있었다. 시간이 흐르면 그 일은 잊어도 복숭아 아이스크림을 제일 좋아한다는 평가는 남아 있다. 이 사실은 하나의 일화기억으로 시작해서 의미기억으로 바뀌었다. 따라서 문제는 모든 기억이 이렇게 일화로 시작되어야 하는가, 아니면 일화처리 회로는 건너뛴 채 의미지식으로 뇌에 들어갈 수 있는가였다. 일화학습에는 해마가 반드시 필요하므로 질문을 이렇게 바꿀 수도 있을 것이다. 해마가 기능하지 않아도 의미학습이 일어날 수 있는가? 헨리는 해마가 완전하게 손상되어 사실상 일화기억이 전무했기 때문에 이 가설을 테스트하기에 완벽한 사례였다.[27]

첫 실험에서 헨리에게 유명인사의 이름을 듣고 즉각적으로 떠오르는 성으로 그 이름을 완성해달라고 주문했다. 이 과제는 유명한 이름을 묻는 것이 아니기 때문에 의식하지 않은 암묵(비서술)기억이 작동해 자동적으로 과제를 수행할 수 있다. 예컨대 '레이'에 '찰스'를 답한다면 그것은 헨리가 레이 찰스라는 유명가수를 알아서가 아니라 이 두 이름을 함께 듣거나 읽었을 때 무의식 속에서 레이와 찰스가 연합되었기 때문이다. 그냥 찰스가 바로 떠오른 것이다. 헨리는 수술 전에 유명해진 인물들의 이름과 성을 51퍼센트 완성했고, 수술 후에 유명해진 인물들의 이름과 성에 대해서는 34퍼센트 완성이라는 놀라운 성적을 받았다. 그는 '소피아'를 '로렌'으로 완성하고 '빌리 진'은 '킹'으로, '마틴 루터'는 '킹'으로 완성했다. 비록 헨리가 이런 종류의 정보를 획득하는 능력은 명백히 건강한 대조군보다 떨어지지만, 이 실험 결과는 헨리가 수술 후에 알려진 유명인사에 대해 최소한 빈약한 지식이나마 획득했음을 시사했다. 그렇게 획득한 지식으로 이름과 성을 연합할 수 있었던 것이다.[28]

다음 날 우리는 각 단어에 대한 의미 단서를 제시했다. "유명한 화가, 1881년 에스파냐 태생, 큐비즘 창시, 대표작은 〈게르니카〉"같은 식이었다. 이 단서를 보여준 뒤 헨리에게 물었다. "'파블로'라고 말했을 때 제일 먼저 떠오르는 단어는 무엇입니까?" 이런 종류의 단서를 제시하자 수술 전과 수술 후 유명인사의 성을 맞히는 능력이 동일하게 향상되었다. 1953년 이후 이름에 대한 의미 단서가 1953년 이전 이름에 대한 의미 단서와 마찬가지로 도움이 되었다는 사실은, 이 새 지식들이 수술 전 지식의 경우처럼 표상화하여 **스키마**(과거의 경험이나 반응을 바탕으로 생성된 지식 또는 반응 체계. 이 사고틀로써 생명체는 외부 자극에 대처하고 환경에 적응한다 — 옮긴이) 속에 통합되었음을 시사한다. 이 조직된 의미망, 관련된 정보의 조직체가 의식적 회상을 수월하게 만들어줄 수 있다. 이 실험 결과는 헨리가 약간이나마 서술학습, 의미학습을 할 수 있음을 보여주는 또 하나의 근거가 되었다.[29]

이 실험 결과를 재확인하기 위한 부속 실험으로, 유명인사에 대해 말하는 상세 정보의 양을 통해 헨리가 새로 획득한 지식의 범위를 측정했다. 먼저 두 사람 이름을 나란히 제시한다. 하나는 유명인의 이름이고 다른 하나는 보스턴 지역 전화번호부에서 무작위로 고른 이름이다. "어느 쪽이 유명인사의 이름입니까?" 하는 질문에 헨리는 수술 전에 접한 이름은 92퍼센트 정답을 맞혔고 수술 후에 접한 이름에도 88 퍼센트 정답이라는 인상적인 성적을 냈다. 다음으로, 헨리가 유명인 사로 택한 각 인물에 대해 우리는 핵심 질문을 던졌다. "이 사람은 왜 유명해졌습니까?" 1953년 이후 유명인사에 대한 헨리의 답은 대조군 수검자들의 답이나 1953년 이전 유명인사에 대한 헨리 자신의 답보다 는 빈약했으나 그럼에도 결과는 놀라웠다. 1953년 이후에 유명해진 인물 열두 명에 대해 정확하고 특징적인 정보를 제시할 수 있었던 것 이다. 줄리 앤드루스에 대해 "노래로 유명한 브로드웨이 연극배우"라 고 답했고, 리 하비 오스왈드는 "대통령 암살범", 미하일 고르바초프 는 "연설로 유명하고, 러시아 의회의 서기장"임을 알고 있었다.[30]

이 실험은 해마의 기능이라고 볼 만한 작용이 전혀 없는 상태에 서도 의미지식을 획득하는 것이 가능하다는 것을 보여주었다. 헨리는 해마 병변에도 불구하고 수술 후에 유명해진 인물에 대한 정보를 학습 할 수 있었는데, 이는 최소한 어떤 의미학습은 일화학습 능력 없이도 이루어질 수 있음을 보여주는 확고하고 명백한 근거다.[31]

해마 기능 없이 이루어지는 의미학습의 범위를 살펴보는 일도 흥 미로웠지만, 헨리와 대조군 수검자들의 차이를 지켜보는 일도 유익한 작업이었다. 헨리가 생성한 의미지식은 대조군 수검자들이 획득한 지 식에 비하면 새 발의 피에 불과하다. 더군다나 수술 후에 접한 유명인 들에 대한 정보량은 대조군과 비교했을 때 형편없었고 수술 전 유명인 에 대한 헨리 자신의 정보량과 비교해도 빈약할 따름이었다. 예를 들 면 자신이 유명인이라고 고른 이름의 성별을 몰라서 가령 오노 요코에 대해 "일본에서 유명한 남자"라고 답했다. 대조군 수검자들은 옛날 유명인사보다 최신 유명인사 항목에서 더 높은 점수를 받아 건강한 사람들에게서 나타나는 전형적인 망각 패턴과 일치했는데, 헨리는 정반대 패턴을 보였다. 더군다나 수술 후 유명인사에 대한 지식은 생성되었다가 상실되었다가 하는 식으로 꾸준하지 못한 양상을 띠었다. 예를 들어 유명인사에 대한 학습을 평가하는 앞선 실험에서 헨리는 로널드 레이건은 미국 대통령이고, 마거릿 대처는 영국 정치인이라고 정확하게 맞혔지만, 이번 실험에서는 이들의 직업 정보를 생성하지 못했다. 2002년 실험 때는 존 F. 케네디가 암살당했다고 했지만 그전 실험에서는 케네디가 아직도 살아 있다고 말했다.[32]

헨리가 생성할 수 있는 의미지식이 한정적인 까닭에 그 학습에 의지했던 메커니즘과 건강한 성인이 의미지식을 획득할 때 풍부하게 자유자재로 이용하는 메커니즘은 동일하지는 않을 듯하다. 특히 의미지식을 빠르게 학습하는 능력을 상실한 것은 양측 해마 병변 때문일 것으로 추정된다. 헨리가 의지하는 유일한 방법은 일상에서 무수히 반복함으로써 약간의 정보를 획득하는, 더딘 학습slow-learning이었다.[33]

이 연구 결과를 해석할 때 중요한 것은, 헨리가 소량의 의미정보를 학습한 메커니즘이 비서술적 지각기억(시지각을 통해 자동적으로 획득된 정보 기억)이 아니라 서술기억이었는가를 고려해야 한다는 점이었다. 헨리의 학습 메커니즘은 몇 가지 중요한 면에서 비서술기억과 다르다. 첫째, 서술기억의 특징은 의식적으로 지각하는 것이 가능하며 생각 속에서 말이나 이미지로 떠올릴 수 있다. 반면에 비서술기억은 해당 지식을 학습한 과제를 재현할 때만 활성화된다. 헨리는 소량이나마 수술 후 유명인(존 글렌은 "최초의 로켓 조종사")이나 사건(존 F. 케네디 암살 사건)에 관련한 구체적인 정보를 자유자재로 회상할 수 있었다. 둘째, 비서술기억은 그 정보를 획득한 방식으로만 표현되는 반면에 의미기억은 자극의 종류나 성격에 따라 유연하게 늘이거나 줄여 표현할 수 있다. 헨리는 질문을 구성하는 구체적인 언어나 자극의 유형(단어 대 그림)과 상관없이 유명인사에 관한 소량의 정보를 계속 반복해서 인출할 수 있었다. 셋째, 헨리가 특정 이름을 들었을 때 익숙한 성을 댈 수 있는 능력을 갖고 있는 것은 비서술기억이 지원하는 자동적인 자극 반응으로 설명할 수 있다. 그러나 헨리가 수술 전 이름의 단서만이 아니라 수술 후 이름에 관련한 의미단서에서도 도움을 받았다는 사실은, 이 새로운 지식이 수술 전 지식과 마찬가지로 의식적 회상을 뒷받침해줄 의미망에 통합되어 있음을 보여준다. 이 근거를 토대로 우리는 헨리가 미미한 수준이나마 서술학습과 의미학습을 하는 것이 가능하다고 결론 내렸다. 헨리의 뇌에서 이 예외적인 학습이 일어나는 곳은 어디인가? 병변 가까운 위치에 아주 조금 남아 있는 기억 관련 피질(후각주위피질과 부해마피질)과 정보가 저장되는 방대한 피질망이 그 후보가 될 것이다.[34]

이 연구에서는 유명인사에 대한 의미학습이 이루어졌는데, 앞선 실험에서는 왜 새로운 어휘 학습에 실패한 것인가? 한 가지 가능성으로 헨리가 접한 자극의 수량과 유형 차이를 꼽을 수 있다. 유명인사와 관련한 정보는 일상적으로 보고 들으면서 부호화될 기회가 많다. 헨리는 존 F. 케네디와 존 글렌이라는 이름을 다양한 맥락에서 무수히 접했을 것이다. 날마다 저녁 6시부터 7시까지 뉴스를 보고 잡지도 자주 읽었다. 이렇게 일상에서 다방면으로 접하는 정보는 실험실에서 맥락 없이 처리하는 고립된 단어('minatory〔위협적인〕' 'egress〔떠남〕' 'welkin〔하늘〕')보다 풍부하고 유연한 기억흔적을 형성했을 것이다. 또 다른 가능성은 헨리에게 제시된 이름들이 최소한 몇몇 경우는 수술 전에 학습한 지식과 관련된 것일 수 있다. 예를 들어 존 F. 케네디에 관련한 상세한 정보를 기억해낼 수 있었던 것은 1930년대와 1940년대에 이미 케네디 가문에 관해 많은 지식을 획득한 결과일 수 있다. 마찬가지로 라이자 미넬리는 부모가 모두 유명인사로 어머니가 배우이자 가수인 주디 갈런드, 아버지는 영화감독 빈센트 미넬리였다.[35]

다른 실험에서는 선행 지식이 헨리에게 도움이 되었던 것으로 보이는데, 이번에는 (헨리가 가장 좋아하는 오락인) 십자말풀이를 이용한 테스트였다. 우리가 1998~2000년에 실시한 실험은 다음 세 물음에 대한 답을 구하기 위한 것이었다. '헨리가 건강한 수검자들보다 십자말풀이에 얼마나 능숙한가?' '헨리가 수술 후 사건과 관련 있는 수술 전 단서를 풀 수 있는가?' '같은 십자말풀이에 반복 노출된 뒤에는 정확도나 속도가 상승하는가?' 헨리를 위해 특별히 고안한 테스트를 이용하여 우리는 헨리가 새로운 의미정보를 기존의 의미기억에 결부시킬 수 있다는 또 하나의 근거를 확보했다. 우리는 각기 다른 시기의 의미지식을 이용한 20개의 단서로 이루어진 십자말풀이 3종을 고안했다. 하나는 1953년 이전의 역사적 인물과 사건에 대한 십자말풀이인데, 여기에는 "1930년대에 홈런 기록을 세운 야구선수" 같은 단서가 제시된다. 이 십자말풀이를 '이전-이전 십자말풀이'라고 칭했고, 우리는 헨리가 이 단서들을 풀 수 있을 것이라고 보았다. 다음 십자말풀이는 "대통령 임기 중에 암살된, 재키 오나시스의 남편"처럼 1953년 이후에 유명해진 역사적 인물과 사건을 단서로 제시했다. 우리는 이것을 '이후-이후 십자말풀이'라고 이름 붙였고, 헨리가 이 단서들은 풀지 못할 것이라고 예상했다. 다음은 1953년 이후의 단서를 통해 1953년 이전의 답을 맞히는, 두 시기를 결합한 십자말풀이다. 예를 들면 "단서: 소크 백신으로 치료되는 어린이 질병"(1953년 이후 지식)에 "답: 소아마비"(1953년 이전 지식) 같은 식으로 구성했다. 이것은 '이전-이후 십자말풀이'라고 이름 붙였고, 우리는 헨리가 이 십자말풀이를 하는 동안 자신의 옛 지식을 활용할 가능성이 높다고 보았다. 우리는 헨리에게 각 문항을 자신이 원하는 방식으로 풀게 하고 답을 지우는 것도 허용했다. 시간제한은 두지 않았지만 각 문항이 끝날 때마다 우리에게 알려달라고 했다. 헨리는 같은 십자말풀이 3종을 하루에 1회씩 6일 연속 풀었다. 각 십자말풀이는 하루에 단 한 번 제시되었고, 한 종이 끝나면 짧게 쉬는 시간을 두었다. 매회 테스트가 완료되면 검사자가 정답을 보여주었다. 그러면 헨리는 오자를 고치고, 빈칸으로 놔둔 곳에는 정답을 채워넣었다.[36]

우리는 1953년 이전 단서와 1953년 이후 답으로 구성한 세 번째 십자말풀이 정답에 반복 노출되다 보면 헨리의 1953년 이전 지식의 의미망이 활성화되어 최종적으로는 모든 칸을 정답으로 채울 수 있는지 알고 싶었다. 이것이 정말로 가능하리라 본 것은 이전 실험에서 헨리가 때때로 기존에 형성된 스키마를 활용해서 새 지식(JFK 암살 사건)을 획득할 수 있는 근거를 봐왔기 때문이다. 1953년 이전 십자말풀이에서는 연속해서 고르게 높은 점수를 받았다. 그러나 가장 어려운 두 단서인 채플린과 거슈윈을 계속 놓쳤고, 6일 동안 전체적인 점수는 향상되지 않았다. 1953년 이후 십자말풀이에서는 놀라운 일은 아니지만 정확도가 매우 떨어졌고, 6일 동안 전체적인 점수도 향상되지 않았다. 하지만 이전-이전 십자말풀이와 이후-이후 십자말풀이에서 학습이 이루어지지 못한 것과는 대조적으로 이전-이후 십자말풀이에서는 5일에 걸쳐 점수가 향상되었는데, 헨리가 새 정보를 수술 전에 형성된 심적 표상과 결부시킬 수 있었기 때문이다. 또한 'polio〔소아마비〕' 'Hiss〔히스〕' 'Gone with the Wind〔바람과 함께 사라지다〕' 'Ike〔아이크〕' 'St. Louis〔세인트 루이스〕' 'Warsaw〔바르샤바〕' 같은 6개 정답 항목에서는 수술 후 지식과 수술 전 정보의 연합을 학습할 수 있었다. 이런 향상은 기억상실증 환자라도 개인적으로 의미 있거나 자신과 연관 지을 수 있는 정보라면 새로운 의미학습이 이루어진다는 통설과 일치한다.[37]

십자말풀이 과제에서 헨리는 수술 전 지식이 도움이 되는 문제는 학습할 수 있었다. 자신이 알아맞힌 몇몇 유명인사에 대한 정보를 우리에게 말해줄 때도 같은 메커니즘(수술 이전 지식에 수술 이후 지식 결부시키기)이 작용했다. 헨리는 유명인사에 관한 소량의 정보를 부호화, 응고화하고 저장, 인출할 수 있었다. 존 F. 케네디가 "대통령이 되었고, 누군가 총으로 쐈고, 죽었으며, 가톨릭 신자"였다는 것을 학습했다.[38]

심적 스키마 개념은 이처럼 헨리가 새로운 의미지식을 응고화하고 인출하는 뜻밖의 능력을 보이는 현상을 이해하는 데 흥미로운 실마리를 준다. 스키마는 영국의 철학자이자 걸출한 실험심리학자 프레드릭 바틀릿이 1932년에 창안한 개념이다. 바틀릿은 건강한 수검자들의 기억능력 연구를 토대로 이렇게 썼다. "기억은 굳어진 채로 변하지 않는 것이 아니다. 헤아릴 수 없이 많은 지각 흔적의 파편들을 단순히 재자극하는 것이 아니다." 그는 기억을 하나의 살아 움직이는 과정, 세계에 대한 내면의 표상을 재구성하는 창조적인 기능으로 보았다. 그는 이 끊임없이 변화하는 조직된 집적체를 '스키마'라고 명명했다. 헨리는 이전-이후 십자말풀이를 하는 동안 오래전에 조직된 지식의 표상(스키마)에 의지하여 새 정보를 이해하고 저장하고 회상하고 있었을 수도 있다.[39]

대선 후보 토론회를 보면, 후보들이 자기가 내세우는 정책의 세부 내용을 설명하고 그것을 어떻게 실행할 것인지에 대해 말한다. 질의응답이 진행되는 동안 거기서 얻은 새 정보가 우리의 심적 표상 구조에 공급됨으로써 우리는 각 후보의 주의 주장을 이해하고 평가하고 응고화할 수 있게 된다. 얼마간 시간이 지나 선거일이 임박하면 우리는 최신판으로 갱신된 심적 스키마를 고려하여 누구에게 투표할지를 합리적으로 결정한다. 이런 선택 과정이 효과적인 것은 이미 형성되어 있는 지식의 집적체 속에 관련 있는 의미정보를 저장해두었기 때문이다. 수술 전 시기에 형성된 심적 스키마가 온전히 유지되었기에 헨리는 때때로 이 스키마에 접근하여 새로운 사실정보를 응고시킬 수 있었다.

2007년 에든버러 대학교의 신경과학자들이 동물의 스키마 학습 실험을 수행했다. 그들은 건강한 쥐에게 다양한 맛의 먹이와 작은 무대 위에 있는 일정 지점을 연합하는 훈련을 시켰다. 먼저 쥐들은 여섯 가지 맛-장소 연합을 형성했다. 그들은 시행착오를 겪으면서 럼 맛이

나는 먹이 구역, 바나나 맛이 나는 먹이 구역, 베이컨 맛이 나는 먹이 구역 등을 학습했다. 그리고 보상으로 먹이를 숨겨놓은 여섯 개의 모래 구덩이가 있다. 학습 과정을 보면, 출발 칸에서 한 가지 먹이를 단서로 제공하면 같은 먹이가 있는 구덩이를 찾는 것이 과제다(단서자극에 의한 회상). 제시된 단서 먹이가 있는 모래 구덩이를 팠을 때는 상으로 그 먹이를 추가로 더 주었다. 몇 주에 걸친 훈련 끝에 실험 쥐들은 이 과제에 대한 연합 스키마를 획득했다. 맛과 모래 구덩이 위치를 연합한 심상지도가 형성된 것이다.[40]

연구자들은 이 스키마가 새로운 맛-장소 연합을 부호화하고 및 응고화하는 데 도움을 주는가, 이 연합이 빠른 속도로 기존 스키마에 통합되는가를 물었다. 그들은 구덩이 두 곳을 폐쇄하고 두 가지 새로운 맛을 배치한 새 구덩이를 두 곳을 준비했다. 새로운 두 조합에 대한 훈련은 1회만 실시했다. 24시간을 쉬게 한 뒤 새로운 맛-장소 연합에 대한 기억을 테스트했더니 쥐들은 폐쇄된 구덩이가 아닌 새 조합 구덩이로 직행했다. 이 실험 쥐들이 단 한 차례 시도로 새 연합을 학습했고 24시간 동안 기억을 유지했다는 사실은 앞서 학습한 연합 스키마가 새로운 정보를 처리하는 데 도움을 주었음을 시사한다. 연구자들은 다시 24시간이 지난 후에 쥐들의 해마에 상처를 냈다. 수술에서 회복한 쥐들은 첫 스키마에 등록된 위치를 회상했으며, 놀랍게도 새 조합 두 쌍의 위치도 기억했다. 새로 형성된 연합을 응고화하고 저장한 곳은 해마 바깥, 아마도 피질일 것이다. 실험 쥐들은 먹이 맛을 무대 위에 있는 각 지점에 배치하는 연합 스키마를 학습했으며, 이 스키마는 하나의 표상 구조가 됨으로써 두 쌍의 새로운 연합을 망각하지 않

고 보유하도록 도와주었다.[41]

헨리는 수술받기 전 27년 동안 수많은 스키마를 형성하여 피질 안에 무사히 저장해두었다. 내측두엽 손상으로 '양배추-펜' 같은 새로운 연합은 학습하지 못하지만, 가끔은 수술 전에 응고화하여 장기기억에 보유해온 스키마 저장소를 되찾았다. 예를 들면 이전-이후 십자말풀이 과제를 수행하는 동안에 'polio' 'Hiss' 'Gone with the Wind' 'Ike' 'St. Louis' 'Warsaw'를 정확히 썼는데, 이 학습은 수술 전에 획득한 스키마에 의지한 결과일 수도 있다. 이런 유형의 조직적으로 저장된 정보가 수술 후에 소량의 새 사실을 응고화하는 데 도움을 준 것일 수 있다. 텔레비전에서 보고 듣는 정보들이 정치인, 영화배우, 신기술과 관련한 오래된 스키마를 활성화하고 갱신함으로써 JFK, 줄리 앤드루스, 리 하비 오스왈드, 미하일 고르바초프를 기억하고 스카이랩을 "우주선이 결합하는 곳"이라고 정의하게 해주었을지도 모른다.

단편적인 일반지식을 습득하는 헨리의 능력은 그의 일상에 어떤 영향을 미쳤을까? 내 짐작이지만, 빅포드에 있는 몇 사람을 기억하며 이따금 사람 이름을 알아듣는 능력이 있어 헨리가 외로움을 느끼지 않을 수 있었을 것 같다. 1983년 헨리가 MIT에서 빅포드로 돌아갔을 때 한 직원은 그가 요양병원으로 돌아온 것을 기뻐하는 듯 보였고 함께 지내는 사람들을 알아보는 것 같았다고 전했다. 텔레비전을 시청할 때는 뉴스 앵커나 시트콤 출연 배우 몇이 친숙하게 느껴지는지 자신의 텔레비전 친구라고 소개하기도 했다. 또 헨리는 요양병원의 환경도 인지하여 자신의 방, 휴게실, 식당, 자기 휠체어 옆에 앉아 있는 개, 자신에게 농담하는 여자, 자기를 보살펴주는 여러 도우미를 알아보았다. 헨리가 바깥 세계와 정상적인 관계를 맺으며 살아간다고는 할 수 없었지만, 그럼에도 그에게는 소수일지언정 든든한 의지처가 있어 안정적인 삶을 영위할 수 있었다. 비극적인 삶의 조건 속에서도 헨리는 잘해낸 편이라고 할 수 있다.

헨리가 수술 후에 단편적인 새 의미지식을 습득했음을 보여주는 눈에 띄는 사례는 많다. 그럼에도 그의 수행점수가 대조군에 비해 크게 떨어지는 것은 변함없는 사실이다. 1953년의 내측두엽절제술이 유의미한 양의 새로운 의미정보를 획득할 능력을 앗아간 것이다. 이러한 지식 격차에도 헨리는 자기만의 세계에서 사고하며 외부 세계와 효과적으로 소통할 능력이 있었다. 그의 어휘력은 우수하며 세계적 사건과 인물에 대한 지식은 인상적이다. 하지만 이 지식은 과거에 20세기 전반기의 정보 저장소에 동결되어 있다.

12

유명세와 건강 악화

1957년 스코빌과 밀너의 공동 논문 〈양측 해마 손상 이후 최근기억의 상실〉이 발표된 뒤, 서서히 헨리는 신경과학계에서 유명해졌다. 그의 이야기는 1970년부터 심리학과 신경과학 교재에 등장하기 시작했고, 1990년대에 이르면 기억을 다루는 거의 모든 교재에 사례연구로 인용되거나 언급되었다. 과학 논문에서는 실험에 영감을 준 사례로 자주 부각되었다. 심리학과 신경과학을 공부하는 모든 학생이 학교에서 H. M.에 대해 배웠고, 헨리의 기억상실증 정도는 다른 환자들의 기억장애가 어느 정도로 심각한지를 규명하는 하나의 기준점이 되었다. 우리 연구가 계속 이어지면서 헨리는 신경과학 분야에서 가장 포괄적으로 연구된 환자가 되었다.[1]

1970년대 말이 되면서 헨리를 다루고 싶어 하는 연구자는 무조건 나에게 연락했다. 1977년에 한스루카스 토이버가 세상을 뜨고, 헨리에게 지대한 관심을 보였던 브렌다 밀너가 연구 주제를 바꾸면서 내가 헨리 사례를 물려받았다. 헨리가 사는 곳이 MIT에서 두 시간 거리여서 지리적으로도 실험실을 방문하기가 용이했다. 헨리가 고령이 되면서는 내가 동료들과 함께 빅포드로 찾아갔지만.

그러는 사이에 많은 연구자가 MIT로 찾아와 헨리에게 실험을 실시했는데, 그런 식으로 아무에게나 헨리를 만나게 해줘서는 안 되겠다는 생각이 들었다. 헨리를 실험하고 인터뷰하고 싶어 하는 모든 연구자에게 문을 열어주었다가는 헨리의 시간과 에너지를 끊임없이 갉아먹을 것이고, 결국 헨리의 기억장애와 기꺼이 도움을 주고 싶어 하는 그의 마음을 부당하게 이용하는 셈이 된다. 헨리하고 말 한마디라도 나눠보고 싶어 하는 사람이 많았지만, 그를 '기억 못 하는 남자'라는 구경거리로 전락시킬 수는 없었다. 그래서 연구자들에게 헨리를 연구하고 싶다면 먼저 내 실험실을 방문해서 주중 회의 때 연구제안서를 제출하라고 요구했다. 헨리에게서 수집하는 데이터가 실험 설계 단계부터 의미 있는 결과를 이끌어낼 수 있어야 한다고 보았기 때문이다. 내 요구에 분노한 연구자들도 있었겠지만, 헨리가 실없는 조사로 인해 고통받지 않게 하기 위해서는 어쩔 수 없었다.

1966년 이후로 우리 실험실 소속이나 다른 기관 소속 공동 연구원 자격으로 헨리와 작업한 과학자가 122명에 이르렀다. 전체 연구자들이 다룬 주제는 광범위하다. UC샌디에이고의 기억 연구자는 헨리의 의미지식을 연구했다. 매사추세츠주 케임브리지 롤런드 연구소의 시지각 연구자는 기억장애가 시각흔적 과제 수행에 영향을 미치는지를 알아내기 위해 헨리와 알츠하이머 환자군의 시지각을 검사했다. UCLA의 신경과학자는 헨리가 화면에 제시된 타깃을 추적하는 동안 뇌전도가 어떻게 변화하는지를 기록했다.

우리 실험실을 방문한 모든 과학자가 헨리와 그의 병력에 대해 이미 많은 공부를 하고 왔지만, 그럼에도 사람들은 헨리를 직접 만나보니 더욱 놀랍다고 했다. 동료 연구자 리처드 모리스가 해마 연구자들과 함께 헨리를 만났던 일에 대해 이런 편지를 보내왔다.

우리는 방에 앉아 있었고, 헨리가 들어왔습니다. 우리 소개를 했죠. 헨리는 많은 면에서 선생님이 논문에 기술했던 모습 그대로였습니다. 대단히 공손하고 정중했어요. 처음에는 곤란할 만한 이야기라곤 없겠구나 싶을 만큼 기탄 없는 이야기가 오갔습니다. 그저 아주 친절하고 온화한 노인과 만나 이야기하는 분위기였죠. 그러더니 슬슬 한두 가지 일이 일어났고, 여러 가지 일이 반복되면서 뭔가 잘못됐다는 느낌이 드는 겁니다.
우리 중 한 사람이 연구실을 나갈 일이 생겼는데, 사실은 나였습니다. 이야기를 나눈 지 아마 30분쯤 되었을 거예요. 그때 내가 자리에서 일어나 일부러 10분쯤 밖에 있다가 다시 자리에 합류했죠. 정말 충격이었던 것이, 동료들이 나를 소개하니까 헨리가 "만나서 반갑습니다" 하는데, 정말 내가 거기 있던 걸 몰랐던 사람처럼 빈 의자를 가리키면서 말하는 거예요. "저기 빈자리가 있네요. 거기 앉으십시오." 물론 내가 앉았던 그 자리였죠. 그러니까 우리가 논문에서 읽었던 그대로였어요. 그런데도 두 눈으로 직접 보니 아주 흥미로웠습니다.

헨리는 사회적으로 노출되지 않은 채 울타리 안에서 살았다. 헨리와 교류하던 실험실 연구원들이나 다른 동료 연구자들은 물론 MIT 임상연구센터와 빅포드 직원들까지 모두 헨리의 정체가 밝혀지지 않도록 극도로 주의했다. 헨리는 사망할 때까지 H. M.으로만 통했다. 하지만 25년에 걸쳐 헨리의 사례와 사연은 갈수록 유명해졌다. 그의 사례가 언론, 예술계, 일반 대중의 호기심을 끌면서 실험적인 의료 개입에 대한 윤리 논쟁을 일으켰다. 사람들은 이렇게 위중한 현재진행형 기억상실증 이야기에 매료되었다.

빅포드 직원들은 헨리가 특별히 중요한 인물이라는 것을 알았다. 나는 그들에게 헨리와 그의 상태를 요양병원 외부에서 말하면 절대로 안 된다고 일러두었다. 많은 언론사가 헨리의 인터뷰와 동영상을 보내달라고 요청했지만 나는 헨리가 지나치게 노출되지 않도록 방어했고, 실험실 연구원들에게도 사진이나 동영상을 촬영하지 못하게 했다. 내가 아는 한 헨리의 동영상은 존재하지 않는다. 과학저술가 필립 J. 힐츠가 1995년 《기억의 영혼》을 쓸 때 우리 실험실에서 헨리를 만나게 해준 적은 있다. 힐츠는 헨리와 장시간 이야기를 나누었고, 자료를 모으는 동안에는 아예 실험실에 자기 책상을 갖다놓았다.

1992년 내 인터뷰 발췌본이 라디오 전파를 탔고 대중과 과학계에 헨리 사례 연구가 인간미 없는 학술 언어로만이 아니라 사람의 목소리와 숨결로 이루어진 작업임을 알릴 수 있었다. 또한 이 인터뷰에서 헨리의 기억장애가 어떤 것인지 숨김없이 드러났다. 헨리는 같은 말을 수차례 반복했고, 당시가 몇 년 몇 월인지, 점심에는 뭘 먹었는지도 답하지 못했다.

1980년 12월 헨리가 빅포드 요양병원에 입원할 때 나는 그와 함께 있었다. 헤릭 부인이 직접 25킬로미터를 운전해서 헨리를 데리고 왔다. 헨리는 작은 건물 2층에 있는 파스텔톤 초록색 꽃무늬 벽지에 참나무 가구가 놓인 방을 배정받았다. 헨리는 새로운 생활에 잘 적응했고, 직원들은 헨리가 온화하고 협조적이며 다른 환자들과 잘 어울

그림28 빅포드 요양병원의 헨리

린다고 알려주었다. 그다음 해에 헤릭 부인이 세상을 뜨자 헨리에게
는 빅포드가 우주의 중심이 되었다. 그는 남은 생 28년을 이 요양병원
에서 살았다.

　하루 24시간 직원들에게 보살핌을 받고 늘 사람들에게 둘러싸여
지내는 빅포드 생활은 헨리에게 새로운 삶이었다. 헨리는 30년 가까
운 세월을 그곳에서 지내면서 여러 번 방이 바뀌었고(룸메이트와 함께
옮기는 경우도 많았다), 대규모 재건축이 있었고, 많은 간호사와 도우미
를 만났고, 몇 사람은 끝까지 헨리 곁에 있었다. 시간이 흐르면서 헨리
는 요양병원 모든 사람과 친하게 지내고 모든 이에게 사랑받는 터줏대
감이 되었다. 헨리 방에도 다른 환자들 방처럼 사람의 온기가 있어야
겠다고 느낀 우리 실험실 연구원들은 벽에 붙이라며 헨리에게 자기네
사진을 보내주기도 했다.

사건과 사실에 대한 기억을 저장하지 못하는 헨리에게는 모든 만남이 찰나일 뿐이었지만, 많은 직원이 헨리가 이름이나 여타 사항은 기억하지 못해도 자기네가 누구인지는 안다고 믿었다. 사실 이 환경에서 헨리는 여느 환자와도 달랐다. 입원했을 때 쉰다섯이던 그는 어느 입원자보다 젊었을 뿐 아니라 지적이고 정신이 맑았으며 상대적으로 건강했다. 하지만 어떤 면에서 헨리를 돌보는 일은 치매 환자를 다루는 일과 비슷했다. 치매 환자들은 최근 사건이나 정보를 기억하지 못하고 심지어 간호사 이름도 잊어버리지만, 어린 시절이며 고향에 대해서는 얼마든지 이야기했다. 헨리도 치매 환자처럼 아무리 단순한 일과라 해도 일일이 일러주어야 했다. 헨리는 정신이 또렷하고 총명하나 어린아이처럼 지켜보고 가르쳐야 하는 성인이었다.

헨리는 빅포드 직원들에게 항상 공손했다. 늘 보조개가 깊이 파이는 활짝 웃는 얼굴로 인사했고, 도움이 필요한 자신의 처지에 대해 수시로 사과했다. 중증 기억장애를 겪는 사람치고는 놀라울 정도로 느긋했다.

부모님과 함께 자기 집에서 살던 시절이나 헤릭 부인 집에서 지내던 때 단순하게 보내던 일상과 달리 요양병원에서는 다양한 활동에 참여하면서 사람들과 교류할 기회가 많았다. 헨리는 일대일 관계에서는 친화적이지만 그룹 안에서는 조용한 참여자였으며, 합창 연습, 빙고, 성경 공부, 영화 감상, 시 읽기, 미술과 공작, 볼링 등 모든 활동에 적극적이었다. 그는 휴게실에서 텔레비전을 시청하거나 작은 안마당에 앉아 소일하는 것을 좋아했다. 십자말풀이를 비롯한 단어풀이를 여전히 즐겨 했기에 항상 새로운 것을 풀 수 있도록 우리 실험실에서 십자

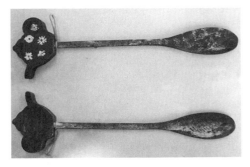

그림29 헨리가 만든 숟가락

말풀이 잡지 구독권을 보내주었다. 그는 요양병원에서 개최하는 특별 행사에 참석했고, 하와이풍 파티에서 훌라춤을 춘 일도 있다. 수공 작업에 관한 한 완벽주의자인 헨리는 젊은 시절 갈고닦은 솜씨와 집중력을 뽐냈다. 하얀 꽃잎에 빨간 꽃술이 달린 작은 꽃으로 장식한, 스펀지 같은 표면의 파란 나무 숟가락은 내가 무척 아끼는 물건이다. 헨리에게 마지막으로 방문했을 때 빅포드 직원이 친절하게도 나에게 주었다.

헨리는 동물을 사랑하는 사람이었다. 나는 헨리가 새끼 고양이 두 마리를 품에 꼭 안고 있는 10대 소년 시절 사진을 한 장 갖고 있다. 다행히도 빅포드에는 동물이 많았다. 한동안 토끼 한 마리를 키웠는데 헨리는 그 토끼를 자주 무릎에 앉혀놓았다. 노래하는 왕관앵무새 루이지는 빅포드에서 10년 넘게 살았다. 그 밖에도 잉꼬 부부, 되새, 작은 앵무새 등이 있었다. 흑백 얼룩무늬 개 세이디는 강아지일 때 들어와 헨리가 거주하는 내내 함께 살았다. 세이디는 헨리의 말년에 휠체어 곁을 지키는 일이 많았는데, 그럴 때면 헨리가 머리를 쓰다듬어주곤 했다. 세이디는 헨리의 장례식에도 참석했다.

헨리는 일반적인 의미의 관계는 맺을 수 없었지만 다른 환자들과

그림30 동물을 사랑한 헨리

소통했고 빅포드 직원들과도 마음을 트고 지냈다. 식사는 식당의 둥
근 목재 식탁에서 동료 환자들과 함께 했는데, 남자들하고 어울리는
것을 선호했던 것으로 보인다. 요양병원 생활을 시작한 지 2년이 지나
자 헨리는 찰리라는 환자와 친해져 함께 텔레비전을 시청하곤 했다.
1985년 직원들 보고에 따르면 헨리는 남자들만 참여하는 포커와 목공
시간을 좋아했다. 간호사들에게 "다 까놓고" 남자들 무리에 끼는 것이
좋다고 말하기도 했다. 하지만 페기라는 여성 환자하고도 친하게 지
냈고, 두 사람은 빅포드에서 개최한 파티에서 왕과 여왕으로 뽑혔다.

헨리는 여성에게 이성적 관심을 보인 일은 없었지만 항상 예의 바
르게 대했다. 사실은 한번 어느 매력적인 여성 환자하고 일이 좀 있었
는데, 사람들이 있는 데서 성적으로 접근하는 이 여성 때문에 헨리는
당황해하고 혼란스러워했다. 그 여자가 "성적으로 부적절한 행동과

언어"만 쓰지 않는다면 같이 어울릴 수 있다고 했다고 간호사들이 헨리의 말을 전했다. 그 여성이 그런 행동을 보일 때면 헨리는 이렇게 대꾸하곤 했다. "아니, 그럴 수 없습니다. 주치의가 내게 그렇게 하면 안 된다고 했습니다." 하지만 여자가 단정하게 굴 때면 "둘이 손잡고 다니기도 하고 별의별 이야기를 끝도 없이 떠들고, 아주 좋아 보였어요."

요양병원 생활이 순조롭기만 한 것은 아니었다. 때때로 지각혼동이나 좌절감, 분노로 기분이 오락가락하는 일이 있었고, 다른 환자가 큰 소리를 내거나 헨리가 원하지 않는 텔레비전 프로그램을 보려고 하면 느닷없이 불끈하는 일도 이따금 있었다. 헨리는 특히 복통이나 관절통 같은 신체상의 불편이나 소음에 쉽사리 짜증을 냈다. 그는 여전히 품위 있고 상냥한 환자였지만, 때로는 초조한 기색을 감추지 못하고 괴팍한 행동을 내보였다. 기억장애로 인해 필요한 것이나 바라는 것을 직원에게 요구하지 못하는 것이 가장 큰 원인이었을 것이다. 문제의 원천을 찾아 고치기는 쉽지 않았다. 헨리 스스로가 헷갈려서 짜증 나는 정확한 이유를 콕 집어 말할 수 없었기 때문이다. 대신 그는 행동으로 표출했다. 분노나 고통, 슬픔, 좌절 같은 감정을 다스리지 못할 때면 뭔가를 때리거나 물건을 집어던졌고, 1층 창문으로 뛰어내리겠다고 협박하기도 했다.

1982년 어느 날 밤, 헨리는 잠자리에서 일어나 비척비척 방을 빠져나와 옆 사람들 때문에 시끄러워서 잠을 못 자겠다고 고함을 질러댔다. 그러더니 직원을 밀치고 벽을 두드리다가 하마터면 간호사를 칠 뻔했다. 경찰관 두 명이 현장에 출동했고, 헨리는 항불안제를 투약하고서야 차분해졌다. 다음 날 간밤에 무슨 일이 있었는지 기억하냐고 묻자 헨리는 이렇게 답했다. "기억이 안 납니다. 그게 내 문제예요." 덩치 큰 경찰관 두 사람을 기억하냐고 캐묻자 이렇게 말했다. "기억 못하는 게 나을 때도 있지요."

1982년 가을, 헨리는 평소보다 화를 더 자주 냈다. 강렬한 감정 표출은 1970년 어머니와 집에 있을 때 출근하던 지역센터에서 화를 분출하던 일을 상기시켰다. 하지만 MIT 임상연구센터에 방문했을 때는 자기만의 방이 있고 환경이 차분해서인지 한 번도 그런 행동을 보이지 않았다. 헨리는 센터에서 귀빈 대우를 받았고 사람들과 긍정적으로 상호작용할 기회가 많았다. 우리 실험실 사람들하고 만날 때면 늘 밝고 좋은 모습이었으며, 자신에게 주어지는 정신적·사회적 자극을 즐겁게 받아들였다. 짜증과 감정 폭발이 빈번해지자 1982년 10월 빅포드 직원들은 헨리를 인근 코네티컷주 뉴잉튼의 정신치료 시설로 옮겨야 하는 게 아닌지 고민했다. 다행히도 뚜렷한 이유 없이 그의 행동이 정상으로 돌아오는 바람에 고민도 사라졌다. 이 뒤로도 가끔 안 좋은 시기가 찾아왔지만 직원들이 감당하지 못할 정도가 된 적은 없었다.

1980년대 초부터 헨리는 나를 줄곧 고등학교 동창이라고 여겼다. 이렇게 오인하게 된 이유로 가장 가능성 높은 설명은, MIT를 여러 차례 방문한 1966년부터 2002년 사이에 내 얼굴과 이름, 직업, 임상연구센터를 뭉뚱그린 하나의 심적 스키마가 형성되었다는 것이다. 그러면서 나를 보면 어딘가 친숙하게 느껴졌을 것이다. 내가 C로 시작하는 성 목록을 보여주고 내 성을 물었을 때 그는 '코킨Corkin'을 골랐다.

1984년에는 "내가 누구입니까?" 물었더니 이렇게 대답했다. "여박사님… 코킨 여박사님입니다." (헨리는 이 특이한 '여박사'라는 호칭을 여러 차례 사용했다.) 나를 어디서 알게 됐냐고 물었을 때는 "이스트하트퍼드 고등학교요"라고 답했다. 다음은 1992년에 나눈 대화의 일부다.

SC: 우리가 만난 적이 있습니까? 헨리와 내가요?

HM: 네, 그런 것 같아요.

SC: 어디서였습니까?

HM: 그러니까… 고등학교에서요.

SC: 고등학교요.

HM: 네.

SC: 무슨 고등학교입니까?

HM: 이스트하트퍼드입니다.

SC: 그럼 그게 몇 년도였습니까? 대략이요?

HM: 1945년입니다.

SC: 우리가 다른 곳에서도 만난 적 있나요?

HM: 아니면 1946년이요. 한참을 돌아가봤는데요…, 내가 1년을 휴학한 기억이 납니다.

SC: 좋습니다. 우리가 고등학교 아닌 다른 곳에서 만난 적이 있습니까?

HM: (잠시 생각하다가) 사실은, 못하겠습니다…. 아니요, 아닐 걸요.

SC: 내가 왜 여기 있습니까?

HM: 그건, 나하고 인터뷰를 하고 있다고 하면 될까요. 그게 지금 내가 생각하는 겁니다.

인터뷰할 때 내 이름을 묻는 것을 잊어버려서 그의 방으로 돌아가는 길에 물었다. 처음에는 "모르겠습니다" 했다가 "비벌리가 생각납니다"라고 했다. "아니요, 수잰입니다" 하고 말했더니 헨리가 바로 말했다. "수잰 코킨이죠." 2005년 5월, 빅포드의 한 간호사가 헨리에게 말했다. "방금 보스턴에 계신 선생님 친구 수잰과 통화했어요." 그랬더니 헨리가 바로 말했다. "아, 코킨이요." 헨리에게는 내 이름과 성의 연합이 형성되긴 했지만, 내가 누군지 명시적으로 물었을 때는 답하지 못했다.

스코빌이라는 이름만큼은 헨리의 기억 속에 남아 있었는데 수술 전에 학습한 이름이기 때문이다. 빅포드에서 헨리는 스코빌 박사 이름을 자주 언급했는데, 자신이 의학계에서 중요한 사람임을 알려주고 싶을 때 썼다. 심지어는 자기 주장을 관철하는 데 이 인맥을 활용하기도 했다. "스코빌 박사님이 이렇게 해야 한다고 했어요" "스코빌 박사님이 이렇게 하는 게 맞다고 했어요" 같은 식이다. 한번은 룸메이트가 견디다 못해 "스크루볼 박사" 이야기는 이제 지긋지긋하다고 하자 헨리가 곧장 룸메이트의 발음을 고쳐주었다.

헨리는 기억장애 이외에도 노화까지 나타나기 시작해 갈수록 육체적 고통을 호소하는 일이 잦아졌고 단순한 일과도 힘들어하곤 했다. 맥없이 넘어지는 일이 많았고, 그러다 의식을 잃거나 부상을 입기도 했다. 1985년에는 잘못 굴러 떨어져 오른쪽 발목과 왼쪽 고관절에 골절상을 입었다. 그 이듬해 예순 살에는 왼쪽 고관절 이식수술을 받았다. 두 차례 사고 후 헨리는 몇 주 동안 물리치료를 받으면서 보행보조기 사용법을 배웠다. 헨리는 보행 자체에 문제가 있었는데 원래부터 걸음걸이가 느린 데다 어정쩡했다. 그럼에도 보행보조기 사용법을 익혔다. 새로운 운동기술을 학습할 수 있다는 증거 가운데 하나다. 하지만 보행보조기가 필요하다는 것을 잊어버리고 혼자 걸어보려다 좌절하는 일이 종종 있었다. 몇 번은 그러다 또 넘어지고 말았다. 이는 온전한 비서술기억과 결핍된 서술기억이 공존함으로 인해 일어난 놀라운 (그리고 이 경우에는 위험한) 결과였다.

고관절 이식수술로 입원한 1986년 7월에 헨리는 대발작과 일시적 고열을 겪었다. 담당의사는 헨리가 수술이 끝난 뒤 "불면증과 야행성 불안"을 겪었다고 알려주었다. 또한 배탈과 오른쪽 귀에서 들리는 윙윙 소리, 고관절 부위 통증을 호소했다. 그는 수술하고 나서 한참이 지나서야 완전히 회복했다. 1986년 9월에 MIT 임상연구센터를 방문했을 때 간호사는 헨리의 행동이 이상하다고 느꼈다. 수시로 벨을 눌러 불편을 호소했고 잠들지 못하고 뒤척였고 무의미한 말을 해대는데 "눈이 희번덕거렸다"라고 했다. 한 간호사는 헨리가 웃음기 하나 없는 얼굴로 평소에 하던 이야기며 농담을 하더라고 했다. 이렇게 헨리의 행동이 바뀐 것은 십중팔구 고관절 수술 때 투약한 마취제 부작용 때문이었을 것이다. 고령자인 경우 마취제가 말끔히 처리되지 않아 잔류 성분이 수술 후 투약한 진통제와 화학작용을 일으킬 수 있다. 이런 마취제 부작용이 석 달 이상 지속될 수도 있는데, 약물이 몸에서 완전히 빠져나가는 데 시간이 많이 소요되기 때문이다. 하지만 결국에는 이상행동이 멈추고 정상으로 돌아왔다.

헨리는 여전히 가끔 발작을 겪었지만 대발작은 1년에 한두 번밖에 일어나지 않았고 아예 발작 없이 지나가는 해도 있었다. 격월로 지역 의사에게 진찰을 받았고, 긴급 상황일 때는 하트퍼드에 있는 세인트프랜시스 병원으로 갔다. MIT 방문 기간에 케임브리지에 있는 의사들에게 진찰과 처치를 받기도 했다. 어디가 어떻게 불편한지 정확하게 설명하는 것이 불가능한 기억상실증은 헨리를 진찰하고 치료하는 의사들을 더 힘들게 만드는 과제였다. 1984년에 헨리를 검사한 매사추세츠 종합병원 신경과 의사는 헨리가 건강상의 문제를 하찮게 여기는 경향이 있다고 느꼈다. 사람들에게 폐가 될까 걱정하는 태도가 정작 치료해야 할 질환을 은폐할 수도 있다고.

이명은 헨리를 주기적으로 괴롭혀온 증상이었는데 다일란틴의 흔한 부작용이다. 헨리는 신경과 의사에게 자신이 겪는 이명이 어떤 것인지 설명할 수 있었지만 언제 일어나는지, 언제 심해졌는지 등의 구체적인 상황은 알려줄 수 없었다. 대신 빅포드 간호사가 이명이 서너 달 동안 멈추지 않았던 1984년의 끔찍한 시기에 대해 상세하게 이야기해주었다. 처음에는 일주일에 몇 번 일어나더니 좀 지나서는 하루에 한 번씩 일어났다. 이명은 보통 아직 잠자리에서 일어나지 않은 이른 아침부터 시작됐다. 그런 아침이면 간호사들이 도와주려고 해도 베개로 귀를 틀어막고 화를 내면서 건드리지도 못하게 했다. 여기서 고통을 끝내야겠다고 총 좀 갖다달라고 한 일도 한두 번이 아니었다. 헨리의 이명은 귓속에서 찢어질 것처럼 날카로운 소리가 울리기 시작하면 두 시간에서 여덟 시간까지 멈출 줄을 몰랐다. 이 증상은 발작이 아니었으며 이비인후과 검사로는 내이에서 어떤 유인도 발견되지 않았다. 매사추세츠 종합병원의 신경과 의사가 빅포드 의료진에게 항발작제 다일란틴을 테그레톨로 대체하라고 지시했지만 그렇게 해도 끔찍한 기간은 단축되지 않았다.

이명은 다소 완화되었을 뿐 끈질기게 지속되어 헨리를 공격하는 불편과 불안의 원천이 되곤 했다. 헨리는 특히나 소음에 민감하여 다른 환자들이 떠드는 소리나 방에 설치된 에어컨 소음에 대해 자주 불평했다. 빅포드 직원들은 헨리가 이명에서 벗어나려고 귀를 솜으로 틀어막고 있는 모습을 여러 번 보았고, 증세가 특히 심한 날에는 끼니마저 걸렀다. 헨리가 왕성한 식욕을 갖고 있었음을 고려하면 무척 큰일이었다. 헨리는 이명 이외에도 복통이나 목 결림 같은 애매한 증상도 호소했다. 빅포드 직원들은 통증의 원천을 이미 망각했을 헨리에게 어디가 어떻게 불편한지 묻는 것으로는 도움이 되지 않는다고 판단해 예-아니요 문답으로 치료법을 찾았다. 때로는 누워서 쉬는 것만으로 증상이 저절로 사라질 수 있었다.

헨리는 수십 년 동안 내 삶의 일부였다. 연구자로서 불편부당한 태도를 유지해야 했지만, 이 상냥하고 유쾌한 사람에게 마음을 쓰지 않는다는 것은 불가능한 노릇이었다. MIT에서는 1986년 헨리의 예순살 생일을 맞아 우리 실험실과 임상연구센터 직원들이 주도하여 파티를 준비했다. 헨리는 "생일 축하합니다"라는 우리의 메시지에 함박웃음을 지었다. 그리고 케이크와 아이스크림에도. 우리는 생일을 축하하고 크리스마스 선물을 보내고 십자말풀이가 떨어지지 않도록 신경쓰는 등 헨리가 우리와 한 팀임을 느낄 수 있도록 노력했다. 말년에는 내가 매주 빅포드 직원들에게 연락해서 헨리의 상태를 확인하곤 했다.

1990년대 동안 헨리의 요양병원 생활은 좋은 날도 있었고 그렇지 못한 날도 있었다. 좋은 날에는 헨리다운 윙크와 미소로 사람들을 반겼고, 좋지 않은 날이면 통증이나 불편으로 인해 신음했다. 걷는 속도나 말과 동작이 더 느려지고, 일상 활동에도 도움이 필요했다. 갈수록 혼자 움직이는 것을 싫어하여 식당에 밥 먹으러 갈 때도 휠체어를 타는 일이 생겼다. 1999년 넘어져 발목이 부러진 뒤로는 독립심이 크게 무너졌다. 그래도 양호한 편이었지만 2001년 이후로는 온갖 병환에 심하게 시달렸다. 골다공증을 얻고 수면무호흡, 산혈적 고혈압으로 고통받았다. 우리는 헨리가 정기적으로 검진을 받아왔음에도 동맥경화증, 신장병, 대장암 등 진단되지 않았던 질환이 많았다는 것을 사후 부검보고서를 보고서야 알았다. 이들 질환이 헨리가 노령이 되면서 실금하거나 화장실을 들락날락해야 했던 증상의 원인일 수도 있다. 헨리는 일흔다섯 살이 되면서 어디를 가든 전적으로 휠체어에 의존했다. 하지만 지능과 유머 감각은 그대로 살아 있었다. 2002년 3월, 빅포드를 방문했던 한 연구원이 헨리에게 잠은 잘 주무셨냐고 물었다. "내가 그걸 알아보려고 깨어 있었겠습니까?"

2002년부터 2004년 사이에 헨리는 정신적으로 육체적으로 여전히 건강하여 표준 인지 테스트에 참여할 수 있었다. 거동이 힘들어 MIT로 이동하는 것이 무리였던 까닭에 우리가 빅포드로 가서 행동실험을 수행했다. 하지만 이 시기에도 MRI 촬영이 필요할 때는 헨리가 매사추세스 종합병원 생명의학 이미징마티노스센터로 찾아왔다. 그때마다 우리가 도우미 두 명을 고용해 헨리를 보살피게 했다. 우리는 눈부시게 발전한 MRI 기술 덕분에 병변을 훨씬 더 명징하게 파악할 수 있었으며 노화한 그의 뇌에서 새로운 통찰을 얻을 수 있었다. 연구자들은 MRI 영상으로 뇌의 전산화 모형을 구성하여 헨리와 같은 모형을 갖고 있고 연령대도 같은 건강한 남성 수검자 모형을 비교했다. 우리는 헨리의 뇌에 발생한 변화가 대조군의 뇌에서 발생한 변화와 동등한지 아니면 능가했는지를 보고 싶었다. 헨리의 고령화와 관련하여 떠오른 한 가지 질문은 그의 뇌가 1953년 수술이 야기한 손상과 별개로 노인성 질환의 근거를 보여주는가 여부였다. 이를 알아낸다면 헨리의 신경 기반을 완전하게 그려볼 수 있어 그의 말년 인지능력을 이해하는 데 도움이 될 것이다.[2]

건강한 80세 노인과 20세 젊은이의 뇌가 극히 다르다는 것은 육안으로도 확인된다. 사람의 뇌는 나이가 들면 전체 부피가 줄어 뇌 안의 척수액으로 채워져 있는 곳(뇌실)이 커진다. 이 조직의 수축으로 고랑(뇌구)은 깊어지고 이랑(뇌회)은 가늘어진다. 따라서 뇌의 표층인 피질의 주름이 강화된다. 하지만 부피 축소가 모든 영역에서 일제히 일어나는 것은 아니다. 나이가 들면서 현저하게 작아지는 영역이 있는가 하면 상대적으로 변화 없이 보존되는 영역이 있다. 최신 MRI 기술을 이용하여 우리는 건강한 수검자들의 뇌에서 1년이라는 짧은 기간 동안 발생하는 이 변화를 포착할 수 있었다. 건강한 노령자들의 뇌가 축소되었다면, 헨리의 뇌에서는 자연 노화만으로도 어떤 변화가 일어났을지 두말할 여지가 없다. 우리 실험실 연구에서도 복잡한 과제를 수행함에 있어 백질의 보전이 얼마나 중요한지가 드러났다.[3]

몇몇 과학적 의문은 남아 있다. 뇌 조직이 물리적으로 변화하는 것은 인지능력에 구체적으로 어떤 변화를 가져오며, 노년기에 일어나는 어떤 변화가 인지능력이 상실되는 원인이 되는가? 건강하게 노년기를 맞은 사람들조차 어느 정도는 인지능력이 쇠퇴한다. 가장 큰 타격을 입는 것은 작업기억(예를 들면 큰 액수의 저녁식사 요금을 14로 나누어 손님 한 명이 내야 할 액수를 암산하는 작업)과 장기기억(결혼식 때 만난 모든 사람의 이름과 인적 사항을 기억하는 일)이다. 기억과 인지제어 같은 모든 복잡한 뇌 기능은 뇌 속 특정 회로들 간의 상호작용으로 이루어진다. 최적의 기능을 위해서는 멀리 떨어진 회로들을 연결하는 뇌백질 신경로가 열린 상태에서 원활하게 돌아가야 하므로, 특정 부위의 백질에 손상이 생기면 그 부위에 의존하는 인지능력에 결함이 발생한다고 보는 것이 타당하다.[4]

나는 헨리와 꾸준히 연락을 유지하면서 요양병원 기록도 열람할 수 있었기 때문에 마지막 3년 동안 헨리가 겪은 기복에 대해 잘 알고 있었다. 2000년 무렵에 헨리는 이미 기력이 쇠하고 있었다. 혼자서 식사하는 것을 힘들어했고 심지어는 먹는 것 자체를 반기지 않았지만 체중은 계속 늘고 있었다. 발작은 거의 일어나지 않았지만 집중력 하락, 지시사항 처리 능력 쇠퇴, 지각혼동 증가 등 인지능력에 손상이 나타났다. 협응력과 체력이 약화된 것도 요양병원에서 나오기 어려운 요소로 작용했으며, 계속해서 넘어졌다. 사회생활 또한 내리막에 접어들어 그룹 활동에 불참하는 일이 잦아졌다. 짜증과 분노, 화장실 가는 일에 집착하는 것 등의 강박행동으로 인해 사람들하고 어울려 지내기가 힘들어졌다. 또한 안절부절못하고 사서 걱정하는 경향이 나타났는데, 헨리 스스로도 "늘 벼랑 끝에 서 있는 기분"이라고 말하곤 했다. 말을 할 때는 발음이 어눌해졌는데 아마 장기간 약물복용으로 인한 부작용일 것이다. 또 그는 노인용 의자에서 잠드는 일이 많았다. 때때로 산소 수치가 떨어져 콧구멍에 튜브를 꽂아 산소를 공급해야 했는데 그때마다 손으로 튜브를 뽑아버렸다. 한번은 그걸 자기 소변통에 꽂기도 했다.

2005년에는 대발작이 여러 번 일어났고 인지능력과 운동능력이 더욱 떨어져 이제 다른 사람의 도움 없이는 아무것도 할 수 없는 상태가 되었다. 이런 장애에도 그의 일상생활은 개선된 것으로 보였다. 일주일에 3회에서 5회 활동에 참가했고, 진료기록에는 "동료 환자들과 활발하게 어울린다"라고 적혀 있었다. 그는 여전히 빙고, 십자말풀이, 말놀이를 즐겼고 "유쾌하고 재미있는 사람, 같이 이야기하면 즐거운 사람"이라는 기록도 있다. 하지만 인지능력이 전반적으로 퇴화된 것으로 볼 때, 이 무렵 헨리는 치매증을 겪고 있었다고 말해도 틀리지 않을 것이다.

기억상실증과 치매는 어떻게 다른가? 순수한 기억상실증은 수술 후 헨리가 겪은 것처럼 다른 인지기능이 손실되지 않고 기억장애만 나타난다. 반면에 치매는 심각한 기억 손실과 더불어 언어, 문제해결, 산수, 공간능력 등 여러 인지 영역에서 장애를 겪는다. 치매증은 일반적인 노화로 인해 나타나는 변화를 크게 넘어선다. 2005년에 이르면 헨리는 기억상실증에 일반적인 노화가 더해진 상태에서 기억상실증에 치매가 추가된 상태로 넘어갔다. 우리는 헨리의 MRI를 분석하여 이 변화의 신경 기반을 찾아냈다.

2002년부터 2004년 사이에 우리는 영상 분석을 통해 헨리의 뇌가 노화되는 과정을 좀 더 완전하게 볼 수 있었고, 이 데이터는 우리가 오랫동안 쌓아온 방대한 임상적 관찰을 보완했다. 헨리의 뇌는 수술로 인한 손상에 노령에 따른 변화와 새로 발생한 이상까지 뒤섞여 있는 상태였다. MRI 스캔으로 회백질과 백질 부위에서 소뇌졸중(일시적 마비나 발음장애, 투통, 시야장애 등의 일과성 허혈발작이 24시간 이상 지속되나 48~72시간 내 정상으로 회복되는 뇌졸중 — 옮긴이) 병변이 발견되었는데, 이는 수술과는 관련이 없으며 노령으로 인한 변화다. 아마 혈압 때문에 일어난 노인성 백질 질환일 것이다. 혈액 및 산소 결핍으로 죽은 뇌 조직 부위는 고혈압이 야기한 것으로 보이는 뇌질환 부위 안에 있었다. 또 감각 활동과 운동 활동을 통합하는 영역인 시상과 전두엽 아래 운동영역인 조가비핵 같은 피질하 회백질 구조에서도 소뇌졸중 병변을 발견했다. 이러한 뇌졸중 병변이 누적되어 치매를 야기한 것으로 보인다. 우리는 피질하 구조와 치매의 연관성을 심층적으로 규명하기 위해 헨리의 피질 두께와 대조군 수검자들의 피질 두께를 비교했다. 헨리의 피질이 같은 연령대 건강한 수검자의 피질보다 훨씬 더 얇았다. 이는 건강한 노인의 뇌에서 보편적으로 볼 수 있는 일부 영역에만 집중된 현상이 아니라 피질 전체에 두루 퍼져 있는 현상이었다.[5]

1992년과 1993년 스캔에서는 이런 변화가 대부분 보이지 않았는데, 이는 이 병변들이 최근에 발생했음을 시사한다. 우리는 건강한 노인들의 MRI를 분석해서 그들의 인지능력이 온전한 백질 신경로와 밀접한 연관이 있음을 파악했다. 즉 백질이 가장 잘 보존된 수검자의 기억 테스트 점수가 가장 높았다. 우리 실험실은 이 점을 염두에 두고 백질의 신호체계 상태에 초점을 맞추었다. 헨리의 백질은 전체적으로 손상되어 있었는데 정상적인 노화보다 훨씬 광범위하고 심각했다. 확산텐서자기공명영상DTI을 활용한 심층 분석은 백질 섬유 구조가 손상된 정도가 1953년 수술로 인해 손상된 것 이상으로 확대되었으며 기능도 어느 정도 상실되었다고 추정되었다.

우리는 헨리 사후 뇌 부검 MRI 영상으로 백질을 검사할 예정이다. 신기술인 뇌신경섬유영상tractography으로 신경섬유다발에서 구체적인 백질 손상 부위를 찾아낼 수 있을 것이다. 우리는 이 분석 결과를 뇌 부검 시 실제 백질 경로를 검사한 결과와 해부학적으로 비교할 것이다. 신경섬유다발에 발생한 손상의 특징을 토대로 헨리의 수술과 관련 있는 백질 경로와 뇌졸중과 관련 있는 경로를 구분할 수 있을 것이다. 신경병리학적 뇌 조직 정밀검사로 헨리가 겪은 치매증의 종류를 확실하게 알아낼 수 있을 것이다. 헨리의 뇌에 대해 풀리지 않은 많은 의문이 현미경 분석을 기다리고 있다.[6]

1980년대에 나는 알츠하이머병을 연구하면서 뇌 기증의 중요성을 느꼈다. 이 병의 확진은 부검을 통해서만 가능하다. 헨리가 쇠약해지기 시작했을 때 나는 헨리가 죽은 뒤 그의 뇌를 연구하기 위한 조처를 강구했다. 뇌 영상술로도 많은 것을 밝혀낼 수 있었지만, 남아 있는 조직의 상태를 알아내기 위한 결정적인 방법은 물리적인 현미경 검사밖에 없었다. 그래야만 수술 때 제거된 회백질과 백질이 어디였는지, 남은 것은 어디였는지를 확실하게 알 수 있다. 그뿐 아니라 노화로 인해 발생한 이상과 질환도 기록으로 남길 수 있다. 나는 헨리와 그의 법

정대리인 M 씨에게 사후 뇌 부검의 중요성을 설명하고, 사후에 매사추세츠 종합병원과 MIT에 뇌를 기증해주겠냐고 물었다. 그들은 1992년에 뇌 부검 허가서에 서명했다.

2002년 나는 헨리가 죽었을 때 해야 할 일의 세부 사항을 단계별로 논의하기 위해 첫 회의를 소집했다. 나는 뭔가 특별한 것을 해낼 수 있으리라는 희망으로 신경과학 내 다양한 분야에 있는 동료들을 선정했다. 헨리는 이미 전 세계 기억 연구에 기여한 바가 크지만, 나는 최첨단의 영상, 보존, 분석 기술을 적용하여 헨리의 뇌에 관해 알아낸 정보를 널리 알림으로써 이 연구를 확대하고 싶었다. 이 연구팀은 매사추세츠 종합병원, UCLA 그리고 MIT 우리 실험실 소속의 신경과 의사, 신경병리학자, 방사능 연구자, 시스템신경과학자로 구성했다. 우리는 7년에 걸친 논의를 통해 몇 가지 핵심 과제와 수행 순서를 결정했다.

우리는 헨리가 사망하는 즉시 뇌를 적출하여 조직이 부패하기 전에 처리하는 작업이 무엇보다 중요하다고 판단했다. 이 목표를 위해 우리는 빅포드 요양병원과 협력하여 계획을 세웠다. 간호사나 의사가 사망 선고를 하고 사망 시각을 기록하면 헨리의 뇌를 크라요팩사의 냉동팩에 보존하고 시신은 부검 전 MRI 스캔을 위해 영결식장에서 바로 매사추세츠 종합병원 마티노스센터로 이송한다. 또 우리는 모든 연구자에게 헨리의 시신이 이송 중임을 알리기 위한 긴급연락망을 짰다. 시신이 센터에 도착하는 즉시 수송침대에서 소형 비자성非磁性 침대로 옮겨서 스캐너로 직행한다. 이 과정 내내 조직과 체액 취급 시 요구되는 안전수칙을 준수해야 한다. (뇌가 머리 안에 있는 상태에서 촬영하는)

현장 스캔을 마친 뒤 헨리의 시신을 매사추세츠 종합병원 시체안치소로 이송하면 신경병리학자 매튜 프로시가 헨리의 뇌를 두개골에서 분리해낸다. 신경병리학과의 사진사가 그 자리에서 최초로 헨리의 실물 뇌 사진을 촬영한 다음 시신을 병리학과의 다른 구역으로 옮겨 전신 부검을 실시할 것이다. 방부 처리를 하기 위해 신경병리학자가 미리 방부 용액을 주문해두어 뇌가 도착하자마자 사용할 수 있게 할 것이다. 우리는 수차례 논의 끝에 헨리의 뇌를 10주 보존한 후에 다시 스캔하기로 결정했다. 논의를 거쳐 스캐너는 3테슬라짜리와 7테슬라짜리를 모두 사용하기로 했다. 다른 뇌를 부검할 때 시범 스캔을 실시한 결과, 이 절차로 헨리의 뇌가 손상되지 않으리라는 것을 확인했다.

우리는 보스턴에서 캘리포니아주 샌디에이고로 헨리의 뇌를 이송할 수단도 정했다. 샌디에이고에서는 젤라틴을 입혀 뇌를 냉동한 뒤 현미경 분석을 위해 아주 얇게 박절하는 절차가 이루어질 것이다. 이것으로 세계에서 가장 유명한 뇌의 뉴런 실물을 직접 볼 준비가 완료된다. 해부학과 병리학 전문가들이 내측두엽 절편을 염색하고 검사하여 우리가 수십 년 동안 오매불망 기다려오던 해답을 하나하나 내놓는 순간이 이 모든 수고에 대한 크나큰 보상이 될 것이다.

헨리의 말년에 우리 목표는 헨리의 뇌에서 발견된 이상과 그의 임상 질환의 관계를 규명하는 것이었다. 이러한 해부학적 변화가 정신 기능 저하의 원인이 될 수 있을까? 나는 연례 방문 때 몇 가지 인지검사를 실시했는데, 그때마다 매사추세츠 종합병원 신경과의 동료도 동행하여 신경기능을 함께 검사했다. 이 연례검사는 노인성 뇌 이상으로 인한 인지기능 위축과 다량의 향정신성약물 복용으로 인한 독성 부작용이 동시에 나타나는 양상을 명확하게 보여주었다. 탈수증 또한 정신기능 약화에 한몫했을 수 있다. 나는 헨리가 물을 얼마나 마셨는지, 또 약물 부작용 같은 다른 요인들이 그의 탈수증에 어느 정도로 영향을 미쳤는지는 알지 못했지만, 평소 허기와 갈증을 언급하지 않는 그의 특성으로 볼 때, 헨리가 물을 달라고 요구하지는 않았을 것 같다. 헨리 생전의 진료기록만 가지고는 치매 원인을 단언하기 어렵다. 알츠하이머병이었을 수도 있고 아니면 혈관치매였을 수도 있고 아니면 여러 이상이 복합적으로 작용한 것일 수도 있다.

헨리가 일흔아홉 살이던 2005년 6월에 나는 MIT 임상연구센터에서 검사를 자주 맡아서 헨리와 잘 알고 지내던 신경학자를 데리고 헨리를 방문했다. 방문 당시 헨리는 혈압이 높고 체중은 99킬로그램이 나갔다. 발음이 어눌해 알아듣기 어려웠지만 다섯 개 물건 중 네 개의 이름을 맞혔고('청진기'를 못 맞혔다), 다섯 개 명령('인사하시오' 등)을 모두 이행했고, 몸짓을 흉내 낼 수 있었다. 근력이 떨어졌는데, 특히 다리가 많이 약해졌다. 최근 몇 해 동안 침대에 누워 지내거나 휠체어에 의존했던 것을 생각하면 놀라운 결과는 아니다.

신경학자가 검사를 마친 뒤 나는 헨리의 휠체어 옆에 서서 몇 가지 인지검사를 실시했다. 헨리의 숫자폭(즉시기억폭)은 변하지 않아 다섯 숫자를 바로 반복할 수 있어서 고무적이었다. 내가 "7, 5, 8, 3, 6"이라고 말하면 헨리는 "7, 5, 8, 3, 6"이라고 바로 응답했다. 헨리의 수행 점수는 컨디션이 호조일 때는 여전히 집중하고 지시에 따르고 적절하게 응답할 수 있음을 보여주었다.

나는 이 양호한 성적에 용기를 얻어 단어 정의 과제를 냈다. 일부 정의는 구체적이었는데, 뇌 손상 환자들에게서 흔히 나타나는 특징이다. 내가 '겨울winter'의 의미를 물으니 헨리는 "춥다cold"라고 답했고, '아침식사breakfast'에 대해서는 "식사eating"라고 답했다. 하지만 일부 단어에는 훌륭한 정의를 제시하여 '먹어치우다consume'에는 "먹다eat", '종결terminate'에는 "끝end", '개시하다commence'는 "시작하다start"라고 정의했다.

다음으로 사물의 선 그림을 제시하여 이름을 말하는 능력을 평가했다. 이 과제는 보통 알츠하이머병의 진행 양상을 추적하는 데 쓰이는데, 우리는 이 과제로 헨리의 의미지식(단어의 의미)을 측정했다. 헨리는 42개 그림 중에서 절반 이상을 맞혔지만, 이 점수는 건강한 대조군의 점수보다 크게 떨어졌다. 일부 항목은 아슬아슬했다. '테니스 라켓' 그림에 헨리는 "테니스를 할 때 쓴다"라고 답했고, '터보건 썰매'에는 "봅슬레이"라고 답했다. 무슨 그림인지는 분명히 아는데 정확한 명칭은 떠올리지 못한 것이다. 이 저조한 점수에는 분명 피로가 영향을 미쳤다. 도중에 꾸벅꾸벅 졸기까지 했으니 말이다. 그럼에도 헨리의 뇌가 어느 정도 의미지식을 잃은 것은 분명했다.

헨리가 겪는 무기력증은 확실히 어느 정도는 약물복용으로 인한 결과다. 헨리가 받은 처방약은 자낙스(신경안정제 알프라졸람의 상품명 ─ 옮긴이), 세로켈(항우울제 푸마르산쿠에티아핀의 상품명 ─ 옮긴이), 트라조돈(항우울제)인데, 담당의 소견란에는 흥분, 불안, 장과 방광에 대한 강박, 우울증에 대한 처방이라고 적혀 있었다. 표면적으로는 정신 증상으로 보이는 이들 증상은 기억상실증 증상이 아니라 진행성 치매 그리고 당시에는 진단되지 않은 대장암과 연관된 증상이었다. 이 시기 헨리는 슬프게도 휠체어 탄 약국 신세였다.

2006년에 이르면서 헨리는 급격하게 쇠약해졌다. 신경과 의사는 헨리의 상태가 한 해 전과 비교해 크게 달라졌다고 판단했다. 한 해 전에는 높던 혈압이 이제는 낮아졌고, 다섯 동작 중 세 가지 밖에 하지 못하는 기면 상태에다가 팔의 움직임도 아주 제한적이었다. 손과 다리 근력은 한층 더 떨어졌다. 우리는 이렇게 쇠약해진 원인이 새로 발병한 소뇌졸중, 뇌변성, 뇌의 혈액 공급에 영향을 미치는 심장병, 진정제 효과 혹은 이 모든 요인이 복합적으로 작용한 결과일 것이라고 추측했다. 그 신경의는 헨리의 빅포드 요양병원 주치의에게 자낙스, 세로켈, 트라조돈 처방을 재고해달라고 권고했다. 헨리는 24시간 간호가 필요했고, 종일 침대에 누워 있거나 일반 휠체어보다 편안하고 뒤로 확 젖힐 수 있는 노인용 의자에서 지내야 했다. 식사는 혼자 힘으로 할 때도 있었지만 대부분은 직원이 도와주어야 했다. 때때로 그룹 활동에 참여했는데 특히 빙고 게임과 환자들이 다 같이 모여 체조하는 커피 휴식시간을 좋아했다. 하지만 주의를 기울일 수는 있어도 쉽게 지쳤다.

2007년에는 무기력과 지각혼동이 심해졌다. 우리가 검사를 실시한 세 시간 동안 완전히 집중하여 활발하게 응답하는 상태에서 이따금 눈이 스르르 감기는 상태를 오락가락했다. 이야기할 때는 상대방 눈을 보면서 사람 좋은 미소를 지었다. 휠체어를 타고 검사실로 들어올 때는 흥미롭다는 듯한 눈빛으로 손님 네 사람을 둘러보면서 한 사람 한 사람에게 웃어주었다. 우리가 오늘은 컨디션이 어떠냐고 묻자 오른쪽 무릎이 아프다고 말했다. 헨리가 아픈 이야기를 거의 하지 않는다는 것을 아는 우리는 이렇게 호소할 정도면 통증이 극심한 상태인 것이 분명하다고 보았다. 신체검사에서 무릎이 부어오르고 약간 열이 나는 상태가 확인되어 신경의가 이부프로펜(비스테로이드성 소염제)을 처방하고 헨리에게는 탈수를 막기 위해 수분 섭취량을 늘리라고 권고했다. 의사가 헨리의 손등을 살짝 집었더니 살이 집힌 대로 있는 것이 확연한 탈수 증상이었는데, 수분이 충분하다면 바로 원상으로 돌아갔을 것이다. 진정제도 여전히 과다 투약 상태여서 신경의가 약물 여러 종의 복용량을 줄이라고 권고했다.

이 시기 헨리의 언어는 유창하지만 제한적이어서 몇 단어로 끝나는 쉬운 단문을 사용했다. 간단한 문장 읽기와 반복하기, 일상적 사물 이름 말하기는 할 수 있었다. 우리가 20까지 세보라고 했을 때는 11까지 세고 멈췄다. 10에서 거꾸로 세기나 알파벳 말하기는 할 수 없었다. 내 이름을 즉각 기억하지는 못했지만 "내 이름은 수잰입니다. 내 성을 기억합니까?" 하고 묻자 "코킨입니다" 하고 답했다. 내가 다시 물었다. "내가 하는 일이 무엇입니까?" 헨리는 "여의사입니다" 하고 답했다. 치매를 비롯해 숱한 병에 시달리는 중에도 유머 감각을 잃지 않은 헨리를 보면서 가슴이 뭉클했다. "이제 일은 안 하십니까?" 하는 질문에 헨리는 이렇게 응수했다. "안 하죠. 이거 하나는 내가 확실하게 안다는 거 아닙니까."

2007년의 희소식이라면 간질이 안정되었다는 사실이다. 빅포드 직원들이 이제 대발작은 없다고 보고했다. 헨리는 여전히 상냥하고 유쾌하고 이야기하기를 좋아했지만, 그룹 활동에서는 옆에서 부추기지 않으면 잠들고 마는 수동적인 참여자였다. 종종 휴게실에 나와 음악을 들었고 방에서는 텔레비전을 보았다.

　내가 살아 있는 헨리를 마지막으로 본 것은 2008년 9월 16일, 연례 빅포드 방문 때였다. 예전과 마찬가지로 신경학자 한 명이 동행하여 헨리의 상태를 기록했다. 우리가 방문하기 전에 빅포드 주치의에게서 헨리가 지난해에 급격히 쇠약해졌고 발작 활동이 많아졌다는 보고를 받았다. 헨리는 이제 여든두 살이 되었고 여전히 침대와 노인용의자에 갇혀 지냈다. 식사는 혼자서 하지 못하고 음식을 씹고 삼키는 것도 어려운 상태였다. 의사소통은 말보다는 주로 몸짓으로 했다. 우리가 갔을 때는 졸린 상태였지만 깨우면 일어났다. 사실상 말을 못하는 상태였지만 우리와 만났을 때는 한두 마디를 시도했다. 빅포드 직원들은 헨리에게 정이 많이 들어 헨리가 급격히 쇠약해지는 모습에 슬퍼했다. 나도 한마음으로 슬퍼했다.

　몬트리올 신경학연구소에서 헨리와 내가 처음 만난 지도 46년이 흘렀다. 이 세월 동안 내 인생에는 늘 헨리가 있었다. 우리는 이 수십 년 동안 서로 늙어가는 모습을 지켜보았다. 헨리가 그 사실을 기억하지 못했을 뿐이다. 나는 그의 미소와 상냥함에 정들었고, 헨리가 좋아하는 문구나 옛 추억은 하도 많이 들어서 글귀 하나 틀리지 않고 그대로 읊는 경지가 되었다. 실험실 사람들도 헨리를 만나고 알아오면서 나와 같은 마음으로 감동받곤 했다. 헨리는 우리 실험실 사람들의 삶에 공기처럼 스며든 하나의 문화였다. 어느 정도인가 하면 자기도 모르게 헨리표 표현이 나오는 것이다. 가령 내가 한 동료에게 몇 월 며칠 세미나에 참석할 것인가 물으면 이렇게 답하는 것이다. "음, 지금 나하고 논쟁하는 중입니다…. 갈 것인가, 실험실에 남을 것인가."

기억이 우리에게 주는 한 가지 큰 선물은 서로를 깊이 알아가는 능력이다. 함께하는 경험과 대화를 통해 속 깊은 관계를 맺을 수 있다. 기억하는 능력이 없다면 이런 관계가 성장하는 것도 지켜볼 수 없다. 헨리는 살면서 많은 사람을 사귀었지만 관계의 진정한 깊이를 느낄 수 없었다. 그는 어떤 사람하고도 속 깊게 알아나갈 수 없었으며, 슬프게도 그를 아는 모든 사람 그리고 이 세계가 그에게 지워지지 않을 감동을 받았다는 사실도 알 길이 없었다.

나는 마지막 방문 때 헨리 곁에 서서 말했다. "안녕하세요, 헨리. 수잰 왔어요. 이스트하트퍼드 동창생, 수잰이요." 그는 내 쪽을 보면서 살며시 웃었다. 나도 웃음으로 인사했다. 그는 두 달 반 뒤에 죽었다.

13

헨리의 유산

2008년 12월 2일 오후 5시 30분 직전에 빅포드 요양병원 원장에게서 온 전화를 받았다. 헨리가 몇 분 전 세상을 떠났다고 했다. 막 퇴근해서 아직 차에 앉은 채로 이 소식을 들었다. 헨리… 그토록 오랜 세월 내 삶의 일부였던 그 상냥한 사람이 이제 떠나고 없다. 그러나 그 순간에는 애도하고 있을 겨를이 없었다. 몸은 죽었다 해도 헨리는 여전히 우리의 소중한 연구 참여자였다. 지난 7년 동안 준비해온 뇌 기증 사업을 가동해야 할 시간이었다. 세계에서 가장 유명한 뇌를 연구하고 영구 보존하는 작업에 착수할 단 한 번의 기회 말이다. 이 숙원 사업은 단 한 치의 오차를 허용하지 않을, 힘겨운 모험이 될 것이다. 이제 헨리의 뇌를 촬영하고 적출해야 한다. 길고 강렬한 밤이 우리를 기다리고 있었다.

헨리는 무수한 검사와 조사에 기꺼이 참여함으로써 일평생 과학에 이바지했다. 사후 뇌 연구는 이 오랜 헌신에 걸맞은 아름다운 결말이 될 것이다. 헨리는 거의 평생에 걸쳐 연구해온 환자를 죽은 뒤에도 조사할 수 있는 귀한 기회를 우리에게 주었다. MRI는 대단히 유용하지만 불완전하다. 헨리가 겪은 기억상실증의 본질을 진정으로 이해하기 위해서는 그의 뇌를 직접 보고 손상을 기록하는 것이 유일한 방법이었다. MRI 스캔으로는 병변을 추정할 뿐 결코 확실하게 규정할 수는 없었다. 이제 마침내 그 기억상실증의 해부학적 기반을 이해할 수있게 된 것이다.[1]

헨리 이전에는 특정 기능을 담당하는 부위를 밝히는 데 역사적 통찰을 제공한 환자의 뇌가 사후 연구되는 경우는 소수에 불과했다. 이들 연구에서 나온 정보는 유익하기는 했으나 제한적이었다. 헨리의 뇌 연구는 기억 분야가 발전하는 여정에 선구적 발자취를 남길 기회가 될 것이다. 헌신적인 우리 팀 연구자들이 치밀하게 준비한 절차에 따라 50년에 걸쳐 충실히 축적된 행동연구 데이터에 최첨단의 뇌 영상, 방부 처리, 분석 기법을 결합함으로써 한 사람의 뇌에서 알아낼 수 있는 모든 것을 철두철미하게 포착하게 될 것이다.

운전석에 앉은 채 헨리의 부고를 들은 나는 곧바로 UC샌디에이고의 젊은 연구자 야코포 아네스에게 전화했다. 야코포가 방부 처리와 심층 분석을 위해 매사추세츠 종합병원, MIT팀 그리고 나와 협력하여 헨리의 뇌를 샌디에이고로 이송하는 일을 책임진다. 그러기 위해서는 보스턴으로 가서 부검 자리를 지켜야 한다. 야코포는 소식을 듣자마자 보스턴행 심야 비행기편을 예약했다.

나는 가방을 들고 부랴부랴 숙소로 올라갔다. 우리는 헨리가 죽었을 때 연락해야 할 순서대로 연락망을 작성해두었다. 내 조수가 각자 지니고 다닐 수 있게끔 그 연락망을 손지갑 크기로 축소 복사해서 빳빳하게 코팅해주었고, 나는 그 복사본을 부엌 벽걸이 전화기 밑, 자동차, 사무실, 컴퓨터 모니터 세 대 위에 각각 하나씩 붙여두었다. 우선 부엌에 보관했던 연락망과 헨리의 부검 동의서를 챙겨 들고 식탁에 자리를 폈다.

먼저 뇌 적출을 맡은 매튜 프로시에게 전화했다. 매튜는 당시 하버드 의대 응시자 면접 중이어서 전화기가 꺼져 있었다. 나는 호출기로 면접이 끝나는 대로 전화해달라고, 무슨 일일지 맞혀보라고 문자를 보냈다. 그는 다음 날 부검에 필요한 모든 것을 준비해놓겠다고 했다. 뇌 기증 허가증은 내가 받아놓을 테니 염려 말라고 했다.

헨리와 후견인 M 씨가 1992년에 이미 뇌 부검 허가서에 서명했지만, 나는 헨리가 죽은 뒤에 M 씨에게 뇌 부검과 기증 동의를 받고 싶었다. 이 동의 절차에 증인이 필요해서 옆집으로 달려가 초인종을 계속 눌렀다. 마침내 이웃집 여자가 나왔다. "증인이 필요해요!" 다짜고짜 말하고는 간단히 사정을 설명했다. 이웃 여자는 망설임 없이 우리 집으로 따라와 식탁 옆에 서서 내가 집어든 전화기 옆으로 귀를 갖다댔다. 나는 무거운 마음으로 M 씨에게 전화를 걸어 헨리가 그날 오후에 세상을 떠났음을 알렸다. M 씨 아내의 휴대전화였는데 마침 10대 손녀와 함께 외식하는 자리였다. 이웃 여자가 경청하는 가운데 내가 M 씨에게 동의서를 한 구절씩 읽으면 M 씨가 복창했다. 그는 조건 없이 부검을 허락했고, 매사추세츠 종합병원이 "적출한 모든 조직과 장기"를 연구에 사용하거나 규정에 따라 폐기하는 데 동의했다. 나는 M 씨에게 고맙다고 인사한 뒤 그날 밤 뇌 스캔을 실시하고 오전에 시신을 안치소로 이송한다는 계획을 알렸다.

다음으로 나의 조수 베티안 매카이에게 전화했는데, 그녀는 헨리가 죽었다는 소식에 충격을 받았다. 헨리가 아프다는 것은 알고 있었지만 죽음이 그렇게 임박했다고는 느끼지 못했다고, 전에도 몇 차례나 고비를 넘기지 않았느냐고 했다. 나는 헨리의 뇌 스캔과 적출 절차를 처리해야 하니 우리 집에서 하루 자면서 손길이 절실한 우리 집 동물들을 좀 보살펴줄 수 있는지 물었다. 베티안은 집에 도착하자마자 그녀다운 털털한 태도로 우리 집 개와 고양이를 맡아주었지만, 사실은 슬픔이 밀려와 힘들었다고 나중에 털어놓았다. 베티안은 최근에 헨리의 간호사에게 크리스마스 선물로 무엇이 좋겠냐고 물어서 어린이 미술용품 세트를 주문해 포장해서 보내놓고는 헨리가 열어보고 놀라서 활짝 웃을 모습을 상상하고 있었다고 했다. 베티안은 다른 연구원들과 함께 방에 놓을 작은 트리를 들고 크리스마스 전에 헨리를 방문할 계획이었다. 베티는 헨리를 그렇게 잘 알지 못했고 헨리는 그녀를 기억하지 못했지만, 그럼에도 헨리를 우리 실험실 가족으로 느끼고 있었다.

전화기가 계속 울리는 가운데 우리 팀은 해군 보급창으로 쓰이던 빌딩 149에 위치한 매사추세츠 종합병원 마티노스센터에서 모이기로 했다. 세계적으로 유명한 이 영상의학센터가 우리 집에서 두 블록 거리에 있고, 내가 거기서 일할 수 있다는 것이 참으로 다행한 일이었다. 이 센터는 강력한 MRI 스캐너 아홉 대에 뇌의 구조와 활동을 촬영하는 영상에 쓰이는 각종 장비를 갖춘 곳으로, 살아 있는 사람의 뇌에서 정보를 얻어내는 신기술 개발에 앞장서고 있다.

5시 45분쯤 마티노스센터에서 스캐너 프로그래밍을 담당하는 생명의학공학자 안드레 반 더 코우이에게 헨리 소식이 전달되었다. 잠시 뒤 안드레는 나가려고 외투를 걸치던 우리 팀의 젊은 영상의학 연구원 앨리슨 스티븐스를 보았다.

"엄청난 일이 벌어졌는데 나가려고 하는 건가요?" 안드레가 물었다. 앨리슨은 영문을 모르는 표정이었다. 어쩐 일인지 앨리슨에게는 아직 소식이 전해지지 않은 터였다.

"H. M.이 돌아가셨어요." 안드레가 말했다.

"뭐라고요?" 앨리슨이 외쳤다. "연락망은 어떻게 된 거죠?"

앨리슨은 당황해서 다른 팀원들의 연락처를 훑었다. 그러고는 과거에 헨리의 뇌를 스캔했던 영상의학 연구원들에게 단문 메시지를 보냈다. "H. M.이 돌아가셨습니다." 앨리슨은 내가 신임하던 한 대학원생에게 전화를 걸었는데, 그 대학원생은 헨리의 시신이 이송 중이며 8시 30분경 도착할 것이라며 시신에서 체액이 흘러나올 경우를 대비해서 스캐너 침대에 방수시트를 씌워놔야 한다고 말했다. 우리 중에는 시신 스캔 경험이 있는 사람이 없어 모든 만일의 사태에 대비해두고자 했다.

내가 마티노스센터에 도착한 것은 8시쯤이었는데, 영상팀이 막 저녁식사를 마치고 헨리의 뇌 스캔 작업을 위해 밤샐 준비를 마친 참이었다. 코네티컷주에서 출발한 헨리의 시신이 곧이어 도착할 것이다. 나는 미리 운전기사에게 가까이 오면 전화를 해달라고 당부해두었다. 하지만 이 건물 안에서는 휴대전화를 받을 수 없다는 것을 깨닫고는 밖으로 나가 발목까지 덮는 오리털 코트에 모자와 벙어리장갑까지 착용하고서 중무장을 한 채 차디찬 보스턴 공기 속에서 헨리의 관을 기다렸다. 8시 30분쯤 어둠 속에서 조심스럽게 모퉁이를 도는 차량이 보였다. 나는 차량을 향해 두 팔을 머리 위로 흔들며 달렸다.

"여기예요. 내가 수잰 코킨입니다!"

나는 기사가 매사추세츠 종합병원 경관이 기다리고 있는 빌딩 149의 경사로로 들어갈 수 있도록 길을 안내했다. 동료들이 황급히 나와 기사가 수송침대 미는 것을 거들었다. 관이 열렸고 조각누비 덮개로 머리와 발을 덮어놓은 헨리의 모습이 보였다. 어딘지 촌스러운 감각에 나는 오히려 마음이 편안해졌다.

다행히 건물이 비어 있는 시간이어서 시신이 중앙 마당으로 들어오는 장면을 보고 놀란 사람은 없을 듯했다. 마티노스센터의 운영을 맡은 공학자 메리 폴리가 경비과에 이미 헨리의 시신 이송 허가를 받아놓았다. 메리와 래리 화이트는 몇 해 전 헨리를 스캔했던 영상팀원인데, 강력한 3테슬라 스캐너를 갖춘 베이4 건물에 있는 여러 칸짜리 방에서 대기 중이었다. 이 방에서 헨리의 뇌를 밤새워 스캔하게 될 것이다.

원통형 스캐너는 원통과 침대로 구성된다. 스캔실 밖에는 대기실이 있어 공학자들과 연구원들이 창을 통해 지켜보면서 제어용 컴퓨터로 스캐너를 조작한다. 우선 스캔실에 입장하기 전에 시신을 비자성 침대로 옮겨야 했다. 스캐너의 자력이 막강해서 웬만한 금속재 물체는 거뜬히 안으로 끌려 들어가기 때문이다. 헨리의 큰 몸집을 스캐너 침대로 옮기는 일은 특별히 힘센 사람 대여섯 명이 맡기로 했다.

누비 덮개 속으로 검은 시신 자루가 있고 그 안에 다시 투명 자루가 있는데 그 속에 헨리의 시신이 놓여 있었다. 머리에서 몸통까지 드러나도록 자루의 지퍼를 열었다. 뇌 조직을 방부 처리하기 위해 빅포드 요양병원에서 미리 머리 주위에 감싸두었던 냉동팩을 빼냈다. 그 방 안에 있던 동료 몇 사람에게는 이것이 그 유명한 H. M.과의 첫 만남이었다. 평생 헨리를 알고 지냈던 데이비드 살라트는 처음 보는 뻣뻣한 헨리의 얼굴에 충격을 받았다. 모두가 겉으로는 차분하고 침착했으나 속으로는 긴장으로 신경이 곤두서 있었다. 이것이 신경과학 연대기를 장식할 역사적 사건의 한복판이며 주어진 기회는 단 한 번뿐임을 너무나 잘 알았기 때문이다.

우리는 애틋한 심정으로 헨리의 시신을 살포시 들것으로 옮겼다. 헨리는 병마에 시달리느라 체중이 줄어 우리가 예상했던 것보다 수월하게 들렸다. 이제 헨리를 스캔실 안으로 밀고 들어가 침대로 옮겼다. 메리가 단추를 누르자 침대가 마그넷 보어(스캐너의 안의 원통) 속으로 스르르 빨려 들어갔다.

헨리 생전에도 뇌 스캔을 많이 했지만 죽은 뒤에 MRI 영상을 확보하는 것은 중요한 일이었다. 먼저 (뇌가 아직 두개골 안에 있는 상태로) 즉석에서in situ, 다음으로 (주문 제작한 시험관 안에 넣은 부검한 뇌를) 검체로 ex vivo 촬영하는 것이다. 사후 스캔에는 몇 가지 장점이 있다. 살아 있는 사람의 뇌를 스캔할 때는 조금만 움직여도 화질이 떨어지기 때문에 누워서 꼼짝도 하지 말라고 지시한다. 그러나 아무리 협조적인 수검자라도 (호흡과 맥박, 그 밖의 미미한 움직임 등) 자연스러운 움직임이 일어날 때마다 연구자가 바로잡아줘야 한다. 이제 헨리의 경우에는 그런 움직임으로 인한 방해가 없어 아주 깨끗한 이미지를 얻을 수 있을 것이다. 살아 있는 사람을 스캔하려면 수검자가 과정 자체를 견디기 힘들어하는 까닭에 역시 제약이 많다. 마그넷 보어 안에 갇혀 있다 보면 밀실 공포를 느끼거나 좀이 쑤실 수 있다. 아무리 느긋한 수검자라도 스캐너 안에서 버틸 수 있는 시간은 기껏해야 두 시간이다. 그날 밤은 어떤 방해도 없이 헨리를 아홉 시간 내리 스캔하여 어마어마한 분량의 원본 데이터를 수집할 수 있는 기회였다.

생명의학 영상술의 궁극적 목표는 의사와 연구자에게 치료 대상이자 연구 대상인 신체 구조물의 세부 사진을 제공하는 것이다. 인체는 경계선과 표지판이 명확하게 표시된 지도가 아니다. 그렇기는커녕 각기 다른 조직이나 세포형을 구분하는 것조차 어려운 경우가 많다. 그것을 MRI가 가능하게 해주는 것이다. 수검자가 MRI 스캐너 안에 들어가면 강력한 자기장에 노출되어 체내 수소핵이 자장의 방향을 따라 나란히 회전[스핀]한다. MRI 기사가 고주파 펄스를 자장 속에 분사하면 스핀이 순간적으로 자장에서 벗어나 방향을 바꾼다. 그랬다가 고주파 펄스를 끊으면 수소핵들이 원래 상태로 돌아가면서 약한 신호[전자파]를 방출하는데, 자기추적 코일장치가 이 신호를 검출해 수소핵의 위치를 추정하여 이미지를 만들어낸다. 자장의 세기를 높이면 수소핵의 회전을 조작해서 영상의 공간 정보를 재구성하고 명암을 조정한다. 이 고주파 펄스와 자장 펄스의 배열을 자기공명MR 시퀀스라고 부른다. 자기공명 시퀀스에는 독특한 소리가 있는데 수검자가 자장 안에서 듣는 그 소리다. 이들 시퀀스가 특징적인 조직대조도를 보여주는 영상을 생성한다. 전형적인 뇌 영상은 회백질, 백질, 뇌척수액, 뇌 구조물들 간의 경계선 등 뇌 조직에 있는 다양한 성분을 조명하는 자기공명 시퀀스로 이루어진다.

우리에게 떠오른 의문은, 헨리의 뇌 영상을 생성할 때 사용할 고주파 펄스 시퀀스와 자력 변화율이 살아 있을 때 사용하던 것과 달라야 하는가였다. 한 달 전 나는 이 사후 연구에 일부 기금을 지원한 데이나 재단과의 연례조찬 때 헨리 사례를 요약 발표했다. 발표 말미에 나는 뇌 부검 MRI 촬영을 해본 사람이 있으면 어떤 시퀀스를 사용했는지 알려달라고 요청했다. 한 동료가 수전 레스닉이라는 사람에게 연락해보라고 하면서, 볼티모어 노화종단연구 프로젝트의 일부로 시신의 뇌 스캔 작업을 해온 연구자라고 했다. 스캔을 시작하기 전에 수전에게 전화했더니 생체나 검체나 동일한 시퀀스를 사용했다고 알려주었다. 그러면 표준 임상 스캔으로 유용한 데이터를 수집한 뒤 좀더 실험적인 연구에 임할 수 있을 것이다.

우리 MRI팀은 살아 있는 환자에게 하는 표준 스캔을 완료한 다음 밀리미터 수준에서 수백 마이크로미터 수준으로 점차 해상도를 높여가며 헨리의 실제 뇌 스캔을 진행하여 방대한 분량의 뇌세포 영상을 수집했다. 이미지가 드러나는 순간 안드레는 유례없이 선명한 뇌 구조물들의 경계선을 바라보며 감탄을 금치 못했다. 최고 해상도에서는 죽음의 적막 속에 미동도 하지 않는 미세한 뇌혈관의 벽까지 한눈에 보였다. 헨리의 뇌 왼쪽과 오른쪽에 있는 크게 벌어진 구멍까지 또렷이 보였다. 병변이 있던 자리였다.

동료들이 MRI 분석 데이터를 모으는 동안 나는 다른 시급한 사안들을 점검했다. 인근 찰스턴에 있는 한 장례업체가 이곳 빌딩149에서 보스턴의 매사추세츠 종합병원 영안실까지 짧은 거리 운구를 맡아주기로 했다. 그곳에서 뇌 적출 절차가 진행될 것이다. 그런데 장례업체가 서명된 사망증명서 없이는 운구할 수 없다면서 막판에 난색을 표했다. 요양병원에서 서둘러 시신을 보내다가 미처 서명을 하지 못한 것이다. 우리는 부검이 지연되었다가 뇌가 물러져 적출과 보존에 어려움이 생기지 않을까 걱정되었다. 이러다 우리가 수송침대로 병원 본관까지 운구하게 생겼다는 농담 아닌 농담도 나왔다. 그러다가 노스엔드에서 장례식장을 본 것이 생각났다. 전화를 해봤더니 늦은 시각이었지만 남자기 전화를 받았다. 나는 최대한 사무적인 목소리로 찰스타운 해군공창에서 매사추세츠 종합병원 영안실까지 운구할 차량이 필요하다고 말했다. 그는 사장과 이야기해보고 전화해주겠다고 했다. 몇 분 뒤 사장이 전화해서 아침 일찍 영구차를 한 대 보내주겠다고 했다.

동틀 녘까지 총 11기가의 뇌 영상이 만들어졌다. 살아 있는 수검자의 MRI 스캔으로 나오는 영상은 보통 몇백 메가 수준으로 CD 한 장이면 넉넉하다. 우리가 밤새워 헨리의 뇌 스캔에서 모은 이 분량이라면 CD가 열여섯 장은 있어야 한다. 아홉 시간을 쉴 새 없이 돌리는 동안 (걸핏하면 기계 이상이 생기는 이 까다로운) 스캐너가 버텨준 것만으로도 감사할 노릇이었다. 결국 바로 몇 시간 뒤에 망가져버렸다.

오전 6시 이전, 연구자 수백 명이 들어오기 전에 헨리의 시신을 건물에서 내보내야 했다. 5시 30분에 영구차가 도착했고, 6시에는 헨리의 시신을 단단히 고정한 수송침대를 밀고 뒷문으로 나가 경사로로 해서 영구차가 있는 곳까지 갔다. 영구차가 매사추세츠 종합병원 영안실을 향해 출발하자 나는 당시 터프츠 대학교 의과생이던 전 실험실 연구원과 동승하여 내 차로 움직였다. 우리는 서부 해안에서 출발해

도착해 있을 야코포를 데리러 서둘러 로건 공항으로 향했다. 야코포는 비행기에서 헨리에 관한 세미나 논문 몇 편을 다시 읽으면서 대학원생 시절에 가르쳤던 부검 절차를 머릿속으로 시연해보았다고 했다. 그러면서 부검 결과물을 어떻게 보존할 것인지, 어떻게 대형 유리 슬라이드와 디지털 이미지로 구성해 헨리의 뇌 전체를 보여줄 해부학 자료로 만들 것인지, 또 이를 어떻게 전파할 것인지에 대한 세부적인 계획을 설명했다.

로건 공항에서 돌아오는 도중에 스타벅스에 들러 에스프레소로 정신을 깨운 뒤 매사추세츠 종합병원 매튜 프로시의 방으로 향했다. 이 부검은 우리 모두에게 잊지 못할 학습 경험이 될 것이다. 헨리의 시신은 병원 내에 있는 워런 빌딩 지하 대형 냉동고에 안치되어 있었다. 우리는 매튜에게 안드레가 전날 밤에 획득한 아름답도록 선명한 이미지 몇 장과 CD를 건네주었다. 매튜는 이 이미지들을 지표 삼아 적출 절차를 진행했다. 매튜는 헨리의 수술 부위 상태가 어떨지 모르겠다고 우려했다. 흉터로 인해 뇌가 그 표층인 뇌경질막, 즉 뇌와 두개골 사이에 있는 두껍고 튼튼한 막에 달라붙었을 경우 뇌를 깔끔하게 떼어내기가 어렵다는 이야기였다. 수술 부위의 조직을 조금이라도 유실할 경우, 헨리의 뇌에서 얼마만큼의 조직이 상실되었다는 결정적인 근거를 놓칠 수도 있다. 다행히 매튜가 스캔 이미지를 살펴 수술 부위의 뇌와 뇌경질막 사이에 있는 척수량이 충분히 남아 있는 것을 확인했다. 그는 스캔 이미지 몇 장을 인쇄해 부검실에서 하나의 지표로 참조했다.

워런 빌딩 지하층에서 수석 임상병리사가 헨리를 부검실로 밀고 들어갔다. 매튜와 야코포와 의과생이 합류했고, 부검 과정을 기록할 임상병리과의 사진사도 들어갔다. 나는 방해가 되지 않도록 바로 옆 방인 무균실에 있었다. 대형 유리창을 통해 섬세한 부검 절차를 지켜 볼 수 있는 곳이었다. 나는 최대한 잘 보이는 곳을 찾아 의자 위로 올 라갔다.

매튜는 먼저 헨리의 머리 상단을 이쪽 귀에서 저쪽 귀까지 얇게 갈랐다. 그런 다음 두피를 양쪽으로 뒤집자 두개골이 드러났다. 두개 골 앞쪽, 헨리의 눈썹 바로 위에 있는 능선 부분에서 스코빌이 몇십 년 전에 뚫었던 천공穿孔 두 개의 희미한 윤곽이 보였다. 천공이 잘 아물 어 있어서 그 둘레로 쉽게 절개할 수 있었다. 다음으로는 두개골 상단 을 잘라내야 하는데, 그 부위에 있는 뇌경질막이 특히 노령일수록 표 층과 밀착해 있는 경향이 있어 아주 까다로운 작업이 될 수 있다. 첫 단계로 임상병리사가 전기톱으로 머리둘레를 한 바퀴 고르게 잘랐는 데, 뼈에 깊이 들어가지는 못하고 칼집을 낸 정도였다. 이어서 고도로 숙련된 신경병리학자인 매튜가 뇌에 홈 하나 내지 않고 이 절단 공정 을 능숙하게 마무리했다. 그런 다음 끌로 두개골을 들췄는데, 부드럽 게 들려 나와 모두가 안도했다. 매튜는 이 집도 절차에 시종일관 자신 감 있게 임하는 것같이 보였는데, 다 끝나고 나서는 자기가 얼마나 진 땀을 흘리는지 보이지 않으려고 일부러 유리창을 등지고 있었다고 고 백했다.

매튜는 전두엽에서부터 뇌경질막을 뒤로 당겼다. 다음으로 시신 경을 절단해 뇌와 눈을 분리하면서 전두엽을 두개골에서 들어 올리고 경동맥을 잘라 뇌를 순환계와 분리했다. 이제 뇌가 헐거워져 좌우로 움직이게 되면서 수술 부위를 다른 각도에서 볼 수 있게 되었다. 매튜는 뇌경질막이 뇌에 붙어 있던 부분, 특히 오른쪽을 유심히 들여다보고는 새 메스를 들고서 이들 부위에 있는 뇌경질막을 조심스럽게 잘랐다. 그런 다음 뇌 뒤쪽에 붙어 있는 것들을 끊어내는데, 헨리의 소뇌가 다일란틴 투약으로 위축된 바람에 상당히 수월하게 끝났다. 매튜는 이제 손상된 데 없이 온전하게 잘라낸 뇌를 두개골에서 들어 올려 대형 금속 용기에 담았다.

부검이 진행되는 동안 나는 자리에서 나가 브렌다 밀너에게 전화를 했다. 밀너는 아흔의 고령에도 여전히 맥길에서 일하고 있었다. 헨리가 죽었다고 말했고, 뜻밖의 소식은 아니었기에 그녀도 차분하게 응했다. 나는 아직 다른 사람들에게 말하지 않았으면 좋겠다고, 부검이 완료되기 전에 세계가 헨리의 죽음을 알게 된다면 언론과 학계에서 날아들 전화며 이메일을 감당하기 힘들 것 같아서 그런다고 말했다. 뇌를 온전하게 적출했을 때 다시 밀너에게 전화해서 성공을 알렸다. 금속 용기 안에 안전하게 놓인 헨리의 소중한 뇌를 보는 것은 뇌리에서 잊히지 않을 내 인생의 가장 가슴 벅찬 경험이었다. 몇 년에 걸쳐 준비해온 이날의 계획을 흠잡을 데 없이 완벽하게 수행했다. 이 순간을 함께한 우리는 기쁨에 겨워 활짝 웃었다. 나는 두 팔을 머리 위로 번쩍 들어 올려 매튜에게 박수를 보냈다.

매튜는 양쪽 방향으로 문이 여닫히는 냉장칸을 통해 뇌를 무균실로 보냈다. 신경병리학과 전 인원이 무균실에 들어온 가운데 우리는 헨리의 뇌를 요모조모 살폈고 사진사가 수많은 각도에서 사진을 찍었다. 그런 다음 매튜는 뇌가 바닥에 가라앉아 상처 나지 않도록 용액 위에 떠 있을 수 있게 기저동맥 부근에 실을 동여매고 포르말린으로 가득 채운 양동이 손잡이에 단단히 묶었다. 이 용액은 연두부처럼 부드러운 뇌를 진흙같이 단단한 상태로 변화시킨다. 몇 시간이 경과한 뒤 뇌를 특수 폼알데하이드 용액으로 옮겨 넣었다. 매튜는 파라폼알데히드 농축액을 미리 가져다 저온실에 보관하여 이날 사용할 신선한 고정액을 만들어두었다.

매튜와 야코포에게 점심을 대접한 뒤 헨리의 죽음을 세상에 알리기로 했다. 전날 밤 스캔을 진행하는 동안 나는 통제실에 앉아 노트북으로 헨리의 부고문을 썼다. 처음으로 차분히 앉아 헨리의 죽음을 되돌아보는 시간이었다. 헨리가 기억 연구에 남긴 막대한 공헌을 간략하게나마 정리하는 시간이기도 했다. 나는 MIT 연구실로 돌아와 우리 학과 사람들, 헨리와 작업했던 전 실험실 연구원들, 〈뉴욕 타임스〉의 중견 의학기자 래리 알트만에게 이메일로 부고문을 보냈다. 알트만에게 이 부고문을 건네받은 동료 기자 베네딕트 J. 캐리가 이틀 뒤인 2008년 12월 5일 자 〈뉴욕 타임스〉 1면에 우아한 부고 기사를 실었다. 이 기사는 신경과학계에서는 이미 유명한 헨리 사례를 더 많은 대중에게 알리는 계기가 되었다. 헨리의 이름이 처음으로 공개되었고, 우리는 후견인의 허락을 얻어 '기억상실증 환자 H. M.'이 헨리 구스타브 몰레이슨이었음을 전 세계에 천명했다.[2]

10주가 지난 2009년 2월, 야코포는 주문 제작한 플렉시글라스 챔버Plexiglas chamber를 들고 보스턴으로 돌아갔다. 방부 처리된 뇌를 이 시험관에 넣고 '검체' 스캔을 실시할 것이다. 마티노스의 영상팀은 먼저 헨리가 죽던 날 밤에 사용했던 3테슬라 스캐너를 사용할 것이다. 여기에서 나온 스캔 이미지들은 살아 있을 시점 뇌의 형태와 구조가 초박편 상태의 형태와 구조와 비교해 얼마나 다른지를 보여줄 것이다. 뇌 조직을 박절하여 유리 슬라이드 안에 넣을 때는 더 옆으로 당겨지거나 형태가 변할 수 있다. 이 경우 MRI 이미지 데이터를 보고 슬라이드에 넣을 때 발생한 변형을 측정하여 헨리 뇌의 원래 모양으로 바로잡을 수 있다.

추가로 우리는 현재까지 사람에게 사용할 수 있는 가장 강력한 자장인 7테슬라 자장으로도 스캔할 수 있었다. 이 이미지는 대다수 연구자들이 보아왔던 어떤 이미지보다도 정밀하고 세부적인 뇌를 보여줄 것이다. 우리가 헨리가 죽은 날 밤에 이 스캐너를 쓰지 않은 것은 그의 뇌에 수술 때 혈관을 묶어준 금속 클립 두 개가 남아 있어 그것이 강력한 스캐너에 과열을 일으켜 또 다른 손상을 입히지 않을까 우려해서였다. 헨리의 뇌를 더 이상의 손상 없이 온전하게 보존하기 위해 매튜가 부검 때 이 클립을 제거했다. 야코포는 7테슬라 자장에서 발생하는 열이 클립 없이도 헨리의 뇌에 손상을 가할 수 있다고 우려했다. 이 우려를 불식시키기 위해 앨리슨이 다른 뇌 조직으로 미리 시험해서 그 조직이 3도 이상은 달궈지지 않아 완벽하게 안전하다는 것을 확인했다.

7테슬라 자장은 두부 코일 장치(개폐되는 머리 쪽 장치)가 3테슬라 자장보다 작다. 따라서 두부 코일 장치에 맞을 만큼 작으면서도 방부용 폼알데하이드를 적신 솜으로 감싼 헨리의 뇌가 들어갈 만큼 큰 챔버를 제작하는 것은 기술적으로 까다로운 일이었다. 야코포가 샌디에이고에서 가져온 챔버가 크기는 적합했지만 헨리의 뇌를 감싼 솜에 기포가 생겨버렸다. 이 공기방울 때문에 검체 스캔에 문제가 생겼는데,

기포가 실제보다 크게 보여 인접한 뇌 조직을 가렸기 때문이다. 하필 이면 우리가 보려는 측두엽 부위에 이 인공 기포가 나타난 것이다.

일주일 동안 세 차례로 나누어 실시된 스캔 절차로 영상팀은 헨리 의 뇌에서 구할 수 있는 모든 것을 수집했고, 이제 박절 절차를 위해 UC샌디에이고로 떠날 시간이었다. 2월 16일, 마티노스센터에서 야코 포를 만났다. 그는 복도에서 헨리의 뇌를 넣은 냉각 용기를 지키고 있 었다. PBS 촬영팀이 매사추세츠 종합병원에서 비행기 문까지 이동 과 정을 기록하기 위해 합류했다. 밴 차량에서 피디는 조수석에 앉고 보 조가 운전을 맡았고 카메라맨이 가운데 좌석에서 뒷좌석에 있는 야코 포와 나를 찍었다. 냉각 용기는 안전하게 우리 두 사람 사이에 자리 잡 았다.

로건 공항 연석 앞에 차를 대자 우리를 맞이하는 일행이 있었다. 교통안전청과 제트블루 항공 대표단 그리고 로건 공항 홍보수석이었 다. 나는 이 특별한 수화물이 무사히 통과하는 것이 중요하다고 판단 하여 한 달 전에 미국 국토안전부 로건시 대민지원 및 품질향상 부장 에게 편지로 보스턴에서 샌디에이고까지 헨리의 뇌를 수송하는 작업 에 지원을 해달라고 요청했다. 나는 뇌를 포장하는 방법이며 야코포 가 비행에 동반하여 착륙하는 즉시 공항에서 대학 실험실까지 직접 가 지고 간다는 이야기 등을 해두었다. 야코포의 학과장도 야코포가 학 과 소속 연구원임을 확인하고 이 임무가 극히 중요하다는 사실을 강조 하는 편지를 썼다. 공항 안에서는 촬영팀이 우리를 따라다니고 사람 들은 우리가 누구인지 무슨 촬영인지 의아한 눈으로 쳐다보는 통에 유 명인사가 된 기분이었다. 보안검색대에서 유니폼을 착용한 한 여성이 우리에게 다가와 냉각 용기가 방사선에 노출되지 않도록 자신이 직접 운반한다는 반가운 소식을 주었다. 우리는 안심하고서 평범한 승객처럼 검색대를 통과한 뒤 다시 냉각 용기를 받았다.

탑승 시각이 되자 야코포와 나는 카메라 앞에서 공식 인사 하는 모습을 연기했다. 나는 게이트 앞에서 냉각용기를 내려놓았고, 함께 마주 웃으면서 포옹한 뒤 야코포가 냉각용기를 들고 경사로를 내려가다가 한 번 돌아서서 손을 흔들어 다시 인사했다. 겉으로 봐서는 야코포는 그저 폼알데하이드 용액에 뇌가 담겨 있는 냉각용기를 들고가는 과학자였다. 그러나 야코포가 들고 가는 그것이 나에게는 더없이 소중한 것이었다. 헨리의 뇌가 떠나는 장면을 보노라니 슬픔이 밀려왔다. 그것이 나에게는 헨리와 나누는 마지막 작별이었다.

PBS 제작진과 함께 게이트에서 돌아 나오면서 비행기를 바라보았다. 헨리에게 가장 선명하게 남은 기억은 하트퍼드 상공을 반 시간 비행한 유년기의 추억이었다. 자신의 마지막 여행이 4천 킬로미터가 넘는 비행이라는 것을 안다면 헨리는 기뻐서 펄펄 뛰었을 텐데…. 대단원의 막이 내려가는 듯한 순간이었다.

2009년 12월 2일, 헨리가 죽은 지 1년이 지난 뒤 나는 야코포가 헨리의 뇌를 사람 머리카락 굵기인 70미크론 두께로 절박할 준비를 하고 있는 UC샌디에이고의 실험실에 서 있었다. 연구용 뇌 절편은 보통 큼직하게 구획하거나 몇 개 조각으로 자른 다음 현미경으로 조직을 볼 수 있게 얇게 절박한다. 헨리의 뇌는 부분부분 조각내는 것이 아니라 앞부터 뒤까지 끊기지 않게 하나의 수직면으로 잘라내게 된다. 뇌는 폼알데하이드와 설탕을 혼합한 용액에 담가두었다. 설탕이 뇌 조직에 스며들면 박절 준비 단계에서 냉동할 때 뇌에 얼음 결정이 형성되지 않는다. 냉동 전에 뇌의 본래 형태를 유지하기 위해 젤라틴을 채운 틀에 넣어둔다. 박절 절차가 진행되는 동안에는 온도 균형을 섬세하게 유지하는 것이 중요하다. 메스 날이 조직을 깔끔하게 자를 만큼 차가워야 하지만 또 너무 차가웠다가는 조직이 부서질 수 있다.

절차가 시작되자 실험실 안에 있는 모든 사람이 긴장과 흥분에 휩싸였다. 절박을 하는 데는 총 53시간이 소요되었는데, 중간중간 방문객이 있었다. 〈뉴욕 타임스〉의 베네딕트 캐리가 기억 연구에 획을 긋는 이 순간을 포착하기 위해 먼 길을 마다않고 날아왔다. 야코포는 저명한 신경과학자 빌라야누르 라마찬드란, 부부 신경철학자 패트리샤와 폴 처칠랜드, 걸출한 신경과학자 래리 스콰이어 등 학계의 권위자들을 이 행사에 초대했다. 절박 절차가 끝없이 계속된 까닭에 회의실에는 실험실 연구원들이나 방문객들을 위해 각종 음식과 달콤한 이탈리아식 케이크 등을 차린 테이블이 마련되었다. 야코포는 전체 과정을 다큐멘터리로 제작하기 위한 촬영팀을 고용했다. 절제실에 설치한 카메라를 통해 인터넷으로 실황이 중계되었다. 사흘 동안 40만 명이 웹사이트를 방문하여 이 역사적 순간을 지켜보았다.

박절 단계에서 젤라틴 속에 냉동되어 있는 뇌를 극도로 정밀한 고기 절단기처럼 작동하는 전자장비인 마이크로톰 안에 안전하게 넣었다. 뇌를 차가운 온도로 유지하기 위해 기사가 에탄올액을 튜브로 공급했다. 야코포는 검정 장갑을 끼고 마이크로톰 앞에 앉았다. 칼날이 이 얼음 덩어리 위를 한 번 지날 때마다 아주 얇은 뇌 조직과 젤라틴

이 썰려 나왔고, 야코포는 이 박편을 뻣뻣한 큰 솔로 살살 털어서는 용액이 채워진 얼음상자 같은 칸막이 용기에 넣었다. 헨리의 뇌는 전면이 위를 향하게 놓았고, 상단에 설치된 16메가픽셀 카메라가 박절이 진행되기 전에 뇌의 표면을 촬영해 각 표면에 번호를 매겼다. 박절은 뇌 앞부분에서 뒷부분 방향으로, 즉 전두극에서 후두극으로 진행되었다. 프로젝트 자체는 흥미진진했지만, 수천 조각의 뇌 박편을 만드는 고되고 조심스러운 과정은 단조로웠다. 그래도 극적인 순간이 없다는 것은 곧 만사가 계획대로 순조롭게 이루어지고 있다는 뜻이었다.

2012년 12월 현재, 헨리의 온전하던 뇌는 매사추세츠 종합병원 신경병리학과에서 검사하고 매사추세츠 종합병원 마티노스센터에서 스캔한 뒤 UC샌디에이고에서 박절해 70마이크론 두께의 절편으로 만들어졌다. 나는 동료들과 함께 이 연구의 모든 단계에 협력해왔다. 매사추세츠 종합병원 신경병리학과에서 최종 진단을 내릴 수 있도록 하기 위해서였고, 또한 답을 기다리는 수많은 연구 과제를 해결하기 위해서이기도 했다.

이 작업이 진행되면 우리는 헨리의 내측두엽에서 정확히 어느 부분이 얼마만큼 보존되어 있는지 알 수 있을 것이다. 해마와 편도체에 남아 있던 미량의 덩어리는 기능이 없었지만, 인접한 피질(후각주위피질과 부해마피질)의 남은 부분들은 기능이 살아 있었을 수도 있다. 이 잔여 기억 조직의 상태를 알아낸다면 헨리에게서 나타났던 뜻밖의 학습 능력(가령 수술 후에 이사했던 집의 평면도를 그리는 능력)을 규명하는 데 도움이 될 것이다. 또한 우리는 그의 병변이 내측두엽에 연결된 뇌

활, 유두체, 외측두피질 영역의 구조와 조직에 어떤 영향을 미쳤는지도 알고 싶었다. 건강한 사람인 경우 내측두엽 구조물 밖에 있는 일부 영역도 서술기억을 지원하는 것으로 밝혀졌는데, 따라서 그 영역(시상, 기저전뇌, 전전두엽피질, 팽대피질)의 구조와 조직 그리고 보존된 비서술기억 영역(일차운동피질, 선조체, 소뇌)의 구조와 조직도 심층적으로 밝혀보고 싶었다. 우리는 MRI 스캔으로 헨리의 소뇌가 심하게 위축되었다는 것을 알았는데, 이제 그 안에서 손상된 구체적인 부위를 확인할 수 있을 것이다.

헨리의 뇌 절편 2,401개는 현재 냉동되어 보호 용액에 저장되어 있다. 일부는 다양한 방법으로 염색하여 가로세로 15센티미터의 대형 유리슬라이드를 통해 뇌 구조물을 구성하는 세포에 대한 세부 분석이나 병변 부위 등 뇌 구조물의 해부학적 경계선을 파악하는 데 사용할 것이다. 일부 절편은 19세기 말에서 20세기 초 신경병리학자들이 개발한 염료에 담글 것이다. 정상적인 뇌 구조물을 보여줄 이 염색법은 뇌의 한 부위와 다른 부위를 연결하는 백질 신경로의 조직과 형태를 드러낼 것이다. 20세기에서 21세기 초에 개발된 염색법도 사용할 것이다. 항체를 이용하는 이 염색법은 알츠하이머와 파킨슨 같은 병에서 나타나는 단백질 이상을 추적한다. 다양한 접근법을 복합적으로 활용하여 헨리의 뇌 조직에 발생한 이상을 면밀하게 분석하면 광범위한 정보를 얻을 수 있을 것이다. 이후 연구에서는 헨리가 사망 당시 앓은 치매의 유형, 소뇌졸중의 정확한 위치, 수술이 (수술 지점과 인접한 부위와, 거리는 멀지만 제거된 구조물과 연결된 부위에) 야기한 결과를 밝혀낼 수 있을 것이다.

박절 절차 때 찍은 디지털 이미지들은 헨리의 뇌를 대형 입체 모형으로 제작할 때 사용할 것이며, 이 모형은 추후에 누구라도 볼 수 있게 인터넷에 공개할 것이다. 이 뇌는 앞으로 10년 동안 개인 1천 명의 뇌와 그들의 병력을 수집해 보관하는 것이 목표인 UC샌디에이고 디지털 두뇌도서관 프로젝트를 대표하는 상징물이 될 것이다. 과학의 신경지 개척에 이바지해온 헨리의 역할은 죽은 뒤에도 멈추지 않고 이어질 것이다.

헨리의 유산은 여러 층위로 보아야 한다. 우리는 헨리를 직접 연구하면서 한 건의 신경과 병례에서 구할 수 있는 최대치의 정보를 수집하고 쌓아왔다. 스코빌과 밀너의 전설적인 연구에서부터 수십 년 동안 축적된 방대한 양의 테스트 결과와 헨리의 일상생활에 대한 우리의 기술, 생전과 생후에 촬영한 다량의 뇌 이미지 자료 그리고 더없이 귀중한 뇌 절편까지. 단 한 사람의 뇌가 남긴 이 놀랍도록 방대한 기록은 그 자체만으로도 신경과학의 역사에 중대한 발자취가 되었으나, 헨리가 남긴 영향은 그것으로 그치지 않는다. 수백, 수천의 연구자가 헨리 사례에서 힘입어 다른 유형의 기억상실증과 기억손실과 연관된 장애를 탐구하기 시작했다. 그뿐 아니라 우리 연구는 기억 메커니즘을 연구하는 여러 기초과학자들이 사람 이외의 영장류와 다른 동물종 연구에서 무수한 접근법을 창안해내는 계기가 되었다. 이러한 거대한 진보로 기초과학과 임상과학의 수많은 연구자들이 갖가지 쟁점에 천착하게 되었다. 헨리의 사례는 기억 연구 분야에 유례없이 생산적인 시대를 열었으며, 그 파고를 쉼없이 높여가고 있다.

에필로그

헨리 몰레이슨이 세상에 남긴 것들

헨리가 죽은 지 일주일이 지난 뒤 M 씨 부부는 빅포드에서 멀지 않은 코네티컷주 윈저록스에 있는 세인트메리 성당에서 장례식을 치르기로 했다. 헨리의 시신은 화장했다. 성당 앞에는 헨리의 유해를 담은 납골단지가 꽃으로 장식된 하얀 받침 기둥 위에 놓여 있었다. 단지 전면에는 십자가와 다음 글귀가 새겨 있었다. "사랑하는 기억 속에. 헨리 G. 몰레이슨, 1926년 2월 26일~2008년 12월 2일." 옆에 놓인 액자 속에 있는 사진 콜라주가 그의 일생을 압축해서 보여준다. 한쪽 다리를 엉덩이 밑에 깔고 의자에 앉아 웃는 꼬마 헨리, 품위 있는 세피아톤 인물사진 속의 20대 헨리, 흰 셔츠와 타이 차림으로 휠체어에 앉은 노인 헨리, 그리고 헨리의 가족과 젊은 시절 사진들….

장례식은 헨리와 가까운 몇 사람만 참석한 소박한 행사였다. 나는 헨리에게 추도사를 바치는 특권을 얻었다. 나는 헨리가 받은 수술과 그 뒤로 이어진 획기적인 연구에 대해 이야기했다. 또한 헨리가 과학의 발전에 기여할 수 있게끔 도움을 주었던 사람들에 대해서도 이야기했다. 말년의 헨리를 보살피고 후견인으로서 책임을 맡아준 릴리언 헤릭 부인과 그 아들 M 씨 그리고 빅포드 요양병원 직원들…. "이 모든 분들이 헨리의 삶에 빛이었습니다. 그리고 헨리는 다른 사람들의 삶을 밝혔습니다." 영리한 유머 감각, 총명함, 헨리표 경구 등등 헨리의 인간적인 면모도 이야기했다.

"여기 모인 많은 분이 헨리를 잃은 것을 가족 한 사람을 잃은 것처럼 슬퍼하고 있습니다. 나와 내 동료들은 우리가 헨리의 곁에 있었다는 사실을 영광으로 여깁니다. 오늘 우리는 이 세계를 진보시키는 데 몸바친 헨리에게 경의와 감사를 담아 작별을 고합니다. 헨리가 겪은 비극이 인류에게는 선물이 되었습니다. 헨리는 우리의 기억 속에서 영원히 잊히지 않을 것입니다."

장례 미사가 끝나고 다 같이 연회에 참석했다. 빅포드 요양병원의 한 직원과 내 비서가 샌드위치와 쿠키를 날랐다. 헨리의 뇌 스캔과 방부 처리 절차에 참여했던 매사추세츠 종합병원 동료들도 미사에 참석했다. 헨리에게 애도를 표하면서 차나 커피를 마시며 정신없이 지나간 한 주의 긴장을 푸는 자리였다. 빅포드 직원들, 동료 환자들뿐 아니라 헨리와 함께 작업했던 전 실험실 연구원 세 사람도 함께 자리했다.

연회가 끝나고 우리는 장지인 이스트하트퍼드 묘지로 이동했다. 너른 풀밭을 가로질러 헨리 부모님이 안치된 묘지 비석을 향해 걸었다. 부모님 이름 밑에 헨리의 이름과 생년월일이 새겨져 있었다. 이제 사망일자를 채워넣어야 하리라. 장의사가 묘지를 준비해두었고, 헨리의 납골단지가 흰색의 짧은 그리스풍 원주 위에 놓여 있었다. 성당 부제가 매장 기도를 올리는 동안 우리는 단지 주위로 작은 반원을 그리고 서 있었다. 부제가 함께 기도하겠냐고 물었고, 우리는 고개를 숙이고 헨리의 안식을 빌었다.

헨리가 죽은 다음 날 나는 다른 기억 연구자들에게 짧은 이메일로 부고를 알렸다. 그들이 그 메일을 다른 사람들에게 전달하면서 그 소식이 순식간에 미국과 유럽 전역에 있는 과학자들에게 퍼졌다. 이어지는 몇 주 동안 전 세계 동료들이 헨리의 명복을 비는 가슴 뭉클한 메시지를 무수히 보내왔다. 언론사들도 헨리의 이야기를 듣고자 끊임없이 인터뷰 요청을 해왔다.

헨리가 과학에 공헌한 바에 대해 언급한 답장도 있었다. 예일 대학교 심리학과의 한 교수는 브렌다 밀너와 나에게 이런 편지를 보냈다. "두 분의 H. M. 연구는 일찌감치 내가 인지와 기억에 대한 생각의 방향을 잡는 데 중대한 영향을 미쳤습니다." 다른 대학 교수들은 그날 강의에서 헨리에게 바치는 시간을 마련하겠다고 했고, 전 실험실 연구원들은 헨리와 있었던 일을 들려주었다. 새러 스테인보스는 빅포드 요양병원을 방문했을 때 헨리 방에서 존 웨인 영화를 함께 본 이야기를 해주었다. 헨리는 영화 시작부터 끝까지 내내 후끈 달아올라 "나 저거 알아요, 저거 알아" 하며 자신이 수집한 총 이야기를 했고, 영화가 끝난 뒤에도 한동안 흥분이 가라앉지 않았다고 했다.

전에 기술보조로 일했던 이가 암송을 통해 기억을 오래 유지할 줄 아는 헨리의 능력을 이용해서 내 대학원생에게 짓궂은 장난을 쳤던 이야기도 들었다. 그녀는 이렇게 썼다.

헨리가 장난의 대가였던 것 기억하시죠? 내가 헨리에게 다음으로 테스트를 하러 들어오는 사람 이름이 존이라고 말해주고 그가 방에 들어오면 놀란 척하면서 누군지 알아본 것처럼 "아, 존, 안녕하세요?" 하고 말해보라고 했어요. 몇 분 동안 연습도 했지요. 헨리가 테스트 시간이 되자 난 쏜살같이 달려가 존을 데려왔어요. 그랬더니 헨리가 방금 연습한 대사를 천연덕스럽기 그지없이 완벽하게 읊는 거예요. 그때 존의 표정이라니. 백만 불짜리였죠! 헨리랑 둘이서 얼마나 웃었는지 몰라요.

헨리와 나는 46년간이나 관계를 이어왔다. 헨리에 대해 이야기할 때는 늘 감상 없이 담담한 어조를 유지했었지만 나도 모르게 헨리에게 마음속 깊이 정이 들었다. MIT의 한 역사학자가 헨리에 대한 나의 감정을 읽었는지 헨리가 죽은 뒤 이런 이메일을 보내왔다. "얼마나 상심이 크십니까. 뭐라고 의미를 딱 잘라서 말하기 어려운 참 특이한 관계였지요. 하지만 당신이 있어 헨리의 인생이 엄청나게 바뀌었다는 것만큼은 분명합니다. 헨리도 당신의 인생을 크게 바꿔놓았고요." 헨리에 대한 나의 관심은 늘 연구가 우선이었다. 그게 아니라면 매사추세츠 종합병원 지하에서 헨리의 뇌가 두개골에서 분리되는 순간을 숨죽여 지켜보면서 희열을 느끼던 나를 무엇으로 설명할 수 있겠는가? 나는 과학자로서 내가 맡은 역할에 대해 단 한 번도 흔들린 적이 없다. 그런데도 나는 헨리에게 연민을 느꼈고 삶을 대하는 그의 자세를 늘 존경했다. 헨리는 그냥 연구 참여자가 아니라 우리의 기억 탐구에 없어서는 안 될 소중한 동반자요 협력자였다.

세월이 흐르면서 헨리의 아버지와 어머니가 세상을 떠나고 헨리도 노인이 되어 쇠약해지자 나와 내 동료들이 헨리의 지인이자 보호자가 되었다. 실험실 사람들이 키워가는 가족 의식이 헨리에게로 확장되었다. 우리는 헨리의 생일이면 축하 카드와 선물을 보내고 파티를 열어주었다. 헨리를 찾아갈 때면 헨리가 좋아하는 음식이며 간식을 챙겨갔다. 헨리의 건강검진과 병원 치료, 믿고 의지할 수 있는 보호자 찾는 일에도 내가 나섰다. 헨리도 기억은 못 하지만 동료들이나 내가 함께하는 시간이면 그 자리에서는 우리가 그에게 많은 것을 배우며 그를 특별한 사람으로 여긴다는 것을 느껴 스스로도 흐뭇해하고 자랑스러워했다. 그런 헨리를 보는 것이 나에게는 큰 위안이었다.

헨리의 유산은 과학계를 넘어 예술계와 연극계로도 퍼져나갔다. 2009년 헨리가 죽은 지 얼마 안 되어 로스앤젤레스의 화가이자 영화 제작자 케리 트라이브가 16밀리 영화 〈H. M.〉을 제작했다. 영화는 배우, 나의 인터뷰, 우리 실험에 사용된 장비 사진, 헨리의 주변 환경 관련 사진을 소재로 하여 헨리 사례를 소개한다. 영화 상영 방식이 특이한데, 한 릴의 필름이 나란히 놓인 영사기 두 대로 들어가면서 동일한 장면이 20초의 시간 차이를 두고 화면에 뜬다. 이 20초는 헨리의 단기기억이 유지되는 시간을 의미한다. 트라이브로 제작한 이 혁신적인 영화는 2010년 뉴욕 위트니 박물관의 위트니 비엔날레에 초대되었는데, 〈뉴욕 타임스〉의 홀런드 카터에게서 "비범하다"라는 평을 들었다. 같은 해에 마리로르 테오뒬이 7쪽짜리 그림 이야기를 써서 프랑스의 과학 월간지 〈라르세르셰La Recherche〉 여름판에 실었다. 테오뒬은 헨리의 수술과 이후의 연구에 대해 정확하게 서술했지만 헨리를 양복에 와이셔츠와 넥타이, 중절모까지 착용한 깡마르고 말쑥한 신사로 변신시켰다. 2010년 뉴욕에서 활동하는 심리학자이자 극작가 반다는 〈환자 HMPatient HM〉을 처음 상연했는데, 환자가 아닌 인간 헨리의 모습을 직관적으로 그려낸 작품이다. 2011년 여름 에든버러 페스티벌에서는 연극 〈2401 오브젝트2401 Object〉를 상연했는데, 이 제목은 70마이크론 두께로 잘라낸 헨리의 뇌 절편 2,401개를 뜻한다. 아날로그 극단의 이 작품은 수술 전과 수술 후 헨리의 삶을 보여주는 감동적인 이야기였다. 격월간 과학잡지 〈사이언티픽 아메리칸 마인드〉는 2012년 7월호에 한 쪽짜리 화보 기사를 실어 헨리 사례가 지닌 과학적 의미를 정확하게 전달했다.

인터넷에서는 헨리 이야기에 매혹된 커뮤니티들이 왕성한 활동을 벌이고 있다. 구글에서 'Henry Molaison'을 검색하면 4만 8천 개 결과가 뜬다. 헨리 몰레이슨은 이용자들이 만들고 편집하는 쌍방향 잡지 〈위키진Wikizine〉의 항목에 올라가 있다. '커즈와일 가속 지능Kurzweil Accelerating Intelligence'라는 블로그에서는 H. M. 사례에 대한 토론이 벌어졌고, '휴가 중인 즐거운 행성과 뇌Amusing Planet and Brain On Holiday'를 위시하여 많은 웹사이트가 헨리에게 헌정하는 페이지를 개설했다. 헨리에 대해 쏟아지는 광범위한 관심으로 헨리의 삶은 결코 사람들의 기억에서 잊히지 않을 것이다.

헨리와 함께한 나의 연구는 행동 측정 방법과 데이터 해석 방법의 세부 요소에 천착하는 경우가 많았지만, 그의 사례는 사회를 향해 더 큰 질문을 던진다. 우리는 헨리 구스타브 몰레이슨의 삶을 어떻게 바라볼 것인가? 헨리는 의학 실험에 의해 자기 인간성의 가장 중요한 한 부분을 잃어버린 한낱 비극적 희생자인가, 아니면 뇌를 이해하는 데 새로운 지평을 열어준 영웅인가?

헨리의 사례를 생각하면 할수록 이 물음에 답하기가 어렵게만 느껴진다. 오늘날에는 어떤 신경외과 의사라도 스코빌이 헨리에게 했던 그 수술을 시술하지 않으며, 스코빌 자신도 헨리의 수술 결과가 명확해지자 다른 의사들에게 같은 수술을 시도하지 말라고 경고했다. 그러나 전두엽절제술이나 양쪽 편도절제술 같은 신뢰하기 어려운 정신외과술과 달리, 헨리의 양쪽 내측두엽절제술은 특정 소모성 질환을 완화하기 위한 수술이었으며 실제로 발작 빈도가 감소했다. 더군다나 헨리의 수술은 실험외과술에 대한 풍부하고 오랜 전통을 바탕으로 이루어졌다.[1]

의사와 환자는 때로 어려운 선택에 직면하지만, 신경외과 의사들은 대개 환자의 기억을 지워버리는 것 같은 파괴적인 효과가 알려진 수술이라면 시술하지 않는 데 동의한다. 와일더 펜필드가 자신의 기억상실증 환자 F. C.와 P. B.의 사례를 다룬 논문에서 이 문제를 거론했다. "외과의로서 나는 이러한 문제에 책임을 통감한다"라면서 "나는 스코빌 박사도 그럴 것이라고 믿는다. 우리는 언제나 장애와 사망의 위험과 환자에게 도움이 되리라는 희망 사이에서 균형을 잡지 않으면 안 된다"라고 밝혔다. 1973년 헨리를 수술한 지 20년이 지나서 스코빌은 〈신경외과학회지〉에 정신외과술에 대한 견해를 밝혔다. "전체적인 기능을 향상시킬 수 있다면 파괴적인 수술도 정당하다. 그러나 수술에 의해 전체적인 기능이 악화된다면 그 수술은 정당화될 수 없다."[2]

기억상실증이 발작 억제를 위해 치러야 할 합당한 대가였을까? 대다수는 결코 아니라는 답에 동의할 것이다. 하지만 수술 전만큼 심한 발작이 지속되었다면 헨리가 여든두 살까지 살 수 있었을지 모를 일이다. 간질발작만으로도 파괴적인 결과를 낳을 수 있다. 극단적인 경우를 생각하자면 헨리는 발작 중에 얻은 부상으로 인해 사망할 수도 있었다. 게다가 약물불응성 간질 환자에게는 심장과 혈관 이상이 적지 않아 때로는 이것이 돌연사로 이어질 수 있으며, 반복되는 발작이 뉴런 손상을 야기한다고 시사하는 근거도 있다. 나아가 헨리의 발작은 호흡기능을 비롯하여 여타 생명과 직결되는 기능을 해쳤을 수 있으며 이것이 사망을 야기할 수도 있었다. 아니면 **간질지속상태**(1회 발작이 30분 이상 지속되는 상태)에 빠지는 불운한 환자가 되었을 수도 있다. 이 상태는 생명을 위협하는 의학적 응급상황으로 간주되며, 적극적 치료에도 심부전이나 여타 합병증으로 인해 사망에 이를 수 있다. 이런 면에서 헨리의 수술은 대단히 중대한 도움이 된 셈이다. 삶의 질은 기억상실증으로 인해 심각하게 훼손되었으나, 수술을 받지 않아 이전의 발작 빈도가 지속되었을 경우보다 훨씬 오래 살 수 있었다고 봐야 할 것이다. 이렇듯 기억을 앗아갔다는 논란의 여지는 있으나 스코빌은 헨리의 생명을 구했다.[3]

오늘날이라면 헨리에게 그 수술을 시도하는 의사는 없을 것이다. 하지만 그때로 돌아간다고 가정하면 애초에 스코빌이 결과도 확실하지 않은 상태에서 그 수술을 행한 것이 정당했을까? 의학의 발전은 환자와 의사가 위험을 감수함으로써 이루어지는 경우가 다반사다. 목숨을 걸고 도박을 감행할, 말하자면 동물과 인체 테스트로 안전이 입증된 약물에 대한 임상시험 참여에 동의할 사람은 많지 않을 것이다. 그런가 하면 기적만이 희망인 절박한 상황이 환자의 결단을 낳는 경우도 있다. 오늘날에는 일상적으로 행해지는 모든 수술(장기이식수술, 인공심장이식수술, 관상동맥우회수술 등)이 모두 처음에는 실험 절차에 자원하는 환자들의 결단으로 실행되었다.

　모든 수술에는 위험이 따르기 마련이지만 뇌처럼 다치기 쉽고 복
잡한 기관이라면 그 위험은 더더욱 상승한다. 엄격해진 의학윤리규
범, 빈발하는 의료소송, 하나의 사회적 약속으로 떠오른 생명윤리 등
의 전반적인 변화가 대중과 의학계에 위험 부담 높은 수술법의 정당
성 여부를 면밀히 따져 물어야 한다는 각성을 이끌어내고 있다. 현재
는 사람의 뇌 구조물과 각각의 역할에 대해 많은 것이 밝혀졌으며, 정
신과 장애나 신경계 장애를 완화하기 위한 요법으로서 뇌 수술이 가진
가능성과 한계에 대한 현실적인 의식도 형성되어 있다. 그럼에도 실
험적 수술은 계속해서 우리에게 윤리적 문제를 제기한다. 새로 개발
된 장치나 요법에 적용되는 법규가 헨리가 수술받던 시기보다는 훨씬
엄격해진 것은 사실이나, 실험 성격이 강한 수술에 대한 정식 규제가
여전히 충분하지 않아 대규모 임상시험이나 동물 연구를 통한 데이터
가 나오지 않은 시점에 의사가 환자 대신 결정을 내리는 경우도 있다.

　수많은 환자가 헨리처럼 결과가 불확실하다는 것을 알면서도 수
술을 받기도 하는데 때로는 그것이 예기치 못한 방식으로 사회에 도
움을 주곤 한다. 헨리가 수술 후 연구에 참여하게 된 주된 동기는 다
른 사람들에게 도움이 되기 위해서였고, 실제로 그렇게 되었다. 예를
들면 헨리가 죽은 뒤 측두엽 간질을 앓던 한 여성에게서 편지를 받았
는데 H. M. 이야기를 읽고서 간질발작을 완화하기 위해 왼쪽 해마와
편도체 절제술을 받기로 결심했다는 이야기를 해주었다. 난치성 간
질 환자 수백 명이 한쪽 측두엽 일부를 절제하는 수술로 도움을 받았
다. 헨리의 사례는 양쪽 해마를 절제하면 기억 기능이 돌이킬 수 없이

손상될 수 있음을 보여주었다. 본문에서 기술한 기억상실증 환자 F. C.와 P. B. 사례에서도 오른쪽 해마가 이미 손상된 상태에서 왼쪽 해마를 수술로 제거했을 때 마찬가지로 가혹한 결과를 얻었다. 이런 비극을 막기 위해 수술을 받으려는 많은 간질 환자들이 현재는 뇌를 한 쪽씩 임시로 불활성화시켜 언어와 기억 기능이 온전히 유지되는지 검사하는 테스트를 받는다. 예전에는 와다Wada 테스트라고 불렀으나 현재는 cSAMetomidate speech and memory 테스트라고 불리는 이 방법은 수술로 인한 불운을 예방한다. 가령 좌뇌를 불활성화한 상태에서 기억 테스트에 결함이 나타났다면 오른쪽 해마를 제거하지 않는다. 이것이 양쪽 해마 병변을 야기할 수 있기 때문이다.

그 여성은 2008년 편지에서 이 이야기를 들려주었다. "코네티컷 강과 하트퍼드 병원이 마주 보이는 14층 사무실에 앉아 있습니다. 나는 그 병원에서 몰레이슨 씨가 수술받던 해에 태어났습니다. 그분의 죽음을 애도하며 그분이 이 세계에 남겨주신 지식에 감사합니다. 그분이 있었기에 신경과 선생님들이 와다 테스트를 통해 내 오른쪽 측두엽 해마의 기능이 온전하게 유지된다는 것을 확인하고서야 다른 쪽 측두엽을 제거하는 수술을 해주었습니다." 그녀는 1983년에 왼쪽 측두엽절제술을 받아 지금껏 발작 없는 삶을 살고 있다.

헨리의 사례는 다른 환자들에게 도움을 주었을 뿐 아니라 수많은 사람을 신경과학의 길로 들어서게 만들었다. 나는 기억 연구가 앞으로 나아갈 바와 관련해 보스턴 어린이병원에 있는 뛰어난 신경학자이자 유전학자를 인터뷰한 일이 있다. 인터뷰 말미에 그는 헨리가 자신에게 어떤 영향을 미쳤는지를 폭포처럼 쏟아놓았다. "많은 신경과학자들이 그랬겠지만 내가 신경과학을 하게 된 큰 이유가 H. M. 때문이었습니다. 내가 다닌 학교는 작은 인문대학인 버크넬 대학교였습니다. 내가 얼마나 운이 좋았는지 학부 때 브렌다 밀너 교수님의 세미나를 들은 겁니다. 그 학기에 난 생리심리학을 들었는데 밀너 교수님이 그 수업에서도 강의를 했습니다. 그 강의가 내내 뇌리에서 떠나지 않았습니다. 그게 내가 기억장애와 인지장애에 관심을 갖게 된 결정적인 이유였지요. 기억의 메커니즘에 어떻게 접근할 수 있는지 알고 싶었습니다."

헨리는 뇌 연구에서 놀라운 진보를 이루었던 시기에 우리와 함께했다. 비록 헨리는 아무것도 기억할 수 없었지만. 그가 처음 연구 대상이 되었을 때만 해도 뇌 영상술이 거의 존재하지 않아 모든 데이터를 일일이 손으로 적어서 모아야 했다. 1980년대에 들어 인지검사를 컴퓨터화했고, 1990년대에는 MRI 기술이 등장하여 헨리의 뇌 구조와 기능을 시각화할 수 있게 되었다. 헨리가 사망할 무렵에는 훨씬 더 정밀한 뇌 분석이 가능해졌다. 헨리 사례 연구를 처음 시작하던 시기에 우리는 심리학과 소속이었고, 신경과학은 아직 정식 학과도 아니었다. 신경과학은 2010년 11월 샌디에이고에서 열린 신경과학학회 제40회 연례학회에 전 세계 신경과학자 3만여 명이 참석하는 막강한 학과로 성장했다. 나는 이 학회에서 헨리가 기억 연구에 기여한 바를 강연해달라고 요청받았다. 헨리의 삶을 기리기에 더없이 적합한 자리였다.

현재 신경과학 분야의 기술은 믿기 어려울 정도로 발전했다. 뉴런들 간의 상호작용을 분자 단위로 검사할 수 있고, 살아 있는 뇌 안에서 벌어지는 수많은 회로망의 활동을 관찰할 수 있으며, 게놈을 스캔하여 신경계 질환의 유전자 요소를 탐색할 수 있고, 뇌 구조와 기능을 전산화한 복잡한 모형을 구성할 수 있다. 세포를 분석하고 대규모 데이터를 수집할 수 있는 첨단 기술과 장비를 갖춘 현재, 한 개인에게 그러한 기술을 적용했을 때 얼마나 많은 정보를 획득할 수 있는지 기억해야 한다. 한 환자를 장기간에 걸쳐 철저하게 검사함으로써 우리는 개개인의 뇌 기능이 건강할 때와 아플 때 나타내는 변화 양상을 찾아낼 수 있다. 헨리 사례 연구가 좋은 예다.

헨리 사례가 혁명적인 것은 기억이 뇌의 특정 부위에서 형성될 수 있다는 사실을 밝혀냈기 때문이다. 헨리가 수술받기 전까지만 해도 의사들이나 과학자들은 뇌가 의식적인 기억의 장소라는 것은 알았지만 서술기억이 일정한 구역으로 제한된다는 결정적인 증거는 찾지 못했다. 헨리 사례는 측두엽 안에 있는 한 부위가 단기기억을 장기기억으로 전환하는 데 절대적인 역할을 수행한다는 인과적 증거를 제시했다. 스코빌의 수술이 헨리에게서 이 기능을 앗아갔으니까 말이다. 헨리를 비롯해 우리 실험실에 자발적으로 시간과 노력을 제공한 수많은 환자에 대해 수십 년에 걸쳐 연구하며 현재까지 훨씬 더 많은 것이 밝혀졌는데, 단기기억과 장기기억이 각기 다른 뇌회로에 의존하는 별개의 절차라는 사실, 순행성 기억상실증은 독특한 사건에 대한 기억(일화기억)과 사실에 대한 기억(의미기억) 둘 다를 상실한다는 사실, 기억상실증의 경우 의식적인 학습(서술기억) 능력은 상실하는 반면 무의식적인 학습(비서술기억) 능력은 반드시 그렇지는 않다는 사실 등이다. 또한 우리는 결혼식 때 있었던 일을 선명하고 상세하게 이야기하기(회고) 위해서는 건강한 해마가 없어서는 안 되나, 그 사람의 정체 혹은 정황에 대해서는 알지 못하면서 단순히 얼굴만 알아보는(친숙화) 능력에는 해마의 기능이 반드시 필요한 것은 아니라는 것도 알아냈다. 헨리의 사례는 기억상실증 발병 전에 저장된 정보를 회상하고 재인할 수 있느냐 여부가 해당 정보가 일화정보냐 의미정보냐에 달렸다는 것을 보여주었다. 독특한 사건의 세부 내용(자전적, 일화적 기억)은 상실하지만 외부 세계에 관한 일반적 지식(의미기억)은 보존된다. 또한 헨리의 사례는 사후 연구를 위한 뇌 기증의 중요성을 분명히 보여주었다. 사후 연구는 특정 학습과 기억 절차를 관장하는 뇌회로에 대해 연구자들이 살아 있는 환자들을 토대로 세운 가설과 추측을 입증하는 데 절대적으로 필요한 과정이다.

2005년 이래로 기술이 눈부시게 진보하여 우리는 개인의 뇌 세포 차원에서 기억 형성에 작용하는 인지 및 신경 메커니즘의 지도를 구성할 수 있게 되었다. 신경과학 분야는 첨단기술이 동력이 된 일련의 혁신적인 사건들을 경험하고 있다. 현재 우리는 살아 있는 사람의 뇌 안에서 벌어지는 온갖 수수께끼 같은 일들을 면밀하게 관찰할 수 있다. 한층 더 복잡하고 정교해진 기법이 새로운 유형의 정보를 제공할 것이다. 유전자를 이용해 특정한 뉴런을 제어하는 광유전학optogenetics 기술, 뇌 신경망을 구성하는 1백조 개의 연결 지도를 작성하는 커넥토믹스connectomis가 대표적이다. 아울러 인지과학자들은 기억 형성에 대한 분할조직이론을 수립하기 위해 각각의 뇌회로를 정밀하게 구획하는 지도 구축 작업에 매진하고 있다.

이들 첨단기술은 개별 분야 그 자체로 흥미롭고 매혹적이지만, 더 중요한 것은 이들 분야가 융합적 작업으로 이루어낼 수 있는 결과물이라는 점이다. 수십 년에 걸친 연구를 통해 뇌 전체의 해부도를 작성하고 행동에서 세포까지 여러 차원의 정보를 축적해온 과학계는 현재 그 모든 정보를 연결하여 하나의 포괄적이고 종합적인 그림으로 구성해내는 작업에 매달려 있다. 기억 연구 분야는 생각이나 사실처럼 형체가 없는 것이 어떻게 살아 있는 뇌 조직 안에 수십 년 동안 박혀 있을 수 있는지 밝히고 싶어 한다. 인지과학의 궁극적 목표는 뇌 안에 있는 수십억 개의 뉴런들과 각 뉴런에 붙어 있는 약 1만 개의 시냅스들이 어떻게 상호작용하여 마음의 작용을 만들어내는지 밝히는 것이다.

물론 이 목표를 완전히 달성할 수는 없을 것이다. 지금 이 글을 쓰는 순간에도 나는 내 북적대는 뇌 속에서 정확히 무슨 일이 벌어지고 있는지 궁금하다. 내 뇌 속의 신경회로망들은 내가 학습한 그 복잡한 기술적 정보의 조각들을 어떻게 조합하여 생각과 관점으로 빚으며 그 종합을 또 어떻게 언어로 만들어 내 손가락으로 하여금 타이핑하게 만드는가? 그런 혼돈으로 간명한 문장을 만들어내다니 뇌는 얼마나 놀라운가. 우리 뇌의 그 시끄러운 활동이 생각, 감정, 행동을 만들어내는 원리를 완벽하게 설명해주는 하나의 공식을 세운다는 것은 불가능할 것이다. 그러나 성취하기 어려운 목표이기에 우리의 탐구는 더 흥미로운 것이 된다. 이것이 험난한 도전이기에 위험을 무릅쓰려는 명석한 모험가들이 우리 분야로 모여드는 것이다. 우리 뇌가 어떻게 작동하는지 완벽하게 이해할 수 없다 해도, 우리가 알아내는 진리의 작은 단편들은 우리가 누구인지를 이해하는 길로 한발 더 가까이 다가가게 해줄 것이다.

감사의 말

헨리 구스타브 몰레이슨은 50여 년 동안 광범위한 실험연구에 참여한 수검자였다. 이 연구는 1955년 몬트리올 신경학연구소 소속 브렌다 밀너의 실험실에서 시작되어 1966년 MIT로 옮겨 계속되었다. 1966년부터 2008년까지 122명의 의사와 과학자가 내 실험실 연구원으로서 혹은 다른 기관 소속의 협력 연구원으로서 헨리를 연구했다. 헨리와 함께 작업하는 내내 우리 모두는 이 기회가 너무도 귀한 선물임을 알았으며, 헨리가 우리 연구에 기꺼이 헌신한 데 대해 마음속 깊이 감사했다. 헨리는 기억의 인지구조와 신경조직에 관해 많은 것을 가르쳐주었다. 이 책에 기술한 헨리 사례는 50년에 걸쳐 이루어진 이 연구의 내용이다.

헨리는 MIT 임상연구센터에 50회 방문했는데, 많은 간호사는 물론 리타 채이가 이끄는 영양실 직원에게 귀빈 대접을 받았다. 헨리를 극진히 보살펴준 이들에게 아낌없는 찬사를 보낸다. 헨리는 빅포드 요양병원에서 생의 마지막 28년을 보내면서 가족 같은 보살핌을 받았다. 빅포드 직원들은 헨리의 근황을 상세히 알려주었고, 그 보고는 내가 이 책에서 쓴 헨리의 이야기를 풍부하게 만들어주었다. 내가 헨리에 대해 조금이라도 의문을 품을 때마다 에일린 새너한이 답을 해주었다. 그녀에게 감사한다. 메리디스 브라운은 놀라운 능력을 발휘하여 28년 동안 수집한 헨리의 빅포드 진료기록의 세부 내용을 분류해서 중요한 항목을 요약해주었다.

이 책을 쓰는 데 아이디어를 내고 잘못된 곳을 바로잡아 결정적인 도움을 준 메이먼 에이셔리언, 진 오거스티나크, 캐롤 반스, 햄 쿠크, 데이먼 코민, 라일라 드 톨레도모렐, 하워드 아이컨봄, 펑궈핑, 매튜 프로시, 재키 게이넘, 이사벨 고티에, 매기 킨, 엘리자베스 켄싱거, 마크 맵스톤, 브루스 맥너튼, 크리스 무어, 리처드 모리스, 피터 모티머, 모리스 모스코비치, 린 네이들, 로스 파스텔, 러셀 패터슨, 브래들리 포슬, 몰리 포터, 닉 로젠, 피터 실러, 레자 섀드머, 브라이언 스코트코, 안드레 반 더 코우이, 매튜 윌슨, 데이비드 지글러에게 감사한다. 예리한 지성이 번득이는 기발하고 솔직한 이들의 의견 덕분에 이 책이 훨씬 좋아질 수 있었다.

신경과학계의 동료들은 열띤 토론으로 유익한 도움을 주었을 뿐 아니라 헨리가 기억 연구에 기여한 바나 앞으로 기억 연구 분야가 나아갈 방향에 대한 자신의 견해를 이 책에 싣는 데 흔쾌히 동의해주었다. 원래는 이 흥미진진한 내용을 14장 안에 엮어 넣으려고 했지만 안타깝게도 편집되고 말았다. 그럼에도 캐롤 반스, 마크 베어, 에드 보이든, 에머리 브라운, 마사 콩스탄틴파통, 밥 데지먼, 마이클 피, 펑궈핑, 미키 골드버그, 앨런 재서노프, 린잉시, 트로이 리틀턴, 칼로스 로이스, 얼 밀러, 피터 밀너, 모티머 미슈킨, 크리스 무어, 리처드 모리스, 모리스 모스코비치, 켄 모야, 엘리자베스 머레이, 엘리 네디비, 러셀 패터슨, 토리 포지오, 테리 세이노스키, 세바스천 성, 마이크 샬덴, 칼라 샤츠, 에디 설리반, 므리강카 수르, 로키 테일러, 차이리후에이, 크리스 월시, 매트 월슨에게 고마운 마음을 전하고 싶다. 이들과의 인터뷰를 빠르고 정확하게 문서화해준 레야 부스에게도 감사한다.

몬트리올 신경학연구소의 브렌다 밀너, 빌 핀들, 샌드라 맥퍼슨과 주고받은 대화와 이메일로 유용한 역사적 정보를 얻을 수 있었으며, 마릴린 존스갓맨은 관대하게도 1977년 헨리와 진행했던 인터뷰 기록을 공유해주었다. 앨런 배들리, 진 갓맨, 제이크 케네디, 로널드 레서, 이베트 윙 펜, 아서 레버, 앤서니 와그너는 기억 관련 인지 처리와 신경 처리 과정에 대한 이해에 도움을 주었다. 미리엄 하이먼은 고대 그리스와 관련 있는 고급 지식을 나눠주었고, 에밀리오 비지는 뇌 수술에 대해 가르쳐주었고, 래리 스콰이어는 전문용어에 대한 조언을 주었다. 에디 설리반은 1980년대에 우리가 고안하고 수행한 테스트 계획안을 재구성하도록 도와주었고, 메리 폴리와 래리 왈드는 헨리가 사망한 그 역사적인 밤에 이루어진 작업을 영상 기록으로 제작하는 데 도움을 주었다.

하트퍼드의 역사에 관련한 정보를 제공해준 하트퍼드 역사센터의 국장이자 하트퍼드 도서관 내 하트퍼드콜렉션 관리자인 브렌다 밀러, 하트퍼드 도서관 하트퍼드 역사센터의 프로젝트 역사가 빌 포드에게 감사한다. MIT 과학도서관의 피터 노먼이 우리 연구에 많은 편의를 제공해주었다. 또한 조종사이자 비행 교관인 샌드라 마틴 맥도너가 헨리의 비행 추억을 분석하는 데 도움을 주었다. 헬렌 새크와 밥 새크와 죄르지 부차키는 친절하게도 헨리 이야기를 다룬 오프브로드웨이 연극 작품에 대한 평을 보내주었다.

본문에 실은 그림과 사진에 도움을 준 헨리의 후견인 M 씨, 로버트 아예미언, 진 오거스티나크, 에블리나 부사, 헨리 홀, 노바/피비에스앤홀드 프로덕션의 프로듀서인 새러 홀트, 베티언 매키, 알렉스 매쿼니, 로라 피스토리노, 데이비드 살라트, 안드레 반 더 코우이, 빅토리아 베가, 다이애나 우드러프팩에게 감사한다.

오랜 작업에 함께해준 몇 사람에 대해서는 따로 언급하는 것이 도리일 듯하다. 업무를 지원하는 비서인 베티언 매키는 내게 친구이자 생명줄과도 같은 존재다. 베티언의 공로를 나열하자면 이만한 책을 한 권 더 써도 부족하겠으나, 도움이 필요하면 때와 장소를 가리지 않고 나서준 그녀의 너그러움에 고마움을 잊어본 적 없다는 인사로 내 마음을 대신해야 할 것 같다. 30년 이상 나의 동료로 함께 작업해온 존 그로든은 미숙하기 짝이 없던 제안서 단계에서부터 최종 탈고 단계에 이르기까지 틈틈이 사려 깊은 조언을 주었다. 또한 탁월한 편집자 케슬린 린치에게도 큰 신세를 졌다. 그녀는 모든 장을 한 번 이상 읽고서 예리한 의견을 제시했을 뿐만 아니라 책 출판과 관련한 모든 측면에서 조언을 아끼지 않았다.

이 책이 나오기까지 많은 친구가 용기를 북돋워주었다. 저녁식사를 나누며 옛 추억을 공유해준 리사 스코빌 디트리히 덕분에 하트퍼드 시절의 기억을 되살릴 수 있었다. 나의 작업에 열정적인 지지를 보내준 옛 제자들과 박사후과정 연구원들인 에드나 베이진스키, 캐롤 크라이스트, 홀리데이 스미스 후크, 데이비드 마골리스, 케리 트라이브, 스티브 핑커에게 감사한다. 코네티컷의 수전 새포드 앤드루스, 보비

토퍼 버틀러, 베키 크레인 래퍼티, 낸시 오스틴 리드, 팻 매켄로 리노, 파리의 도리스, 장클로드, 카린 웰터 그리고 해군공창 제7부두의 멋진 친구들도 내게 영감을 주었다. 언제나 놀라운 방식으로 나를 응원해준 스미스 칼리지의 동창생들에게도 충심으로 감사한다.

MIT 뇌인지과학과의 동료 교수들에게도 기쁜 마음으로 인사드린다. 수십 년 동안 그들과 교류하면서 큰 도움을 받았으며 그들의 비범한 작업에 늘 흥분했고 또 영감을 받았다. 또한 자기 공부와는 아무 상관도 없는 잡다한 정보를 요청하는 내 이메일에 기꺼이 신속하게 응답해주었던 우리 과의 멋진 대학원생들, 박사후 연구생들에게도 감사한 마음을 전하고 싶다.

이 엄마에게 사랑과 격려와 찬사를 보내주고 겸허한 삶의 자세를 가르쳐주는 내 아들딸 재커리 코킨, 조슬린 코킨 모티머, 데이먼 코킨에게 사랑과 감사의 마음을 보낸다. 이 아이들과 그들이 이룬 가족들은 내게 활력과 기쁨의 원천이다. 이 책을 쓰는 과정에서 내가 얻은 한 가지 큰 기쁨은 조슬린이 편집자로서 탁월한 재능이 있다는 것을 발견한 것이다. 이 아이는 내 원고를 꼼꼼하게 읽으면서 다른 사람들이 보지 못하고 넘어갔던 오류를 무수히 잡아냈다. 조슬린의 노력으로 헨리의 이야기가 몇 배는 더 흥미로워졌다. 진심으로 고맙다. 또한 무궁무진한 열정과 관심을 쏟아준 제인 코킨과 도널드 코킨, 페트리샤와 제이크 케네디 가족에게도 감사한다.

헨리의 이야기를 책으로 쓰고 싶었던 내 꿈을 이룰 수 있게 이끌어준 와일리 에이전시를 만난 것은 큰 행운이었다. 투철한 직업 정신과 재능을 겸비한 직원들이 갖가지 업무를 인상적으로 수행해냈다. 그

중에서도 특히 앤드루 와일리, 스콧 모이어스, 레베카 나이젤, 크리스티나 무어에게 감사하고 싶다. 모두들 무척이나 뛰어난 사람들이었다.

퍼시우스 출판사에서는 라라 헤이머트, 벤 레놀즈, 크리스 그랜빌, 케이티 오도널, 레이철 킹이 편집과 제작에 힘써주었다. 이들의 탁월한 안목과 인내심에 경의를 보내며, 헨리 몰레이슨의 인생과 기억의 인지신경과학이라는 특수한 이야기에 기꺼이 귀 기울여준 열의에 감사드린다.

주

프롤로그: 머리글자 H. M.의 주인공

1 신경과학은 뇌와 신경계를 탐구하고자 하는 다양한 분야를 아우르는 거대한 산맥이다. 시스템신경과학은 서술기억과 비서술기억 같은 특정 유형의 행동에 관여하는 특정 뉴런 회로를 밝혀내는 임무를 맡은 신경과학의 한 분과다. 이 시스템에는 시각, 청각, 촉각 같은 감각기능과 문제해결, 목표지향적 행동, 공간능력, 운동제어, 언어 등의 고차원적 신경 처리가 포함된다. 헨리 사례를 연구하면서 우리는 뇌 전체에 분포된 처리 기능을 파악함으로써 기억 연구의 진보에 기여할 수 있었다. W. B. Scoville and B. Milner, "Loss of Recent Memory after Bilateral Hippocampal Lesions", *Journal of Neurology, Neurosurgery, and Psychiatry* 20 (1957): 11~21.

2 Scoville and Milner, "Loss of Recent Memory after Bilateral Hippocampal Lesions."

3 위의 글. 밀너가 이전에 실시한 기억 테스트에서는 주로 시각과 청각을 활용한 검사자극을 이용했다.

4 P. J. Hilts, "A Brain Unit Seen as Index for Recalling Memories", *New York Times* (1991, September 24); P. J. Hilts, *Memory's Ghost: The Strange Tale of Mr. M and the Nature of Memory* (New York: Simon & Schuster, 1995).

5 N. J. Cohen and L. R. Squire, "Preserved Learning and Retention of Pattern-Analyzing Skill in Amnesia: Dissociation of Knowing How and

Knowing That", *Science* 210 (1980): 207~210.

1장 비극의 서곡

1 O. Temkin, *The Falling Sickness: A History of Epilepsy from the Greeks to the Beginnings of Modern Neurology* (Baltimore, MD: Johns Hopkins Press, 1971).

2 위의 책.

3 위의 책.

4 W. Feindel et al., "Epilepsy Surgery: Historical Highlights 1909-2009", *Epilepsia* 50 (2009): 131~151.

5 위의 글.

6 M. D. Niedermeyer et al., "Rett Syndrome and the Electroencephalogram", *American Journal of Medical Genetics* 25 (2005): 1096~8628; H. Berger, "Über Das Elektrenkephalogramm Des Menschen", *European Archives of Psychiatry and Clinical Neuroscience* 87 (1929): 527~570.

7 W. Feindel et al., "Epilepsy Surgery: Historical Highlights 1909-2009", *Epilepsia* 50 (2009): 131~151; W. B. Scoville et al., "Observations on Medial Temporal Lobotomy and Uncotomy in the Treatment of Psychotic States; Preliminary Review of 19 Operative Cases Compared with 60 Frontal Lobotomy and Undercutting Cases", *Proceedings for the Association for Research in Nervous and Mental Disorders* 31 (1953): 347~73; O. Temkin, *The Falling Sickness: A History of Epilepsy from the Greeks to the Beginnings of Modern Neurology* (Baltimore, MD: Johns Hopkins Press, 1971); B. V. White et al., *Stanley Cobb: A Builder of the Modern Neurosciences* (Charlottesville, VA:. University Press of Virginia, 1984).

8 W. Feindel et al., "Epilepsy Surgery: Historical Highlights 1909-2009", *Epilepsia* 50 (2009): 131~151.

9 Jack Quinlan, October 8, 1945.

10 W. B. Scoville, "Innovations and Perspectives", *Surgical Neurology* 4 (1975): 528.

11 W. B. Scoville and B. Milner, "Loss of Recent Memory after Bilateral Hippocampal Lesions", *Journal of Neurology, Neurosurgery, and Psychiatry* 20 (1957): 11~21.

12 Liselotte K. Fischer, Unpublished report of psychological testing, Hartford Hospital, August 24, 1953.

2장 "솔직히 말해서 실험적인 수술"

1 J. El-Hai, *The Lobotomist: A Maverick Medical Genius and His Tragic Quest to Rid the World of Mental Illness* (Hoboken, NJ: J. Wiley, 2005); John F. Kennedy Memorial Library, "The Kennedy Family: Rosemary Kennedy"; www.jfklibrary.org/JFK/The-Kennedy-Family/Rosemary-Kennedy.aspx(2019년 2월 접속).

2 J. L. Stone, "Dr. Gottlieb Burckhardt - The Pioneer of Psychosurgery", *Journal of the History of the Neurosciences* 10 (2001): 79~92; El-Hai, *The Lobotomist*.

3 B. Ljunggren et al., "Ludvig Puusepp and the Birth of Neurosurgery in Russia", *Neurosurgery Quarterly* 8 (1998): 232~235.

4 C. F. Jacobsen et al., "An Experimental Analysis of the Functions of the Frontal Association Areas in Primates", *Journal of Nervous and Mental Disorders* 82 (1935): 1-14.

5 E. Moniz, *Tentatives Operatoires dans le Traitement de Certaines Psychoses* (Paris, France: Masson, 1936).

6 위의 책.

7 E. Moniz, "Prefrontal Leucotomy in the Treatment of Mental Disorders", *American Journal of Psychiatry* 93 (1937): 1379~1385; El-Hai, *The Lobotomist*.

8 W. Freeman and J. W. Watts, *Psychosurgery in the Treatment of Mental Disorders and Intractable Pain* (Springfield, IL: C. C. Thomas, 1950); J. D. Pressman, *Last Resort: Psychosurgery and the Limits of Medicine* (Cambridge Studies in the History of Medicine) (New York: Cambridge University Press,

1998): El-Hai, *The Lobotomist*.

9 D. G. Stewart and K. L. Davis, "The Lobotomist", *American Journal of Psychiatry* 165 (2008): 457~458; El-Hai, *The Lobotomist*.

10 J. E. Rodgers, *Psychosurgery: Damaging the Brain to Save the Mind* (New York: HarperCollins, 1992); El-Hai, *The Lobotomist*.

11 Pressman, *Last Resort*; El-Hai, *The Lobotomist*.

12 Pressman, *Last Resort*.

13 National Commission for the Protection of Human Subjects of Biomedical and Behavioral Research, *Psychosurgery: Report and Recommendations* (Washington, DC: DHEW Publication No. [OS] 77-0001, 1977); videocast. nih.gov/pdf/ohrp_psychosurgery.pdf(2019년 2월 접속).

14 W. B. Scoville et al., "Observations on Medial Temporal Lobotomy and Uncotomy in the Treatment of Psychotic States: Preliminary Review of 19 Operative Cases Compared with 60 Frontal Lobotomy and Undercutting Cases", Proceedings for the Association for Research in Nervous and Mental Disorders 31 (1953): 347~373.

15 W. Penfield and M. Baldwin, "Temporal Lobe Seizures and the Technic of Subtotal Temporal Lobectomy", *Annals of Surgery* 136 (1952): 625~634; Scoville et al., "Observations on Medial Temporal Lobotomy and Uncotomy."

16 W. B. Scoville and B. Milner, "Loss of Recent Memory after Bilateral Hippocampal Lesions", *Journal of Neurology, Neurosurgery, and Psychiatry* 20 (1957): 11~21, jnnp.bmj.com/content/20/1/11.short(2019년 2월 접속).

17 위의 글.

18 MacLean, "Some Psychiatric Implications"; Scoville and Milner, "Loss of Recent Memory."

19 Scoville and Milner, "Loss of Recent Memory"; S. Corkin et al., "H. M.'s Medial Temporal Lobe Lesion: Findings from MRI", *Journal of Neuroscience* 17 (1997): 3964~3979.

20 P. Andersen et al., *Historical Perspective: Proposed Functions, Biological Characteristics, and Neurobiological Models of the Hippocampus* (New York:

Oxford University Press, 2007); J. W Papez, "A Proposed Mechanism of Emotion. 1937", *Journal of Neuropsychiatry and Clinical Neurosciences* 7 (1995): 103~112; MacLean, "Some Psychiatric Implications."

21 Scoville and Milner, "Loss of Recent Memory."

3장 펜필드와 밀너

1 W Penfield and B. Milner, "Memory Deficit Produced by Bilateral Lesions in the Hippocampal Zone", *AMA.Arch Neurol Psychiatry* 79:5 (May 1958) 475~497; B. Milner, "The Memory Defect in Bilateral Hippocampal Lesions", *Psychiatric Research Reports of the American Psychiatric Association* 11 (1959): 43~58.

2 W. Penfield, *No Man Alone: A Neurosurgeon s Life* (Boston, MA: Little, Brown, 1977).

3 W. Penfield, "Oligodendroglia and Its Relation to Classical Neuroglia", *Brain* 47 (1924): 430~452.

4 O. Foerster and W. Penfield, "The Structural Basis of Traumatic Epilepsy and Results of Radical Operation", *Brain* 53 (1930): 99~119.

5 W. Penfield and M. Baldwin, "Temporal Lobe Seizures and the Technic of Subtotal Temporal Lobectomy", *Annals of Surgery* 136 (1952): 625~634; P. Robb, *The Development of Neurology at McGill* (Montreal: Osler Library, McGill University, 1989); W. Feindel et al., "Epilepsy Surgery: Historical Highlights 1909-2009", *Epilepsia* 50 (2009): 131~151.

6 F. C. Bartlett, *Remembering: A Study in Experimental and Social Psychology.* (New York: Cambridge University Press, 1932); C. W. M. Whitty and O.L. Zangwill, *Amnesia* (London: Butterworths, 1966).

7 Penfield and Milner, "Memory Deficit Produced by Bilateral Lesions in the Hippocampal Zone"; Milner, "The Memory Deficit Bilateral Hippocampal Lesions."

8 위의 글; W. Penfield and H. Jasper, *Epilepsy and the Functional Anatomy of the Human Brain* (Boston: Little, Brown, 1954).

9 W. Penfield and G. Mathieson, "Memory: Autopsy Findings and Comments on the Role of Hippocampus in Experiential Recall", *Archives of Neurology* 31 (1974): 145~154.

10 S. Demeter et al., "Interhemispheric Pathways of the Hippocampal Formation, Presubiculum, and Entorhinal and Posterior Parahippocampal Cortices in the Rhesus Monkey: The Structure and Organization of the Hippocampal Commissures", *Journal of Comparative Neurology* 233 (1985): 30~47.

11 Penfield and Milner, "Memory Deficit Produced by Bilateral Lesions in the Hippocampal Zone"; Milner, "The Memory Deficit Bilateral Hippocampal Lesions."

12 B. Milner and W. Penfield, "The Effect of Hippocampal Lesions on Recent Memory", *Transactions of the American Neurological Association* (1955–1956): 42~48; W. B. Scoville and B. Milner, "Loss of Recent Memory after Bilateral Hippocampal Lesions", *Journal of Neurology, Neurosurgery, and Psychiatry* 20 (1957): 11~21, jnnp.bmj.com/content/20/1/11.short(2019년 2월 접속).

13 Scoville and Milner, "Loss of Recent Memory."

14 W. B. Scoville, "The Limbic Lobe in Man", *Journal of Neurosurgery* 11 (1954): 64~66; Scoville and Milner, 1957.

15 Scoville and Milner, "Loss of Recent Memory"; B. Milner, "Psychological Defects Produced by Temporal Lobe Excision", *Research Publications–Association for Research in Nervous and Mental Disease* 36 (1958): 244~257.

16 Scoville and Milner, "Loss of Recent Memory."

17 W. B. Scoville, "Amnesia after Bilateral Medial Temporal–Lobe Excision: Introduction to Case H. M.", *Neuropsychologia* 6 (1968): 211~213; W. B. Scoville, "Innovations and Perspectives", *Surgical Neurology* 4 (1975): 528~530; L. Dittrich, "The Brain that Changed Everything", *Esquire* 154 (November 2010): 112~168.

18 B. Milner, "Intellectual Function of the Temporal Lobes", *Psychological*

Bulletin 51 (1954): 42~62.

19 W. Penfield and E. Boldrey, "Somatic Motor and Sensory Representation in the Cerebral Cortex of Man as Studied by Electrical Stimulation", *Brain* 60 (1937): 389~443; W. Feindel and W. Penfield, "Localization of Discharge in Temporal Lobe Automatism", *Archives of Neurology & Psychiatry* 72 (1954): 605~630; W. Penfield and L. Roberts, *Speech and Brain-Mechanisms* (Princeton, NJ: Princeton University Press, 1959).

20 S. Corkin, "Tactually-Guided Maze Learning in Man: Effects of Unilateral Cortical Excisions and Bilateral Hippocampal Lesions", *Neuropsychologia* 3 (1965): 339~351.

4장 30초

1 D. O. Hebb, *The Organization of Behavior: A Neuropsychological Theory* (New York: Wiley, 1949).

2 S. R. Cajal, "La Fine Structure des Centres Nerveux", *Proceedings of the Royal Society of London* 55 (1894): 444~468.

3 C. J. Shatz, "The Developing Brain", *Scientific American* 267 (1992): 60~67.

4 E. R. Kandel, "The Molecular Biology of Memory Storage: A Dialogue between Genes and Synapses", *Science* 294 (2001): 1030~1038; Kandel, *In Search of Memory*.

5 Hebb, *The Organization of Behavior*; Kandel, *In Search of Memory*.

6 L. Prisko, *Short-Term Memory in Focal Cerebral Damage* (unpublished dissertation; Montreal: McGill University, 1963).

7 E. K. Warrington et al., "The Anatomical Localisation of Selective Impairment of Auditory Verbal Short-Term Memory", *Neuropsychologia* 9 (1971): 377~387.

8 위의 글.

9 N. Kanwisher, "Functional Specificity in the Human Brain: A Window into the Functional Architecture of the Mind", *Proceedings of the National Academy of Sciences of the United States of America* 107 (2010): 11163~11170.

10 E. K. Miller and J. D. Cohen, "An Integrative Theory of Prefrontal Cortex Function", *Annual Review of Neuroscience* 24 (2001): 167~202.

11 B. Milner, "Reflecting on the Field of Brain and Memory", Lecture of November 18, 2008 (Washington, DC: Society for Neuroscience).

12 J. Brown, "Some Tests of the Decay Theory of Immediate Memory", *Quarterly Journal of Experimental Psychology* 10 (1958): 12~21.

13 L. R. Peterson and M. J. Peterson, "Short-Term Retention of Individual Verbal Items", *Journal of Experimental Psychology* 58 (1959): 193~198.

14 S. Corkin, "Some Relationships between Global Amnesias and the Memory Impairments in Alzheimer's Disease", *Alzheimer's Disease: A Report of Progress in Research*, ed. S. Corkin et al. (New York: Raven Press, 1982), 149~164.

15 B. Milner et al., "Further Analysis of the Hippocampal Amnesic Syndrome: 14-Year Follow-up Study of H. M.", *Neuropsychologia* 6 (1968): 215~234.

16 B. Milner, "Effects of Different Brain Lesions on Card Sorting: The Role of the Frontal Lobes", *Archives of Neurology* 9 (1963): 100~110.

17 A. Jeneson and L. R. Squire, "Working Memory, Long-Term Memory, and Medial Temporal Lobe Function", *Learning & Memory* 19 (2012): 15~25.

18 N. Wiener, *Cybernetics: or, Control and Communication in the Animal and the Machine* (Cambridge: MIT Press, 1948).

19 G. A. Miller et al., *Plans and the Structure of Behavior* (New York: Holt, 1960).

20 R. C. Atkinson and R. M. Shiffrin, "Human Memory: A Proposed System and Its Control Processes", *The Psychology of Learning and Motivation: Advances in Research and Theory*, vol. 2, ed. K. W. Spence and J. T. Spence (New York: Academic Press, 1968), 89~195; tinyurl.com/aa4w696(2019년 2

월 접속).

21 A. D. Baddeley and G. J. L. Hitch, "Working Memory", *The Psychology of Learning and Motivation: Advances in Research and Theory*, ed. G. H. Bower (New York: Academic Press, 1974), 47~89.

22 B. R. Postle, "Working Memory as an Emergent Property of the Mind and Brain", *Neuroscience* 139 (2006): 23~38; M. D'Esposito, "From Cognitive to Neural Models of Working Memory", *Philosophical Transactions of the Royal Society of London, Series B: Biological Sciences* 362 (2007): 761~772; J. Jonides et al., "The Mind and Brain of Short-Term Memory", *Annual Review of Psychology* 59 (2008): 193~224.

23 Miller and Cohen, "An Integrative Theory of Prefrontal Cortex Function", Annual Review of Neuroscience 24 (2001): 167~202.

24 위의 글.

5장 기억은 이것으로 만들어진다

1 스코빌의 메모와 스케치가 또 다른 신경외과 의사 라마 로버츠가 그린 세밀화의 토대가 되었는데, 이 그림은 1957년 스코빌과 밀너의 공동 논문에 수록되었다.

2 P. C. Lauterbur, "Image Formation by Induced Local Interactions: Examples of Employing Nuclear Magnetic Resonance", *Nature* 242 (1973): 1901; P. Mansfield and P. K. Grannell, "NMR 'Diffraction' in Solids?", *Journal of Physics C Solid State Physics* 6 (1973): L422.

3 S. Corkin et al., "H. M.'s Medial Temporal Lobe Lesion: Findings from MRI", *Journal of Neuroscience* 17 (1997): 3964~3979.

4 H. Eichenbaum, *The Cognitive Neuroscience of Memory: An Introduction* (New York: Oxford University Press, 2011).

5 B. Milner et al., "Further Analysis of the Hippocampal Amnesic Syndrome: 14-Year Follow-up Study of H. M.", *Neuropsychologia* 6 (1968): 215~234.

6 위의 글.

7 Corkin, "H. M.'s Medial Temporal Lobe Lesion."

8 H. Eichenbaum et al., "Selective Olfactory Deficits in Case H. M.", *Brain* 106 (1983): 459~472.

9 위의 글.

10 위의 글.

11 위의 글.

12 헨리가 실험실에서 수행했던 길 찾기 과제에서 어려움을 겪었다는 사실은 지금은 고전이 된 존 오키프와 린 네이들의 1978년 저작 《The Hippocampus as a Cognitive Map》(New York: Oxford University Press)이 내놓은 가설을 강력하게 뒷받침했다. 이 가설은 이론 모델, 행동연구, 해부학적 토대, 생리학적 근거를 종합하여 해마가 인지지도 구성, 공간의 배치 형태에 대한 기억, 공간 안에서 움직인 경험에 대한 기억을 관장한다고 주장했다.

13 B. Milner, "Visually-Guided Maze Learning in Man: Effects of Bilateral Hippocampal, Bilateral Frontal, and Unilateral Cerebral Lesions", *Neuropsychologia* 3 (1965): 317~338.

14 S. Corkin, "Tactually-Guided Maze Learning in Man: Effects of Unilateral Cortical Excisions and Bilateral Hippocampal Lesions", *Neuropsychologia* 3 (1965): 339~351.

15 S. Corkin, "What's New with the Amnesic Patient H. M.?", *Nature Reviews Neuroscience* 3 (2002): 153~160.

16 S. Corkin et al., "H. M.'s Medial Temporal Lobe Lesion."

17 V. D. Bohbot and S. Corkin, "Posterior Parahippocampal Place Learning in H. M.", *Hippocampus* 17 (2007): 863~872.

18 위의 글.

6장 "나하고 논쟁하고 있습니다"

1 J. D. Payne, "Learning, Memory, and Sleep in Humans", *Sleep Medicine Clinics* 6 (2011): 15~30; R. Stickgold and M. Tucker, "Sleep and Memory: In Search of Functionality", *Augmenting Cognition*, eds. I. Segev et al. (Boca Raton, FL: CRC Press, 2011), 83~102.

2 P. Broca, "Sur la Circonvolution Limbique et la Scissure Limbique",

Bulletins de la Societe d'Anthropologie de Paris 12 (1877): 646~657; J. W. Papez, "A Proposed Mechanism of Emotion", *Archives of Neurology and Psychiatry* 38 (1937): 725~743.

3 Papez, "A Proposed Mechanism of Emotion"; J. Nolte and J. W. Sundsten, *The Human Brain: An Introduction to Its Functional Anatomy* (Philadelphia, PA: Mosby, 2009); K. A. Lindquist et al., "The Brain Basis of Emotion: A Meta-Analytic Review", *Behavioral and Brain Sciences* 35 (2012): 121~143.

4 P. Ekman, "Basic Emotions", *Handbook of Cognition and Emotion*, eds, T. Dalgleish et al. (New York: Wiley, 1999), 45~60.

5 E. A. Kensinger and S. Corkin, "Memory Enhancement for Emotional Words: Are Emotional Words More Vividly Remembered Than Neutral Words?", *Memory and Cognition* 31 (2003): 1169~1180; E. A. Kensinger and S. Corkin, "Two Routes to Emotional Memory: Distinct Neural Processes for Valence and Arousal", *Proceedings of the National Academy of Sciences* 101 (2004): 3310~3315.

7장 부호화, 저장, 인출

1 C. E. Shannon, "A Mathematical Theory of Communication", *Bell System Technical Journal* 27 (1948): 379~423, 623~656; G. A. Miller, "The Magical Number Seven, Plus or Minus Two: Some Limits on Our Capacity for Processing Information", *Psychological Review* 63 (1956): 81~97.

2 A. S. Reber, "Implicit Learning of Artificial Grammars 1", *Journal of Verbal Learning and Verbal Behavior* 6 (1967): 855~863; N. J. Cohen and L. R. Squire, "Preserved Learning and Retention of Pattern-Analyzing Skill in Amnesia: Dissociation of Knowing How and Knowing That", *Science* 210 (1980): 207~210; L. R. Squire and S. Zola-Morgan, "Memory: Brain Systems and Behavior", *Trends in Neuroscience* 11 (1988): 170~175.

3 F. I. M. Craik and R. S. Lockhart, "Levels of Processing: A Framework for Memory Research", *Journal of Verbal Learning and Verbal Behavior* 11 (1972): 671~684; F. I. M. Craik and E. Tulving, "Depth of Processing and the Retention of Words in Episodic Memory", *Journal of Experimental Psychology* 104 (1975): 268~294.

4 위의 글.

5 S. Corkin, "Some Relationships between Global Amnesias and the Memory Impairments in Alzheimer's Disease", *Alzheimer's Disease: A Report of Progress in Research*, eds, S. Corkin et al. (New York: Raven Press, 1982), 149~164.

6 위의 글.

7 Corkin, "Some Relationships"; K. Velanova et al., "Evidence for Frontally Mediated Controlled Processing Differences in Older Adults", *Cerebral Cortex* 17 (2007): 1033~1046.

8 R. L. Buckner and J. M. Logan, "Frontal Contributions to Episodic Memory Encoding in the Young and Elderly", *The Cognitive Neuroscience of Memory*, eds, A. Parker et al. (New York: Psychology Press, 2002), 59~81; U. Wagner et al., "Effects of Cortisol Suppression on Sleep-Associated Consolidation of Neutral and Emotional Memory", *Biological Psychiatry* 58 (2005): 885~893.

9 J. A. Ogden, *Trouble in Mind: Stories from a Neuropsychologist's Casebook* (New York: Oxford University Press, 2012).

10 J. D. Spence, *The Memory Palace of Matteo Ricci* (London: Quercus, 1978).

11 A. Raz et al., "A Slice of Pi: An Exploratory Neuroimaging Study of Digit Encoding and Retrieval in a Superior Memorist", *Neurocase* 15 (2009): 361~372.

12 Raz, "A Slice of Pi"; K. A. Ericsson, "Exceptional Memorizers: Made, Not Born", *Trends in Cognitive Science* 7 (2003): 233~235.

13 Buckner and Logan, "Frontal Contributions to Episodic Memory Encoding."

14 H. A. Lechner et al., "100 Years of Consolidation – Remembering Muller and Pilzecker, "*Learning Memory* 6 (1999): 77~87.

15 위의 글.

16 위의 글.

17 C. P. Duncan, "The Retroactive Effect of Electroshock on Learning", *Journal of Comparative Psychology* 42 (1949): 32~44; J. L. McGauch, "Memory - A Century of Consolidation", Science 287 (2000): 248~521; S. J. Sara and B. Hars, "In Memory of Consolidation", *Learning and Memory* 13 (2006): 515~521.

18 H. Eichenbaum, "Hippocampus: Cognitive Processes and Neural Representations That Underlie Declarative Memory", *Neuron* 44 (2004): 109~120.

19 Eichenbaum, "Hippocampus"; D. Shohamy and A. D. Wagner, "Integrating Memories in the Human Brain: Hippocampal–Midbrain Encoding of Overlapping Events", *Neuron* 60 (2008): 378~389.

20 W. B. Scoville and B. Milner, "Loss of Recent Memory after Bilateral Hippocampal Lesions", *Journal of Neurology, Neurosurgery, and Psychiatry* 20 (1957): 11~21; B. Milner, "Psychological Defects Produced by Temporal Lobe Excision", *Research Publications–Association for Research in Nervous and Mental Disease* 36 (1958): 244~257.

21 위의 글; W. Penfield and B. Milner, "Memory Deficit Produced by Bilateral Lesians in the Hippocampal Zone", A. M. A. Archives of *Neurology & Psychiatry* 79 (1950): 475~497.

인간 기억의 각 단계를 뒷받침하는 인지 및 신경 처리 과정의 복잡성을 검사하기 위해 신경과학자들은 다양한 동물종을 대상으로 실험을 했다. 이들 실험으로 기억 형성의 몇 가지 지수를 기록할 수 있었다. 기억 수행점수가 상승하면 신경의 신호 생성 속도가 증가하는가 혹은 감소하는가 그리고 세포와 분자의 구조와 기능에 변화가 일어나는가 등을 측정했다. 여기에서 발생한 변화는 전부가 '신경가소성', 즉 뇌가 경험에 의해 변화할 수 있음을 입증한다. 지금도 진행 중인 이 연구의 궁극적 목표는 모든 차원의 지식을 총괄하여 학습과 기억의 작용 메커니즘을 종합 기술하는 것이다.

사람과 비슷한 인지 처리 작용을 이해하기 위한 동물로는 원숭이가 선정되었다.

원숭이는 설치류보다 복잡한 과제를 학습할 수 있는데, 특히나 인지적 유연성(목표를 설정하고 그 목표를 성취하기 위한 사고와 행동을 수행하는 능력)을 파악하기에 적합한 종이다. 그러나 원숭이는 사육 비용이 많이 들 뿐 아니라 연구자들이 원하는 인지 과제가 매우 복잡한 까닭에 훈련에도 긴 시간이 소요된다. 그런 이유로 기억 연구에는 쥐와 생쥐가 널리 이용되었다. 종마다 각기 장점이 있는데, 생쥐는 유전자 모형이나 유전자 조작이 필요할 때 이상적인 종이다.

1977년에 시작된 유전자 표적화 기술은 현재 전 세계 수천 곳의 실험실에서 쓰일 정도로 발전했다. 2007년 마리오 카페키, 마틴 에반스, 올리버 스미시스가 배아줄기세포를 이용해 쥐의 특정 유전자를 조작하는 원리를 발견한 공로를 인정받아 노벨상 생리/의학 부문을 수상했다. 이 방법으로 생쥐의 특정 조직의 기능을 조작할 수 있어 인간의 수백 가지 질병을 복제하는 데도 이용할 수 있다. 생쥐 모형의 장점은 사람에게 하는 것보다 훨씬 더 정밀하고 꼼꼼한 질병 연구가 가능하다는 점이다. 따라서 이 기술이 많은 질병의 병리적 기제를 표적으로 하는 새로운 요법을 개발하는 데 희망이 되고 있다. 1977년부터 현재의 유전자 표적화 기술에 관해서는 www.nobelprize.org:nobel_prizes:medicine:laureates:2007:capecchi-lecture.html의 노벨상 수상 강연을 보라.

쥐의 유전자 표적화 연구는 최근까지 가능하지 않았지만, 실험실 연구를 통해 이들 종의 해부학, 생리학 그리고 행동상의 특성은 충분히 파악되었으며 뇌가 커서 뉴런 활성화를 기록하기도 훨씬 용이하다. 대부분의 신경과학자들이 아직 해명되지 않은 문제를 탐구하는 데 쥐와 생쥐를 보완적으로 활용한다. 좀 더 특수한 연구를 목적으로 할 때는 흥미로운 동물종이 활용되기도 한다. 가령 노래 학습 능력을 위해 금화조를 연구하고 현란한 시각기관 연구에는 흰족제비가 이용되며, 심지어는 엄청난 크기 덕분에 뉴런 채취가 용이하다는 이유로 선정된 아플리시아도 있다.

온갖 실험으로 저마다 중대한 발견에 기여해온 다양한 생물종들이 기억 연구 역사의 각 장을 장식하고 있다. 아직도 답을 찾지 못한 물음이 무수히 남아 있으나, 지난 수십 년 동안 기억 연구를 통해 우리는 하나의 학습 경험이 뇌회로 안에서 변화를 일으키는 메커니즘이 있으며 그 변화는 일시적이지 않고 지속된다는 것을 시사하는 방대한 근거를 축적해왔다.

22 McGauch, "Memory – A Century of Consolidation". 기억응고화이론을 제기

한 학자들은 헨리의 숙적인 장기적 서술기억이 해마의 생산작업과 대뇌피질의 처리 과정 간에 긴밀한 상호협력이 이루어져야 가능하다고 추측한다. 헨리에게 남아 있던 대뇌피질 부위들만으로는 이 기능을 수행할 수 없었다. 2012년 연구는 계속해서 해마 신경계와 피질 회로의 어떤 상호작용이 기억을 응고화하고 저장하는가에 초점을 맞추었다. 응고화는 점진적으로 이루어지는 과정이므로, 이 과정에 해마와 피질의 다양한 메커니즘이 활용된다고 가정하는 것이 합리적인 것으로 보인다. 다음을 참조하라. D. Marr, "Simple Memory: A Theory for Archicortex", *Philosophical Transactions of the Royal Society of London, Series B, Biological Sciences* 262 (1971): 23~81; L. R. Squire et al., "The Medial Temporal Region and Memory Consolidation: A New Hypothesis", *Memory Consolidation: Psychobiology of Cognition*, eds, H. Weingartner et al. (Hillsdale, NJ: Lawrence Erlbaum Associates, 1984), 185~210; J. L. McClelland et al., "Why There Are Complementary Learning Systems in the Hippocampus and Neocortex: Insights from the Successes and Failures of Connectionist Models of Learning and Memory", *Psychological Review* 102 (1995): 419~457.

23 S. Ramón y Cajal, "La Fine Structure des Centres Nerveux", *Proceedings of the Royal Society of London* 55 (1894): 444~468; D. O. Hebb, *The Organization of Behavior: A Neuropsychological Theory* (New York: John Wiley & Sons, 1949).

24 T Lømo, "Frequency Potentiation of Excitatory Synaptic Activity in the Dentate Areas of the Hippocampal Formation", *Acta Physiologica Scandinavica* 68 (1966): 128; T. V. P. Bliss and T. Lømo, Long-Lasting Potentiation of Synaptic Transmission in the Dentate Area of the Anaesthetized Rabbit Following Stimulation of the Perforant Path", *Journal of Physiology* 232 (1973): 331~356; R. M. Douglas and G. Goddard, "Long-Term Potentiation of the Perforant Path-Granule Cell Synapse in the Rat Hippocampus", *Brain Research* 86 (1975): 205~215.

25 S. J. Martin et al., "Synaptic Plasticity and Memory: An Evaluation of the Hypothesis", *Annual Review of Neuroscience* 23 (2000): 649~711; T. Bliss et al., "Synaptic Plasticity in the Hippocampus", *The Hippocampus Book*, eds, P. Anderson et al. (New York: Oxford University Press, 2007), 343~474.

26 위의 글.

27 다음으로 연구자들은 이 학습장애가 모든 학습 유형에 적용되는지 아니면 공간 학습에만 해당하는지를 물었다. 그는 쥐에게 생김새를 토대로 두 플랫폼(퇴로를 제공하는 회색 플랫폼과 물 속으로 가라앉는 흑백 줄무늬 플랫폼) 중에서 하나를 선택하는 단순한 시각 변별 과제를 훈련시켰다. 장기강화 기능을 차단하는 약물을 투약한 쥐들도 이 시각 변별 과제를 무난히 수행했는데, 이는 해마가 이 과제에는 필요하지 않음을 시사한다. 공간 학습(서술학습)에는 장애를 보이던 쥐들이 시각 변별 학습(비서술학습)은 온전하게 수행한 대조적인 결과는 헨리가 수술 직후에 병원 화장실을 찾지 못하고 헤맸지만 새로운 운동기술은 손쉽게 배우던 일을 연상시킨다. R. G. Morris et al., "Selective Impairment of Learning and Blockade of Long-Term Potentiation by an N-Methyl-D-Aspartate Receptor Antagonist, Ap5", *Nature* 319 (1986): 774~776을 보라.

28 J. Z. Tsien, et al., "Subregion-and Cell Type-Restricted Gene Knockout in Mouse Brain", *Cell* 87 (1996): 1317~1326; T. J. McHugh, et al., "Impaired Hippocampal Representation of Space in CA1-Specific NMDAR1 Knockout Mice", *Cell* 87 (1996): 1339~1349; A. Rotenberg, et al., "Mice Expressing Activated CaMKII Lack Low Frequency LTP and Do Not Form Stable Place Cells in the CAl Region of the Hippocampus", *Cell* 87 (1996): 1351~1361.

29 T. V. P. Bliss and S. F. Cooke, "Long-Term Potentiation and Long-Term Depression: A Clinical Perspective", *Clinics* 66 (2011): 3~17.

30 J. O'Keefe and J. Dostrovsky, "The Hippocampus as a Spatial Map: Preliminary Evidence from Unit Activity in the Freely-Moving Rat", *Brain Research* 34 (1971): 171~175.

31 Y. L. Qin et al. "Memory Reprocessing in Corticocortical and Hippocampocortical Neuronal Ensembles", *Philosophical Transactions of the Royal Society of London, Series B, Biological Sciences* 352 (1997): 1525~1533.

32 J. D. Payne, Learning, Memory, and Sleep in Humans", *Sleep Medicine Clinics* 6 (2011): 145~156.

33 K. Louie and M. A. Wilson, "Temporally Structured Replay of Awake Hippocampal Ensemble Activity During Rapid Eye Movement Sleep", *Neuron* 29 (2001): 145~156.

34 위의 글.

35 A. K. Lee and M. A. Wilson, "Memory of Sequential Experience in the Hippocampus During Slow Wave Sleep", *Neuron* 36 (2002): 1183~1194. 깨어 있는 쥐의 기억재생은 기억 응고화를 이해하는 데도 도움이 되었다. 2006년 윌슨 연구팀은 쥐가 처음 보는 트랙을 완주한 뒤 멈춰 쉬면서 수염을 건드리거나 가만히 있는 것을 관찰할 수 있었다. 이렇게 쉬는 동안 미로 내 위치에 대한 기억이 해마에서 역순으로 재생되었다(트랙 끝과 연관된 장소세포가 먼저 활성화된 다음에 트랙 앞 장소세포가 활성화되었다). 이 역순재생은 쥐가 동작을 멈추고 방금 경험한 것을 문자 그대로 역순으로 곰곰이 생각하면서 소화하고 응고화한 것이다. 의문점은 남는다. 이 쥐는 무엇을 생각했는가? 무엇 때문에 기억을 재생했는가? 아직 무르익은 견해는 아닐지라도 최소한 방향은 옳으며, 적어도 이 방향에서 획기적인 도약을 일구어낼 것이다. D. J. Foster and M. A. Wilson, "Reverse Replay of Behavioural Sequences in Hippocampal Place Cells During the Awake State", *Nature* 440 (2006): 680~683을 보라.

36 위의 글. K. Diba and G. Buzsaki, "Forward and Reverse Hippocampal Place-Cell Sequences During Ripples", *Nature Neuroscience* 10m (2007): 1241~1242. 37. D. Ji and M.A. Wilson, Coordinated Memory Replay in the Visual Cortex and Hippocampus During Sleep", *Nature Neuroscience* 10 (2007): 100~107.

38 E. Tulving and D. M. Thomson, "Encoding Specificity and Retrieval Processes in Episodic Memory", *Psychological Review* 80 (1973): 352~373.

39 H. Schmolck, et al., "Memory Distortions Develop over Time: Recollections of the O.J. Simpson Trial Verdict after 15 and 32 Months", *Psychological Science* 11 (2000): 39~45.

40 J. Przybyslawski and S. J. Sara, "Reconsolidation of Memory after Its Reactivation", *Behavioural Brain Research* 84(1997): 241~246.

41 위의 글.

42 O. Hardt et al., "A Bridge over Troubled Water: Reconsolidation as a Link between Cognitive and Neuroscientific Memory Research Traditions", *Annual Review of Psychology* 61 (2010): 141~167; See also D. Schiller et al., "Preventing the Return of Fear in Humans Using Reconsolidation Update Mechanisms", Nature 463 (2010): 49~53.

43 J. T. Wixted, "The Psychology and Neuroscience of Forgetting", *Annual Review of Psychology* 55 (2004): 235~269.

44 D. M. Freed et al., "Forgetting in H. M.: A Second Look", *Neuropsychologia* 25 (1987): 461~471.

45 Freed, "Forgetting in H. M."; D. M. Freed and S. Corkin, "Rate of Forgetting in H. M.: 6-Month Recognition", *Behavioral Neuroscience* 102 (1988): 823~827.

46 R. C. Atkinson and J. F. Juola, "Search and Decision Processes in Recognition Memory", *Contemporary Developments in Mathematical Psychology: Learning, Memory, and Thinking*, eds, D. H. Krantz (San Francisco, CA: W. H. Freeman, 1974), 242~293; G. Mandler, "Recognizing: The Judgement of Previous Occurrence", *Psychological Review* 87 (1980): 252~271; L. L. Jacoby, "A Process Dissociation Framework: Separating Automatic from Intentional Uses of Memory", *Journal o/Memory and Language* 30 (1991): 513~541.

47 J. P. Aggleton and M. W. Brown, "Episodic Memory, Amnesia, and the Hippocampal-Anterior Thalamic Axis", *Behavioral and Brain Science* 22 (1999): 425~444.

48 Freed, "Forgetting in H. M."; Freed and Corkin, "Rate of Forgetting in H. M."; and Aggleton and brown, "Episodic Memory."

49 C. Ranganath et al., "Dissociable Correlates of Recollection and Familiarity within the Medial Temporal Lobes", *Neuropsychologia* 42 (203): 2~13.

50 위의 글.

51 위의 글.

52 B. Bowles et al., "Impaired Familiarity with Preserved Recollection

after Anterior Temporal-Lobe Resection That Spares the Hippocampus",
Proceedings of the National Academy of Sciences 104 (2007): 16382~16387;
M. W. Brown et al., "Recognition Memory: Material, Processes, and
Substrates: *Hippocampus* 20 (2010): 1228~1244.
2011년에 뉴욕 대학교의 인지신경학자들이 내측두엽의 재인기억 형성에 대해 다
른 견해를 내놓았다. 그들이 건강한 수검자의 fMRI를 분석한 결과, 후각주위피질
이 개별 사물의 시각화를 담당하는 반면에 부해마피질은 장면의 시각화를 담당
하는 것으로 드러났다. B. P. Staresina et al., "Perirhinal and Parahippocamal
Cortices Differentially Contribute to Later Recollection of Object- and Scene-
Related Event Details", *Journal of Neuroscience* 31 (2011): 8739~8747을
보라.

8장 기억할 필요가 없는 기억 1: 운동기술 학습

1 A. S. Reber, "Implicit Learning of Artificial Grammars", *Journal of Verbal
Learning and Verbal Behavior* 6 (1967): 855~863; L. R. Squire and S. Zola-
Morgan, "Memory: Brain Systems and Behavior", *Trends in Neuroscience*
11 (1988): 170~175; K. S. Giovanello and M. Verfaellie, "Memory Systems
of the Brain: A Cognitive Neuropsychological Analysis", *Seminars in Speech
and Language* 22 (2001): 107~16.

2 S. Nicolas, "Experiments on Implicit Memory in a Korsakoff Patient by
Claparède (1907)", *Cognitive Neuropsychology* 13 (1996): 1193~1199.

3 B. Milner, "Memory Impairment Accompanying Bilateral Hippocampal
Lesions", *Psychologie De L'hippocampe*, eds. P. Passouant (Paris, France:
Centre National de la Recherche Scienrifique, 1962), 257~272.

4 위의 글.

5 S. Corkin, "Tactually-Guided Maze Learning in Man: Effects of Unilateral
Cortical Excisions and Bilateral Hippocampal Lesions", *Neuropsychologia* 3
(1965): 339~351.

6 E. K. Miller and J. D. Cohen, "An Integrative Theory of Prefrontal Cortex
Function", *Annual Review of Neuroscience* 24 (2001): 167~202.

7 S. Corkin, "Acquisition of Motor Skill after Bilateral Medial Temporal-Lobe Excision", *Neuropsychologia* 6 (1968): 255~265.

8 위의 글.

9 위의 글.

10 위의 글.

11 위의 글.

12 위의 글.

13 위의 글.

14 G. Ryle, "Knowing How and Knowing That", *The Concept of Mind* (London: Hutchinson's University Library, 1949), 26~60; 논문 전체는 온라인 tinyurl.com/8kqedyj에서 읽을 수 있다(2019년 2월 접속).

라일의 저서가 출판된 지 수십 년이 지난 현재, '방법적 지식'과 '명제적 지식'의 구분에 대한 철학적 논쟁이 인공지능 학계로도 들어왔다. 5장 도입부에서 언급했듯이 인공지능 연구가 뇌 이론에 영향을 미치기도 했는데, 인공지능은 컴퓨터가 사람의 뇌처럼 기능하도록 만드는 프로그래밍을 다루는 영역이기 때문이다. 1970년대의 인공지능 연구자들은 지식표현(지식을 컴퓨터와 사람이 동시에 이해할 수 있는 형태로 나타내는 것—옮긴이)의 두 형태를 '절차' 지식과 '서술' 지식으로 분류했다. 1975년에 테리 위노그래드가 논문 "Frame Representations and the Declarative/Procedural Controversy"(*Representation and Understanding: Studies in Cognitive Sciences*, ed. D. G. Bobrow, et al.[New York: Academic Press], 185~210)을 발표했는데, 이 논문에서 절차주의자와 서술주의자의 논쟁을 간략히 소개했다. "절차주의자는 우리의 지식이 기본적으로 '방법에 대한 것'이라고 주장한다. 그들은 사람이 정보를 처리하는 방식이 일종의 저장된 프로그램이며 그 프로그램 안에 세계에 대한 지식이 내장되어 있다고 본다. 어떤 사람(또는 로봇)이 영어나 체스 게임 또는 자기가 속한 세계의 물리적 성질에 대해 갖고 있는 지식이 그 지식을 돌리는 프로그램과 같은 범주라는 이야기다"(p.186). 다시 말해서 지식이 우리의 행동을 인도하는 특정 경로로 이루어져 있다는 것이다. 반면에 서술주의자는 어떤 분야의 지식이 그것을 이용하는 절차와 긴밀하게 묶여 있다고 보지 않는다. 그들은 지식이 두 기반, 즉 종류에 상관없이 모든 사실을 다루는 일반 절차의 집합과 특정 영역의 지식을 설명하는 특정 사실의 집합을 토대로 한다고 본다. 이 관점에서는 지식이 하나의 연산집합이 아니라 정보다. 위노그래드는 두 가지 지식표현 형태의 경계를 허물어야 한다면서 오히려 특정 서술문을 사용하는 방법을 구체화함으로써 서술지식과 절차지식의 중간 지점을 취할 것을 제안했다. 그의 주장은 장기기억 속에 저장된 사실들에 절차를 부여하자는 것이다. 반면에 존 앤더슨은 절차지식과 서술지식 간에는 한 가지 근본적인 차이가 있다고 주장했다. 앤더슨은 1976년 저서 《Language, Memory, and Thought》(Hillsdale, N. J.: Psychology Press)에서 라일의 개념과 관련해서 세 가지 차이점을 이야기했다. 첫째, 서술지식은 우리에게 있거나 아니면 없는 무언가인 반면에 절차지식은 서서히 한 번에 조금씩 획득할 수 있는 것이다. 둘째 차이점은 "서술지식은 누가 알려주면 그 자리에서 획득할 수 있지만, 절차지식은 그 기술을 수행 혹은 연습하는 과정에서 점진적으로 획득하는 것"(p. 117)이라고 썼다. 셋째, 서술지식은 우리가 다른 사람에게 말로 알려줄 수 있는 반면에 절차지식은 말로 설명할 수 없다. 이 이론가들이 이 두 종류의 지식이 어떻게 다른지 논쟁하는 동안 컴퓨터공학자 패트릭 윈스턴이 하나의 타협안을 제시했다. 1977년 저서 《Artificial Intelligence》 (Reading, MA: Addison-Wesley)에서 윈스턴은 이렇게 썼다. "지식이 절차적으로 저장된다는 주장과 서술적으로 저장된다는 논쟁이 있다. 대부분의 경우에는 양쪽 진영의 장점을 취하는 절충주의가 최선의 해법이다"(p. 393). 우리가 일상에서 살아가기 위해서는 절차지식과 서술지식이 모두 필요하며, 뇌는 이 두 종류의 정보를 획득하고 저장하기 위해서 각기 다른 절차와 회로를 배치한다. 밀너는 15년 전에 헨리의 거울 보고 선 긋기 검사 결과를 보고했을 때, 이 두 지식의 생물학적 차이를 보여주었다.

Milner, "Memory Disturbance after Bilateral Hippocampal Lesions"도 참조.

15 M. Victor and A. H. Ropper, *Adams and Victor's Principles of Neurology*, 7th ed. (New York: McGraw-Hill, Medical Pub. Division, 2001).

16 위의 책.

17 우리의 추가적인 인지검사는 우리가 파킨슨병 환자들에게서 확인한 거울 보고 선 긋기 장애가 사실은 학습장애라는 결론을 강력하게 입증했다. 이 환자들의 더딘 학습이 공간의 구조를 처리하는 능력의 결함이나 기본 운동기능 결함일 가능성을 배제하기 위해 우리는 다른 능력을 검사하는 테스트를 추가로 실시했다. 추가 테스트 결과를 분석했을 때도 여전히 상당한 학습 능력의 결함이 확인되었다. 이

결과는 거울 보고 선 긋기가 신경전달물질을 분배하는 선조체의 기억 회로가 지원하는 활동이라는 견해를 입증한다.

18 M. J. Nissen and P. Bullemer, "Attentional Requirements of Learning: Evidence from Performance Measures", *Cognitive Psychology* 19 (1987): 1~32.

19 D. Knopman and M. J. Nissen, "Procedural Learning Is Impaired in Huntington's Disease: Evidence from the Serial Reaction Time Task", *Neuropsychologia* 29 (1991): 245~254.

20 A. Pascual-Leone et al., "Procedural Learning in Parkinson's Disease and Cerebellar Degeneration", *Annals of Neurology* 34 (1993): 594~602; J. N. Sanes et al., "Motor Learning in Patients with Cerebellar Dysfunction", *Brain* 113 (1990): 103~120.

21 T. A. Martin et al., "Throwing while Looking through Prisms. I. Focal Olivocerebellar Lesions Impair Adaptation", and "II. Specificity and Storage of Multiple Gaze-Throw Calibrations", *Brain* 119 (1996): 1183~1198, 1199~1211.

22 R. Shadmehr and F. A. Mussa-Ivaldi, "Adaptive Representation of Dynamics during Learning of a Motor Task", *Journal of Neuroscience* 14 (1994): 3208~3224; www.jneurosci.org/content/14/5/3208.full. pdf+html(2019년 2월 접속).

1998년 대니얼 윌링엄이 제시한 모형은 신경심리학에서 중요하게 이용된다. 이 모형은 운동기술을 학습하는 단계를 설명한다. 이 이론에 따르면 운동기술 학습은 무의식적 학습과 의식적 학습이라는 두 형태로 이루어진다. 무의식적 학습에는 우리가 의식하지 못하는 상태에서 기능하는 세 가지 운동제어 처리 과정이 포함되는데, 먼저 동작의 공간 타깃을 선정하고, 다음으로 이들 공간의 순서를 배열하고, 끝으로 이 배열을 근육 명령으로 전환하는 것이다. 의식적 학습은 주의력을 요하는 형태로, 환경 변화를 위한 목표를 선정하고, 움직임을 위한 타깃을 선정하고, 타깃의 순서를 배열함으로써 운동기술 학습을 뒷받침한다. 의식적 학습은 숙련자의 움직임을 모방할 때 이루어진다. 학습은 무의식적 형태와 의식적 형태가 주거니 받거니 하는 방식으로 이루어진다. 윌리엄의 모형으로 연구자들은 학습의 여러 단계와 각 단계의 신경 기반을 예측할 수 있게 되었다. 하지만 이 가설이 우리가 운동기술을 학습하는 메커니즘을 단계별로 설명해주지는 못한다. D. B. Willingham, "A Neuropsychological Theory of Motor Skill Learning", *Psychological Review* 105 (1998): 558~584를 보라.

23 M. Kawato and D. Wolpert, "Internal Models for Motor Control", *Novartis Foundation Symposium* 218 (1998): 291~304.

24 위의 글.

25 위의 글.

26 H. Imamizu and M. Kawato, "Brain Mechanisms for Predictive Control by Switching Internal Models: Implications for Higher-Order Cognitive Functions", *Psychological Research* 73 (2009): 527~544.

27 T. Brashers-Krug et al., "Consolidation in Human Motor Memory", *Nature* 382 (1996): 252~255; tinyurl.com/8hhuga3(2012년 9월 접속).

28 R. Shadmehr et al., "Time-Dependent Motor Memory Processes in Amnesic Subjects", *Journal of Neurophysiology* 80 (1998): 1590~1597.

29 위의 글.

30 위의 글.

31 위의 글.

32 위의 글.

33 A. Karni et al., "The Acquisition of Skilled Motor Performance: Fast and Slow Experience-Driven Changes in Primary Motor Cortex", *Proceedings of the National Academy of Sciences* 95 (1998): 861~868.

34 위의 글. J. N. Sanes and J. P. Donoghue, "Plasticity and Primary Motor Cortex", *Annual Review of Neuroscience* 23 (2000): 393~415도 보라.

35 E. Dayan and L. G. Cohen, "Neuroplasticity Subserving Motor Skill Learning", *Neuron* 72 (2011): 443~454.

36 R. A. Poldrack et al., "The Neural Correlates of Motor Skill Automaticity", *Journal of Neuroscience* 25 (2005): 5356~5364.

37 C. J. Steele and V. B. Penhune, "Specific Increases within Global Decreases: A Functional Magnetic Resonance Imaging Investigation of Five

Days of Motor Sequence Learning", *Journal of Neuroscience* 30 (2010): 8332~8341.

9장 기억할 필요가 없는 기억 2: 고전적 조건형성, 지각 학습, 점화

1 I. P. Pavlov, *Conditioned Reflexes: An Investigation of the Physiological Activity of the Cerebral Cortex* (London: Oxford University Press, 1927). 심리학자 에드윈 B. 트위트마이어가 거의 동시에 사람에게서 흡사한 결과를 발견했다. 트위트마이어는 1902년에 우연히 타진기로 무릎을 치기 전에 벨이 울리자 불수의 무릎반사가 일어나는 것을 보았다. 그 사람은 벨소리만 듣고 망치로 치기 전에도 같은 반사행동을 보였다. 파블로프와 트위트마이어의 발견이 나온 다음 세기 내내 연구자들은 쥐, 귀뚜라미, 초파리, 벼룩, 군소 등 많은 생물종을 대상으로 고전적 조건형성 현상을 실험했다. E. B. Twitmyer, "Knee Jerks without Stimulation of the Patellar Tendon", *Psychological Bulletin* 2 (1905): 43~44; I. Gormezano et al., "Twenty Years of Classical Conditioning Research with the Rabbit", *Progress in Physiological Psychology*, ed. J. M. Sprague et al. (New York: Academic Press, 1983), 197~275.

2 D. Woodruff-Pak, "Eyeblink Classical Conditioning in H. M.: Delay and Trace Paradigms", *Behavioral Neuroscience* 107 (1993): 911~925.

3 위의 글.

4 위의 글.

5 위의 글.

6 위의 글.

7 위의 글.

8 R. E. Clark et al., "Classical Conditioning, Awareness, and Brain Systems", *Trends in Cognitive Sciences* 6 (2002): 524~531.

9 위의 글.

10 기억상실증 환자의 지각 학습에 대해서는 1968년 신경심리학자 엘리자베스 워링턴과 로렌스 바이스크란츠가 처음으로 보고했다. 이 발견은 헨리에게 거울 보고 선 긋기 학습 능력이 있음을 증명한 밀너의 연구 못지않게 혁명적이었다. 워링턴과 바이스크란츠의 수검자였던 기억상실증 환자 6명 가운데 5명이 코르사코

프증후군을 앓았다. 이 증후군은 시상과 시상하부의 세포 손실을 야기하기 때문에 우리는 헨리의 내측두엽 병변에 과연 이 능력이 남아 있을까 하는 의문을 제기했다. 결국 우리는 헨리에게 지각 학습 능력이 있음을 증명할 수 있었다. E. K. Warrington and L. Weiskrantz, "New Method of Testing Long-Term Retention with Special Reference to Amnesic Patients", *Nature* 217 (1968): 972~974.; B. Milner et al., "Further Analysis of the Hippocampal Amnesic Syndrome: 14-Year Follow-up Study of H. M.", *Neuropsychologia* 6 (1968): 215~234.

11 E. S. Gollin, "Developmental Studies of Visual Recognition of Incomplete Objects", *Perceptual and Motor Skills* 11 (1960): 289~298; Milner et al., "Further Analysis of the Hippocampal Amnesic Syndrome."

12 Milner et al., "Further Analysis of the Hippocampal Amnesic Syndrome."

13 위의 글.

14 위의 글.

15 J. Sergent et al., "Functional Neuroanatomy of Face and Object Processing. A Positron Emission Tomography Study", *Brain* 115 (1992): 15~36; N. Kanwisher, "Functional Specificity in the Human Brain: A Window into the Functional Architecture of the Mind", *Proceedings of the National Academy of Sciences* 107 (2010): 11163~11170.

16 I. Gauthier et al., "Expertise for Cars and Birds Recruits Brain Areas Involved in Face Recognition", *Nature Neuroscience* 3 (2000): 191~197; www.systems.neurosci.info/FMRI/gauthier00.pdf(2019년 2월 접속).

17 C. D. Smith et al., "MRI Diffusion Tensor Tracking of a New Amygdalo-Fusiform and Hippocampo-Fusiform Pathway System in Humans", *Journal of Magnetic Resonance Imaging* 29(2009): 1248~1261.

18 워링턴과 바이스크란츠는 1970년에 반복점화에 관한 보고서를 발표했다. 그들은 자신들의 기억상실증 환자들이 앞서 학습한 낱말(METAL)의 세 글자 어간(MET)을 완성할 수 있으며, 그 수행점수가 대조군 수검자들과 비슷하다는 결과를 얻었다. 이 실험의 자극은 한 단어의 두 부분과 완전한 단어였다. 연구자들은 단어의 부분을 사진으로 찍어 각 알파벳 위에 덮개를 붙였다. 첫 학습 단계에는 덮개를 가장 많이 덮은 단어를 보여주고, 다음 단계에는 첫 단계보다 덮개를 덜 덮어

보여주고, 다음에는 완전한 단어(METAL)를 보여주었다. 그런 다음 그 단어를 최대한 빠르게 알아맞히라고 지시한다. 이 실험의 목적은 세 가지 기억 파지 측정법을 비교하는 것이었다. 앞의 두 방법(회상과 재인)은 서술적이고, 나머지 한 방법(단어 부분완성)은 비서술적인 방법이다. 기억상실증 환자군은 예상했던 대로 앞에서 학습한 단어를 회상하고 재인하는 데 어려움을 겪었다(기억상실증의 주요 특징이다). 그러나 이어지는 테스트에서 놀라운 결과가 나왔는데, 수검자가 각 단어의 앞 세 글자를 보고 다음으로 다섯 자 단어를 생각하는 테스트(부분 단어완성으로 보는 재인 능력 테스트)였다. 이 테스트에서는 기억상실증 환자들이 완성한 단어 수가 대조군이 완성한 수와 같았다.

당시에 연구자들은 이 결과를 기억상실증 환자에 짐화 능력이 남아 있다는 근거로 해석하지 않았지만, 이는 단어완성 점화효과를 보여준 최초의 보고서였다. 이 실험은 건강한 개인과 신경장애·정신장애를 겪는 환자들의 무의식적 학습 능력을 탐구하는 연구자들에게 유용한 방법으로 사용되었다. E. K. Warrington and L. Weiskrantz, "Amnesic Syndrome: Consolidation or Retrieval?", *Nature* 228 (1970): 628~630를 보라.

1980년대와 1990년대에 연구자 수백 명이 반복점화효과에 대한 보고서를 발표했다. 기억 연구자들은 단어, 유사비단어(영어의 문자 체계를 준수하여 만들어낸 단어), 단어의 일부, 사물의 범주, 동음이의어, 그림, 그림 일부, 문양 등 다양한 범주의 텍스트 자극을 이용하여 건강한 수검자와 기억상실증 환자군의 점화효과를 검사했다. 이 정밀한 연구는 특히 건강한 성인에게 나타나는 점화효과의 복잡한 인지 작용을 설명해주었다.

반복점화효과에 대한 이해가 축적되자 기억 연구자들은 기억상실증 환자들에게 나타나는 반복점화효과에 관심을 기울였다. 1984년에 피터 그라프, 래리 스콰이어, 조지 맨들러가 발표한 논문이 세간의 이목을 집중시켰는데, 여기에는 세 실험 결과가 수록되었다. 이 실험의 의도는 네 가지 학습 과제를 통해 기억상실증 환자들과 대조군 수검자들의 수행점수를 비교하는 것이다. 네 과제 중 셋(자유회상, 재인, 단서자극 회상)이 서술학습이고 네 번째(단어완성)만 비서술학습 과제였다. 수검자들은 먼저 목록에 제시된 단어들을 학습한 다음 위에 언급한 네 과제 중 하나를 수행했다. P. Graf et al., "The Information That Amnesic Patients Do Not Forget", *Journal of Experimental Psychology: Learning, Memory, and*

Cognition 10 (1984): 164~178.

자유회상 테스트는 수검자들이 학습 목록에 있던 단어 가운데 기억할 수 있는 것을 적는 것이다. 재인 테스트는 학습 목록에 있던 단어 하나 그리고 같은 어간 세 글자로 시작하는 다른 두 단어로 구성된다. 가령 학습한 단어가 'MARket'이었다면 간섭자극으로 제시되는 단어는 'MARy'와 'MARble'이다. 수검자들은 학습 목록에서 본 단어를 골라야 한다. 단서자극에 의한 회상 테스트와 단어완성 테스트는 수검자들에게 도움이 되는 단서로 목록에 있던 단어의 세 글자 어간을 제시한다. 이 두 테스트의 결정적 차이는 지시 내용이다. 단서자극 회상 과제에서는 단서의 도움을 받아 단어의 목록을 의식적으로 회상하라고 지시한다. 단어완성 과제에서는 세 글자 어간이 영어 단어의 어간이라고 알려주고 그 어간을 이어 하나의 단어로 완성하라고 지시한다. 검사자는 가장 먼저 떠오르는 단어를 적으라고 권장하는데, 수검자는 이것이 기억 테스트라는 것을 의식하지 못한다.

이 실험의 결과는 1970년 워링턴과 바이스크란츠의 결과를 확증했다. 자유회상, 재인, 단서자극 회상 과제는 전부 서술기억을 측정하는 테스트인데, 놀라울 것 없이 기억상실증 환자군의 수행능력이 심각하게 저조한 것으로 드러났다. 핵심 쟁점은 단어완성 과제에서 기억상실증 환자와 대조군의 수행점수가 같을 것인가였는데, 같은 것으로 드러났다. 점화효과는 기존에 형성되어 있던 단어의 표상이 활성화되는 것이라는 설명과 더불어 이 연구자들은 기억상실증 환자들에게 이 종류의 활성화 능력이 손상되지 않고 보존되었다고 결론 내렸다. 이 실험은 서술기억과 비서술기억을 구분하는 데 지시사항이 어떻게 결정적 역할을 수행하는지를 보여주었다. 기억상실증 환자들에게 세 글자 어간을 단서로 학습 단어를 회상하라고 명시적으로 지시했을 때 그들은 서술지식을 활용해야 했고, 따라서 수행 결과가 건강한 수검자들만큼 나올 수 없었다. 하지만 비서술지식에 의존하도록 했을 때, 즉 그냥 처음에 떠오르는 단어로 세 글자 어간을 완성하라고 했을 때는 대조군에 못지 않은 점수를 받을 수 있었다. Warrington and Weiskrantz, "Amnesic Syndrome: Consolidation or Retrieval?"; R. Diamond and P. Rozin, "Activation of Existing Memories in Anterograde Amnesia", *Journal of Abnormal Psychology* 93 (1984): 98~105.

이 결과에서 한 가지 중요한 문제를 물어보자. 기억상실증 수검자들의 점화효과가 대조군 수검자들만큼 지속되는가? 기억상실증 수검자의 수행점수를 정상으로 간주하기 위해서는 이 질문에 그렇다는 답이 나와야 할 것이다. 검사자들은 수검자들에게 학습 목록을 보여주고 나서 즉시, 15분 뒤, 120분 뒤, 각각 일정한 시간 간격을 두고 각기 다른 단어 목록으로 테스트를 실시했다. 환자군은 대조군만큼의 점수를 받았으며, 두 그룹의 점수 차이는 3일 뒤에도 동일하게 지속되었다. 이 결과는 점화효과가 기억상실증 환자군과 대조군에게 동일한 시간(두 시간) 동안 지속되었음을 의미한다. Warrington and Weiskrantz, "Amnesic Syndrome: Consolidation or Retrieval?"; Graf et al., "The Information That Amnesic Patients Do Not Forget."

19 J. D. E. Gabrieli er al., "Dissociation among Structural-Perceptual, Lexical-Semantic, and Event-Fact Memory Systems in Amnesia, Alzheimer's Disease, and Normal Subjects", *Cortex* 30 (1994): 75~103.

20 위의 글.

21 위의 글.

22 Diamond and Rozin, "Activation of Existing Memories in Anterograde Amnesia."

23 위의 글.

24 J. D. E. Gabrieli et al., "Intact Priming of Patterns Despite Impaired Memory", Neuropsychologia 28 (1990): 417~427.

25 위의 글.

26 위의 글.

27 위의 글.

28 위의 글.

29 M. M. Keane et al., "Priming in Perceptual Identification of Pseudo-words Is Normal in Alzheimer's Disease", *Neuropsychologia* 32 (1994): 343~56.

30 Keane et al., "Priming of Perceptual Identification of Pseudowords Is Normal in Alzheimer's Disease"; M. M. Keane et al., "Evidence for a Dissociation between Perceptual and Conceptual Priming in Alzheimer's Disease", Behavioral Neuroscience 105 (1991): 326~342.

31 위의 글.

32 S. E. Arnold et al., "The Topographical and Neuroanatomical Distribution of Neurofibrillary Tangles and Neuritic Plaques in the Cerebral Cortex of Patients with Alzheimer's Disease", *Cerebral Cortex* 1 (1991): 103~116.

33 M. M. Keane et al., "Double Dissociation of Memory Capacities after Bilateral Occipital-Lobe or Medial Temporal-Lobe Lesions", *Brain* 118 (1995): 1129~1148.

10장 헨리의 우주

1 J. A. Ogden and S. Corkin, "Memories of H. M.", *Memory Mechanisms: A Tribute to G. V. Goddard*, ed. M. Corballis et al. (Hillsdale, NJ: L. Erlbaum Associates, 1991), 195~215.

2 N. Hebben et al., "Diminished Ability to Interpret and Report Internal States after Bilateral Medial Temporal Resection: Case H. M.", *Behavioral Neuroscience* 99 (1985): 1031~1139.

3 S. Kobayashi, "Organization of Neural Systems for Aversive Information Processing: Pain, Error, and Punishment", *Frontiers in Neuroscience* 6 (2012); www.ncbi.nlm.nih.gov/pmc/articles/PMC3448295/(2019년 2월 접속).

4 Hebben et al., "Diminished Ability"; W. C. Clark, "Pain Sensitivity and the Report of Pain: An Introduction to Sensory Decision Theory", *Anesthesiology* 40 (1974): 272~287.

5 Hebben et al., "Diminished Ability"; C. de Graaf et al., "Biomarkers of Satiation and Satiety", *American Journal of Clinical Nutrition* 79 (2004): 946~961.

6 Hebben et al., "Diminished Ability."

7 N. Butters and L. S. Cermak, "A Case Study of the Forgetting of Auto-biographical Knowledge: Implications for the Study of Retrograde Amnesia", *Autobiographical Memory*, ed. D. C. Rubin (New York: Cambridge University Press, 1986), 253~272.

8 W. B. Scoville and B. Milner, "Loss of Recent Memory after Bilateral Hippocampal Lesions", *Journal of Neurology, Neurosurgery, and Psychiatry* 20 (1957): 11~21; B. Milner et al., "Further Analysis of the Hippocampal

Amnesic Syndrome: 14-Year Follow-up Study of H. M.", *Neuropsychologia* 6 (1968): 215~234.

9 H. J. Sagar et al., "Dissociations among Processes in Remote Memory", *Annals of the New York Academy of Sciences* 444 (1985): 533~555.

10 위의 글.

11 Sagar et al., "Dissociations among Processes"; H. F. Crovitz and H. Schiffman, "Frequency of Episodic Memories as a Function of Their Age", *Bulletin of the Psychonomic Society* 4 (1974): 517~518.

12 Sagar et al., "Dissociations among Processes"; H. J. Sagar et al., "Temporal Ordering and Short-Term Memory Deficits in Parkinson's Disease", *Brain* 111 (Pt 3) (1988): 525~539. '후입선출'은 1881년에 프랑스 심리학자 테오뒬 리보가 역행적 기억상실에는 시간적 기울기가 수반되는 경우가 많다(병이나 부상에 인접해서 형성된 기억은 상실되기 쉬운 반면에 더 오래된 기억은 유지될 가능성이 더 높다)는 사실에 주목하면서 처음 소개된 개념이다. T. Ribot, *Les Maladies de la Memoire* (Paris: Germer Baillière, 1881).

13 헨리에게 실시했던 우리의 표준 인터뷰 결과는 1950년대와 1960년대의 초기 임상보고서가 헨리의 역행성 기억상실증의 기간을 크게 과소평가했음을 보여주었다. 수술 전 시기의 기억을 인출하기 위해 필요한 처리 회로가 심각하게 훼손되었던 것이다. 우리가 시행한 크로비츠 테스트는 섬세함이 떨어져 가장 높은 점수인 3점을 겨우 받을 만큼의 세부 내용만 담긴 기억 진술과, 같은 3점짜리이나 내용이 훨씬 풍부한 기억 진술을 구별하지 못한다는 이유로 비판받았다. 우리에게는 높은 점수를 받은 수검자들 간에도 더 세부적인 구분이 가능한 테스트가 필요했다. 이 목표는 다음 실험으로 달성할 수 있었다. Crovitz and Schiffman, "Frequency of Episodic Memories."

14 종합하면 헨리의 역행적 기억상실증에 대한 초기 연구는 모순된 결과를 내놓았는데, 왜냐면 초기 연구에서는 고등학교 명칭 같은 일반 지식을 반영하는 과거 기억과 첫 키스 같은 개인적인 경험을 상기시키는 과거 기억을 구분하지 않았기 때문이다. 헨리의 사례를 보면, 그는 다녔던 고등학교 이름은 기억하지만 졸업식 날 있었던 일은 기억하지 못했다. 우리가 질문을 해보니 일반적인 질문에는 대답을 했지만, 구체적인 사항으로 들어가면 늘 뭔가가 빠져 있었다.

15 E. Tulving, "Episodic and Semantic Memory", *Organization of Memory*, ed. E. Tulving and W. Donaldson (New York: Academic Press, 1972), 381~403.

16 L. R. Squire, "Memory and the Hippocampus: A Synthesis from Findings with Rats, Monkeys, and Humans", *Psychological Review* 99 (1992): 195~231.

17 L. R. Squire and P. J. Bayley, "The Neuroscience of Remote Memory", *Current Opinion in Neurobiology* 17 (2007): 185~196.

18 L. Nadel and M. Moscovitch, "Memory Consolidation, Retrograde Amnesia and the Hippocampal Complex", *Current Opinion Neurobiology* 7 (1997): 217~227; also Moscovitch and Nadel, "Consolidation and the Hippocampal Complex Revisited: In Defense of the Multiple-Trace Model", *Current Opinion Neurobiology* 8 (1998): 297~300.

19 B. Milner, "The Memory Defect in Bilateral Hippocampal Lesions", *Psychiatric Research Reports of the American Psychiatric Association* 11 (1959): 43~58.

20 S. Steinvorth et al., "Medial Temporal Lobe Structures Are Needed to Re-experience Remote Autobiographical Memories: Evidence from H. M. and W. 4R.", *Neuropsychologia* 43 (2005): 479~496.

21 위의 글.; E. A. Kensinger and S. Corkin, "Two Routes to Emotional Memory: Distinct Neural Processes for Valence and Arousal", *Proceedings of the National Academy of Sciences* 101 (2004): 3310~3315도 보라.

22 Steinvorth et al., "Medial Temporal Lobe Structures."

23 L. R. Squire, "The Legacy of Patient H. M. for Neuroscience", *Neuron* 61 (2009): 6~9; whoville.ucsd.edu/PDFs/444_Squire_Neuron_2009.pdf(2019년 2월 접속); S. Corkin et al., "H. M.'s Medial Temporal Lobe Lesion: Findings from MRI", *Journal of Neuroscience* 17 (1997): 3964~3979.

24 Steinvorth et al., "Medial Temporal Lobe Structures Are Needed"; Nadel and Moscovitch, "Memory Consolidation, Retrograde Amnesia, and the Hippocampal Complex."

25 Y. Nir and G. Tononi, "Dreaming and the Brain: From Phenomenology to Neurophysiology", *Trends in Cognitive Sciences* 14 (2010): 88~100.

26 P. Maquet et al., "Functional Neuroanatomy of Human Rapid-Eye-Movement Sleep and Dreaming", *Nature* 383 (1996): 163~166.

27 D. L. Schacter et al., "Episodic Simulation of Future Events: Concepts, Data, and Applications", *Annals of the New York Academy of Sciences* 1124 (2008): 39~60.

11장 사실지식

1 E. A. Kensinger et al., "Bilateral Medial Temporal Lobe Damage Does Not Affect Lexical or Grammatical Processing: Evidence from Amnesic Patient H. M.", *Hippocampus* 11 (2001): 347~360.

2 J. R. Lackner, "Observations on the Speech Processing Capabilities of an Amnesic Patient: Several Aspects of H. M.'s Language Function", *Neuropsychologia* 12 (1974): 199~207.

3 D. G. MacKay et al., "H. M. Revisited: Relations between Language Comprehension, Memory, and the Hippocampus System", *Journal of Cognitive Neuroscience* 10 (1998): 377~394.

4 Kensinger et al., "Bilateral Medial Temporal Lobe Damage Does Not Affect Lexical or Grammatical Processing."

5 위의 글.

6 위의 글.

7 A. D. Friederici, "The Brain Basis of Language Processing: From Structure to Function", *Physiological Review* 92 (2011): 1357~1392; C. J. Price, "A Review and Synthesis of the First 20 Years of PET and fMRI Studies of Heard Speech, Spoken Language, and reading", *Neuroimage* 62 (2012): 816~847.

8 D. C. Park and P. Reuter-Lorenz, "The Adaptive Brain: Aging and Neurocognitive Scaffolding", *Annual Review of Psychology* 60 (2009): 173~196.

9 Kensinger et al., "Bilateral Medial Temporal Lobe Damage Does Not

Affect Lexical or Grammatical Processing."

10 E. K. Warrington and L. Weiskrantz, "Amnesic Syndrome: Consolidation or Retrieval?", *Nature* 228 (1970): 628~630; W. D. Marslen-Wilson and H.-L. Teuber, "Memory for Remote Events in Anterograde Amnesia: Recognition of Public Figures from Newsphotographs", *Neuropsychologia* 13 (1975): 353~364.

11 M. Kinsbourne and F. Wood, "Short-Term Memory Processes and the Amnesic Syndrome", *Short-Term Memory*, eds, D. Deutsch et al. (San Diego, CA: Academic Press, 1975), 258~293; M. Kinsbourne, "Brain Mechanisms and Memory", *Human Neurobiology* 6 (1987): 81~92.

12 J. D. Gabrieli et al., "The Impaired Learning of Semantic Knowledge Following Bilateral Medial Temporal-Lobe Resection", *Brain Cognition* 7 (1988): 157~177.

13 위의 글.

14 F. B. Wood et al., "The Episodic-Semantic Memory Distinction in Memory and Amnesia: Clinical and Experimental Observations", *Human Memory and Amnesia*, eds, L. S. Cermak (Hillsdale, NJ: Erlbaum, 1982), 167~194.

15 J. D. Gabrieli et al., "The Impaired Learning of Semantic Knowledge."

16 위의 글.

17 위의 글.

18 위의 글.

19 B. R. Postle and S. Corkin, "Impaired Word-Stem Completion Priming but Intact Perceptual Identification Priming with Novel Words: Evidence from the Amnesic Patient H. M.", *Neuropsychologia* 36 (1998): 421~440.

20 위의 글.

21 위의 글.

22 위의 글.

23 위의 글.

24 위의 글.

25 위의 글.

26 E. Tulving et al., "Long-Lasting Perceptual Priming and Semantic Learning in Amnesia: A Case Experiment", *Journal of Experimental Psychology: Human Learning and Memory* 17 (1991): 595~617; P. J. Bayley and L. R. Squire, "Medial Temporal Lobe Amnesia: Gradual Acquisition of Factual Information by Nondeclarative Memory", *Journal of Neuroscience* 22 (2002): 5741~5748.

27 G. O'Kane et al., "Evidence for Semantic Learning in Profound Amnesia: An Investigation with Patient H. M.", *Hippocampus* 14 (2004): 417~425.

28 위의 글.

29 위의 글.

30 위의 글.

31 위의 글.

32 위의 글.

33 위의 글.

34 위의 글.

35 위의 글.

36 B. G. Skotko et al., "Puzzling Thoughts for H. M.: Can New Semantic Information Be Anchored to Old Semantic Memories?", *Neuropsychology* 18 (2004): 756~769.

37 위의 글.

38 위의 글.

39 F. C. Bartlett, *Remembering: A Study in Experimental and Social Psychology* (Cambridge: University Press, 1932).

40 D. Tse et al., "Schemas and Memory Consolidation", Science 316 (2007): 76~82.

41 위의 글.

12장 유명세와 건강 악화

1 W. B. Scoville and B. Milner, "Loss of Recent Memory after Bilateral Hippocampal Lesions", *Journal of Neurology, Neurosurgery, and Psychiatry*

20 (1957): 11~21.

2 D. H. Salat et al., "Neuroimaging H. M.: A 10-Year Follow-up Examination", *Hippocampus* 16 (2006): 936~945.

3 우리의 뇌에는 수십억 개의 신경세포, 즉 뉴런이 있는데, 유형이 이미 밝혀진 것이 수천 가지고 나머지는 아직 밝혀지지 않았다. 뉴런은 정보처리를 담당하여 전기 및 화학 신호를 받고 인도하고 전달한다. 표준 뉴런에는 하나의 신경세포체 와 무수한 수상돌기 그리고 수초로 둘러싸인 하나의 축삭돌기가 있다. 수상돌기 는 다른 세포에게서 신호를 받아 그 신호를 세포체로 전달하고, 그러면 축삭돌기 가 그 신호체를 세포체로부터 다른 뉴런의 수상돌기로 전달해서 그 뉴런을 활성화 시킨다. 뉴런의 세포체들이 모인 덩어리를 회백질이라고 부르고, 축색돌기의 집 합은 백질이라고 부른다. 대뇌피질은 회백질로 이루어져 있으며, 정보를 한 영역 에서 다른 영역으로 흘러다니게 해주는 길고 짧은 경로가 백질이다. 우리는 MRI 를 통해 건강한 노인의 뇌와 헨리의 뇌에서 노화가 회백질과 백질에 어떤 효과 를 남기는지 관찰할 수 있었다. E. Diaz, "A Functional Genomics Guide to the Galaxy of Neuronal Cell Types", *Nature Neuroscience* 9 (2006): 10~12; K Sugino et al., "Molecular Taxonomy of Major Neuronal Classes in the Adult Mouse Forebrain", *Nature Neuroscience* 9 (2006): 99~107.

치매를 앓지 않았던 노인들의 부검 연구를 통해 밝혀진 바, 대뇌피질의 회백질은 노령이 되면 많이 얇아진다. 하지만 사망 직전에 실시한 인지검사로 전체적인 정 신능력을 측정한 결과, 노령과 피질의 두께는 상관관계가 없는 것으로 나타났다. 이 연구 결과는 노화로 인한 인지기능 약화가 회백질보다는 백질의 손실과 더 밀 접하게 연관된 것일 수도 있음을 시사한다. 만약 이것이 사실이라면, 백질이 파괴 되었을 때는 어떤 일이 벌어질까? 백질이 온전할 때는 신경 정보의 전달이 아무런 막힘 없이 흐르는 강물처럼 빠르고 순조롭게 이루어진다. 그러나 백질의 미세한 구조물에 손상이 생기면, 이 강은 댐과 바위, 나무 따위로 마구 어지럽혀지고 곳곳 에 배도 침수한 형국이 된다. 신경 전달이 가로막히고 효율성을 잃어 신경 처리와 인지 처리가 느려지는 것이다. S. H. Freeman et al., "Preservation of Neuronal Number Despite Age-Related Cortical Brain Atrophy in Elderly Subjects without Alzheimer Disease", *Journal of Neuropathology and Experimental Neurology* 67 (2008): 1205~1212; T. A. Salthouse, "The Processing-Speed

Theory of Adult Age Differences in Cognition", *Psychological Review* 103 (1996): 403~428.

노인의 뇌에서는 회백질의 변화보다 백질의 변화가 더 눈에 띄는 것이 사실이지만, 최근까지는 살아 있는 뇌에서 이들 신경망의 변화를 포착하는 것이 쉽지 않았다. 지금은 최신 MRI 기술인 확산텐서자기공명영상으로 건강한 사람이든 환자이든 살아 있는 개인의 백질 조직을 측정하고 진단할 수 있다. 매사추세츠 종합병원 마티노스센터의 연구원들은 이 장비를 이용해서 노령 피검자는 물론 중년 피검자의 백질에서도 병변을 발견함으로써 노화성 기억력 감퇴가 중년에 시작될 수 있으며, 심지어 완벽하게 건강한 사람한테서도 일어날 수 있는 현상임을 입증했다.

2008년에 나의 실험실 연구원들과 나는 두 가지 핵심 질문을 제기했다. 노화가 백질과 회백질에 각기 다른 영향을 미치는가? 인지수행 테스트들이 백질의 변화와 더 밀접한가, 아니면 회백질의 변화와 더 밀접한가? 우리는 첨단 MRI 기술로 젊은 수검자와 노령 수검자의 뇌 전체를 촬영하여 회백질의 두께와 백질의 미세한 변화를 측정했다. 이 이미지 데이터는 세 기능, 즉 단어 목록과 짧은 이야기의 지연회상 테스트로 측정하는 일화기억 기능, 사물 이름과 어휘 테스트로 측정하는 의미기억 기능 그리고 인지제어처리 기능[주의집중, 우세반응(자극이 주어졌을 때 가장 빠르고 쉽게 일어나는 일차적인 반응—옮긴이) 억제, 목적 달성]을 담당하는 뇌 부위의 상태에 관한 정보를 제공한다. 각종 인지검사 결과, 일화기억과 인지제어 항목에서는 저연령층이 고연령층을 앞질렀다. 하지만 흔히 그렇듯이, 세계에 대한 일반지식을 찾아내는 의미기억 과제에서는 고연령층이 저연령층보다 높은 점수를 받았다. 나이가 들수록 어휘력과 정보량이 커지고 더 정교해진다는 것을 보여준 셈이다.

건강한 노화에 회백질과 백질의 위축이 수반된다는 결과는 앞선 연구 결과와 일치한다. 하지만 이 MRI 이미지를 심층 분석한 결과 새로운 사실을 발견할 수 있었다. 이 뇌 구조 진단 결과를 다른 고연령자의 인지검사 점수와 관련시켰더니 피질의 두께(회백질의 두께)는 인지 과제 수행능력과 관계가 없는 것으로 밝혀졌다. 오히려 우리의 결과는 백질 손상이 건강한 노인에게 전형적으로 나타나는 인지기능 약화의 주된 원인일 수 있다는 추측을 입증했다. 우리는 인지검사 점수와 회백질 상태 측정치가 특정 부위와 관계가 있다는 것도 발견했다. 인지제어처리 기능은 건강한 전두엽 백질과 관계 있는 반면에 일화기억은 측두엽과 두정엽의 백질과 관계가 있었다. 이 실험은 인지기능 손상의 신경기반을 이해하고자 하는 연구자라면 회백질만이 아니라 백질도 함께 검사해야 한다는 중요한 메시지를 남겼다. 이는 비단 노화와 노인성 질환만이 아니라 전 연령대를 아우르는 연구에 그대로 적용된다. D. A. Ziegler et al., "Cognition in Healthy Aging Is Related to Regional White Matter Integrity, but Not Cortical Thickness", *Neurobiology of Aging* 31 (2010): 1912~1926; D. H. Salat et al., "Age-Related Alterations in White Matter Microstructure Measured by Diffusion Tensor Imaging", *Neurobiology of Aging* 26 (2005): 1215~1227.

4 J. W. Rowe and R. L. Kahn, "Human Aging: Usual and Successful", *Science* 237 (1987): 143~149.

5 Salat et al., "Neuroimaging H. M."

6 위의 글.

13장 헨리의 유산

1 나는 오래전부터 헨리의 연구 참여에서 비롯된 방대한 정보를 최대한 살리기 위해서는 사후 연구가 절대적으로 필요하다고 믿어왔다. 나는 기존의 파킨슨병과 알츠하이머병 환자들에 대한 부검 연구에서 얻은 정보가 얼마나 큰 가치를 지녔는지 깨달으면서 뇌 기증이 중요하다고 생각하게 되었다. 1960년에 빈 대학교의 신경과학자가 파킨슨병 환자들의 부검을 실시하여 이들의 뇌에서 분비되는 도파민 수치가 정상치보다 낮다는 것을 발견했다. 이 중대한 발견이 도파민 기능을 대체하여 파킨슨병의 특징인 운동장애를 경감할 치료법 개발을 이끌어냈다.

어떤 환자에게 알츠하이머병이 있었는지를 확실하게 아는 방법은 뇌 부검으로 알츠하이머의 병리적 지표를 찾는 것뿐이다. 이 병은 초기부터 신경원섬유덩굴과 아밀로이드반점이 다량 발견되며 세포사멸도 현저하다.

사후 뇌 검사는 다른 뇌 손상에서 발현되는 인지기능장애 연구에도 중요하다. 다만 이런 사례에서 부검이 실시되는 경우는 드물다. 이 책에서는 뇌 안의 다양한 신경회로가 제각각 다른 역할을 수행한다는 사실을 알아내는 데 인지기능을 상실한 환자들의 뇌 연구가 얼마나 중요했는지를 강조했다. 헨리는 그중에서도 특히 두드러지는 하나의 사례였을 뿐이다. 대부분의 연구는 실제 뇌의 손상 유형이나 정도를 추측할 따름이다. 예를 들어 전역한 군인의 뇌 부상을 연구할 때 나는 뇌병변의 위치와 정도를 두개골 부상을 토대로 유추해야 했다. 최근 들어 뇌 영상술이 발전하면서 물리적 뇌를 훨씬 더 세밀하게 볼 수 있게 되었지만, MRI는 여전히 불완전하다. 뇌 이상을 정확하게 있는 그대로 볼 수 있는 방법은 뇌를 직접 들여다보는 것이며, 이는 오로지 사후에만 가능하다. 이러한 환자에 대한 사후 연구는 어떤 뇌손상이 인지장애를 낳았는지를 더 상세하고 완전하게 알려주며, 기억을 비롯한 다양한 기능과 뇌 특정 부위의 관계에 대한 과학적 논쟁에 결정적인 근거를 제공할 수 있다.

2 "H. M., an Unforgettable Amnesiac, Dies at 82"; www.nytimes.com/2008/12/05/us/05hm.html?pagewanted=all (2019년 2월 접속).

에필로그

1 실험외과술은 고대부터 행해져오면서 많은 요법이 발전했다. 21세기에 시술된 무흉터 수술이 놀라운 예가 될 것이다. 몇 년 전에 매사추세츠 종합병원의 한 외과의가 어떤 여성의 담낭을 질을 통해 적출하는 수술을 시술했다. 이런 유형의 수술은, 끔찍하게 들릴 수도 있겠지만, 오래된 수술법에 비해 여러 가지 장점이 있다. 이 수술은 (입, 항문, 질, 요도 등) 몸에 원래 있는 구멍을 통해 이루어지기 때문에 절개가 필요없다. 따라서 몸에 흉터를 남기지 않으며 회복 시간도 훨씬 짧다. 이 담낭적출술의 경우에는 몇 주가 걸릴 것이 며칠 만에 회복되었다. 무흉터 수술이 안전하고 효율적인 것은 사실이나, 확실한 결론을 내리기 위해서는 먼저 임상실험을 통해 각 수술법과 거기에 사용되는 새로운 도구를 충분히 검증해야 할 것이다. 반면에 헨리가 받은 실험적 수술에 대해서는 즉각적으로 강력한 지침이 나왔다. "이 수술은 절대로 시도하지 말라." Sacha Pfeiffer, "You Want to Take My What Out of My Where? Hospitals Experiment with Orifice Surgery."

2 B. Milner and W. Penfield, "The Effect of Hippocampal Lesions on Recent Memory", *Transactions of the American Neurological Association* (1955-1956): 42~48; W. B. Scoville, "World Neurosurgery: A Personal History of a Surgical Specialty", *International Surgery* 58 (1973): 526~535.

3 S. Tigaran et al., "Evidence of Cardiac Ischemia during Seizures in Drug Refractory Epilepsy Patients", *Neurology* 60 (2003): 492~495.

그림 목록과 출처

출처: B. Milner et al., "Further Analysis of the Hippocampal Amnesic Syndrome: 14-Year Follow-up Study of H.M". *Neuropsychologia* 6 (1968): 215~234.

그림10a 징검돌 시각 미로_155쪽
출처: B. Milner et al., "Further Analysis of the Hippocampal Amnesic Syndrome: 14-Year Follow-up Study of H.M". *Neuropsychologia* 6 (1968): 215~234.

그림10b 철필 촉각 미로_157쪽

그림11 1958년의 헨리 _159쪽

그림12 헨리가 그린 자신이 살았던 집의 평면도_160쪽
출처: S. Corkin, "What's New with the Amnesic Patient H. M.?" *Nature Reviews Neuroscience* 3 (2002): 153~160.

그림13 경로 찾기 과제_164쪽

그림14 수술 후 부모님과 함께한 헨리 _175쪽

그림15 전형적인 뉴런_215쪽
출처: L. Heimer, *The Human Brain and Spinal Cord: Functional Neuroanatomy and Dissection Guide* (New York: SpringerVerlag, 1983), Springer Science + Business Media 사용 승인.

그림16 검사 준비를 마친 헨리, 1986년 MIT _234쪽
출처: Jenni Ogden 사진.

그림17 거울 보고 선 긋기 과제_250쪽

그림18 회전 추적 과제_255쪽

그림19 양손 작동 과제_257쪽

그림20 좌우 동시 두드리기 과제_259쪽

그림21 기저핵_263쪽
출처: John Henkel(FDA staff writer, Wikimedia Commons).

영원한 현재 HM

1판 1쇄 펴냄 2014년 12월 30일
2판 1쇄 찍음 2019년 3월 13일
2판 1쇄 펴냄 2019년 3월 22일

지은이 수잰 코킨
옮긴이 이민아
펴낸이 안지미
편집 김진형 박소현
디자인 안지미 이은주
표지그림 구현성
제작처 공간

펴낸곳 (주)알마
출판등록 2006년 6월 22일 제2013-000266호
주소 03990 서울시 마포구 연남로 1길 8, 4~5층
전화 02.324.3800 판매 02.324.7863 편집
전송 02.324.1144

전자우편 alma@almabook.com
페이스북 /almabooks
트위터 @alma_books
인스타그램 @alma_books

ISBN 979-11-5992-248-0 03400

이 책은 《어제가 없는 남자, HM의 기억》의 개정판입니다.

이 도서의 국립중앙도서관 출판예정도서목록CIP은 서지정보유통지원시스템
홈페이지http://seoji.nl.go.kr와 국가자료공동목록시스템http://www.nl.go.kr/kolisnet에서 이용하실
수 있습니다. CIP제어번호: 2019008736

알마는 아이쿱생협과 더불어 협동조합의 가치를 실천하는 출판사입니다.

종이 표지_매직콤마 220g/㎡ 본문_그린라이트 70g/㎡